建筑结构识图与构造

第2版

周　坚　王红雨　编著

中国电力出版社
CHINA ELECTRIC POWER PRESS

内 容 提 要

全书共分6章，第1章主要介绍了建筑工程施工图的一般规定与表示方法；第2章详细介绍了建筑施工图包含的内容，同时根据工程实例讲解了识图方法及要点，并配以大量的建筑构造详图及材料做法；第3章介绍了结构施工图绘制的一些基本知识和识读的基本原则；第4章～第6章分别介绍了砌体结构、混凝土结构11G101系列、钢结构的结构施工图包含的内容和识读方法，并结合现行各种结构规范的要求详细叙述了各种结构应满足的构造要求及其在施工图中的表达方法，并辅以大量的详图实例，以便读者理解掌握。

图书在版编目（CIP）数据

建筑结构识图与构造/周坚，王红雨编著. —2版.—北京：中国电力出版社，2015.6（2020.11重印）

ISBN 978-7-5123-7102-6

Ⅰ.①建… Ⅱ.①周…②王… Ⅲ.①建筑结构－建筑制图－识别 Ⅳ.①TU204

中国版本图书馆CIP数据核字（2015）第014853号

中国电力出版社出版发行

北京市东城区北京站西街19号 100005 http://www.cepp.sgcc.com.cn

责任编辑：梁 瑶 联系电话：010-63412605

责任印制：杨晓东 责任校对：王小鹏

三河市航远印刷有限公司印刷·各地新华书店经售

2012年3月第1版 2016年1月第2版·2020年11月第10次印刷

787mm×1092mm 1/16·19.625印张·388千字 2插页

定价：46.00元

前　言

建筑业是我国经济建设的支柱产业，从业人员数千万，其中大部分是农民工，技术人员比例很低，不到5%。提高建筑工人的责任心、技术水平和业务素质，是提高各类建筑质量和推动建筑业发展的必要条件。

提高技术水平、业务素质的一个重要的基本要求是照图施工。照图施工，看不懂图纸，就是一句空话。

钢筋混凝土工程是建筑结构最大量的工作，读懂钢筋混凝土结构施工图无论对于哪个工种都是十分有用的。从 2003 年开始建设部推广采用的“平法施工图”是混凝土结构施工图“平面整体表示方法制图规则和构造详图”的简称，简化了图纸，更准确表达了设计意图，极大提高了结构设计效率；但增加了一线技术人员的工作量。住建部 2011 年颁布的 11G101 系列是对 03G101 系列连同之后颁布的平法制图准则的总结与提高。本书就是根据 11G101 系列编写的，对混凝土结构常用构件施工图进行解读和各种钢筋构造与算量进行解析，每章都有带有数字的算例。本书力图概念清楚、内容详实、条理分明，便于应用；可供建筑结构工程人员及高校本专业师生学习参考。

本书第 1 版发行以后，受到广大读者喜爱，已印刷多次。因出版时 11G101 平法制图标注规则刚颁布不久，缺乏深入研究；最近发现里面有少数 03G101 及其以后颁布的 11G101 已废止的平法标注的内容，还有一些遗漏。为此特向读者表示歉意，并急忙予以订正。

为了对读者负责，并与原版区别，本书作为第 2 版推出。书中其他谬误，万望读者不吝赐教。

编著者

第1版前言

随着我国国民经济的快速增长，城市化进程的不断加快，我国基础设施建设也处于高速发展的阶段。每年都有大量的建筑及相关专业的大中专毕业生及社会其他人员进入工程建设行业，对于这些刚刚进入工程建设行业的人员，尤其是刚出校门的毕业生来说，迫切希望能了解和掌握这个行业的一些基础规则和必备知识，以便解决工程建设中的实际问题，迅速上手并成为一名合格的工程技术人员。

为了帮助这些刚刚从业或即将有意从事工程建设行业的新手们掌握相关的基础知识，解决入门之初的困惑，我们特意编写了这本《建筑结构识图与构造》，希望通过这本书，读者能快速掌握工程建设行业所必备的知识，了解设计意图，做到举一反三，能较快地掌握识图方法，以便指导施工。

本书完全依照现阶段我国施工图设计的要求，系统地介绍了建筑、结构施工图中所应包含的内容、编排顺序，并结合有关规范和部分工程施工图实例详尽地讲解建筑、结构识图的方法及要点，并针对实际工程中容易被初学者忽略的问题做了特别说明。同时为了帮助一些基础知识相对薄弱的读者，还适当地介绍了建筑、结构专业的基本概念和专业基础知识。全书共分6章，第1章主要介绍了建筑工程施工图的一般规定与表示方法；第2章详细介绍了建筑施工图包含的内容，同时根据工程实例讲解了识图方法及要点，并配以大量的建筑构造详图及材料做法；第3章介绍了结构施工图绘制的一些基本知识和识读的基本原则；第4章～第6章分别介绍了砌体结构、混凝土结构及其11G101系列平法标注、钢结构的结构施工图包含的内容和识读方法，并结合现行各种结构规范的要求详细叙述了各种结构应满足的构造要求及其在施工图中的表达方法，并辅以大量的详图实例，以便读者理解掌握。

本书曾以《建筑识图》之名于2007年出版，连印多次。后来住房和城乡建设部又陆续发布了独立基础、箱型基础等平法制图标注规则，使得原书显得有点落后；原书还包括识读设备施工图等内容，为了防止书本太厚，去掉了这部分内容；好在这部分内容属于不同专业，去掉它更适合于建筑工程方面的读者。书中大部分内容由周坚编写，王红雨负责整理、修改，并补充了一些构造做法与识图实例。

书中列举的识图实例和施工图，均选自各设计单位的施工图及国家标准图集。本书编写过程中，学习和参考了有关书籍和资料，得到了各方面专家的帮助，在此一并表示衷心的感谢。

限于编者水平，书中难免有错误和不当之处，恳请读者给予批评指正。

编著者

目　录

第1章　一般规定与表示方法

1.1　概述

1.1.1　房屋的基本构成

构成房屋的构配件有基础、内（外）墙、柱、梁、楼板、地面、屋顶、楼梯、门窗以及阳台、雨篷、女儿墙、压顶、踢脚板、勒脚、明沟或散水、楼梯梁、楼梯平台、过梁、圈梁、构造柱等，如图 1-1 所示。

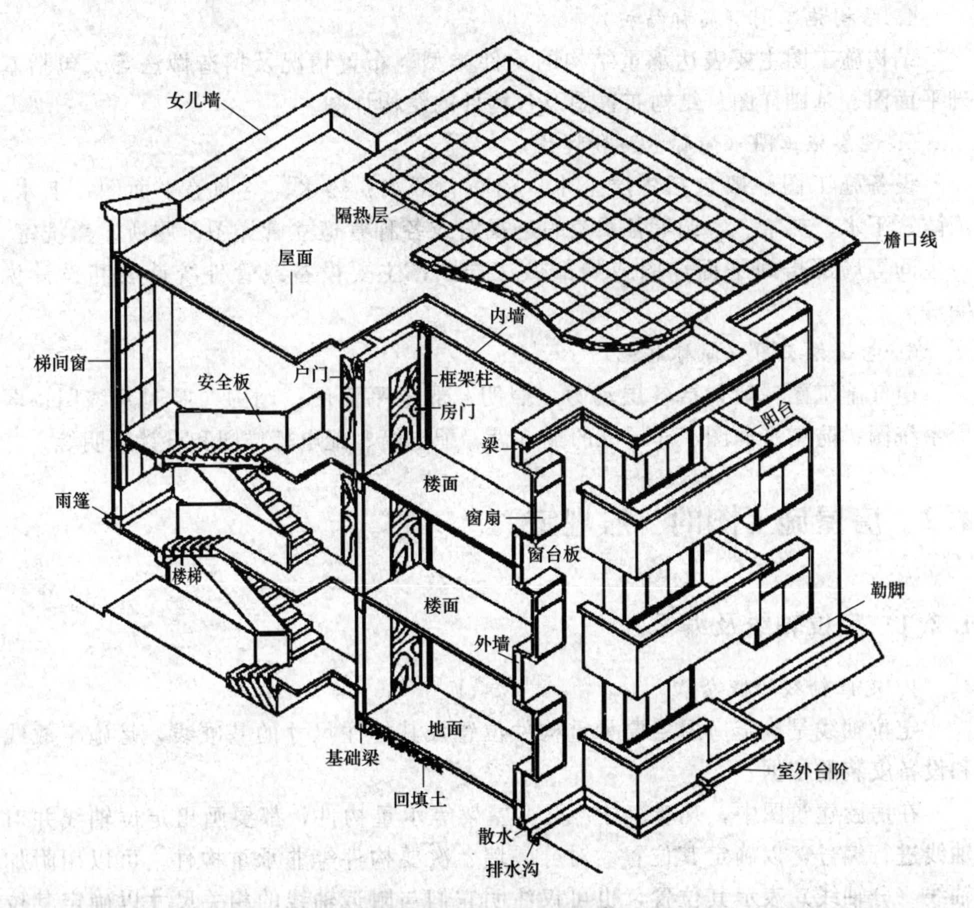

图 1-1　房屋的基本构成

1.1.2 施工图的组成

施工图是施工的“语言”，要读懂施工图，应当熟悉常用的规定、符号、表示方法和图例等。本章介绍施工图的一般规定与表示方法。

1. 图纸目录

列出所绘的图纸、所选用的标准图纸或重复利用的图纸等的编号及名称。

2. 设计总说明书

包括施工图设计依据、工程设计规模和建筑面积、本项目的相对标高与绝对标高的定位、建筑材料及装修标准说明等。

3. 建筑施工图（简称建施）

建筑施工图主要表达建筑物的外部形状、内部布置、装饰构造、施工要求等。包括总平面图、各层平面图、立面图、剖面图以及墙身、楼梯、门、窗等构造详图。

4. 结构施工图（简称结施）

结构施工图主要表达承重结构的构件类型、布置情况及构造做法等。包括基础平面图、基础详图、结构布置图及各构件的结构详图。

5. 设备施工图（简称水施和暖施）

设备施工图一般包括各层上水、消防、下水、热水、空调等平面图；上水、消防、下水、热水、空调等各系统的透视图或各种管道立管详图；厕所、盥洗室、卫生间等局部房间平面详图或局部做法详图；主要设备或管件统计表和设计说明等。

6. 电气施工图（简称电施）

电气施工图一般包括各层动力、照明、弱电平面图；动力、照明系统图；弱电系统图；防雷平面图、非标准的配电盘、配电箱、配电柜详图和设计说明等。

1.2 房屋施工图的一般规定

1.2.1 定位轴线及编号

1. 定位轴线的概念

定位轴线是确定房屋主要承重构件位置及其标注尺寸的基准线，是施工放线和设备安装的依据。

在房屋建筑图中，凡墙、柱、梁、屋架等承重构件，都要画出定位轴线并对轴线进行编号，以确定其位置。对分隔墙、次要构件等非承重构件，可以用附加轴线（分轴线）表示其位置，也可仅注明它们与附近轴线的相关尺寸以确定其位置，定位轴线的编号方法如图1-2所示。

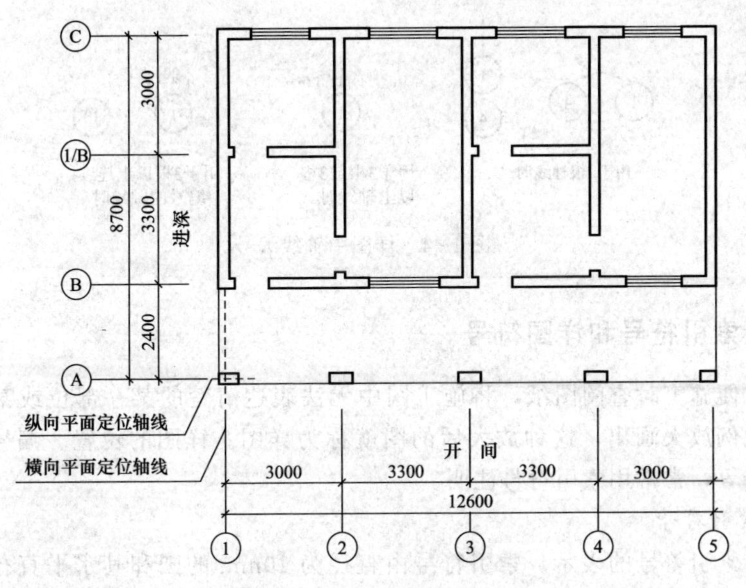

图 1 - 2　定位轴线编号方法

2. 定位轴线的分类

依定位轴线的位置不同，可分为横向定位轴线和纵向定位轴线。通常把垂直于房屋长度方向的定位轴线称为横向定位轴线，把平行于房屋长度方向的定位轴线称为纵向定位轴线。

3. 定位轴线的绘制

(1) 定位轴线的编号：横向定位轴线的编号应用阿拉伯数字从左到右按 1、2……顺序编写；纵向定位轴线的编号应用大写拉丁字母从下到上按 A、B……顺序编写。编写时不用 I、O、Z 三个字母，以免与阿拉伯数字 1、0、2 相混。

(2) 附加轴线的编号：附加轴线的编号可用分数表示。分母表示前一轴线的编号，分子表示附加轴线的编号，用阿拉伯数字顺序编写，如图 1 - 3 所示。

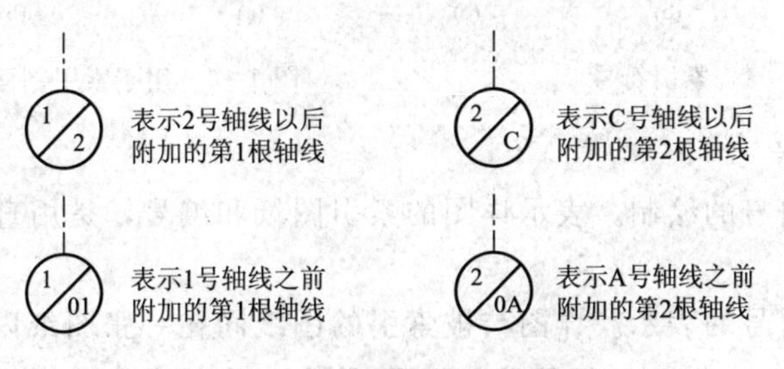

图 1 - 3　附加定位轴线的编号

(3) 详图中轴线的编号。在画详图时，如一个详图适用于几个轴线时，应同时将各有关轴线的编号注明，如图 1 - 4 所示。

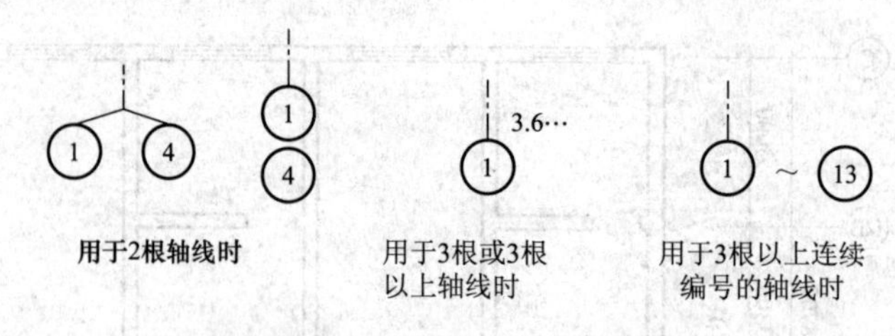

图1-4　详图中轴线编号

1.2.2　索引符号和详图符号

为方便施工时查阅图纸，将施工图中无法表达清楚的某一部位或某一构件用较大的比例放大画出，这种放大后的图就称为详图。详图的位置、编号、所在的图纸编号等，常常用索引符号注明。

1. 索引符号

(1) 索引符号的表示。索引符号由直径为10mm的圆和其水平直径组成，圆及其水平直径均应以细实线绘制。引出线对准圆心，圆内过圆心画一水平线。

(2) 索引符号的编号。索引符号的圆中，上半圆中用阿拉伯数字注明该详图的编号，下半圆中用阿拉伯数字注明该详图所在图纸的图纸号，如图1-5 (a) 所示。如详图与被索引的图纸在同一张图纸内，则在下半圆中画一水平细实线，如图1-5 (b) 所示。当索引的详图采用标准图，应在索引符号水平直径的延长线上加注该标准图册的编号，如图1-5 (c) 所示。

(3) 剖切详图的索引。当索引符号用于索引剖面详图时，应在被剖切的部位绘制剖切位置线，引出线所在的一侧表示剖切后的投影方向，如图1-6 (a)、(b)、(c) 所示分别表示向下、向上和向左投射。

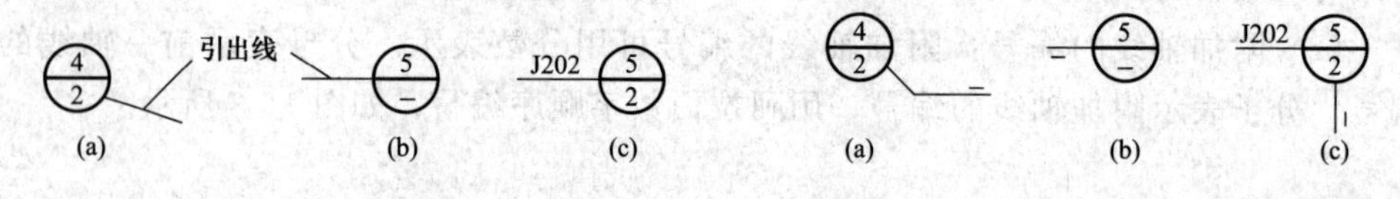

图1-5　索引符号　　图1-6　用于索引剖面详图的索引符号

2. 详图符号

(1) 详图符号的绘制。表示详图的索引图纸和编号，是用直径为14mm的粗实线圆绘制。

(2) 详图符号的表示。详图与被索引的图纸同在一张图纸内时，应在符号内用阿拉伯数字注明详图编号，如图1-7 (a) 所示；如不在同一张图纸内时，可用细实线在符号内画一水平直径，在上半圆中注明详图编号，在下半圆中注明被索引图纸号，如图1-7 (b) 所示，也可不注被索引图纸的图纸号。

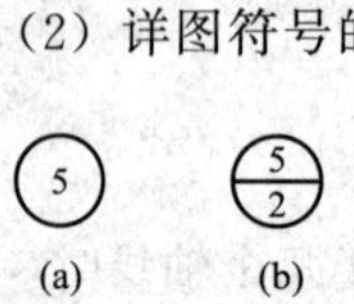

5　　5/2
(a)　(b)

图1-7　详图符号

1.2.3　标高

建筑物各部分的竖向高度，常用标高来表示。

1. 标高的分类

标高按基准面的选定情况分为相对标高和绝对标高。相对标高是指标高的基准面根据工程需要，自行选定而引出的标高。一般取首层室内地面±0.000作为相对标高的基准面。绝对标高是根据我国的规定，凡以青岛的黄海平均海平面作为标高基准面而引出的标高，称为绝对标高。

标高按所注的部位分为建筑标高和结构标高。建筑标高是指标注在建筑物完成面处的标高，结构标高是指标注在建筑结构部位处（如梁底、板底）的标高，如图1-8所示。

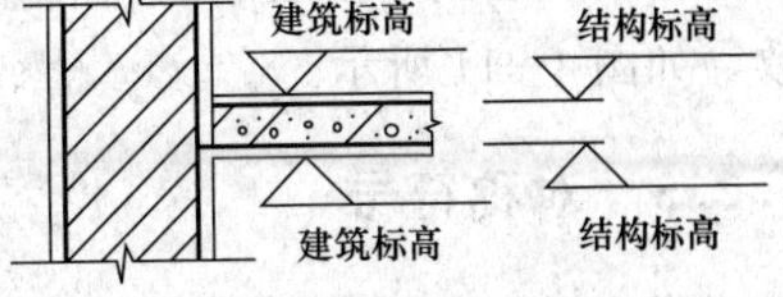

图1-8　建筑标高与结构标高

2. 标高符号的表示

标高符号用细实线绘制，短横线是需标注高度的界线，长横线之上或之下注出标高数字。

总平面图上的标高符号，宜用涂黑的三角形表示，如图1-9（a）所示。

3. 标高数值的标注

标高数值以米为单位，一般注至小数点后3位数。如标高数字前有"一"号的，表示该处完成位置的竖向高度在零点位置以下，如图1-9（d）所示；如标高数字前没有符号的，则表示该处完成位置的竖向高度在零点位置以上，如图1-9（c）所示；如同一位置表示几个不同标高时，标高数字可按图1-9（e)所示。

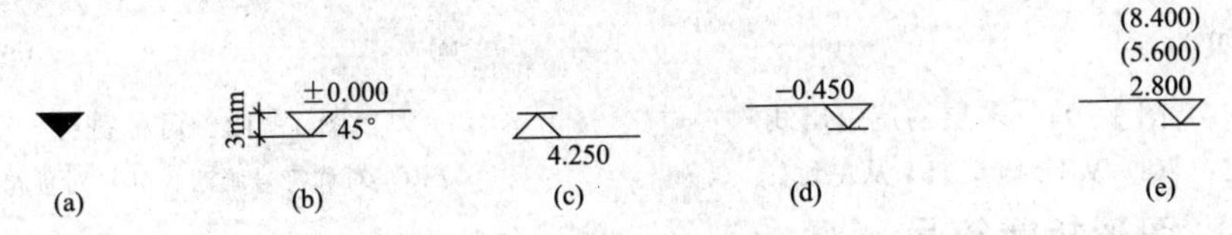

图1-9　标高数字的注写

（a）总平面图标高；（b）零点标高；（c）正数标高；（d）负数标高；
（e）一个标高符号标注多个标高数字

1.2.4　引出线

对施工图中某些部位由于图形比例较小，其具体内容或要求无法标注时，常用引出线注出文字说明或详图索引符号。

索引详图的引出线应对准索引符号的圆心［见图1-10（a)］，引出线用细实线绘制，并宜用与水平方向成30°、45°、60°、90°的直线或经过上述角度再折为水平的折线，如图1 10（b）所示。若同时引出几个相同部分的引出线，宜相互平行，如图1-10（c）所示。

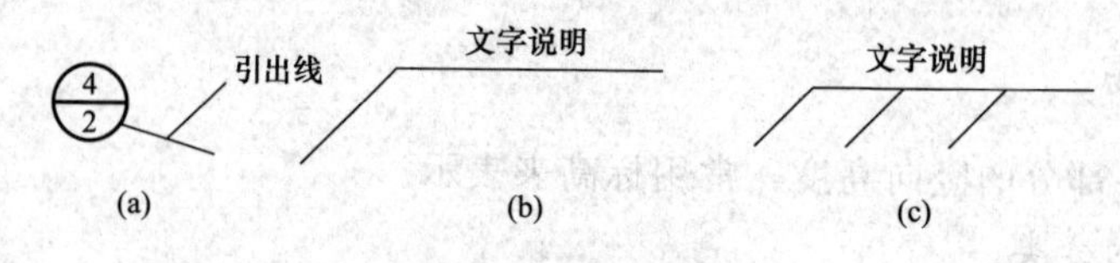

图 1 - 10　引出线

（a）对准圆心；（b）折线；（c）多条平行折线

多层构造的，如屋面、楼（地）面等，其文字说明应采用层层构造说明被引出部位从底层到上面表层的材料做法和要求，说明编排次序应与构造层次保持一致，如图 1 - 11 所示。

1.2.5　对称符号

当房屋施工图的图形完全对称时，可只画该图形的一半，并画出对称符号，以节省图纸篇幅。

对称符号是在对称中心线（细长点画线）的两端画出两段平行线（细实线）。平行线长度为 6～10mm，间距为 2～3mm，且对称线两侧长度对应相等，如图1 - 12所示。

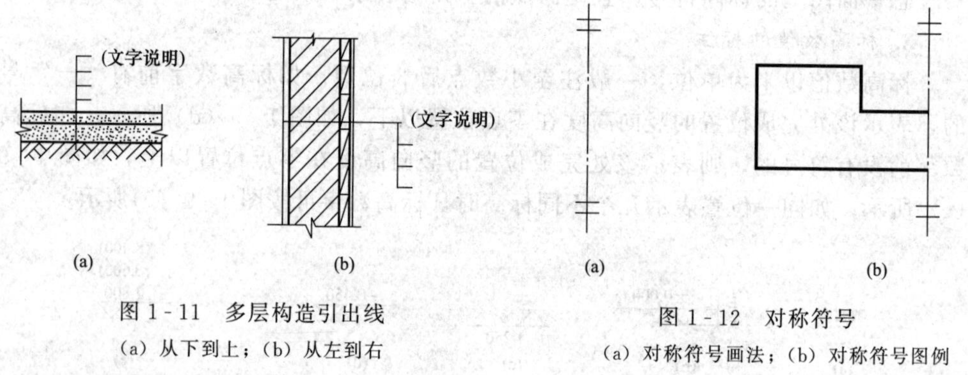

图 1 - 11　多层构造引出线

（a）从下到上；（b）从左到右

图 1 - 12　对称符号

（a）对称符号画法；（b）对称符号图例

1.2.6　图形折断符号

1. 直线折断

当图形采用直线折断时，其折断符号为折断线，它经过被折断的图面，如图 1 - 13（a）所示。

2. 曲线折断

对圆形构件的图形折断，其折断符号为曲线，如图 1 - 13（b）所示。

1.2.7　坡度标注

在房屋施工图中，其倾斜部分通常加注坡度符号，一般用单面箭头表示。箭头应指向下坡方向，坡度的大小用数字注写在箭头上方，如图 1 - 14（a）、（b）所示。对于坡度较大的坡屋面、屋架等，可用直角三角形的形式标注它的坡度，如

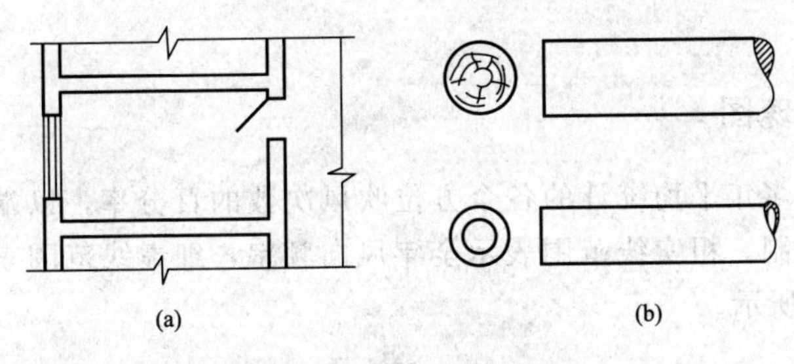

图1-13　图形的折断

(a) 直线折断；(b) 曲线折断

图1-14 (c) 所示。

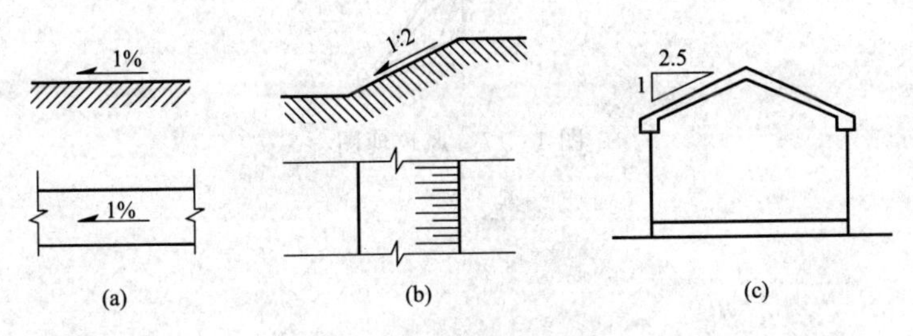

图1-14　坡度标注方法

(a) 图例一；(b) 图例二；(c) 图例三

1.2.8　连接符号

对于较长的构件，当其长度方向的形状相同或按一定规律变化时，可断开绘制，断开处应用连接符号表示。连接符号为折断线（细实线），两部分相距过远时，折断线端靠图纸一侧应标注大写字母表示连接编号。两个被连接的图纸必须用相同字母编号，如图1-15所示。

1.2.9　指北针

指北针表示图纸中建筑平面布置的方位，指北针圆的直径为24mm，细实线绘制。指针尾部宽度为3mm，头部应注写“北”或“N”。当图纸较大时，指北针可放大，放大后的指北针，尾部宽度为圆直径的1/8，如图1-16所示。

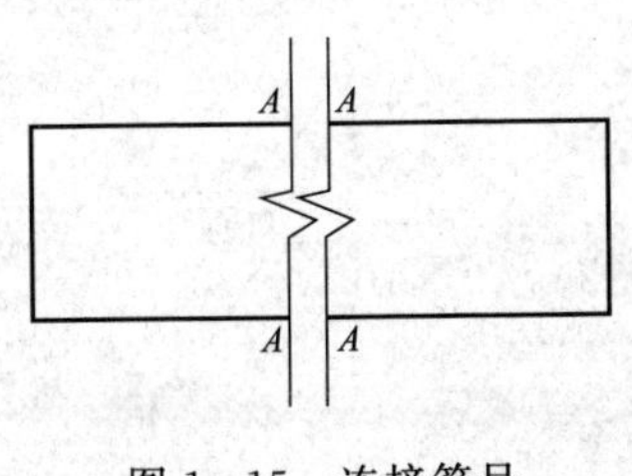

图1-15　连接符号

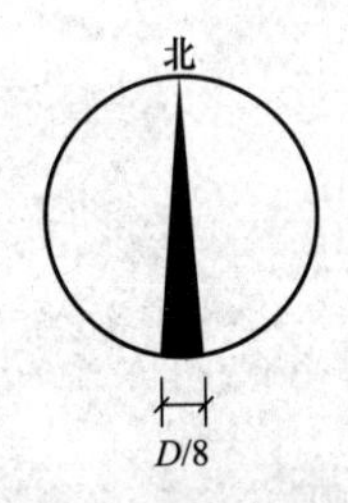

图1-16　指北针示意图

1.2.10 风玫瑰图

根据该地区多年平均统计的各个方位吹风次数的百分率，以端点到中心的距离按一定比例绘制，粗实线范围表示全年风向频率，细虚线范围表示夏季风向频率，如图1-17所示。

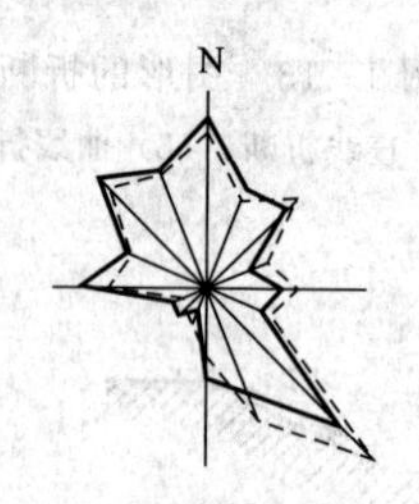

图1-17 风玫瑰图

第2章　建筑施工图识读

2.1　建筑施工图基本知识

建筑施工图主要包括以下部分：图纸目录、门窗表、建筑设计总说明、总平面图、一层至屋顶的平面图、正立面图、背立面图、东立面图、西立面图、剖面图（视情况，有多个）、节点大样图及门窗大样图、楼梯大样图（视功能可能有多个楼梯及电梯）。一个结构设计师必须认真严谨地把建筑图整理一遍，不懂的地方需要向建筑及建筑图上涉及的其他专业人员请教，要做到绝对明白建筑师的设计构思和意图。

1. 图纸目录及门窗表

图纸目录是了解整个建筑设计整体情况的目录，从中可以明了图纸数量、出图大小和工程号还有建筑单位及整个建筑物的主要功能。如果图纸目录与实际图纸有出入，必须核对清楚。门窗表包含了门窗编号、门窗尺寸及做法。

2. 建筑设计总说明

建筑设计总说明对结构设计是非常重要的，因为建筑设计总说明中会提到很多做法及许多结构设计中要使用的数据，比如：建筑物所处位置（结构中用以确定设防烈度及风载、雪载），绝对标高（用以计算基础大小及埋深、桩顶标高等，没有绝对标高则根本无法施工），墙体、地面、楼面等做法（用以确定各部分荷载）。总之，看建筑设计说明时不能草率，这是结构设计正确与否非常重要的一个环节。

3. 总平面图

将拟建工程四周一定范围内的新建、拟建、原有和拆除的建筑物、构筑物连同其周围的地形地物状况，用水平投影方法和相应的图例所画出的图纸，即为总平面图。它反映新建房屋、构筑物等的位置和朝向，室外场地、道路、绿化等的布置，地形、地貌、标高等，以及与原有环境的关系及临界情况等。

4. 建筑平面图

建筑平面图比较直观，它反映了柱网布置、每层房间功能及墙体、门窗、楼梯位置等。一层平面图在进行上部结构建模中是不需要的（有架空层及地下室等除外），一层平面图在做基础时使用。结构设计师在看平面图的同时，需要考虑建筑的柱网布置是否合理，不当之处应与建筑师协商修改。通常在不影响建筑功能及使用效果的情况下可做修改。看建筑平面图，首先要了解各部分建筑功能，基本结构上的活荷载取值；其次要了解柱网及墙体门窗的布置、柱截面大小、梁高以及梁的布置。值得一提的是，现代建筑为了增强外立面的效果，通常都有屋面构架，而且都比较复杂。需要仔细地理解建筑师的构思，必要的时候咨询建筑师或索要效果图，力求明白整个构架的三维形成是什么样子的，这样才不会出错。另外，还要了解清楚屋面是结构找坡还是建筑找坡。

5. 建筑立面图

建筑立面图，是对建筑立面的描述，主要是外观上的效果，提供给结构师的信息，主要就是门窗在立面上的标高和立面布置以及立面装饰材料及凹凸变化。通常有线的地方就是有面的变化，再就是层高等信息，这也是对结构荷载起决定性作用的数据。

6. 建筑剖面图

建筑剖面图的作用是对无法在平面图及立面图表述清楚的局部剖切，以清楚地表述建筑设计师对建筑物内部的处理。结构工程师能够在剖面图中得到更为准确的层高信息及局部地方的高低变化。剖面信息直接决定了剖切处梁相对于楼面标高的下沉或抬起，又或是错层梁，或有夹层梁、短柱等，同时对窗顶是框架梁充当过梁还是需要另设过梁有一个清晰的概念。

7. 节点大样图及门窗大样图

建筑师为了更为清晰地表述建筑物的各部分做法，以便于施工人员了解自己的设计意图，需要对构造复杂的节点绘制大样以说明详细做法，不仅要通过节点图更进一步了解建筑师的构思，更要分析节点画法是否合理，能否在结构上实现，然后通过计算验算各构件尺寸是否足够，配出钢筋。当然，有些节点是不需要结构师配筋的，但结构师也需要确定该节点能否在整个结构中实现。门窗大样对于结构师作用不是太大，但对于个别特别的门窗，结构师须绘制立面上的过梁布置图，以便于施工人员对此种造型特殊的门窗过梁有一个确定的做法，避免施工人员出现理解上的错误。

8. 楼梯大样图

楼梯是每一个多层建筑工程必不可少的部分，也是非常重要的一个部分。楼梯大样又分为楼梯各层平面图、楼梯剖面图及节点大样图，结构师也需要仔细分析楼梯各部分的构成，看是否能构成一个整体。在进行楼梯计算的时候，楼梯大样图就是唯一的依据，所有的计算数据都是取自楼梯大样图，所以在看楼梯大样图时也必须将梯梁、梯板厚度及楼梯结构形式考虑清晰。

2.2 常用建筑施工图图例

读懂图例是识读施工图的前提，下面是一些常用的施工图图例，供读图时参考使用。

2.2.1　常用总平面图图例（表 2-1）

表 2-1　　　　　　　　　　常用总平面图图例

序号	名　称	图　例	备　注
1	新建建筑物	X= Y= ① 12F/2D H=59.00m	（1）新建建筑物以粗实线表示与室外地坪相接处±0.00外墙定位轮廓线 （2）建筑物一般以±0.00高度处的外墙定位轴线交叉点坐标定位。轴线用细实线表示，并标明轴线号 （3）根据不同设计阶段标注建筑编号，地上、地下层数，建筑高度，建筑出入口位置（两种表示方法均可，但同一图纸采用一种表示方法） （4）地下建筑物以粗虚线表示其轮廓 （5）建筑上部（±0.00以上）外挑建筑用细实线表示 （6）建筑物上部连廊用细虚线表示并标注位置
2	原有建筑物		用细实线表示
3	计划扩建的预留地或建筑物		用中粗虚线表示
4	拆除的建筑物		用细实线表示
5	铺砌场地		—
6	水池、坑槽		也可以不涂黑
7	烟囱		实线为烟囱下部直径，虚线为基础，必要时可注写烟囱高度和上、下口直径
8	围墙及大门		—
9	挡土墙	5.00 1.50	挡土墙根据不同设计阶段的需要标注 $\frac{\text{墙顶标高}}{\text{墙底标高}}$
10	挡土墙上设围墙		

续表

序号	名　称	图　例	备　注
11	台阶及无障碍坡道	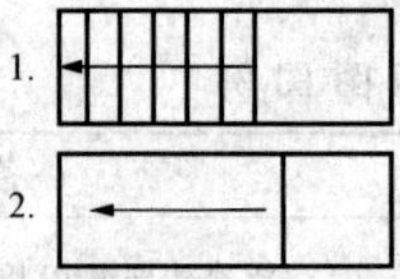 1. 2.	（1）表示台阶（级数仅为示意） （2）表示无障碍坡道
12	坐标	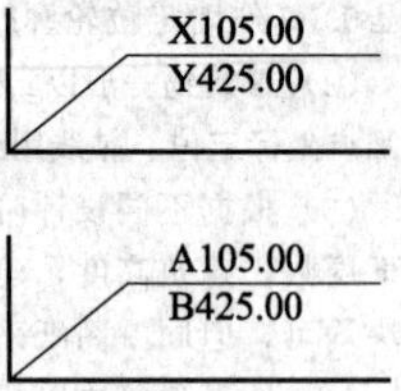 X105.00 Y425.00 A105.00 B425.00	上图表示测量坐标 下图表示建筑坐标
13	方格网交叉点标高	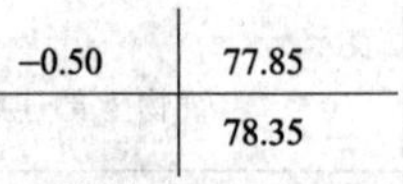 −0.50　77.85 78.35	“78.35”为原地面标高 “77.85”为设计标高 “−0.50”为施工高度 “−”表示挖方（“+”表示填方）
14	填方区、挖方区、未整平区及零点线	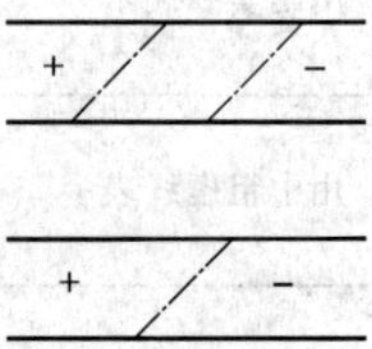 + − + −	“+”表示填方区 “−”表示挖方区 中间为未整平区 点画线为零点线
15	填挖边坡	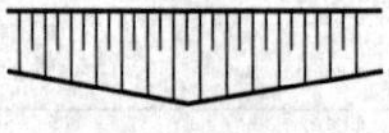	（1）边坡较长时，可在一端或两端局部表示 （2）下边线为虚线时表示填方
16	护坡	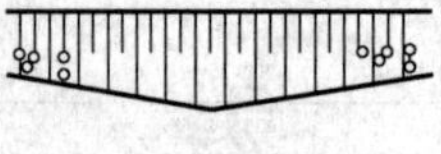	
17	原有的道路		
18	新建的道路	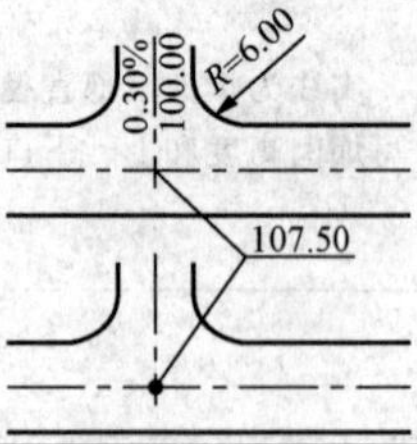 0.30% 100.00 R=6.00 107.50	“R=6.00”表示道路转弯半径；“107.50”为道路中心线交叉点设计标高，两种表示方式均可，同一图纸采用一种方式表示；“100.00”为变坡点之间距离，“0.30%”表示道路坡度，→表示坡向
19	计划扩建的道路		
20	拆除的道路		

续表

序号	名　称	图　例	备　注
21	涵洞、涵管	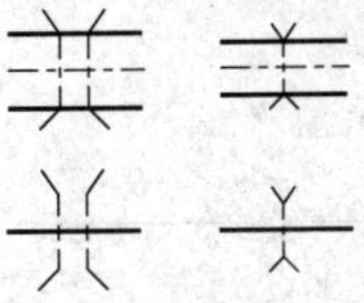	(1) 上图为道路涵洞、涵管，下图为铁路涵洞、涵管 (2) 左图用于比例较大的图面，右图用于比例较小的图面
22	桥梁	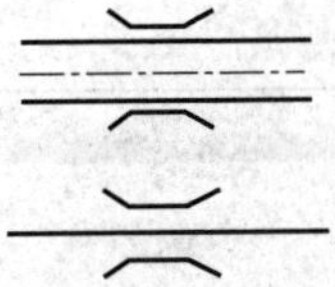	(1) 上图为公路桥，下图为铁路桥 (2) 用于旱桥时应注明
23	管线	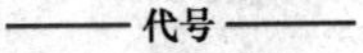 代号	管线代号按国家现行有关标准的规定标注
24	地沟管线	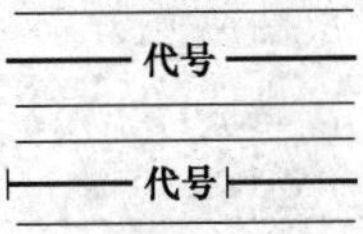 代号 代号	
25	管桥管线	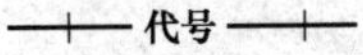 代号	管线代号按国家现行有关标准的规定标注
26	架空电力、电信线	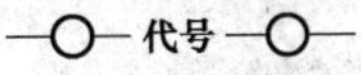 代号	(1)“○”表示电杆 (2) 管线代号按国家现行有关标准的规定标注
27	河流或水面		箭头表示水流流向
28	等高线	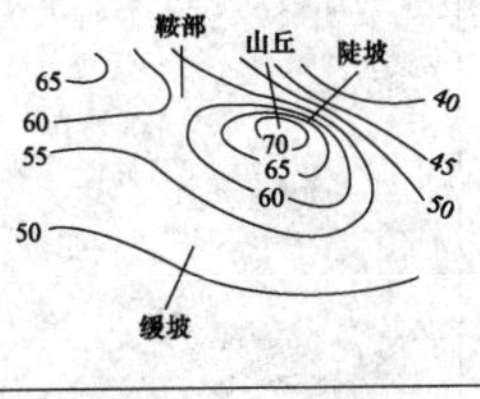 鞍部 山丘 陡坡 65 60 55 70 65 60 40 45 50 50 缓坡	表示地形起伏情况，数字为标高
29	常绿针叶乔木	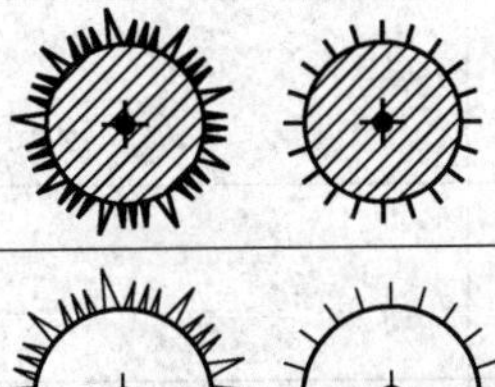	
30	落叶针叶乔木	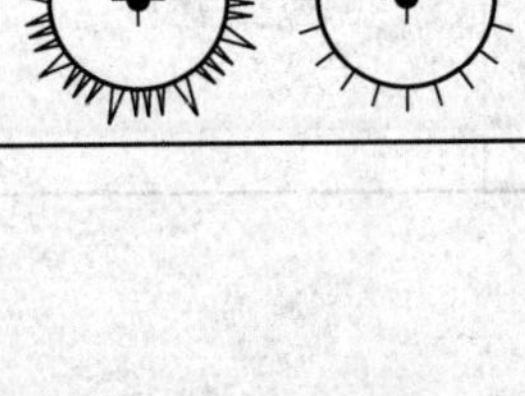	

续表

序号	名称	图例	备注
31	常绿阔叶乔木		
32	落叶阔叶乔木		
33	常绿阔叶灌木		
34	落叶阔叶灌木		
35	竹丛		
36	花卉		
37	草坪	(1) (2) (3)	
38	整形绿篱		
39	植草砖		

2.2.2　常用建筑材料图例（表2-2）

表2-2　　常用建筑材料图例

序号	位　置	图　例	说　明
1	自然土壤		包括各种自然土壤
2	夯实土壤		
3	砂、灰土		靠近轮廓线点较密的点
4	砂砾石、碎砖、三合土		
5	石材		包括岩层、砌体、铺地、贴面等材料
6	毛石		
7	普通砖		包括砌体、砌块 断面较窄，不易画出图例线时，可涂红
8	耐火砖		包括各种耐酸砖等
9	空心砖		包括各种多孔砖
10	饰面砖		包括铺地砖、马赛克、陶瓷锦砖、人造大理石等
11	混凝土		(1) 本图例仅适合于能承重的混凝土及钢筋混凝土 (2) 包括各种强度等级、骨料、添加剂的混凝土 (3) 在剖面图上画出图例时，不画图例线 (4) 断面图形小，不易画出图例线时可涂黑
12	钢筋混凝土		
13	焦渣、矿渣		包括与水泥、石灰等混合而成的材料
14	多孔材料		包括水泥珍珠岩、沥青珍珠岩、泡沫混凝土、非承重加气混凝土、蛭石制品、软木等

续表

序号	位置	图例	说明
15	纤维材料		包括麻丝、玻璃棉、矿渣棉、木丝板、纤维板等
16	泡沫塑料材料		包括聚苯乙烯、聚乙烯、聚氨酯等多孔聚合物类材料
17	木材		（1）上图为横断面，左上图为垫木、木砖、木龙骨 （2）下图为纵断面
18	胶合板		应注明 x 层胶合板
19	石膏板		包括圆孔、方孔石膏板、防水石膏板等
20	金属		（1）包括各种金属 （2）图形小时，可涂黑
21	网状材料		（1）包括金属、塑料等网状材料 （2）应注明材料名称
22	液体		注明具体液体名称
23	玻璃		包括平板玻璃、磨砂玻璃、夹丝玻璃、钢化玻璃、中空玻璃、夹层玻璃、镀膜玻璃等
24	橡胶		
25	塑料		包括各种软、硬塑料及有机玻璃等
26	防水材料		构造层次多或比例较大时，采用上面图例
27	粉刷		本图例采用较稀的点

2.2.3　常用建筑构配件图例（表 2-3）

表 2-3　　常用建筑构配件图例

序号	名称	图例	说明
1	墙体	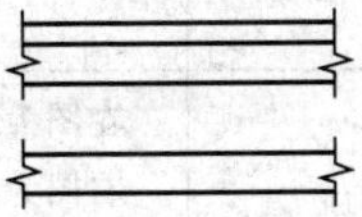	(1) 上图为外墙，下图为内墙 (2) 外墙细线表示有保温层或有幕墙 (3) 应加注文字或图色或图案填充表示各种材料的墙体 (4) 在各层平面图中防火墙宜着重以特殊图案填充表示
2	隔断		(1) 包括板条抹灰、木制、石膏板、金属材料等隔断 (2) 适用于到顶与不到顶隔断
3	栏杆		
4	楼梯	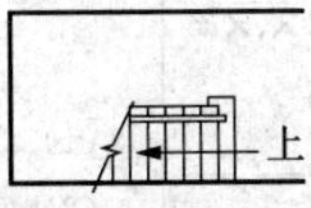 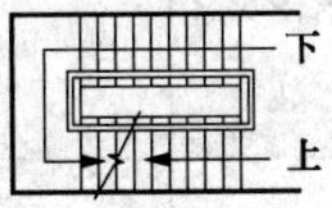 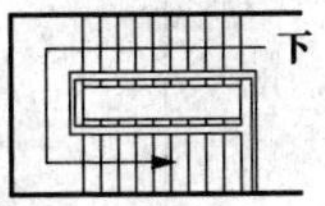 上 下 上 下	(1) 上图为底层楼梯平面，中图为中间层楼梯平面，下图为顶层楼梯平面 (2) 楼梯的形式及步数应按实际情况绘制
5	坡道	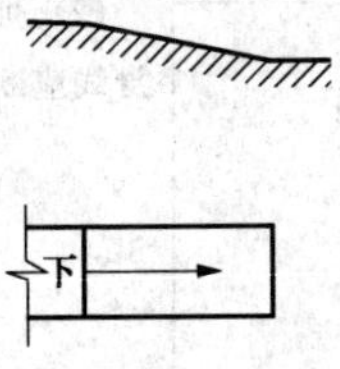 下	长坡道
		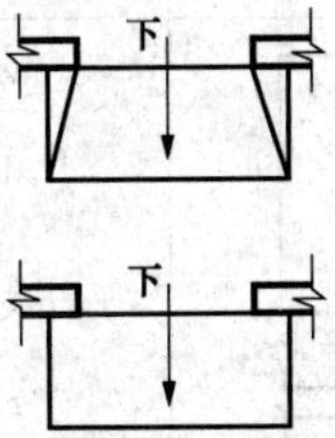 下 下	门口坡道

续表

序号	名　称	图　例	说　明
6	平面高差	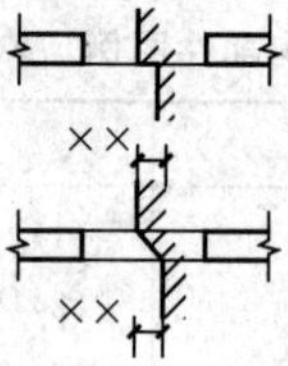 ×× ××	适用于高差小的两个地面或楼面相接处，并应与门的开启方向协调
7	检查孔		左图为可见检查孔 右图为不可见检查孔
8	孔洞		阴影部分可以涂色代替
9	坑槽		
10	墙上留洞	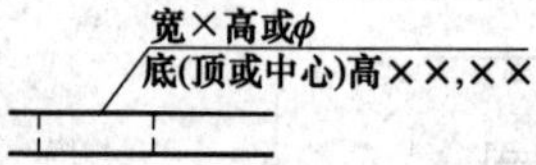 宽×高或ϕ 底(顶或中心)高××,××	(1) 以洞中心或洞边定位 (2) 宜以涂色区别墙体和留洞位置
11	墙顶留槽	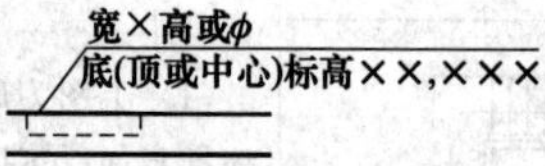 宽×高或ϕ 底(顶或中心)标高××,×××	
12	烟道	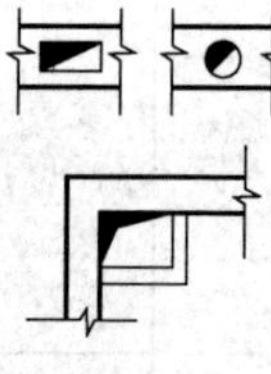	(1) 阴影部分可以涂色代替 (2) 烟道与墙体为同一材料，其相接处墙身线应断开
13	通风道	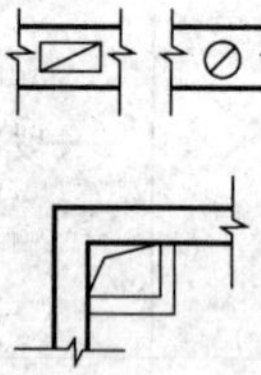	
14	新建的墙和窗	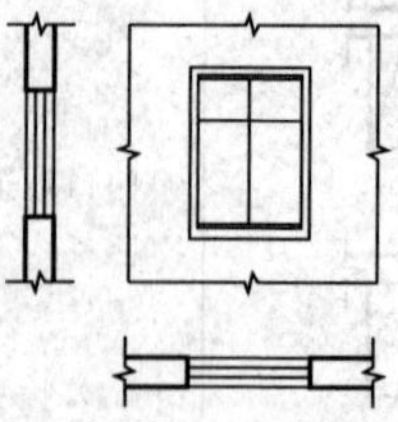	

续表

序号	名　称	图　例	说　明
15	改建时保留的原有墙和窗		
16	应拆除的墙		
17	改建时在原有墙或楼板新开的洞		
18	在原有墙或楼板洞旁扩大的洞		图示为洞口向左边扩大
19	在原有墙或楼板上全部填塞的洞		
20	在原有墙或楼板上局部填塞的洞		左侧为局部填塞的洞 图中立面图填充灰度或涂色
21	空门洞	$h=$	h 为门洞高度

续表

序号	名　　称	图　　例	说　　明
22	单扇平开或单向弹簧门	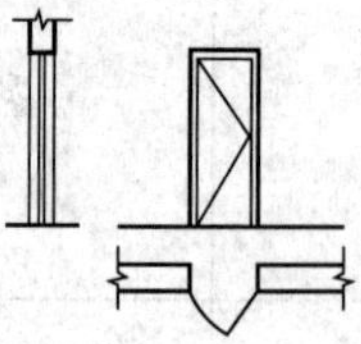	（1）门的名称代号用M表示 （2）平面图中，下为外，上为内 门开启线为90°、60°或45° （3）立面图中，开启线实线为外开，虚线为内开。开启线交角的一侧为安装合页一侧。开启线在建筑立面图中可不表示，在立面大样图中可根据需要绘出 （4）剖面图中，左为外，右为内 （5）附加纱扇应以文字说明，在平、立、剖面图中均不表示 （6）立面形式应按实际情况绘制
23	单面开启双扇门（包括平开或单面弹簧）	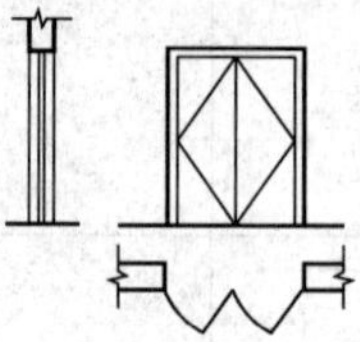	
24	折叠门	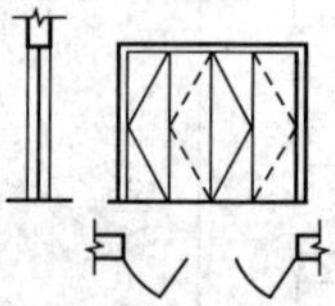	（1）门的名称代号用M表示 （2）平面图中，下为外，上为内 （3）立面图中，开启线实线为外开，虚线为内开。开启线交角的一侧为安装合页一侧 （4）剖面图中，左为外，右为内 （5）立面形式应按实际情况绘制
25	推拉折叠门	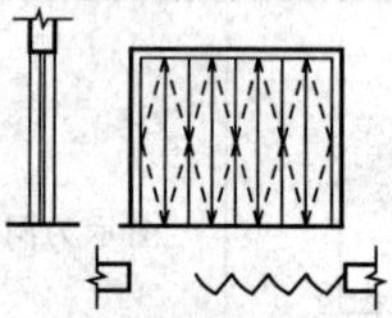	
26	墙洞外单扇推拉门	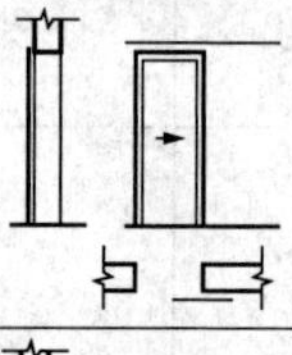	（1）门的名称代号用M表示 （2）平面图中，下为外，上为内 （3）剖面图中，左为外，右为内 （4）立面形式应按实际情况绘制
27	墙洞外双扇推拉门	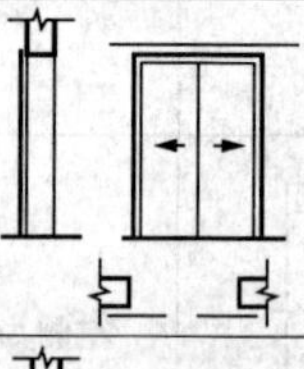	
28	墙中单扇推拉门	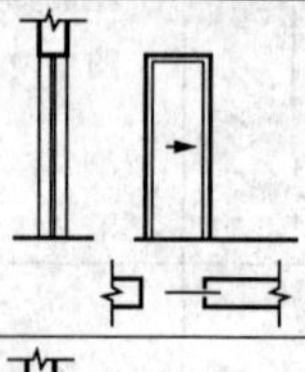	（1）门的名称代号用M （2）立面形式应按实际情况绘制
29	墙中双扇推拉门	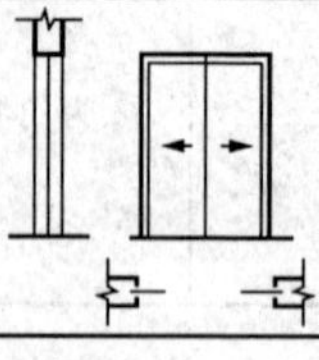	

续表

序号	名　称	图　例	说　明
30	单扇平开 或双向弹簧门	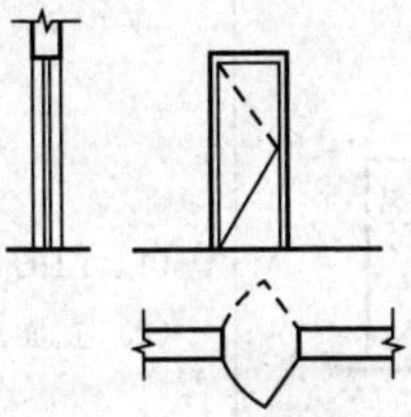	(1) 门的名称代号用 M 表示 (2) 平面图中，下为外，上为内 门开启线为 90°、60°或 45° (3) 立面图中，开启线实线为外开，虚线为内开。开启线交角的一侧为安装合页一侧。开启线在建筑立面图中可不表示，在立面大样图中可根据需要绘出 (4) 剖面图中，左为外，右为内 (5) 附加纱扇应以文字说明，在平、立、剖面图中均不表示 (6) 立面形式应按实际情况绘制
31	双扇门（包括双面平开或双面弹簧）	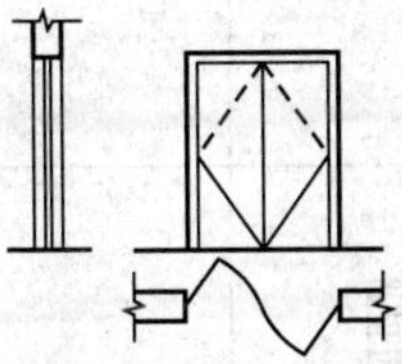	
32	双层单扇平开门	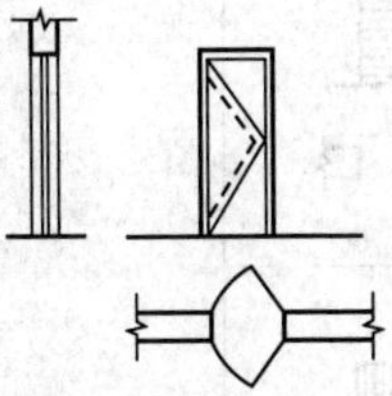	
33	双层双扇平开门	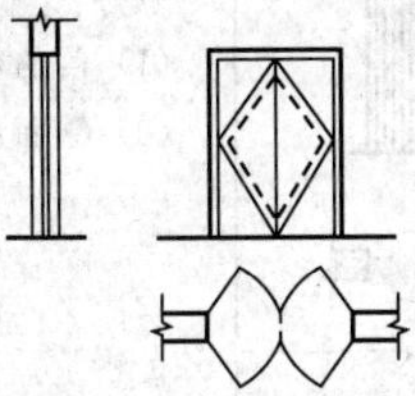	
34	旋转门	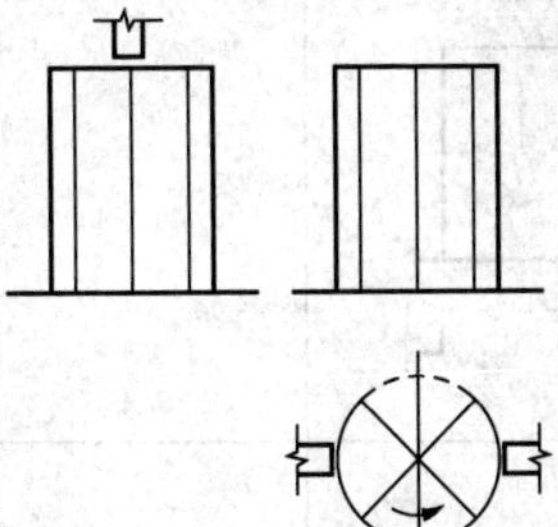	(1) 门的名称代号用 M 表示 (2) 立面形式应按实际情况绘制
35	自动门	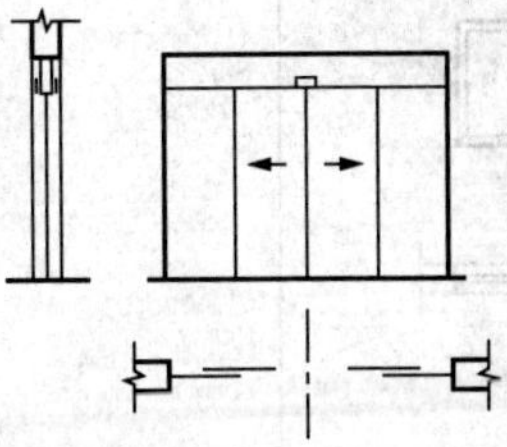	(1) 门的名称代号用 M 表示 (2) 立面形式应按实际情况绘制

续表

序号	名　称	图　例	说　明
36	折叠上翻门	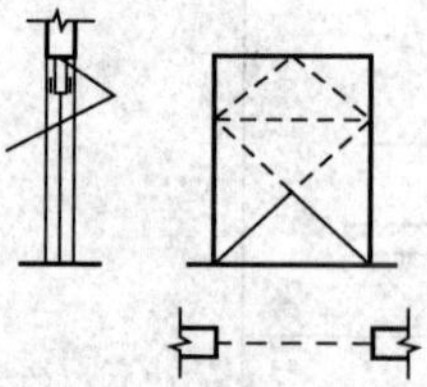	(1) 门的名称代号用M表示 (2) 立面形式应按实际情况绘制
37	竖向卷帘门	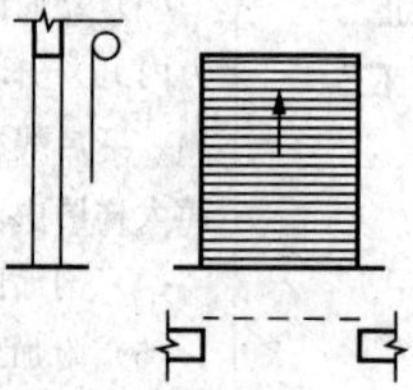	
38	横向卷帘门	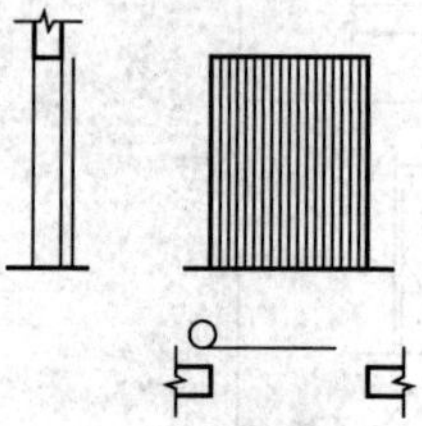	(1) 门的名称代号用M表示 (2) 立面形式应按实际情况绘制
39	提升门	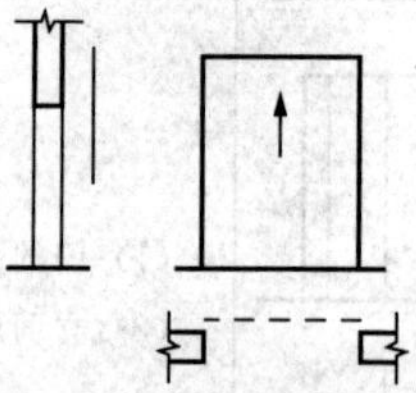	
40	固定窗	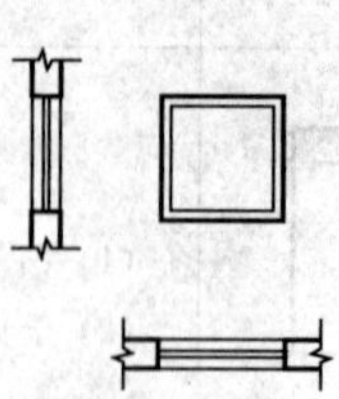	

续表

序号	名　　称	图　　例	说　　明
41	上悬窗	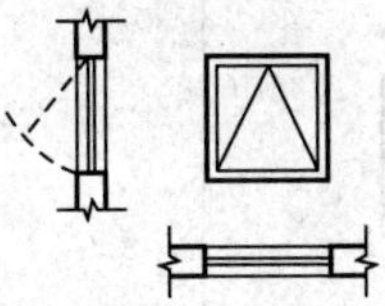	(1) 窗的名称代号用C表示 (2) 平面图中，下为外，上为内 (3) 立面图中，开启线实线为外开，虚线为内开。开启线交角的一侧为安装合页一侧。开启线在建筑立面图中可不表示，在门窗立面大样图中需绘出 (4) 剖面图中，左为外，右为内，虚线仅表示开启方向，项目设计不表示 (5) 附加纱窗应以文字说明，在平、立、剖面图中均不表示 (6) 立面形式应按实际情况绘制
42	中悬窗	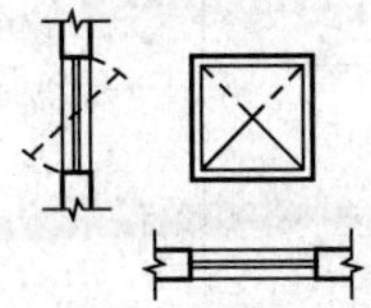	
43	单层内开下悬窗	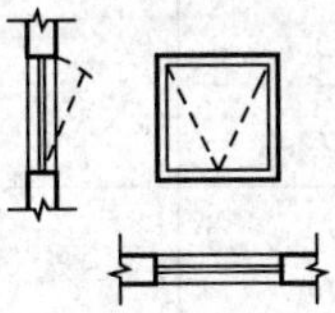	
44	立转窗	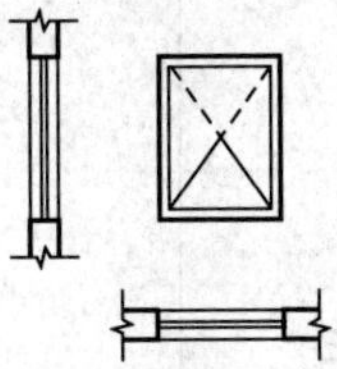	
45	单层外开平开窗	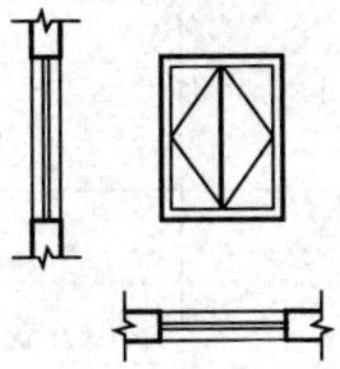	(1) 窗的名称代号用C表示 (2) 平面图中，下为外，上为内 (3) 立面图中，开启线实线为外开，虚线为内开。开启线交角的一侧为安装合页一侧。开启线在建筑立面图中可不表示，在门窗立面大样图中需绘出 (4) 剖面图中，左为外，右为内，虚线仅表示开启方向，项目设计不表示 (5) 附加纱窗应以文字说明，在平、立、剖面图中均不表示 (6) 立面形式应按实际情况绘制
46	单层内开平开窗	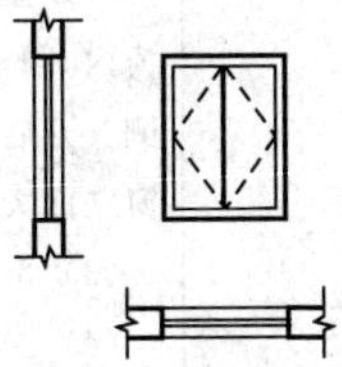	
47	双层内外开平开窗	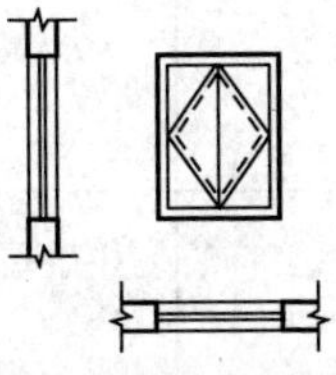	

续表

序号	名　称	图　例	说　明
48	双层推拉窗	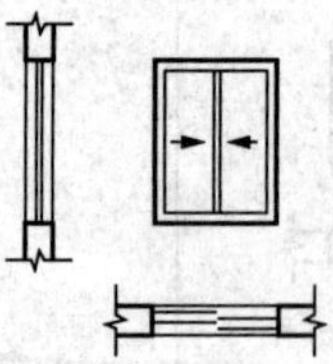	(1) 窗的名称代号用 C 表示 (2) 立面形式应按实际绘制
49	上推窗	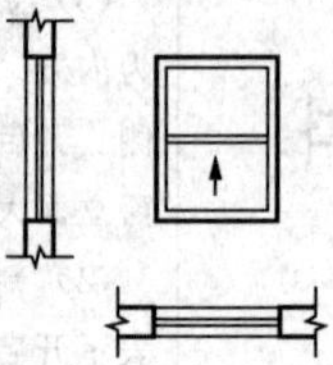	
50	百叶窗	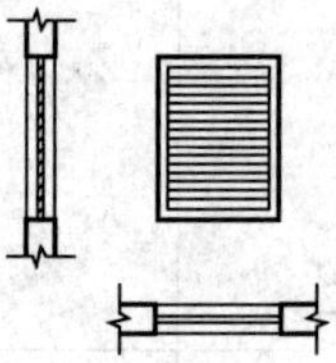	
51	高窗	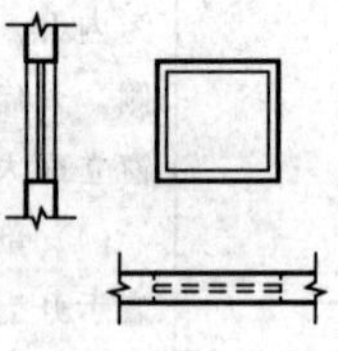	(1) 窗的名称代号用 C 表示 (2) 立面图中，开启线实线为外开，虚线为内开。开启线交角的一侧为安装合页一侧。开启线在建筑立面图中可不表示，在门窗立面大样图中需绘出 (3) 剖面图中，左为外，右为内 (4) 立面形式应按实际情况绘制 (5) h 表示高窗底距本层地面标高 (6) 高窗开启方式参考其他窗型
52	蹲式大便器	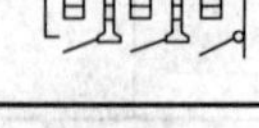	

续表

序号	名　称	图　例	说　明
53	淋浴小间		
54	空调器	A C U	
55	电视		
56	地毯		满铺地毯在地面用文字说明
57	单人床		
58	椅凳桌台		椅凳桌台等家具依实际情况绘制其造型轮廓
59	金属网隔断		
60	盆花		
61	双人床		
62	沙发		
63	隔断墙		注明材料
64	玻璃隔断或木隔断		注明材料

2.2.4 常用水平及垂直运输装置图例（表2-4）

表2-4 常用水平及垂直运输装置图例

序号	名称	图例	说明
1	铁路	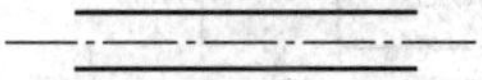	本图例适用于标准轨及窄轨铁路，使用本图例时应注明轨距
2	起重机轨道		
3	电动葫芦	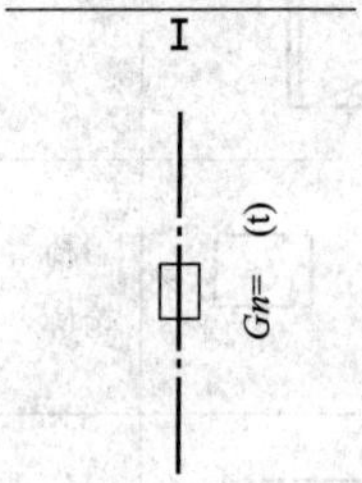 Gn= (t)	(1) 上图表示立面（或剖切面），下图表示平面 (2) 起重机的图例宜按比例绘制 (3) 有无操纵室，应按实际情况绘制 (4) 需要时，可注明起重机的名称、行驶的轴线范围及工作级别 (5) 本图例的符号说明： *Gn*——起重机起重量，以“t”计算 *S*——起重机的跨度或臂长，以“m”计算
4	梁式悬挂起重机	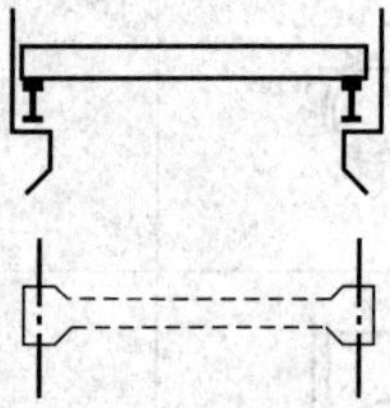 Gn= (t) S= (m)	
5	梁式起重机	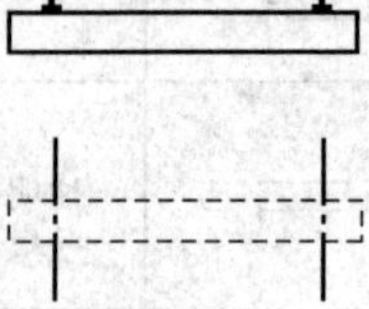 Gn= (t) S= (m)	

续表

序号	名称	图　　例	说　　明
6	桥式 起重机	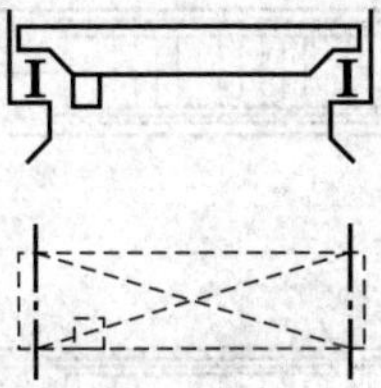 *Gn*=　(t) *S*=　(m)	(1) 上图表示立面（或剖切面），下图表示平面 (2) 起重机的图例宜按比例绘制 (3) 有无操纵室，应按实际情况绘制 (4) 需要时，可注明起重机的名称、行驶的轴线范围及工作级别 (5) 本图例的符号说明： *Gn*——起重机起重量，以"t"计算 *S*——起重机的跨度或臂长，以"m"计算
7	壁行 起重机	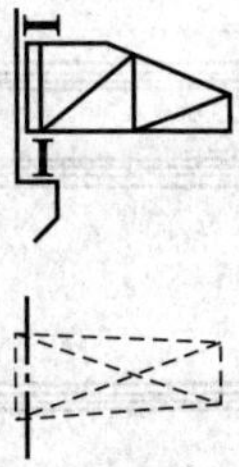 *Gn*=　(t) *S*=　(m)	
8	旋臂 起重机	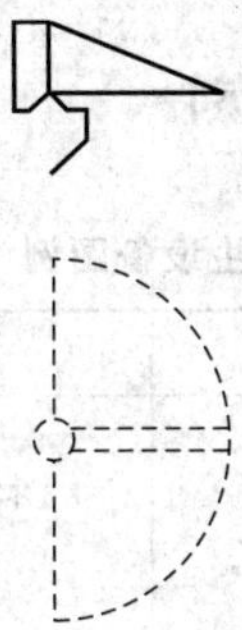 *Gn*=　(t) *S*=　(m)	
9	电梯	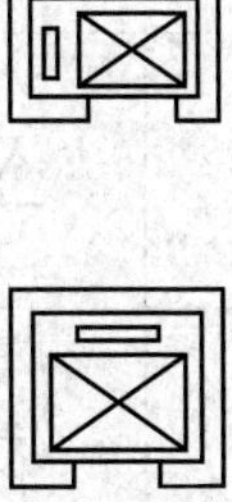	(1) 电梯应注明类型，并绘出门和平衡锤的实际位置 (2) 观景电梯等特殊类型电梯应参照本图例按实际情况绘制

续表

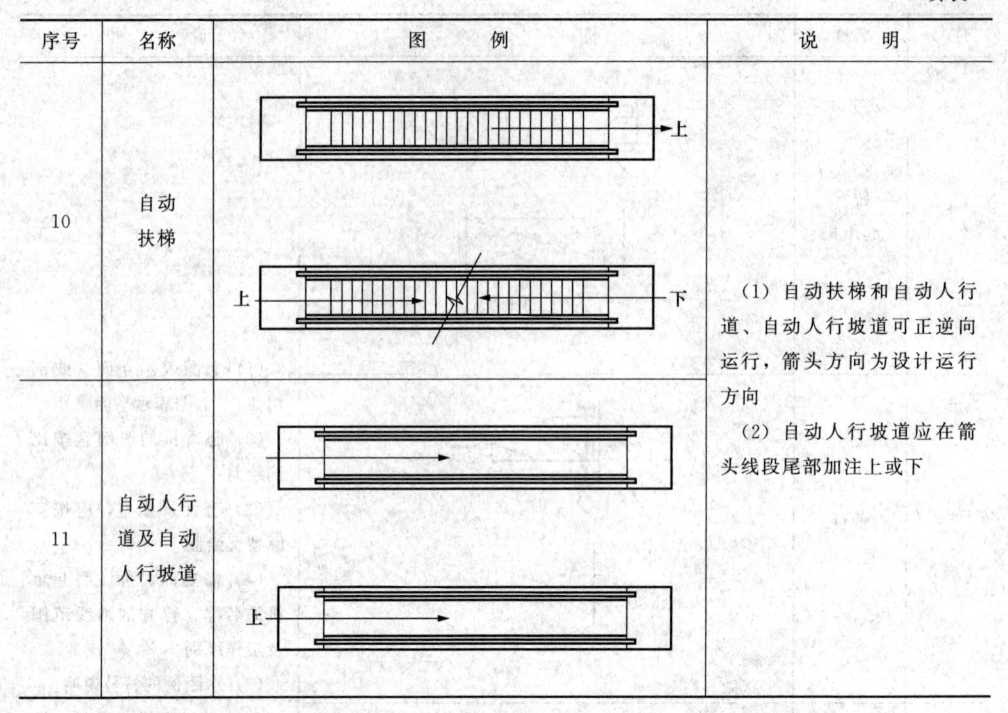

序号	名称	图　　例	说　　明
10	自动扶梯	上；上　下	（1）自动扶梯和自动人行道、自动人行坡道可正逆向运行，箭头方向为设计运行方向 （2）自动人行坡道应在箭头线段尾部加注上或下
11	自动人行道及自动人行坡道	上	

2.2.5 常用卫生设备图例（表2-5）

表2-5　　常用卫生设备图例

序　号	名　称	平　面	立　面	侧　面
1	洗脸盆			
2	立式洗脸盆（洗面器）			
3	浴盆			
4	方沿浴盆			

续表

序　号	名　称	平　面	立　面	侧　面
5	净身盆 （坐洗器）			
6	立式小便器			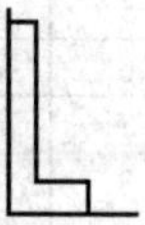
7	蹲式大便器			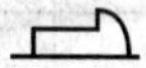
8	坐式大便器			
9	洗涤槽	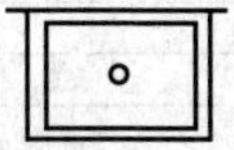	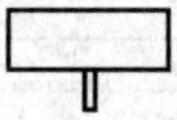	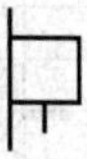
10	淋浴喷头			
11	斗式小便器			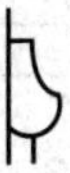
12	地漏		—	—
13	污水池		其他设备依设计的实际情况绘制	

2.3　识读图纸目录

图纸目录及建筑设计总说明都是建筑施工图中的说明性文件。图纸目录的内容主要包括序号、图纸名称、图纸编号、图纸张数等，其作用类似于书目，使施工人员对整套施工图纸的数量、图纸大小、名称等有一个整体的认识，方便在施工过程中查找相关图纸。图纸目录如图 2-1 所示。

序号	图纸名称	档案号	复用图号	规格	附注
综合楼建施					
1	图纸目录	0726-494T-10-00		4#	A版
2	建筑设计总说明	0726-494T-10-01		2#	A版
3	建筑构造用料做法	0726-494T-10-02		2#	A版
4	首层平面图	0726-494T-10-03		2#	A版
5	二层平面图	0726-494T-10-04		2#	A版
6	屋顶平面图	0726-494T-10-05		2#	A版
7	立面图	0726-494T-10-06		2#	A版
8	门窗表门窗立面分格示意1-1剖面图	0726-494T-10-07		2#	A版
9	大样图	0726-494T-10-08		2#	A版
10	建筑节能设计说明专篇	0726-494T-10-09		2#	A版

××××工程研究设计院 ×××× Research & Design Institute				图纸目录	××××项目工程
审定		设计			综合楼 工程
审核		计算			
校核		复核			档案号:0726-494T-10-00
项目负责		专业负责		比例 1:100 日期 2008.12	设计阶段 施工图 版次 A

图2-1 图纸目录

2.4 识读建筑设计总说明

2.4.1 总说明的基本内容

建筑设计总说明是对拟建工程所涉及的各个构件或系统所作的一个详细的说明，尤其是对主要项目及工艺要求中无法直接用图形所表达的部分所做的说明。其主要内容有：

（1）本项工程施工图设计的依据性文件、批文和相关规范。

(2) 项目概况：其内容一般应包括建筑名称、建设地点、建设单位、建筑面积、建筑基底面积、建筑工程等级、设计使用年限、建筑层数和建筑高度、防火设计建筑分类和耐火等级、人防工程防护等级、屋面防水等级、地下室防水等级、抗震设防烈度等，以及能反映建筑规模的主要技术经济指标，如住宅的套型和套数（包括每套的建筑面积、使用面积、阳台建筑面积，房间的使用面积可在平面图中标注）、旅馆的客房间数和床位数、医院的门诊人次和住院部的床位数、车库的停车泊位数等。

(3) 设计标高：本工程的相对标高与总图绝对标高的关系。

(4) 用料说明和室内外装修；如采用标准图集做法，则应说明所选用图集的图集号。

(5) 对采用新技术、新材料的做法说明及对特殊建筑造型和必要的建筑构造的说明。

(6) 门窗表及门窗性能（如防火、隔声、防护、抗风压、保温、空气渗透、雨水渗透等）、用料、颜色、玻璃、五金件等的设计要求。

(7) 幕墙工程（包括玻璃、金属、石材等）及特殊的屋面工程（包括金属、玻璃、膜结构等）的性能及制作要求，平面图、预埋件安装图等以及防火、安全、隔声构造。

(8) 电梯（自动扶梯）选择及性能说明（功能、载重量、速度、停站数、提升高度等）。

(9) 墙体及楼板预留孔洞需封堵时的封堵方式说明。

(10) 其他需要说明的问题。

2.4.2　总说明的识读要点

通过对设计总说明的识读，可以对拟建建筑或系统有一个整体的认识，可以了解工程的整体要求以及在各细部制作中应特别注意的问题，进而带着问题去识读下面的各张图纸，从而充分全面了解设计者的意图，发现其中的疏忽与不足，保证工程安全顺利地进行。如图 2-2 所示（见书末插页）为某工程的建筑设计总说明。识读时应注意以下要点：

(1) 了解拟建工程的设计的依据。

(2) 通过对工程项目概况的阅读，掌握工程建设的基本情况。

(3) 了解建筑中相对标高与绝对标高的关系。

(4) 通过对门窗表的识读，了解工程中所使用门窗的种类，以及各种门窗的数量。

(5) 了解工程中无法用图形表达的一些部位的特殊做法及选用的材料。

2.5　识读总平面图

2.5.1　总平面图的形成与作用

总平面图是假设在建设区的上空向下投影所得的水平投影图。将新建工程四周一定范围内的新建、拟建、原有和拆除的建筑物、构筑物连同其周围的地形、地物状况用水平投影方法和相应的图例所画出的图纸，即为总平面图。总平面图主要表示新建房屋的位置、朝向，与原有建筑物的关系，以及周围道路、绿化和给水、排水、供电条件等方面的情况，作为新建房屋施工定位，土方施工，设备管网平面布置，安排在施工时进入现场的材料和构件、配件堆放场地，构件预制的场地以及运输道路的依据。

2.5.2 总平面图的基本内容

（1）图名、比例。总平面图因包括的地方范围较大，所以绘制时一般都用较小的比例，如1∶2000、1∶1000、1∶500等。

（2）新建建筑所处的地形。若建筑物建在起伏不平的地面上，应画上等高线并标注标高。

（3）新建建筑的具体位置，在总平面图中应详细地表达出新建建筑的定位方式。总平面图确定新建或扩建工程的具体位置，用定位尺寸或坐标确定。定位尺寸一般根据原有房屋或道路中心线来确定；当新建成片的建筑物、构筑物或较大的公共建筑或厂房时，往往用坐标来确定每一建筑物及道路转折点等的位置。施工坐标代号宜用“A、B”表示，若标测量坐标则坐标代号用“X、Y”表示。总平面图上标注的尺寸一律以米为单位，并且标注到小数点后两位。

（4）注明新建房屋底层室内地面和室外整平地面的绝对标高。总平面图会注明新建房屋室内（底层）地面和室外整平地面的标高。总平面图中标高的数值以米为单位，一般标注到小数点后两位。图中所注数值，均为绝对标高。

总平面图标明建筑物的层数，在单体建筑平面图角上，画有几个小黑点表示建筑物的层数。对于高层建筑，可以用数字表示层数。

（5）相邻有关建筑、拆除建筑的大小、位置或范围。

（6）附近的地形、地物等，如道路、河流、水沟、池塘、土坡等。

（7）指北针或风向频率玫瑰图。总平面图会画上风向频率玫瑰图或指北针，表示该地区的常年风向频率和建筑物、构筑物等的朝向。风向频率玫瑰图是根据当地多年统计的各个方向吹风次数的百分数按一定比例绘制的。风吹方向是指从外面吹向中心。实线是全年风向频率，虚线是夏季风向频率。有的总平面图上也有只画上指北针而不画风向频率玫瑰图的情况。

（8）绿化规划和给水排水、采暖管道和管线布置。

2.5.3 总平面图的识读方法

下面以某楼总平面图（图2-3）为例说明建筑总平面图的识读方法。

（1）看图名、比例、图例及有关的文字说明。

（2）了解工程的用地范围、地形地貌和周围环境情况。

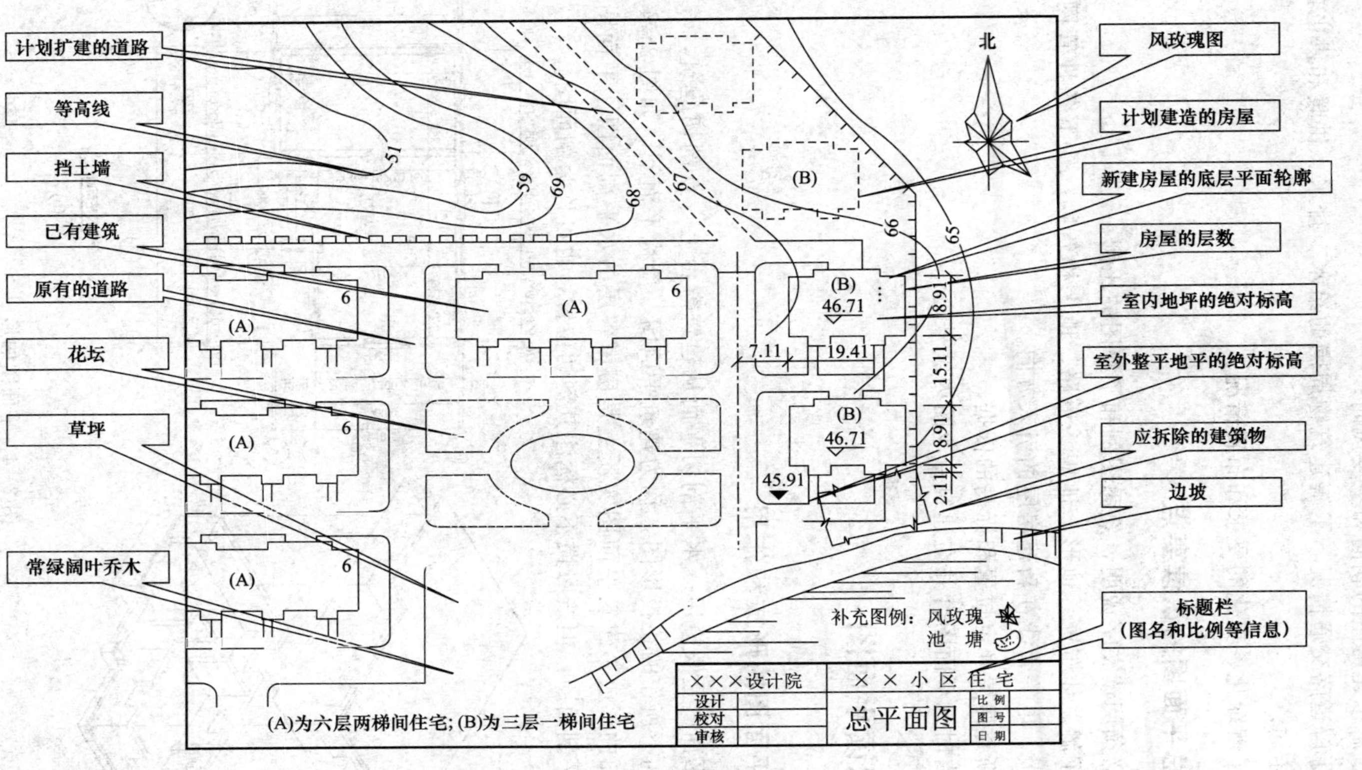
计划扩建的道路
等高线
挡土墙
已有建筑
原有的道路
花坛
草坪
常绿阔叶乔木
风玫瑰图
计划建造的房屋
新建房屋的底层平面轮廓
房屋的层数
室内地坪的绝对标高
室外整平地平的绝对标高
应拆除的建筑物
边坡
标题栏
（图名和比例等信息）
北
51
59
69
68
67
66
65
(A)
6
(B)
46.71
19.41
7.11
8.91
15.11
2.11
45.91
补充图例：风玫瑰
池　塘
×××设计院
设计
校对
审核
× × 小 区 住 宅
总平面图
比 例
图 号
日 期
(A)为六层两梯间住宅；(B)为三层一梯间住宅

图 2-3　总平面图的识读

（3）了解拟建房屋的平面位置和定位依据。

（4）了解拟建房屋的朝向和主要风向。

（5）了解道路交通情况，了解建筑物周围的给水、排水、供暖和供电的位置，管线布置走向。

（6）了解绿化、美化的要求和布置情况。

2.5.4 总平面图的识读要点

（1）必须阅读文字说明，熟悉图例和了解图的比例。

（2）了解总体布置、地形、地貌、道路、地上构筑物、地下各种管网布置走向和水、暖、电等管线在新建房屋的引入方向。

（3）新建房屋确定位置和标高的依据。

（4）有时总平面图合并在建筑专业图内编号。

2.6 识读平面图

2.6.1 平面图的形成和作用

建筑平面图是假想用一水平剖切平面从建筑窗台上一点剖切建筑，移去上面的部分，向下所作的正投影图，称为建筑平面图，简称平面图。如图 2-4 所示是建筑平面图的形成。建筑平面图实质上是房屋各层的水平剖面图。平面图虽然是房屋的水平剖面图，但按习惯不必标注其剖切位置，也可称为剖面图。

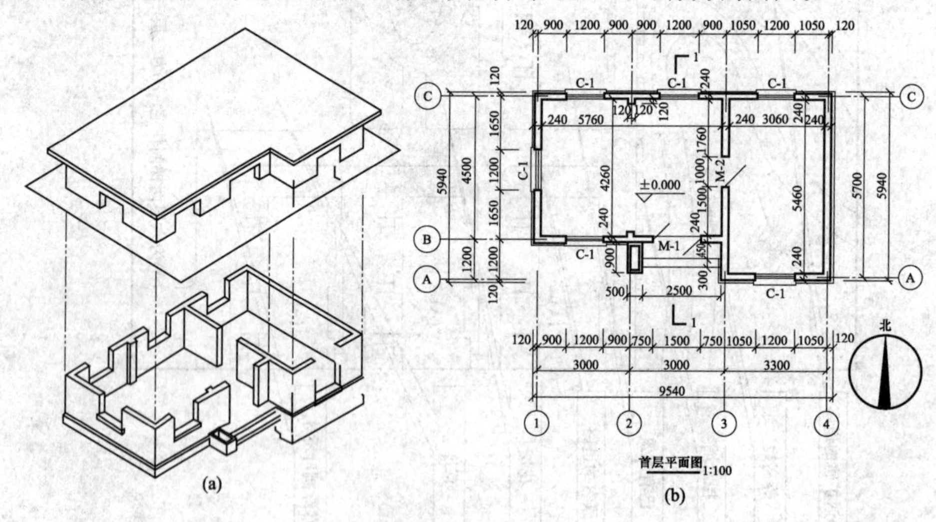

图 2-4　平面图的形成

一般房屋有几层，就应有几个平面图。当房屋除了首层之外，其余均为相同

的标准层时，一般房屋只需画出首层平面图、标准层平面图、顶层平面图即可，在平面图下方应注明相应的图名及采用的比例。因平面图是剖面图，因此应按剖面图的图示方法绘制，即被剖切平面剖切到的墙、柱等轮廓用粗实线表示，未被剖切到的部分如室外台阶、散水、楼梯、阳台、雨篷以及尺寸线等用细实线表示，门的开启线用中粗实线表示。

建筑平面图常用的比例是 1∶50、1∶100 或 1∶200，其中 1∶100 使用最多。建筑平面图的方向宜与总平面图的方向一致，平面图的长边宜与横式幅面图纸的长边一致。

平面图反映建筑物的平面形状和大小、内部布置、墙的位置、厚度和材料、门窗的位置和类型以及交通等情况，可作为建筑施工定位、放线、砌墙、安装门窗、室内装修、编制预算的依据。

2.6.2　平面图的基本内容

平面图的主要内容可概括如下。

（1）表示建筑物的平面形状、内部布置和朝向，包括房屋的平面外形。内部房间的布置（应有房间名称或编号），走道、楼梯的位置，厕所、盥洗室、卫生间的位置和突出外墙面的一些构件（一般首层平面图画有台阶、坡道、花台、散水等；二层平面图画有首层门、窗上的雨篷、遮阳板和本层的阳台；三层及以上各层平面图画有下面相邻一层窗上的遮阳板和本层的阳台）。另外，首层平面图应画有雨水管、暖气管沟、检查孔的位置，并标注指北针，以确定房屋的朝向。

（2）标明建筑物各部分的尺寸，用轴线和尺寸标注各处的准确尺寸。纵向和横向外部尺寸一般都分三道标注：即最外一道为房屋外包尺寸，表明房屋的总长和总宽；中间一道为轴线间的尺寸，表明房屋的开间（或柱距）和进深（或柱跨、跨度）；最里一道为门窗洞口和墙垛到邻近轴线的详细尺寸。内部尺寸则根据实际需要标注一道或标注若干处，主要标注出墙厚、柱的断面和它们与轴线的关系，标注出内墙门窗洞口、预留洞口的位置、大小、洞底标高等。

（3）标明建筑物的结构形式和主要建筑材料。如有的工程为砖墙承重的砖混结构，有的工程为柱子承重的框架结构，还有的工程为外砖墙、内柱子承重的内框架结构等。用不同的建筑材料图例表明墙、隔墙和柱子使用的材料。

（4）标明各层地面的标高，一般首层的室内地面定为±0.000。除首层平面图应加注室外地坪标高外，各层平面图均应注有本层地面各处的标高和楼梯休息平台的标高，坡道和楼梯还注有上或下的箭头（箭头起点以各层地面为准）。

（5）标明门窗编号和门的开启方向。根据各项工程采用门窗图集的不同，门窗编号方法也随之不同，一般用 C 表示窗，用 M 表示门。例如北京常用木门窗 76J61 图集中，59M4 表示宽×高＝1500mm×2700mm 洞口用的弹簧门，56C 表示宽×高＝1500mm×1800mm 洞口的外开窗。当同一位置处上部装窗下部装门时，则在门洞处标注：上 53C，下 59M4。当墙上安装高窗时，窗的图例为虚线，一般应注有窗台的高度。门的开启方向或方式与安装五金有关，在框架结构的建筑各层平面图中墙上洞口处，及在砖混结构的建筑各层平面图中隔墙上洞口处，常注有门窗洞口过梁的根数和编号，如2GL12·2（即2根用于洞口净宽为1200mm的过梁）。

（6）标明剖面图、详图和标准配件的位置及索引号，剖面图应标明剖切位置、剖视方向和剖面图的编号（此索引仅在首层平面图上表示）。

（7）反映其他工种（工艺、水、暖、电）对土建专业的要求。如设备基础、坑、台、池、消火栓、配电箱和墙上、楼板上的预留孔的位置和尺寸。

（8）门窗表和材料做法表可分层画在各层平面图上，也可集中单独做在另外的图纸上。门窗表应有型号、尺寸和数量。材料做法表应表明各房间的地面、楼面、踢脚板、墙裙、内墙面、顶棚等的做法编号。

（9）文字说明表达视图中表示不全的内容。如砖、砂浆、混凝土的强度等级，以及对施工的要求等。

2.6.3 平面图的识读方法

1. 首层平面图的识读

首层平面图的识读，如图2-5所示。

（1）了解平面图的图名、比例及文字说明。

（2）了解建筑的朝向、纵横定位轴线及编号。

（3）了解建筑的结构形式。

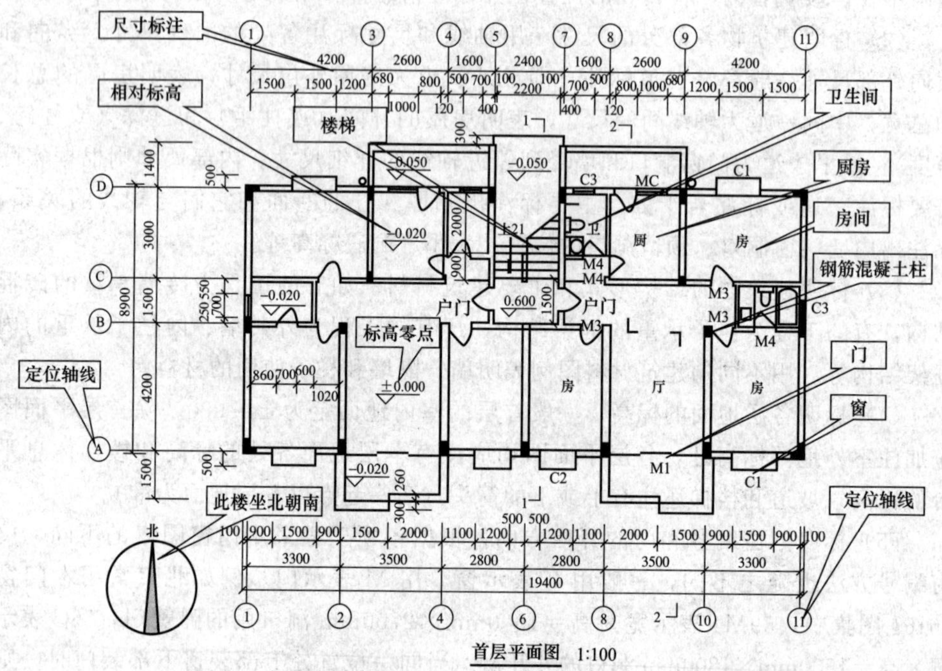

首层平面图 1:100

图2-5 首层平面图的识读

(4) 了解建筑的平面布置、作用及交通联系。

(5) 了解建筑平面图上的尺寸、平面形状和总尺寸。

(6) 了解建筑中各组成部分的标高情况。

(7) 了解房屋的开间、进深、细部尺寸。

(8) 了解门窗的位置、编号、数量及型号。

(9) 了解建筑剖面图的剖切位置、索引标志。

(10) 了解各专业设备的布置情况。

2. 其他楼层平面图的识读

其他楼层平面图包括标准层平面图和顶层平面图，其形成与首层平面图的形成相同。在标准层平面图上，为了简化作图，已在首层平面图上表示过的内容不再表示。识读标准层平面图时，重点应与首层平面图对照异同。

3. 屋顶平面图的识读

屋顶平面图主要反映屋面上天窗、水箱、铁爬梯、通风道、女儿墙、变形缝等的位置以及采用标准图集的代号，屋面排水分区、排水方向、坡度，雨水口的位置、尺寸等内容。在屋顶平面图上，各种构件只用图例画出，用索引符号表示出详图的位置，用尺寸具体表示构件在屋顶上的位置，如图2-6所示。

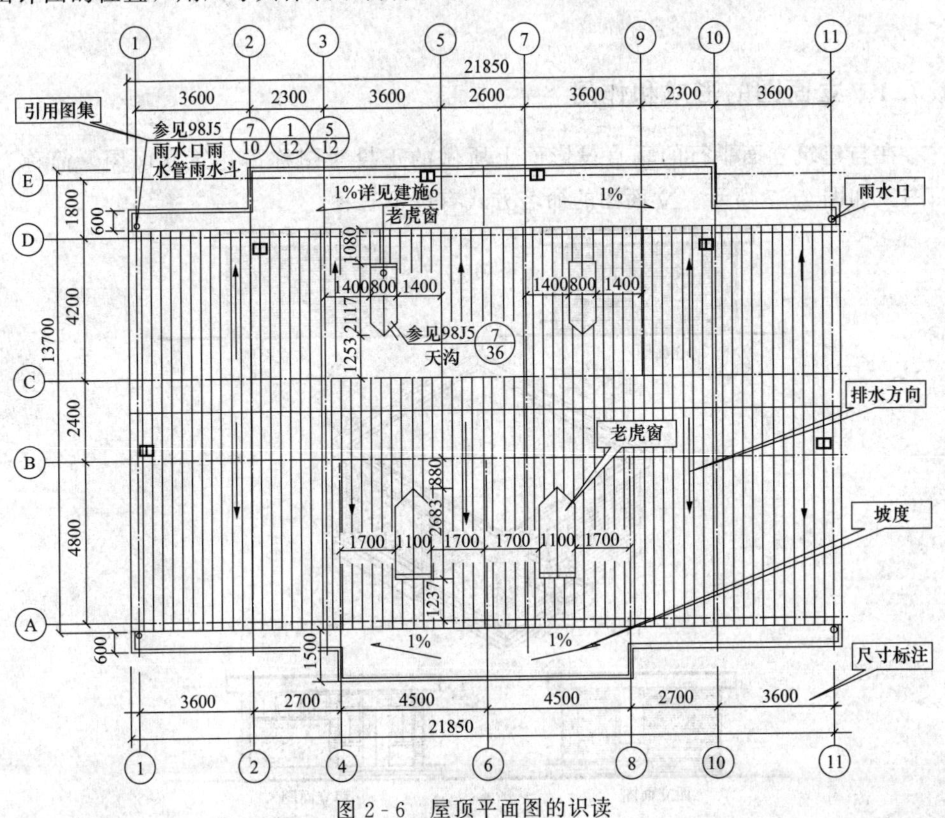

图2-6　屋顶平面图的识读

2.6.4 平面图的识读要点

（1）多层房屋的各层平面图，原则上从最下层平面图开始（有地下室时从地下室平面图开始，无地下室时从首层平面图开始）逐层读到顶层平面图，且不能忽视全部文字说明。

（2）每层平面图先从轴线间距尺寸开始，记住开间、进深尺寸，再看墙厚和柱的尺寸以及它们与轴线的关系，门窗尺寸和位置……宜按先大后小、先粗后细、先主体后装修的步骤阅读，最后可按不同的房间，逐个掌握图纸上表达的内容。

（3）认真校核各处的尺寸和标高有无注错或遗漏的地方。

（4）细心核对门窗型号和数量。掌握内装修的各处做法。统计各层所需过梁型号、数量。

（5）将各层的做法综合起来考虑，了解上、下各层之间有无矛盾，以便从各层平面图中逐步树立起建筑物的整体概念，并为进一步阅读建筑专业的立面图、剖面图和详图，以及结构专业图打下基础。

2.7 识读立面图

2.7.1 立面图的形成和作用

在与建筑立面平行的垂直投影面上所做的正投影图称为建筑立面图，简称立面图，如图2-7所示。立面图的命名方式有以下三种。

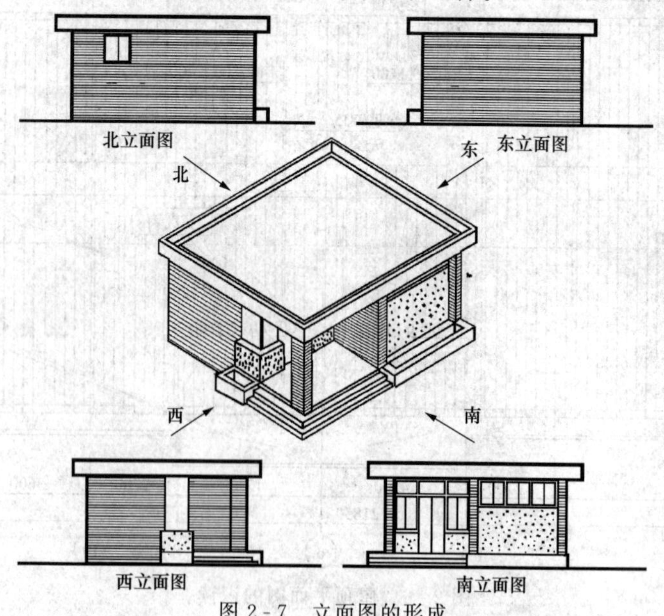

图2-7　立面图的形成

（1）用朝向命名：建筑物的某个立面面向哪个方向，就称为那个方向的立面图。

（2）按外貌特征命名：将建筑物反映主要出入口或显著地反映外貌特征的那一面称为正立面图，其余立面图依次为背立面图、左立面图和右立面图。

（3）用建筑平面图中的首尾轴线命名：按照观察者面向建筑物从左到右的轴线顺序命名。如图 2-7 所示标出了建筑立面图的投影方向和名称。

建筑立面图主要反映房屋的体形和外貌、门窗的形式和位置、墙面的材料和装修做法等，是施工的重要依据。

2.7.2　立面图的基本内容

（1）表明建筑的外形及门窗、阳台、雨篷、台阶、花台、门头、勒脚、檐口、雨水管、烟囱、通风道和外楼梯等的形式和位置。

（2）通常外部在垂直方向标注三条尺寸线：最外一道为室外地坪至檐口上皮（或女儿墙上皮）的总高度；中间一道为室内外高差，各层层高和顶层层高线至檐口上皮（或女儿墙上皮）的尺寸；最里一道为窗台高、门窗高、门窗以上至上层层高线的高度尺寸。水平方向仅标注轴线间的尺寸一道。

（3）通常标注室外地坪、首层地面、各层楼面、顶层结构顶板上皮（坡层顶为屋架支座上皮）、檐口（或女儿墙）和屋脊上皮标高以及外部尺寸不易注明的一些构件的标高等。

（4）表明并用文字注明外墙各处外装修的材料与做法。

（5）注明局部或外墙详图的索引。

2.7.3　立面图的识读方法

下面以图 2-8 为例，说明建筑立面图的内容及识读步骤。

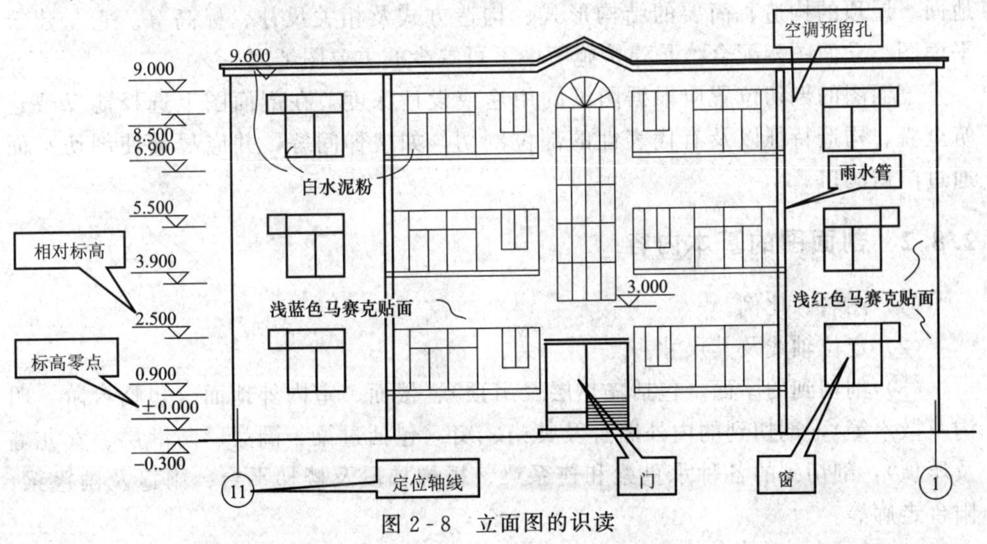

图 2-8　立面图的识读

（1）了解图名、比例。

（2）了解建筑的外貌。

（3）了解建筑的竖向标高。

（4）了解立面图与平面图的对应关系。

（5）了解建筑物的外装修。

（6）了解立面图上详图索引符号的位置及其作用。

2.7.4 立面图的识读要点

（1）首先应根据图名及轴线编号对照平面图，明确各立面图所表示的内容是否正确。

（2）在明确各立面图表明的做法基础上，进一步校核各立面图之间有无不交叉的地方，从而通过阅读立面图建立起房屋外形和外装修的全貌。

2.8 识读剖面图

2.8.1 剖面图的形成与作用

假想用一个或多个垂直于外墙轴线的铅垂剖切平面将房屋剖开，移去靠近观察者的部分，对留下部分所作的正投影图称为建筑剖面图，如图2-9所示。

建筑剖面图是整幢建筑物的垂直剖面图。剖面图的图名应与底层平面图上标注的剖切符号编号一致，剖切符号可用阿拉伯数字、罗马数字或拉丁字母编号，如1—1剖面图。

建筑剖面图用以表示建筑物内部的结构构造、垂直方向的分层情况、各层楼地面、屋顶的构造、简要的结构形式、构造方式及相关尺寸、标高等。它与建筑平面图、立面图相配合，是建筑施工中不可缺少的重要图纸之一。

剖面图的剖切位置应根据图纸的用途或设计深度，在剖面图上选择能反映建筑全貌、构造特征以及有代表性的部位剖切，如楼梯间等，并应尽量使剖切平面通过门窗洞口。

2.8.2 剖面图的基本内容

（1）图名、比例。

（2）定位轴线及其尺寸。

（3）剖切到的屋面（包括隔热层及吊顶）、楼面、室内外地面（包括台阶、明沟及散水等），剖切到的内外墙身及其门、窗（包括过梁、圈梁、防潮层、女儿墙及压顶），剖切到的各种承重梁和连系梁、楼梯梯段及楼梯平台、雨篷及雨篷梁、阳台走廊等。

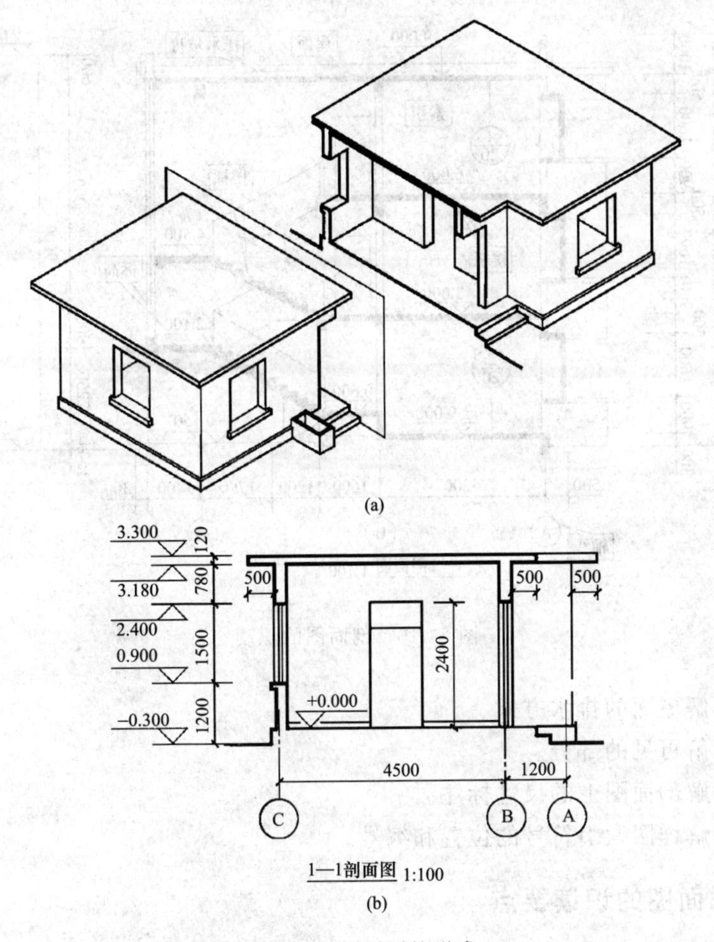

图 2-9　剖面图的形成

(4) 未剖切到的可见部分，如可见的楼梯梯段、栏杆扶手、走廊端头的窗；可见的梁、柱；可见的水斗和雨水管；可见的踢脚板和室内的各种装饰等。

(5) 垂直方向的尺寸及标高。

(6) 详图索引符号。

(7) 施工说明等。

2.8.3　剖面图的识读方法

下面以图 2-10（某商住楼 1-1 剖面图）为例来说明建筑剖面图的识读方法。

(1) 了解图名、比例。

(2) 了解剖面图与平面图的对应关系。

(3) 了解被剖切到的墙体、楼板、楼梯和屋顶。

(4) 了解屋面、楼面、地面的构造层次及做法。

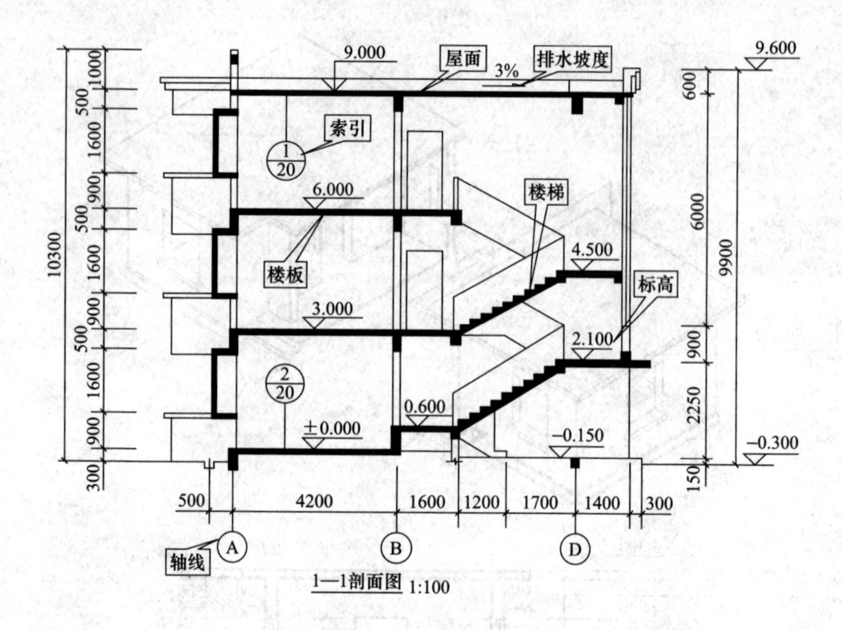

图2-10　剖面图的识读

（5）了解屋面的排水方式。

（6）了解可见的部分。

（7）了解剖面图上的尺寸标注。

（8）了解详图索引符号的位置和编号。

2.8.4　剖面图的识读要点

（1）按照平面图中标明的剖切位置和剖视方向，校核剖面图所标明的轴线号、剖切的部位和内容与平面图是否一致。

（2）校对尺寸、标高是否与平面图、立面图相一致；校对剖面图中内装修做法与材料做法表是否一致。在校对尺寸、标高和材料做法中，加深对房屋内部各处做法的整体概念。

2.9　识读外墙详图

2.9.1　外墙详图的作用

外墙详图也叫外墙大样图，是建筑剖面图上外墙体的放大图纸，表达外墙与地面、楼面、屋面的构造连接情况以及檐口、门窗顶、窗台、勒脚、防潮层、散水、明沟的尺寸、材料、做法等构造情况，它是砌墙、室内外装修、门窗安装、

编制施工预算以及材料估算等的重要依据。

在多层房屋中，各层构造情况基本相同，可只画墙脚、檐口和中间部分三个节点。门窗一般采用标准图集，为了简化作图，通常采用省略画法，即门窗在洞口处断开。

2.9.2　外墙详图的内容

(1) 墙与轴线的关系：表明外墙厚度、外墙与轴线的关系，在墙厚或墙与轴线关系有变化处，都应分别标注清楚。

(2) 室内、外地面处的节点：表明基础墙厚度、室外地坪的位置、明沟、散水、台阶或坡道的做法、墙身防潮层的做法，首层地面与暖气槽、罩和暖气管件的做法，勒脚、踢脚板或墙裙的做法，以及首层室内外窗台的做法等。

(3) 楼层处的节点：包括从下层窗过梁至本层窗台范围里的全部内容。常包括门窗过梁、雨篷或遮阳板、楼板、圈梁、阳台板和阳台栏板或栏杆、楼面、踢脚板或墙裙、楼层内外窗台、窗帘盒或窗帘杆、顶棚与内、外墙面做法等。当若干层节点相同时，可用一个图纸表示，但应标注出若干层的楼面标高。

(4) 屋顶檐口处的节点：表明自顶层窗过梁到檐口、女儿墙上皮范围里的全部内容。常包括门窗过梁、雨篷或遮阳板、顶层屋顶板或屋架、圈梁、屋面及室内顶棚或吊顶、檐口或女儿墙，屋面排水的天沟、下水口、雨水斗和雨水管，以及窗帘盒或窗帘杆等。

(5) 各处尺寸与标高的标注，原则上应与立面、剖面图一致并注法相同外，应加注挑出构件的挑出长度的尺寸，挑出构件结构下皮的标高。尺寸与标高的标注总原则通常是：除层高线的标高为建筑面以外（平屋顶顶层层高线，常以顶板上皮为准），都宜标注结构面的尺寸标高。

(6) 应表达清楚室内、外装修各构造部位的详细做法，某些部位图面比例小不易表达更详细的细部做法时，应标注文字说明或详图索引。

2.9.3　外墙详图的识读方法

下面以图 2-11 为例说明建筑外墙详图的识读方法。

(1) 了解墙身详图的图名和比例。

(2) 了解墙脚构造。

(3) 了解中间节点。

(4) 了解檐口部位。

2.9.4　外墙详图的识读要点

(1) 由于外墙详图能较明确、清楚地表明每项工程绝大部分主体与装修的做法，所以除读懂图面所表达的全部内容外，还应较认真、仔细地与其他图纸联系

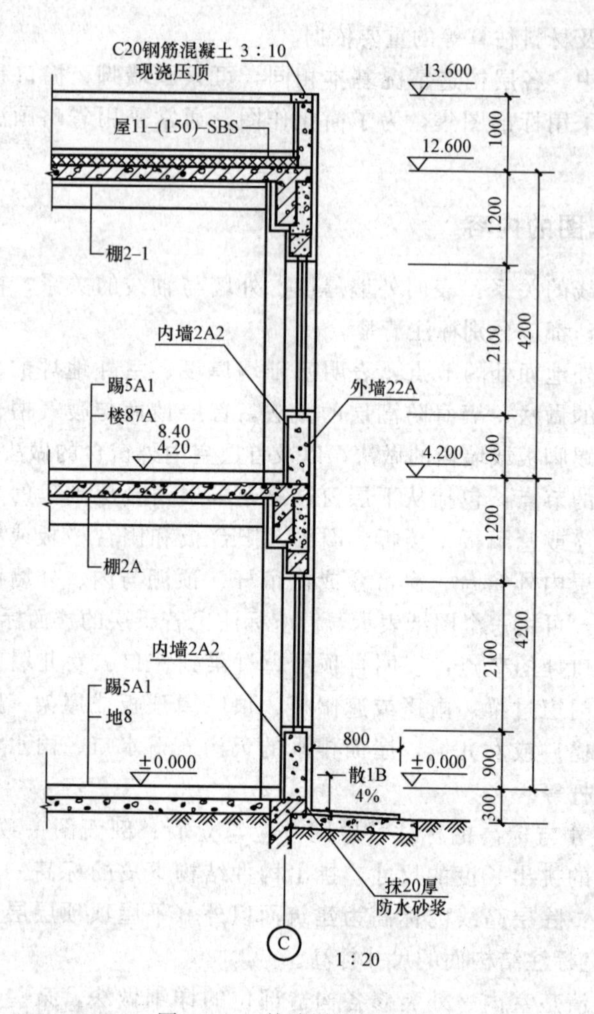

图 2-11　外墙详图的识读

阅读，如勒脚以下基础墙做法要与结构专业的基础平面和剖面图联系阅读，楼层与檐口、阳台、雨篷等也应和结构专业的各层顶板结构平面和部位节点图对照阅读，这样就能加深理解，并从中发现各图纸相互间出现的问题。

（2）应反复校核各图中尺寸、标高是否一致，并应与本专业其他图纸或结构专业的图纸反复校核。往往由于设计人员的疏忽或经验不足，致使本专业图纸之间或与其他专业图纸之间在尺寸、标高甚至做法上出现不统一的地方，将会给施工带来很多困难。

（3）除认真阅读详图中被剖切部分的做法外，对图面表达的未剖切到的可见轮廓线不可忽视，因为一条可见轮廓线可能代表一种材料和做法。

2.10　识读楼梯详图

2.10.1　楼梯详图的作用

楼梯由梯段（包括踏步和斜梁）、平台（包括平台板和平台梁）和栏板（或栏杆）等部分组成。楼梯的构造比较复杂，一般需另画详图，以表示楼梯的类型、结构形式、各部位尺寸及装修做法，它是楼梯施工详图的主要依据。

2.10.2　楼梯详图的基本内容

楼梯建筑详图由楼梯间平面图（除首层和顶层平面图外、三层以上的房屋，如中间各层楼梯做法完全相同时，可画标准层平面图）、剖面图（三层以上的房屋，如中间各层楼梯做法完全相同时，也可用一标准层的剖面表明多层，图面应加水平的折断线）、踏步、栏板（或栏杆）、扶手等详图组成。下面以两跑楼梯说明详图内容。

（1）楼梯平面图。各层平面图所表达的内容，习惯上都以本层地面以上到休息板之间所作的水平剖切面为界。如以三层楼房的两跑楼梯为例，且将楼梯跑与休息板自上而下编号时，首层平面图应表示出楼梯第一跑的下半部和第一跑下的隔墙、门、外门和室内、外台阶等。二层平面图应表示出第一跑的上半部、第一个休息板、第二跑、二层楼面和第三跑的下半部。三层平面图应表示出第三跑的上半部、第二个休息板、第四跑和三层楼面。

各层平面图，除应注明楼梯间的轴线和编号外，必须注明楼梯跑宽度、两跑间的水平距离、休息板和楼层平台板的宽度及楼梯跑的水平投影长度。还应注有楼梯间墙厚、门和窗等位置尺寸。

各层平面图自各层楼、地面为起点，标明有“上”或“下”字的箭头，以反映出楼梯的走向。图中一般都标有地面、各楼面和休息板面的标高。首层平面图应注有楼梯剖面图的索引。

（2）楼梯剖面图。表明各层楼层和休息板的标高，各楼梯跑的踏步数和楼梯跑数，各构件的搭接做法，楼梯栏杆的式样和扶手高度，楼梯间门窗洞口的位置和尺寸等。

（3）楼梯栏杆（栏板）、扶手和踏步详图。表明栏杆（栏板）的式样、高度、尺寸、材料及其与踏步、墙面的搭接方法，踏步及休息板的材料、做法及详细尺寸等。

（4）当建筑结构两专业楼梯详图绘制在一起时，除表明以上建筑方面的内容外，还应表明选用的预制钢筋混凝土各构件的型号和各构件搭接处的节点构造，以及标准构件图集的索引号。

2.10.3　楼梯详图的识读方法

1. 楼梯平面图的识读步骤（图 2-12）

（1）了解楼梯在建筑平面图中的位置及有关轴线的布置。

(2) 了解楼梯的平面形式、踏步尺寸、楼梯的走向以及上下行的起步位置。

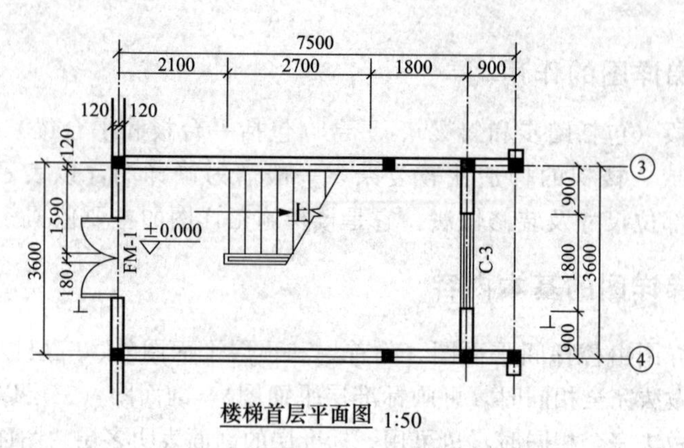

楼梯首层平面图 1:50

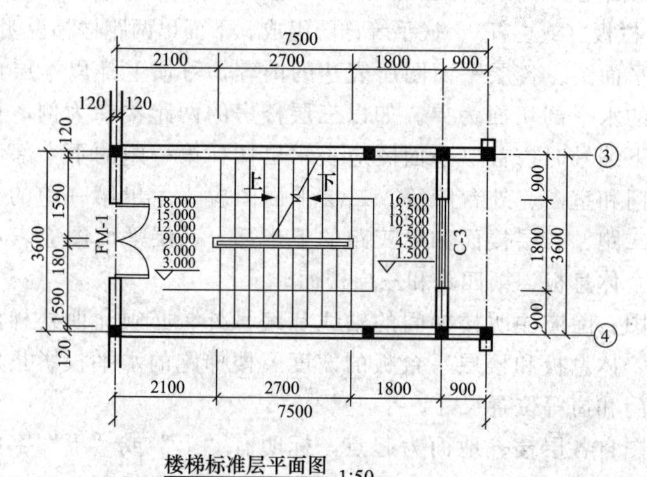

楼梯标准层平面图 1:50

楼梯顶层平面图 1:50

图 2-12 楼梯平面图

(3) 了解楼梯间的开间、进深，墙体的厚度。

(4) 了解楼梯和休息平台的平面形式、位置，踏步的宽度和数量。

(5) 了解楼梯间各楼层平台、梯段、楼梯井和休息平台面的标高。

(6) 了解中间层平面图中三个不同梯段的投影。

(7) 了解楼梯间墙、柱、门、窗的平面位置、编号和尺寸。

(8) 了解楼梯剖面图在楼梯底层平面图中的剖切位置。

2. 楼梯剖面图的识读步骤（图 2-13）

(1) 了解楼梯的构造形式。

(2) 了解楼梯在竖向和进深方向的有关尺寸。

(3) 了解楼梯段、平台、栏杆、扶手等的构造和用料说明。

(4) 了解被剖切梯段的踏步级数。

(5) 了解图中的索引符号。

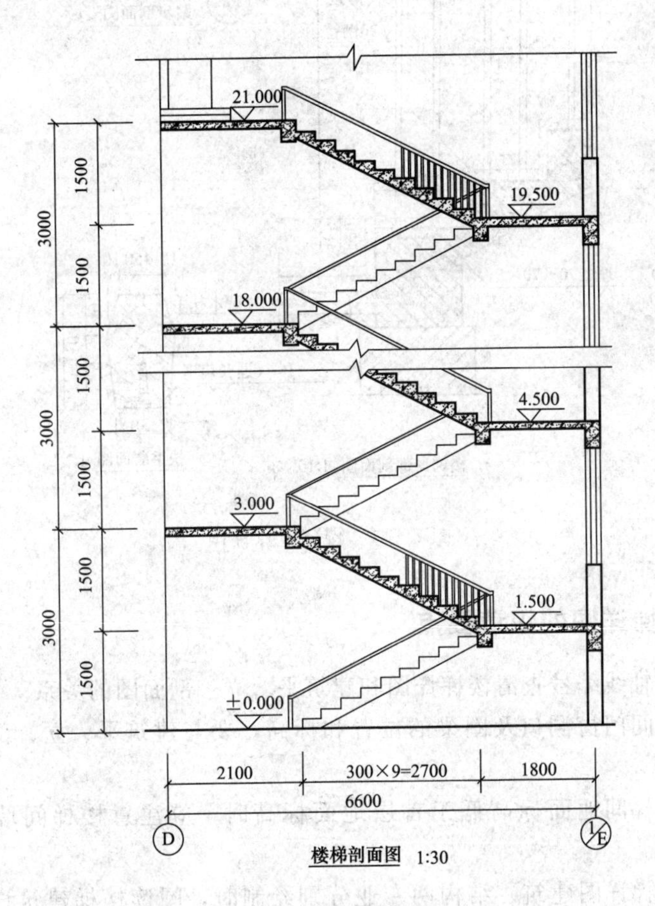

图 2-13　楼梯剖面图

3. 楼梯节点详图的识读

楼梯节点详图主要表达楼梯栏杆、踏步、扶手的做法，如果采用标准图集，则直接引注标准图集代号；如果采用的形式特殊，则用1∶10、1∶5、1∶2或1∶1的比例详细表示其形状、大小、所采用材料以及具体做法，如图2-14所示。

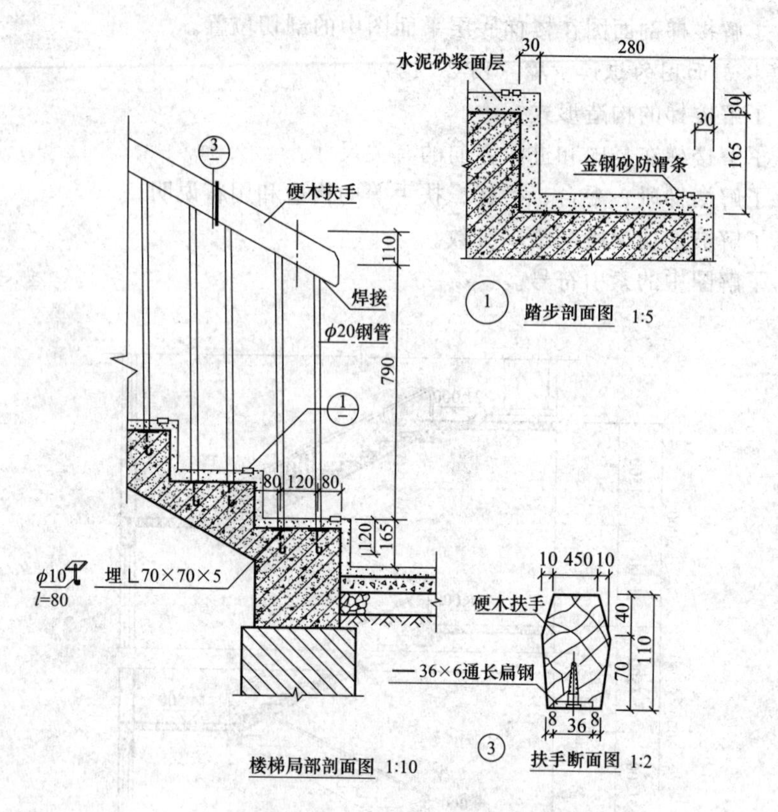

图2-14 楼梯节点详图

2.10.4 楼梯详图的识读要点

（1）根据轴线编号查清楼梯详图和建筑平、立、剖面图的关系。

（2）楼梯间门窗洞口及圈梁的位置和标高，要与建筑平、立、剖面图和结构图对照阅读。

（3）当楼梯间地面标高低于首层地面标高时，应注意楼梯间墙身防潮层的做法。

（4）当楼梯详图建筑、结构两专业分别绘制时，阅读楼梯建筑详图应对照结构图，校核楼梯梁、板的尺寸和标高是否与建筑装修相吻合。

2.11　识读门窗详图

2.11.1　门窗的组成与名称

如图 2-15 所示，下面以木门窗为例，说明门窗的组成的名称。

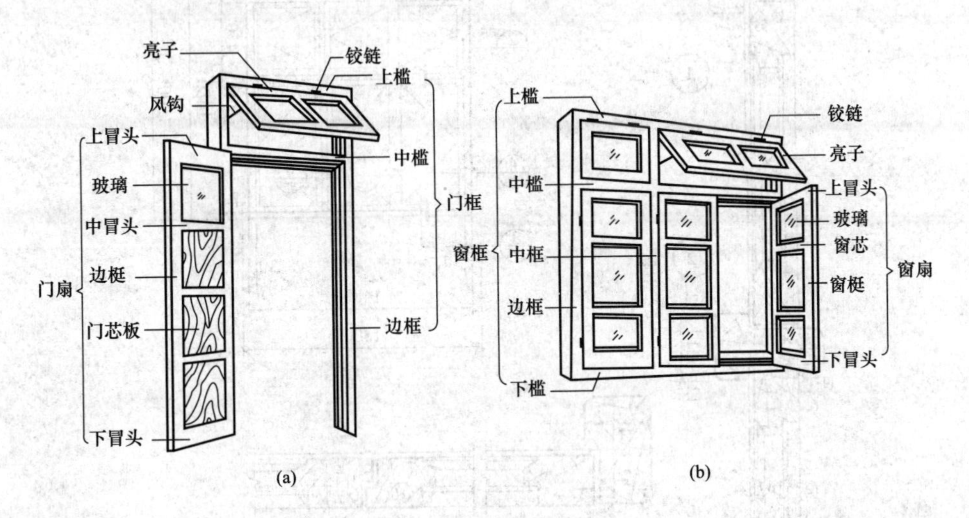

图 2-15　木门窗的组成与名称
(a) 单扇平开木门；(b) 三扇平开木窗

2.11.2　门窗详图的内容与作用

门窗详图由门窗的立面图、节点详图、断面图、门窗五金表及文字说明等组成。

(1) 门窗立面图表明门窗的组合形式、开启方式、门窗各构件轮廓线、长度和高度尺寸（三道）及节点索引标志。

(2) 门窗节点详图表示门窗各构件的剖面图、详图符号、尺寸等。

(3) 门窗断面图表示某节点中各部件的用料和断面形状，还表示各部件的尺寸及其相互间的位置关系。

2.11.3　门窗详图的识读要点

下面以木门窗为例，说明门窗详图的识读要点（见图 2-16）。

(1) 从窗的立面图上了解窗的组合形式及开启方式。

(2) 从窗的节点详图中还可了解到各节点窗框、窗扇的组合情况及各木料的用料断面尺寸和形状。

（3）门窗的开启方式由开启线决定，开启线有实线和虚线两种。

（4）目前设计时常选用标准图册中的门窗，一般是用文字代号等说明所选用的型号，而省去门窗详图。此时，必须找到相应的标准图册，才能完整地识读该图。

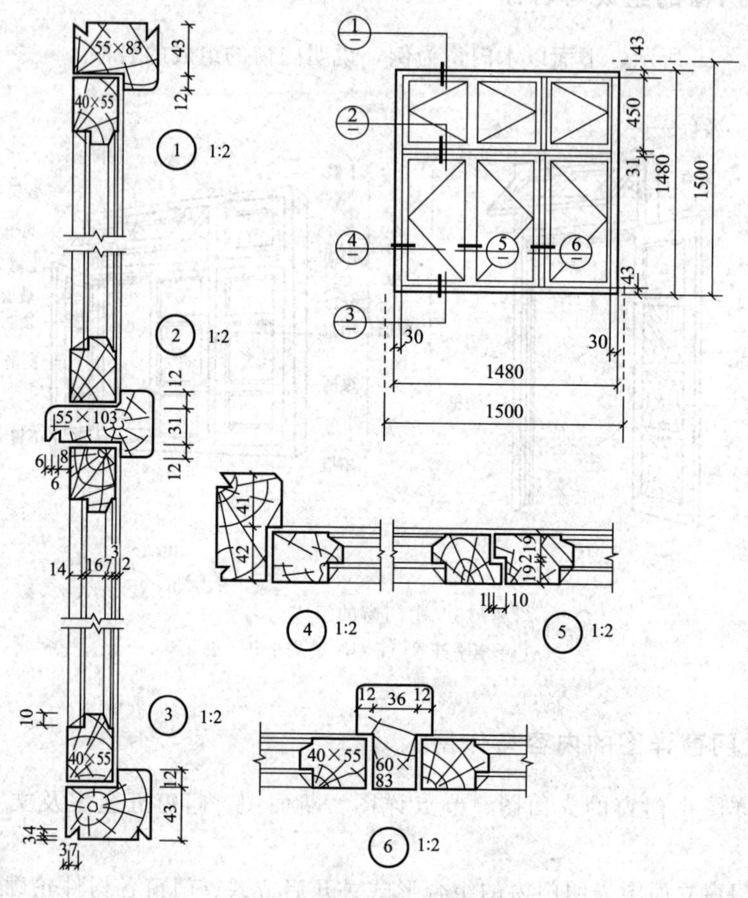

图2-16　门窗详图的识读

2.12　识读厕所、盥洗室、浴室、卫生间和厨房等详图

由于这些房间一般面积不大，其中布置的固定设备较多（如坐便器、脸盆、浴盆、厕浴、隔断、水池、炊具及排气罩和通风管道等），管道多，所以，常将这些房间的平面图放大，必要时还画有剖面图，才能将这些房间的做法表示清楚。读图时要注意核对轴线编号、墙厚和位置、门窗位置等是否与建筑平面图一致，还应校对有关这些房间的建筑、结构、设备图纸中预留孔、洞的位置与大小有没有矛盾，如图2-17所示。

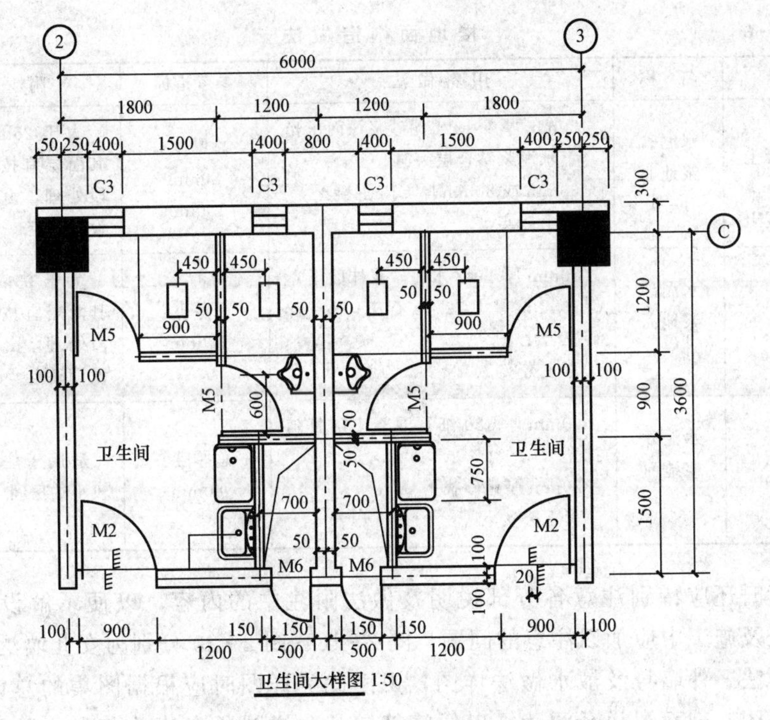

图 2 - 17　卫生间平面图

2.13　识读建筑详图和建筑标准配件图

根据每项工程性质和要求的不同，会有不同的大样图，如吊顶做法详图，地面、楼面做法详图，阳台、雨罩、门头、门廊详图以及非标准门窗详图等，在阅读这部分详图时，一定要和建筑平、立、剖面图的有关部分联系起来，并从中查对它们之间的做法、尺寸、标高等有无矛盾。

现阶段为加快设计进度，对于常用的细部详图及构造，国家或各地方都编有建筑标准配件图集，以方便设计时由设计者选用，从而提高设计效率，减轻设计者的劳动强度。由于建筑标准配件图集种类繁多，各地区的配件图集又不尽相同，因此设计者除有时采用全国通用的建筑标准配件图集外，一般都根据工程所在地区选用当地自行制定的标准图集。当施工图中采用某一标准配件图集内的某些做法时，识图时应首先按标准图集号找来图集，必须将图集的设计总说明看懂后，按施工图索引的详图页数找到索引的详图编号，再进行详图的识读，并要和建筑平、立、剖面图的有关部分联系起来，并从中查对它们之间做法、尺寸、标高等有无矛盾。

对于楼地面、踢脚、内外墙、墙裙、顶棚、台阶、散水、道路、屋面等构造做法，图集中都以列表的方式来分类表达这些建筑构造用料做法。楼地面构造做法见表 2 - 6。

表2-6　　楼地面构造做法

编　号	名　称	用料做法	参考指标	附　　注
地1 60厚混凝土 地2 80厚混凝土	水泥砂浆地面（一）	20mm厚1∶2水泥砂浆抹面压光 素水泥浆结合层一遍 60mm或80mm厚C15混凝土 素土夯实	总厚度： 80mm 100mm	大于25m²的房间，其面层宜按开间做分段处理，由单项工程设计确定
地3	水泥砂浆地面（二）	20mm厚1∶2水泥砂浆抹面压光 100mm厚1∶2∶4石灰、砂、碎砖三合土 素土夯实	总厚度： 120mm	大于25m²的房间，其面层宜按开间做分段处理，由单项工程设计确定
地4	水泥砂浆地面（三）	60mm厚C20细石混凝土随打随抹光 20mm厚粗砂找平 素土夯实	总厚度： 80mm	适用于住在等面积较小的房间

识读时还应特别注意各分部说明及做法附注中的内容，以便了解设计条件、适用场合及施工中应加以注意的问题。图2-18～图2-20分别为女儿墙泛水做法、窗台板做法、外墙身及散水做法详图，识读此类详图时应根据图集的总说明，与施工平面图、剖面图联系阅读，以便清楚知道此详图所表达的节点位置及要表达的全部内容，比较各细部做法的尺寸是否与施工平面图及剖面图的整体尺寸、标高有矛盾冲突的地方。通过对详图的阅读我们应该清楚地知道各个细部如何与主体结构连接，如何施工。因此对平面图、立面图、剖面图的识读，让我们了解建筑的布局、整体的外观以及如何安全的构建；而对详图的识读，则让我们知道如何让建筑美观、适用。

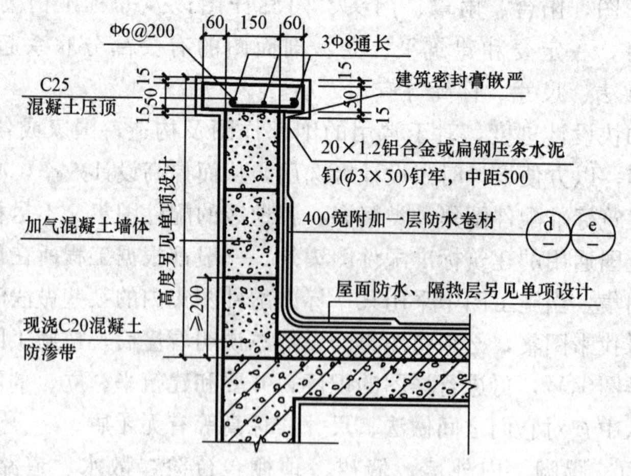

图2-18　女儿墙泛水构造做法详图

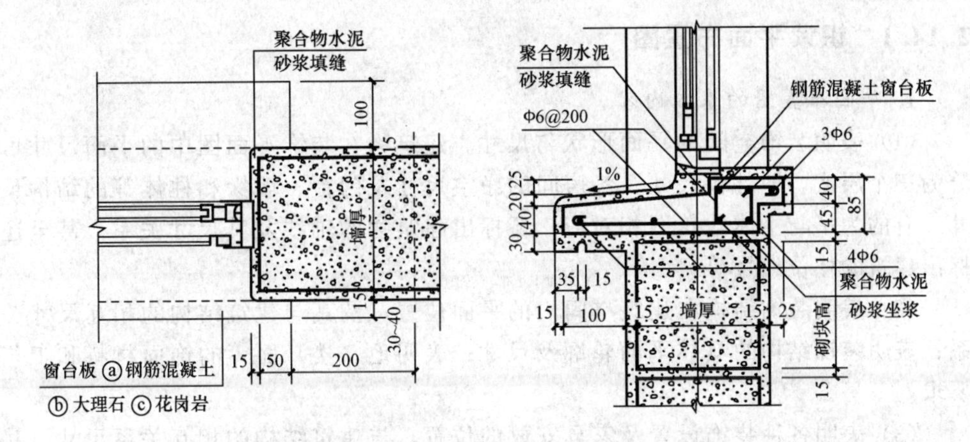

图2-19　窗台板构造做法平面及剖面详图

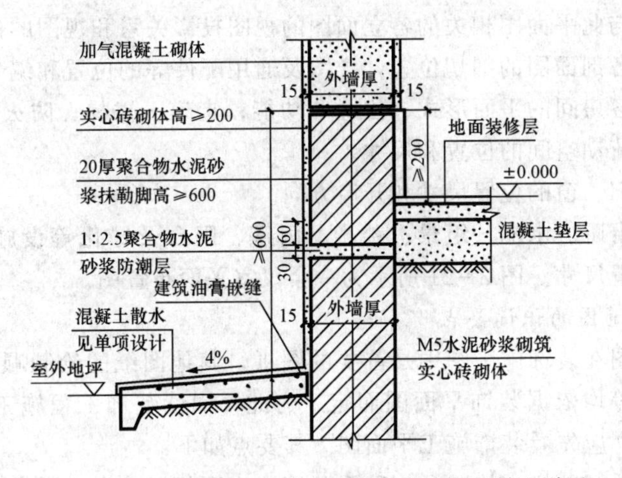

图2-20　加气混凝土砌体外墙身及散水细部做法详图

2.14　识读装饰工程施工图

装饰工程施工图是建筑专业施工图的一部分。装饰工程施工图是以投影视图的形式，表示装饰工程的构造、饰面、施工做法及建筑空间各部位的相互关系。

装饰工程施工图是用于表达建筑物室内室外装饰美化要求的图纸。图纸内容一般有平面布置图、顶棚平面图、装饰立面图、装饰剖面图和节点详图等。

装饰施工图与建筑施工图的图示方法、尺寸标注、图例代号等基本相同。装饰施工图是在建筑施工图的基础上，结合环境艺术设计的要求，更详细地表达了建筑空间的装饰做法及整体效果。它既反映了墙、地、顶棚三个界面的装饰结构、造型处理和装修做法，又图示了家具、织物、陈设、绿化等的布置。

2.14.1 识读平面布置图

1. 平面布置图的基本内容

（1）表明装饰空间的平面形状与尺寸。建筑物在装饰平面图中的平面尺寸可分为三个层次，即外包尺寸、各房间的净空尺寸及门窗、墙垛和柱体等的结构尺寸。有的为了与主体建筑图相对应，还标出建筑物的轴线及其尺寸关系，甚至还标出建筑的柱位编号等。

（2）表明装饰结构在建筑空间内的平面位置，及其与建筑结构的相互尺寸关系；表明装饰结构的具体平面轮廓及尺寸；表明地（楼）面等的饰面材料和工艺要求。

（3）表明各种装饰设置及家具安放的位置，与建筑结构的相互关系尺寸，并说明其数量、规格和要求。

（4）表明与此平面图相关的各立面图的视图投影关系和视图的位置编号。

（5）表明各剖面图的剖切位置，详图及通用配件等的位置和编号。

（6）表明各房间的平面形式、位置和功能；走道、楼梯、防火通道、安全门、防火门等人员流动空间的位置和尺寸。

（7）表明门、窗的位置尺寸和开启方向。

（8）表明台阶、水池、组景、踏步、雨篷、阳台及绿化等设施和装饰小品的平面轮廓与位置尺寸。图2-21所示为一会议室平面布置图。

2. 平面布置图的识读要点

装饰平面图在装饰施工图中是首要的图纸，其他图纸的绘制顺序、空间位置、装饰构造尺寸等均依据装饰平面图而定。为此，识读装饰工程施工图也与识读建筑施工图一样，应先看装饰施工平面图。其要点如下：

（1）首先看标题栏，认定是何种平面图，进而把整个装饰空间的各房间名称、面积及门窗、走道等主要位置尺寸了解清楚。

（2）通过对各房间及其他分隔空间种类、名称及主要功能的了解，明确为满足功能要求所设置的设备与设施的种类、数量等，从而制订相关的购买计划。

（3）通过图中对饰面的文字标注，确认各装饰面的构成材料的种类、品牌和色彩要求；了解饰面材料间的衔接关系。

（4）对于平面图上的纵横大小尺寸关系，应注意区分建筑尺寸和装饰设计尺寸；在装饰设计尺寸中，要查清其中的定位尺寸、外形尺寸和构造尺寸。定位尺寸是确定装饰面或装饰物体在装饰空间平面上位置的依据，定位尺寸的基准多是建筑结构面。外形尺寸即是装饰面或装饰物体在平面上的外轮廓形状尺寸。构造尺寸是指组成装饰面或装饰物的各构件及其相互关系的尺寸，由此可确定各种装饰材料的规格尺寸以及材料之间与主体结构之间的连接固定方式方法。

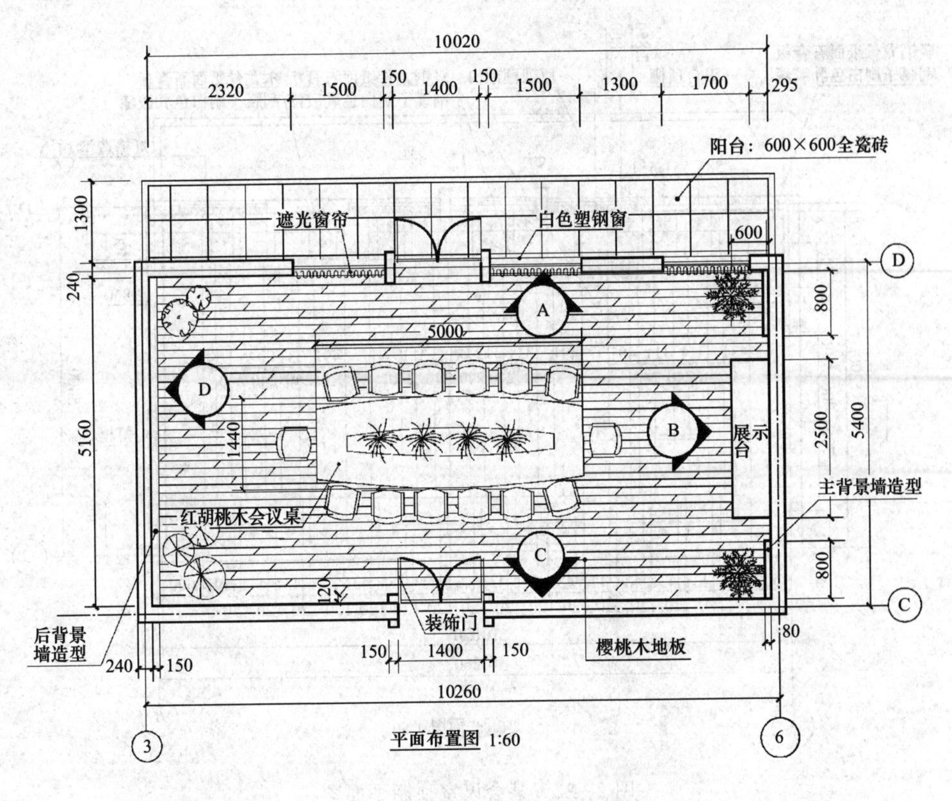

图 2-21　某会议室平面布置图

（5）通过图纸上的投影符号，明确投影面编号和投影方向，并进一步查出各投影方向立面图（即投影视图）。

（6）通过图纸上的剖切符号，明确剖切位置及其剖切后的投影方向，进而查阅相应的剖面图或构造节点详图。

2.14.2　识读顶棚平面图

用一个假想的水平剖切平面，沿需装饰房间的门窗洞口处作水平全剖切，移去下面部分，对剩余的上面部分所做的镜像投影，就是顶棚平面图。顶棚平面图用于反映顶棚范围内的装饰造型及尺寸；反映顶棚所用的材料规格、灯具灯饰、空调风口及消防报警等装饰内容及设备的位置等。图 2-22 所示为某会议室顶棚平面图。

顶棚装饰平面图所表示的基本内容如下：

（1）标明顶棚装饰造型平面形式和尺寸。

（2）说明顶棚装饰所用材料的种类及规格。

（3）标明灯具的种类、规格及布置的形式和安装位置。

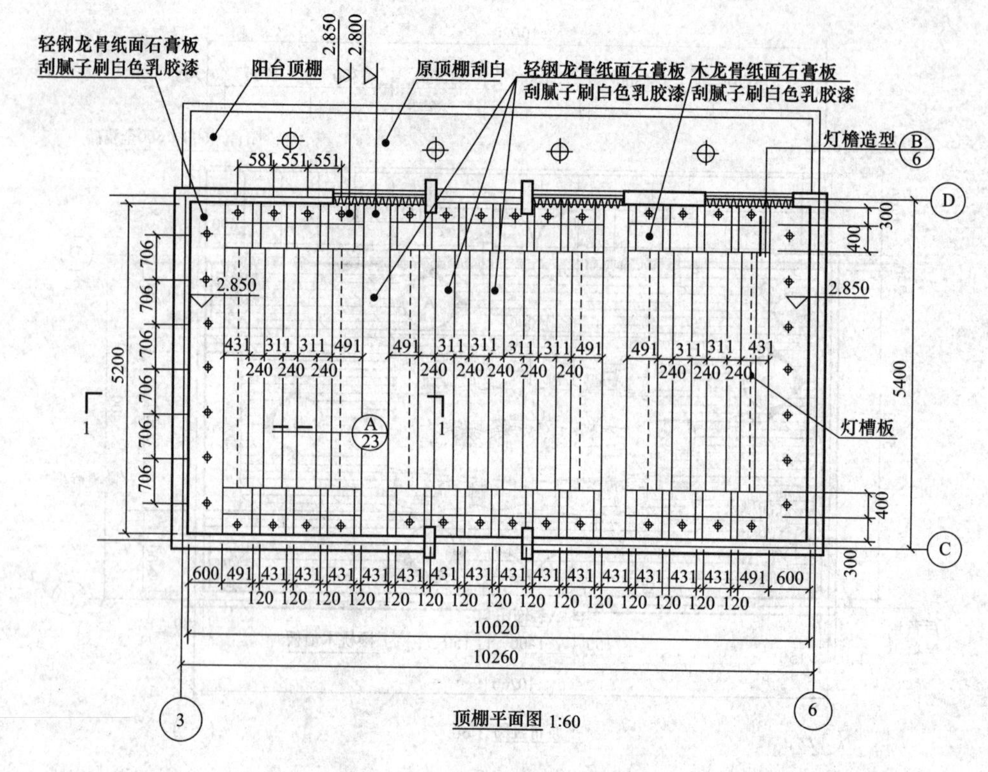

图2-22 某会议室顶棚平面图

（4）标明空调送风口、消防自动报警系统和与吊顶有关的音响等设施的布置形式与安装位置。

（5）对于需要另设剖视图或构造详图的顶棚平面图，应标明剖切位置和剖切面编号。

（6）顶棚平面图的识读与上述装饰施工平面图一样，需掌握面积和装饰造型尺寸、饰面特点以及吊顶上的各种设施的位置等关系尺寸，熟悉顶棚的构造方式方法，同时应对现场进行勘察。

2.14.3 识读装饰立面图

将建筑物装饰的外观墙面或内部墙面向铅直的投影面所作的正投影图就是装饰立面图。

1. 装饰立面图的基本内容

（1）使用相对标高，以室内地坪为基准进而标明装饰立面有关部位的标高尺寸。

（2）标明装饰吊顶高度及其叠级造型的构造关系和尺寸。

（3）标明墙面装饰造型的构造方式，并标明所需装饰材料及施工工艺要求。

（4）标明墙、柱等各立面的所用设备及其位置尺寸和规格尺寸。

（5）标明墙、柱等立面与吊顶的衔接收口形式。

（6）标明门、窗、隔墙或隔断等设施的高度尺寸和安装尺寸。

（7）标明景园组景及其他艺术造型形体的高低错落位置尺寸。

（8）标明建筑结构与装饰结构的连接方式与衔接方法及其相应尺寸。

2. 装饰立面图的识读要点

（1）明确地面标高、楼面标高、楼梯平台及室外台阶标高等与该装饰工程有关的标高尺寸。

（2）清楚了解每个立面上有几种不同的装饰面，这些装饰面所选用的材料及施工工艺要求。

（3）立面上各装饰面之间的衔接收口较多时，应熟悉其造型方式、工艺要求及所用材料。

（4）应读懂装饰构造与建筑结构的连接方式和固定方法，明确各种预埋件或紧固件的种类和数量。

（5）要注意有关装饰设置或固定设施在墙体上的安装位置，如需留位者，应明确预留位置和尺寸。

（6）根据装饰工程规模的大小，一项工程往往要有多幅立面图才可适应施工的要求，这些立面图的视点编号均于装饰施工平面图上标出，如图2－23、图 2－24 均为图 2－21 所示会议室装饰工程的立面图，用以反映室内不同立面的各自做法。因此，装饰立面图的识读，需与平面图结合查对，细心地进行相对应的分析研究，进而再结合其他图纸逐项审核，才能掌握装饰立面的具体施工要求。

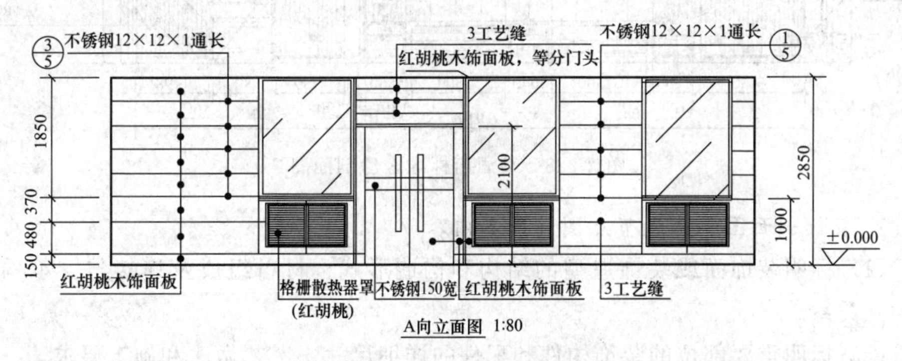

图 2－23　装饰立面图

2.14.4　识读装饰剖面图和构造节点图

装饰剖面图是将装饰面（或装饰体）整体剖开（或局部剖开）后，得到的反映内部装饰结构与饰面材料之间关系的正投影图。图 2－25 为某酒店标准客房剖面图。

节点详图是前面所述各种图纸中未明之处，用较大的比例画出的用于施工图的图纸（也称作大样图）。图 2－26 所示为某酒店标准客房窗帘盒的节点详图。

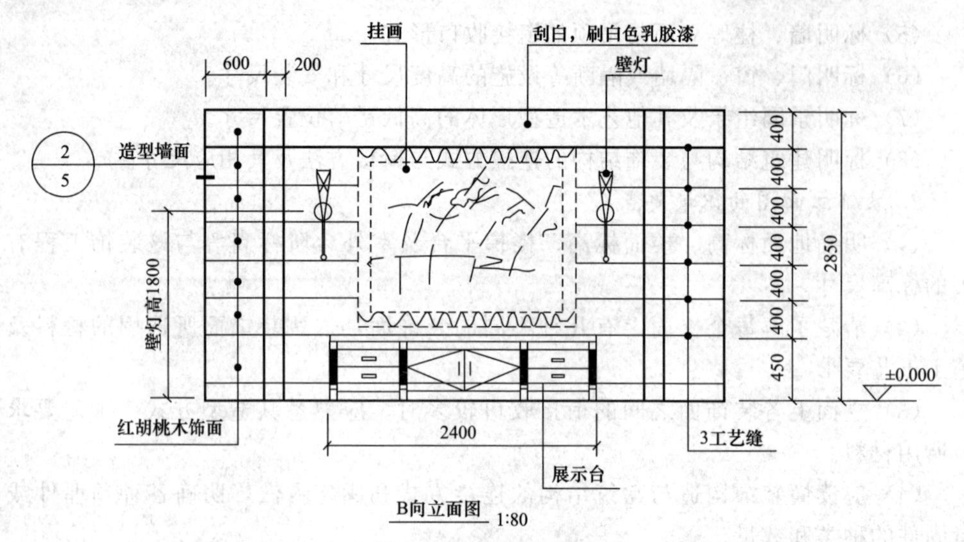

图2-24　装饰立面图

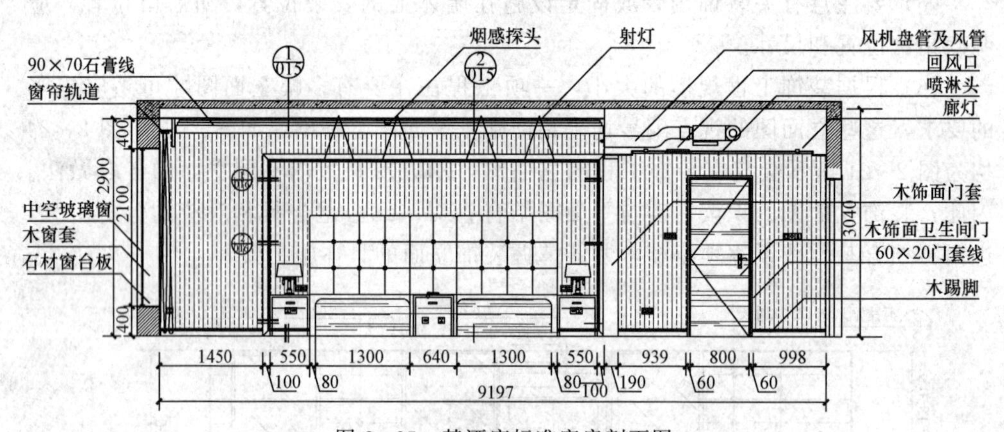

图2-25　某酒店标准客房剖面图

1. 装饰剖面图和构造节点图的基本内容

（1）标明装饰面或装饰造型的结构和构造形式、材料组成及连接与支承构件的相互关系。

（2）标明重要部位的装饰构件和配件的详细尺寸、工艺做法和施工要求。

（3）标明装饰构造与建筑主体结构之间的连接方式及衔接尺寸。

（4）标明饰面之间的拼接方式及封边、盖缝、收口和嵌条等工艺处理的详细做法与尺寸要求。

（5）标明装饰面上的设备安装方式或固定方法以及设备与装饰面的收口、收边形式。

2. 装饰剖面图和构造节点图的识读要点

（1）结合装饰平面图和装饰立面图，首先了解剖面图与节点图是源自何部位

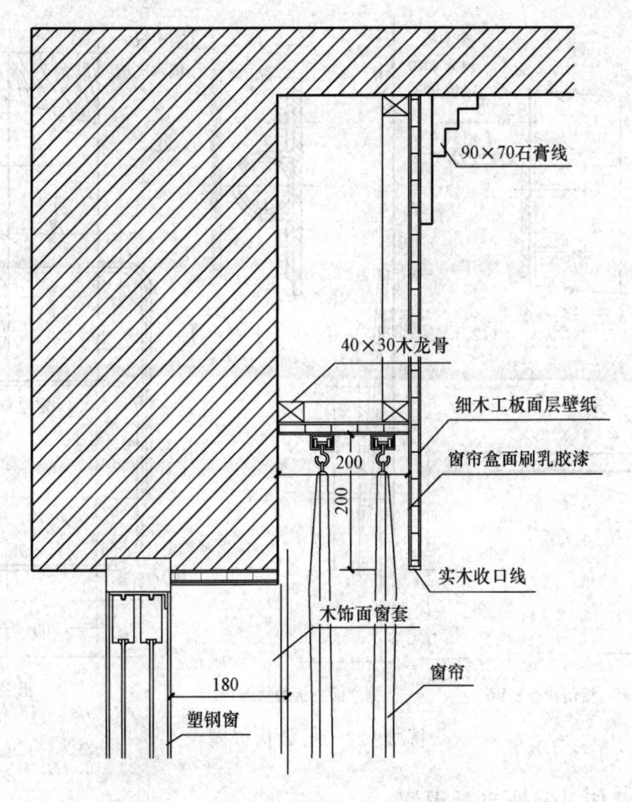

图 2-26 某酒店标准客房窗帘盒节点详图

的剖切，找出相对应的剖切符号或节点编号。

(2) 通过对剖面图和节点图中所示内容的研究和熟悉，进而明确装饰工程各重要部位或在其他图纸上难以标明的关键性的细部做法。

(3) 由于装饰工程的工程特点和施工特点，表示其细部做法的图纸往往较为复杂，尤其是不能像土建和安装工程图那样可以广泛地运用国标、省标及地标等标准图册，所以要求施工人员在工程施工前及施工过程中不断核查图纸，特别是剖面图与节点图，严格照图操作，以保证施工质量。

2.14.5 识读固定家具图

在装饰工程图中，常以详图的方式绘制出用以表明某些特定设置的详细构造和材料及尺寸要求的图纸，主要是因为这类设置在其他图纸上难以表达精确，尤其是需要另行加工制作的设置，如图 2-27 所示的折叠椅，以详图的形式予以重点说明则有利于单独生产和处理。这种详图的绘制和识读与剖面图、节点图、立面图和平面图等视图相同，其表明的内容也是上述内容。

【识图练习】

图 2-28～图 2-31 为某二层砌体结构别墅的整套建筑施工图。请读者根据本

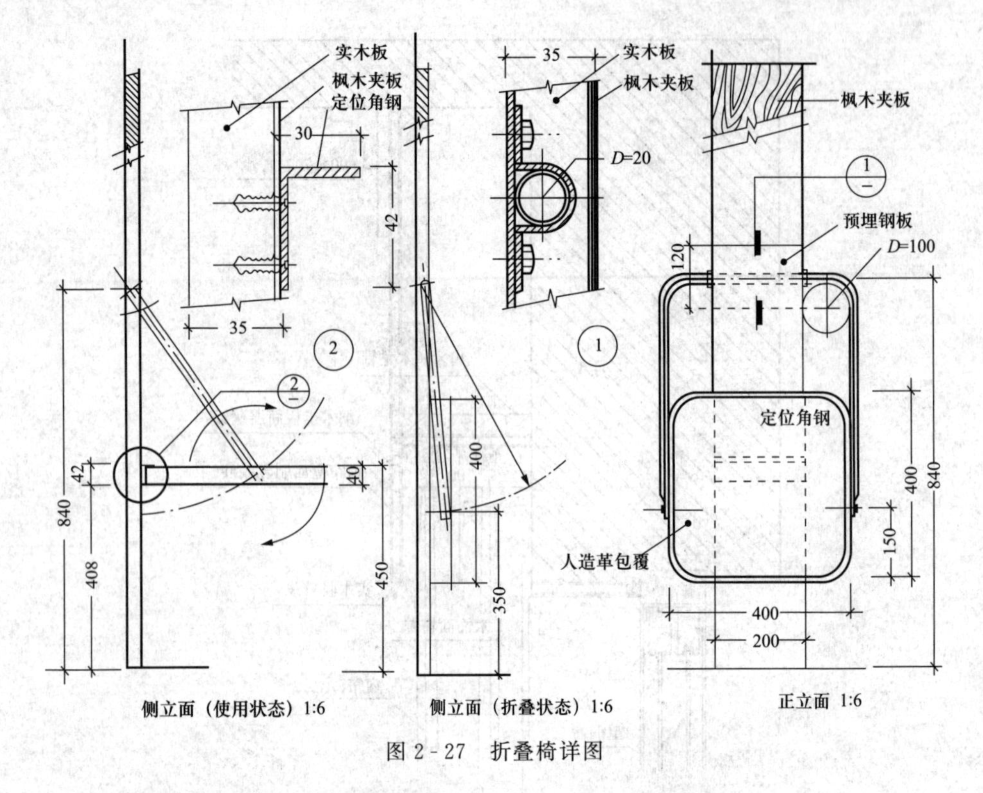

图2-27　折叠椅详图

章所学内容带着如下问题自行识读。

(1) 本套建筑施工图中所包含的图纸数量、图纸的大小。

(2) 建筑各部分的材料做法如何？门窗的种类、数量及尺寸分别是多少？选用何种图集？

(3) 各建筑图所采用的比例？建筑的纵横定位轴线的数量及其编号，建筑物的朝向如何？

(4) 建筑物的结构形式是什么？平面上如何布置、各房间如何联系？

(5) 建筑物的平面形状、建筑物的总尺寸是多少？

(6) 建筑物中各组成部分的标高、房屋的开间、进深、细部尺寸是多少？各门窗洞口的位置及大小是多少？

(7) 屋面排水采用何种方式？怎么布置的？

(8) 平面图中建筑剖面的剖切位置如何？剖面图与平面图如何对应？

(9) 建筑立面图中建筑外装修选用何种材料，如何做？各部分的竖向标高是多少？

(10) 立面图上详图索引符号数量和其索引在何位置？各详图反映何种内容？

(11) 剖面图中被剖切到的各构件（如屋面、楼面、室内外地面、内外墙体、楼梯、门窗等）的相互关系如何？垂直方向上的尺寸及标高是多少？

建筑设计说明

一、设计依据

1.《甲方的设计要求及设计任务书》。

2.《住宅设计规范》(GB 50096—1999)。

3.《江苏省住宅设计标准》(DB 32/380—2000)等有关法规文件。

4.《民用建筑设计通则》(JGJ37—1987)。

二、设计规模及建筑面积

本别墅为二层砖混结构，总建筑面积222.83m^2(其中阳台面积为10.76m^2)。

本别墅建筑耐久年限等级为二级，工程合理使用年限为50年，防火等级二级，屋面防水等级二级，抗震设防烈度为六度。

三、本住宅楼单体位置及±0.000相对的绝对标高详见总平面图。本工程尺寸，标高以米为单位，其余均以毫米为单位。

四、用料及做法

1.墙身防潮：20 厚1∶2水泥砂浆掺5%防水剂，位置设在−0.180m标高处。

2.地面：水泥地面，详苏J9501 2/2，用于所有地坪。

3.楼面：水泥楼面，详苏J9501 2/3，用于所有楼面。

4.内墙粉刷：

(1)详见苏J9501 3/5(取消涂料面层涂料)。

(2)止水带：120×120混凝土止水带，用于厨房、卫生间内侧。

(3)水泥护角线：详见苏J9501 30/5。

(4)水泥踢脚线：详见苏J9501 1/4，150高。

5.外墙粉刷：

(1)面砖墙面：参见苏J9501-12/6，用于外墙面，色彩另定。

(2)白色涂料墙面：详见苏J9501-22/6，用于线脚，阳台及凸出墙面之构件。

6.屋面：

(1)坡屋面，详见苏J9501-2/7。

(2)平屋面(一)：屋面板上20厚1∶3水泥砂浆找平，聚乙烯丙纶复合卷材防水层；屋面施工应严格遵守屋面工程质量验收规范。

7.平顶：底板抹水泥砂浆平顶：详见苏J9501 3/8，面层白水泥腻子一度粉面。

8.油漆：银 粉 漆：详见苏J9501 23/9，用于楼梯栏杆,室内管道。

9.其他：木料 防腐：伸入墙内或与墙体接触面木料,满涂水柏油防腐。

管道出屋面：详见苏J9503 5/43及2/44。

10.其余说明见图示,所有色彩需做样板，经设计人员认可后方可施工。

11. 厨房卫生间标高比厅低30。构造柱位置及其详图以结构设计图为准。

12.本工程室内外环境污染控制类别为I类，所选用的建筑材料和装修材料必须符合《民用建筑工程室内环境污染控制规范》。

13.施工阶段务必遵照各有关施工验收规范操作，精心施工,确保质量标准。

图纸目录			中国南通家纺城拆迁安置楼—平房	编号		
南通中房建筑设计研究院有限公司				共1页		第1页
序号	图号	名称		张数	幅面	备注
1	J1/4	施工说明，图纸目录，门窗表		1	A_2	
2	J2/4	各层平面图1—1剖面图		1	A_2	
3	J3/4	立面图		1	A_2	
4	J4/4	阳台立面剖面图，楼梯大样,节点大样		1	A_2	
	选用标准图集：	苏J9501，苏J9503，苏J9507				
		苏J73-2，苏J9601				
审核		校对	编制	编制时间	××年××月××日	

门 窗 表

序号	设计编号	洞口尺寸 /mm×mm	数量	标 准 图 集	备　注
1	M3227	3200×2700	1	苏J73-2，M-68	半玻璃门
2	M0827	800×2700	2	苏J73-2，M-423	三合板门Ⅲ级断面
3	M0927	900×2700	5	苏J73-2，M-424	三合板门Ⅲ级断面
4	M2428	2400×2800	1	苏J9601，LTM-2427b	828系列铝合金推拉门，白玻，带纱窗
5	C2118	2100×1800	6	苏J9601，LTC-2118a	828系列铝合金推拉窗，白玻，带纱窗
6	C1818	1800×1800	2	苏J9601，LTC-1818a	828系列铝合金推拉窗，白玻，带纱窗
7	C0918	900×1830	2		828系列铝合金推拉窗，白玻，带纱窗
8	C-1	900×1800	1		828系列铝合金推拉窗，白玻，带纱窗
	C-2	900×1450	1		828系列铝合金推拉窗，白玻，带纱窗

注：1. 内门M0927，M0827 下冒头下钉40木枋。

2. 本图所注窗尺寸为洞口尺寸，窗净尺寸由厂家

3.施工时请施工单位核准门窗数量。

4.玻璃的厚度由制作厂家根据现场核准洞口尺寸后，按有关图集进行制作。《建筑玻璃应用技术规程》制作

图 2-28　别墅建筑施工图（一）

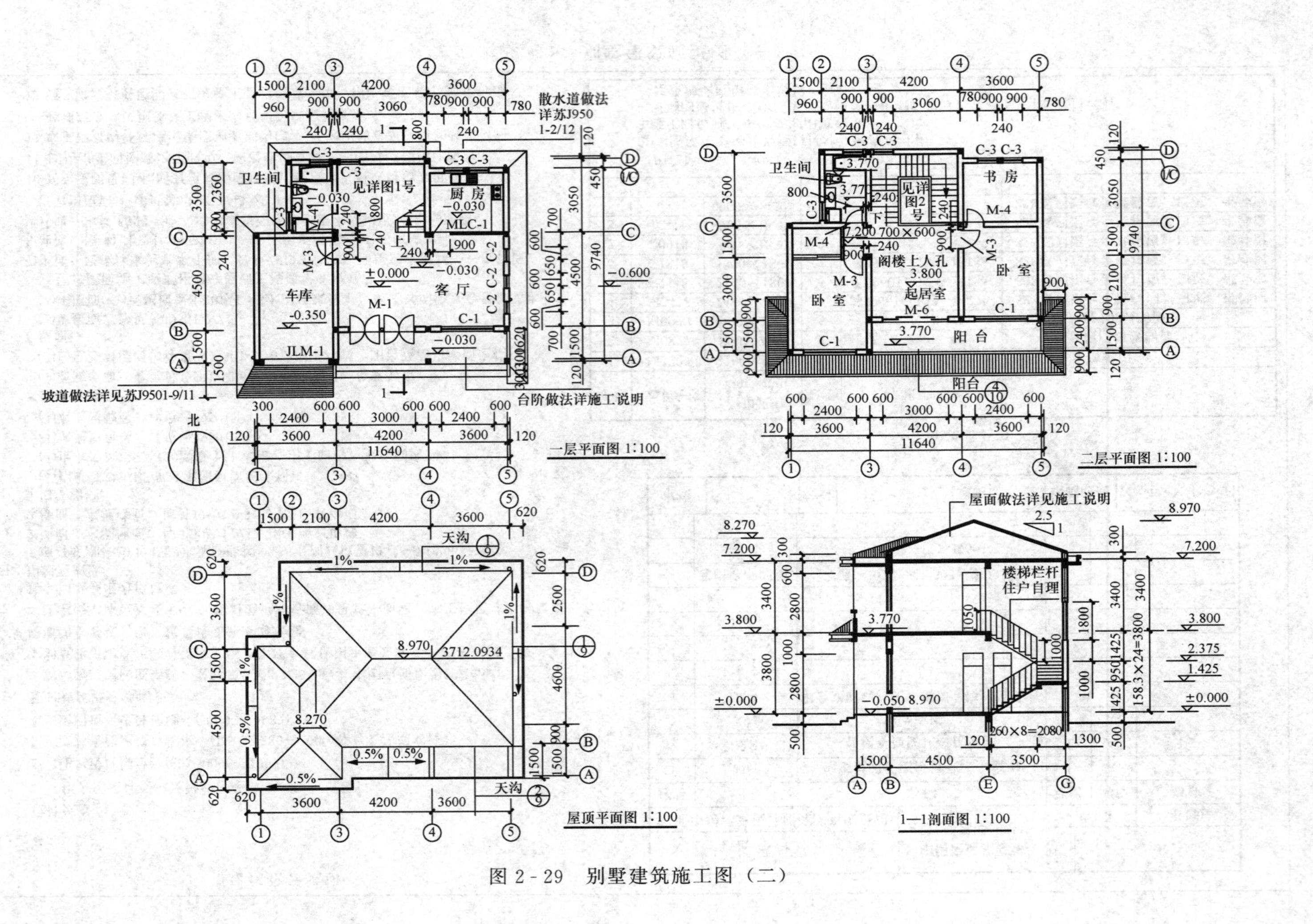

图 2-29　别墅建筑施工图（二）

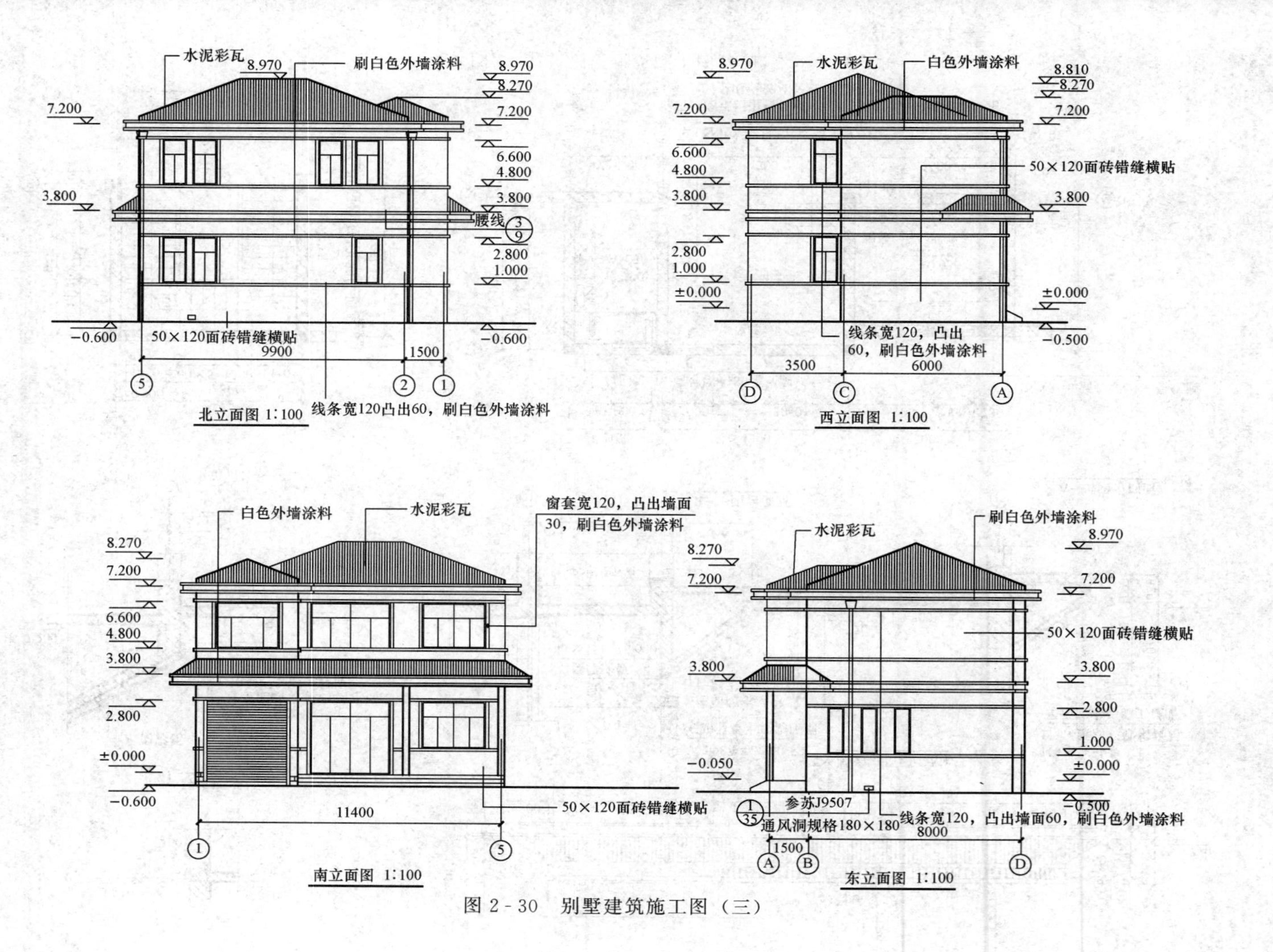

图 2-30　别墅建筑施工图（三）

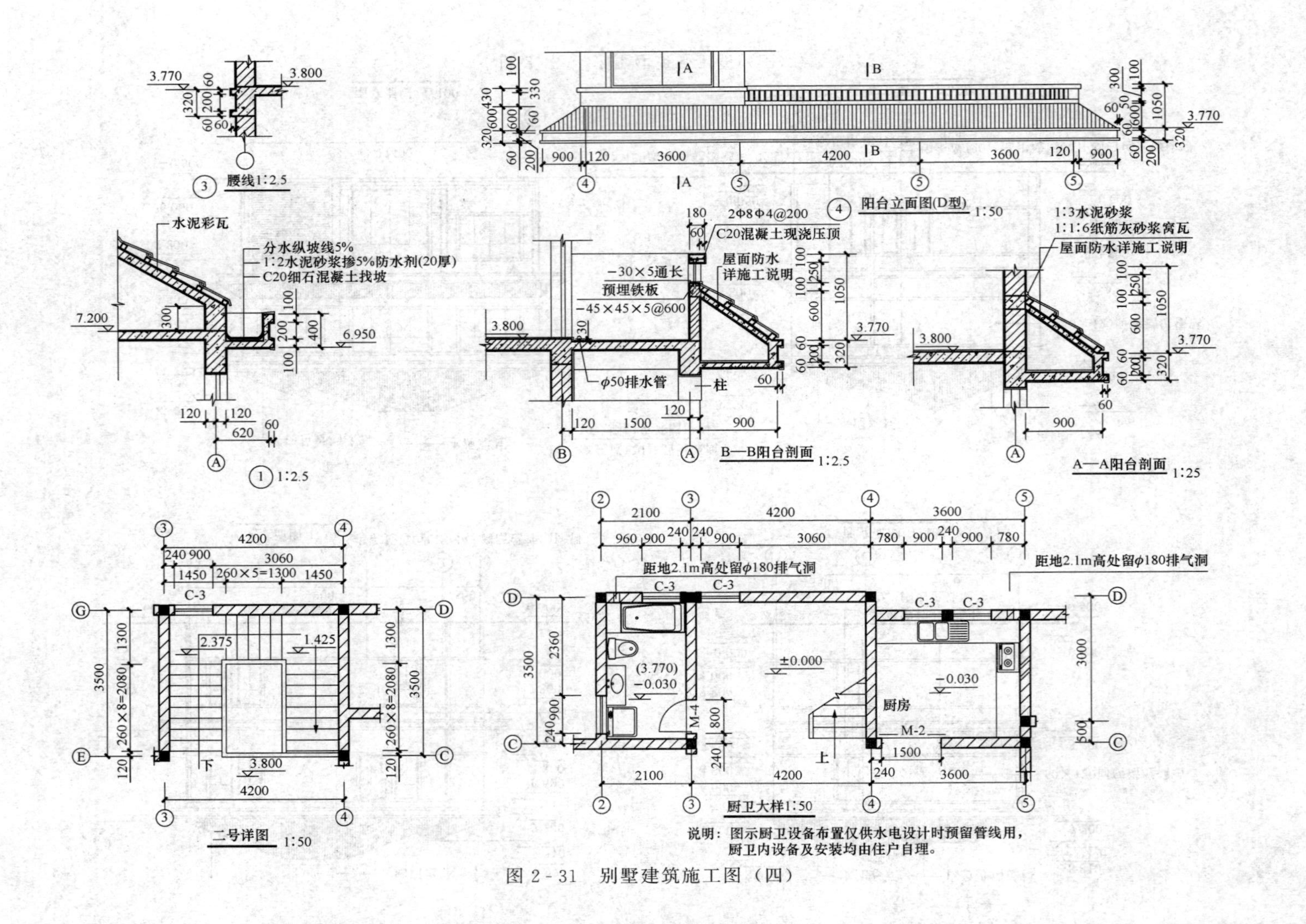

图2-31 别墅建筑施工图（四）

第 3 章　结构施工图的基本知识

建筑结构因所用的建筑材料不同，可分为混凝土结构、砌体结构、钢结构、轻型钢结构、木结构和组合结构等。不同形式的结构施工图的表达方式既有相同的地方，又有各自特定的方法。因此在识读不同结构形式的施工图之前，有必要了解清楚一些有关结构施工图的基本知识和识读的基本原则。

3.1　结构施工图的作用和内容

房屋的结构施工图是按照结构设计要求绘制的指导施工的图纸，是表达建筑物承重构件的布置、形状、大小、材料、构造及其相互关系的图纸。

结构施工图主要用来作为施工放线、开挖基槽、支模板、绑扎钢筋、设置预埋件、浇捣混凝土和安装梁、板、柱等构件及编制预算与施工组织计划等的依据。钢筋混凝土结构示意图如图 3-1 所示。

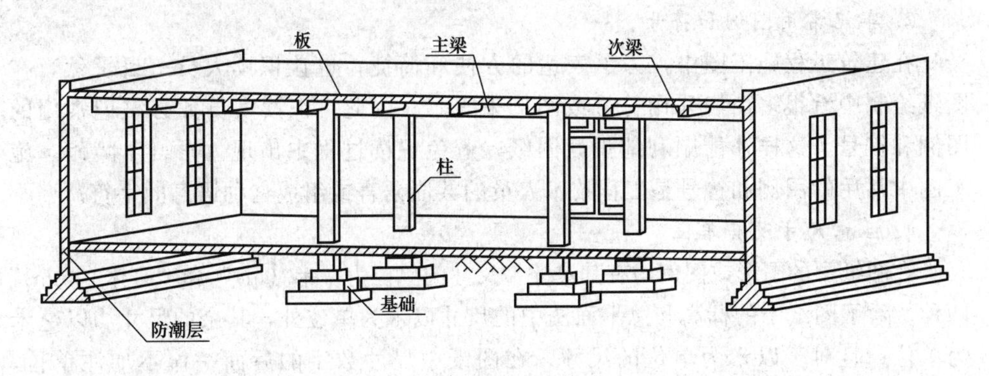

图 3-1　钢筋混凝土结构示意图

结构施工图的内容包括：

(1) 结构设计说明。结构设计说明是带全局性的文字说明，内容包括抗震设计与防火要求、材料的选型、规格、强度等级、地基情况、施工注意事项、选用标准图集等。

(2) 结构平面布置图。结构平面布置图包括基础平面图、楼层结构平面布置图、屋面结构平面图等。

(3) 构件详图。构件详图内容包括梁、板、柱及基础结构详图、楼梯结构详图、屋架结构详图和其他详图（天窗、雨篷、过梁等）。

3.2 识读施工图的基本要领

1. 由大到小，由粗到细

在识读建筑工程施工图时，应先识读总平面图和平面图，然后结合立面图和剖面图的识读，最后识读详图。

在识读结构施工图时，首先应识读结构平面布置图，然后识读构件图，最后才能识读构件详图或断面图。

2. 仔细识读设计说明或附注

在建筑工程施工图中，对于拟建建筑物中一些无法直接用图形表示，而又直接关系到工程的做法及工程质量的内容，往往以文字要求的形式在施工图中适当的页次或某一张图纸中适当的位置表达出来。显然，这些说明或附注同样是图纸中的主要内容之一，不但必须看，而且必须看懂并且认真、正确地理解。例如建筑施工图中墙体所用的砌块，正常情况下均不会以图形的形式表示其大小和种类，更不可能表示出其强度等级，只好在设计说明中以文字形式来表述。再如，在结构施工图中，楼板图纸中的分布筋，同样无法在图中画出，只能以附注的形式表达于同一张施工图中。

3. 牢记常用图例和符号

在建筑工程施工图中，为了表达的方便和简捷，也让识读人员一目了然，在图纸绘制中有很多内容采用符号或图例来表示。因此，识读人员务必牢记常用的图例和符号，这样才能顺利地识读图纸，避免识读过程中出现“语言”障碍。施工图中常用的图例和符号是工程技术人员的共同语言或组成这种语言的字符。

4. 注意尺寸及其单位

在图纸中的图形或图例均有其尺寸，尺寸的单位为“米（m)”和“毫米（mm)”两种。除了图纸中的标高和总平面图中的尺寸以米为单位外，其余的尺寸均以毫米为单位；且对于以米为单位的尺寸，在图纸中尺寸数字的后面一律不加注单位，共同形成一种默认。

5. 不得随意变更或修改图纸

在识读施工图过程中，若发现图纸设计或表达不全甚至是错误时，应及时准确地作出记录，但不得随意地变更设计，或轻易地加以修改。对有疑问的地方或内容可以保留意见，在适当的时间，向有关人员提出设计图纸中存在的问题或合理的建议，并及时与设计人员协商解决。

3.3 结构施工图中常用构件代号

常用构件代号用各构件名称的汉语拼音的第一个字母表示，详见表3-1。

表 3-1　　常用构件代号

序号	名　称	代号	序号	名　称	代号	序号	名　称	代号
1	板	B	26	屋面框架梁	WKL	51	构造边缘转角墙柱	GJZ
2	屋面板	WB	27	暗梁	AL	52	约束边缘端柱	YDZ
3	空心板	KB	28	边框梁	BKL	53	约束边缘暗柱	YAZ
4	槽形板	CB	29	悬挑梁	XL	54	约束边缘翼墙柱	YYZ
5	折板	ZB	30	井字梁	JZL	55	约束边缘转角墙柱	YJZ
6	密肋板	MB	31	檩条	LT	56	剪力墙墙身	Q
7	楼梯板	TB	32	屋架	WJ	57	挡土墙	DQ
8	盖板或沟盖板	GB	33	托架	TJ	58	桩	ZH
9	挡雨板或檐口板	YB	34	天窗架	CJ	59	承台	CT
10	吊车安全走道板	DB	35	框架	KJ	60	基础	J
11	墙板	QB	36	刚架	GJ	61	设备基础	SJ
12	天沟板	TGB	37	支架	ZJ	62	地沟	DG
13	梁	L	38	柱	Z	63	梯	T
14	屋面梁	WL	39	框架柱	KZ	64	雨篷	YP
15	吊车梁	DL	40	构造柱	GZ	65	阳台	YT
16	单轨吊车梁	DDL	41	框支架	KZZ	66	梁垫	LD
17	轨道连接	DGL	42	芯柱	XZ	67	预埋件	M
18	车挡	CD	43	梁上柱	LZ	68	钢筋网	W
19	圈梁	QL	44	剪力墙上柱	QZ	69	钢筋骨架	G
20	过梁	GL	45	端柱	DZ	70	柱间支撑	ZC
21	连系梁	LL	46	扶壁柱	FBZ	71	垂直支撑	CC
22	基础梁	JL	47	非边缘暗柱	AZ	72	水平支撑	SC
23	楼梯梁	TL	48	构造边缘端柱	GDZ	73	天窗端壁	TD
24	框架梁	KL	49	构造边缘暗柱	GAZ			
25	框支梁	KZL	50	构造边缘翼墙柱	GYZ			

3.4 常用钢筋表示法

（1）钢筋的一般表示法，见表3-2。

表3-2　　钢筋的一般表示法

序号	名称	图例	说　明
1	钢筋横断面	●	
2	无弯钩的钢筋端部		下图表示长、短钢筋投影重叠时，短钢筋的端部用45°斜画线表示
3	带半圆形弯钩的钢筋端部		
4	带直钩的钢筋端部		
5	带丝扣的钢筋端部		
6	无弯钩的钢筋搭接		
7	带半圆弯钩的钢筋搭接		
8	带直钩的钢筋搭接		
9	花篮螺钉钢筋接头		
10	机械连接的钢筋接头		用文字说明机械连接的方式

（2）普通钢筋的种类、符号和强度标准值见表3-3。

表3-3　　普通钢筋的种类、符号强度标准值

牌　号	符　号	公称直径 d/mm	屈服强度标准值 f_{yk}/(N/mm²)	极限强度标准值 f_{stk}/(N/mm²)
HPB300	Φ	6～22	300	420
HRB335 HRBF335	Φ Φ^{F}	6～50	335	455
HRB400 HRBF400 RRB400	Φ Φ^{F} Φ^{R}	6～50	400	540
HRB500 HRBF500	Φ Φ^{F}	6～50	500	630

（3）钢筋的标注：钢筋的直径、根数及相邻钢筋中心距在图纸上一般采用引出线方式标注，其标注形式有下面两种。

1）标注钢筋的根数和直径：

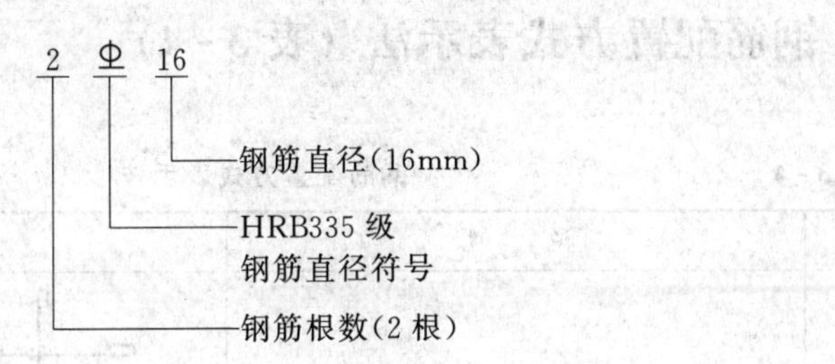

2）标注钢筋的直径和相邻钢筋中心距：

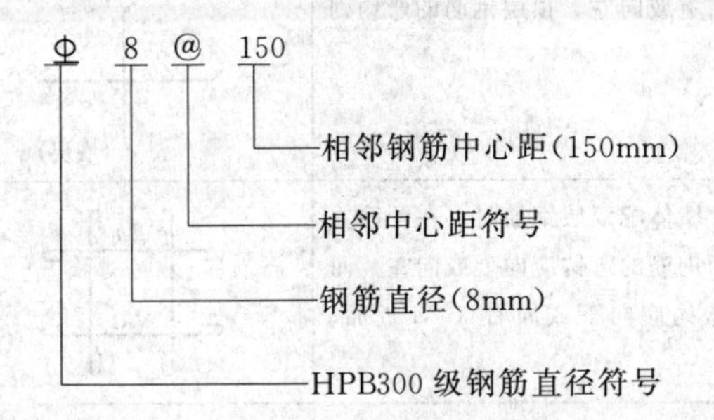

（4）钢筋的名称：配置在钢筋混凝土结构中的钢筋，如图 3-2 所示，按其作用可分为以下几种。

1）受力筋——承受拉、压应力的钢筋。配置在受拉区的称为受拉钢筋；配置在受压区的称为受压钢筋。受力筋还分为直筋和弯起筋两种。

2）箍筋——承受部分斜拉应力，并固定受力筋的位置。

3）架立筋——用于固定梁内钢箍位置；与受力筋、钢箍一起构成钢筋骨架。

4）分布筋——用于板内，与板的受力筋垂直布置，并固定受力筋的位置。

5）构造筋——因构件构造要求或施工安装需要而配置的钢筋，如腰筋、预埋锚固筋、吊环等。

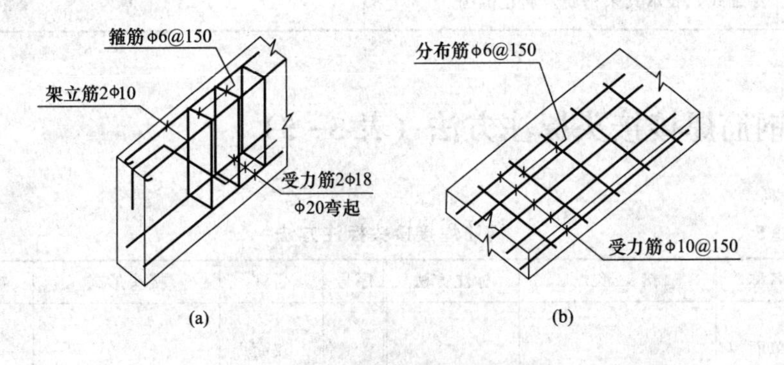

图 3-2　构件中钢筋的名称

（a）梁内配筋；（b）板内配筋

3.5 钢筋配置方式表示法（表 3-4）

表 3-4　　　　钢筋配置方式表示法

序号	说明	图例
1	在结构平面图中配置双层钢筋时，底层钢筋的弯钩应向上或向左，顶层钢筋的弯钩则向下或向右	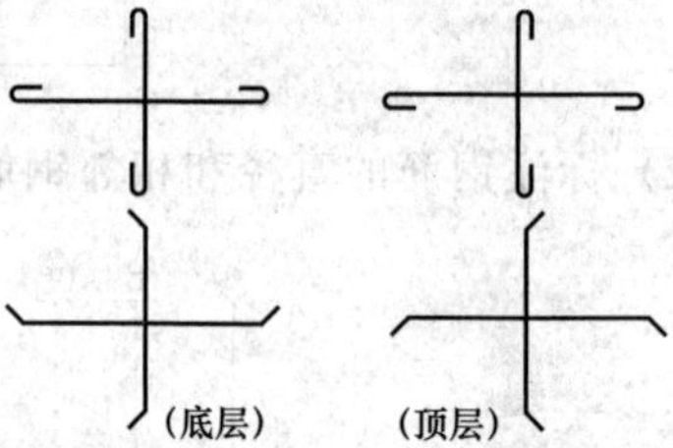(底层) (顶层)
2	钢筋混凝土墙体配双层钢筋时，在配筋立面图中，远面钢筋的弯钩应向上或向左，而近面钢筋的弯钩应向下或向右（JM 近面，YM 远面）	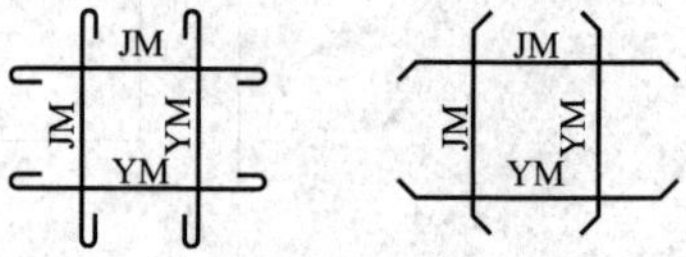JM JM YM YM JM JM YM YM
3	若在断面图中不能表达清楚的钢筋布置，应在断面图外增加钢筋大样图（如钢筋混凝土墙、楼梯等）	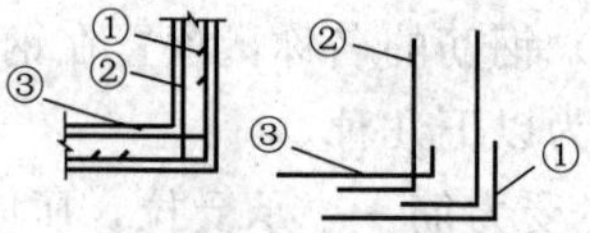① ② ③ ② ③ ①
4	图中所表示的箍筋、环筋等若布置复杂时，可加画钢筋大样及说明	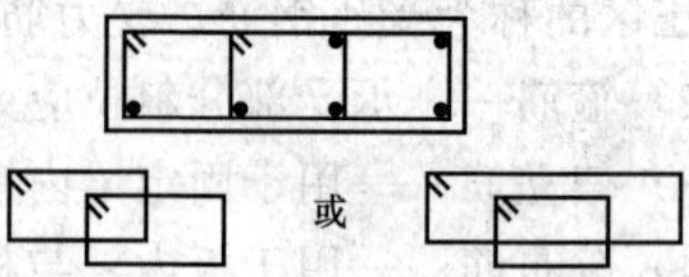或
5	每组相同的钢筋、箍筋或环筋，可用一根粗实线表示，同时用一两端带斜短画线的横穿细线，表示其余钢筋及起止范围	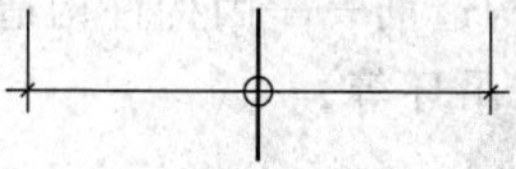

3.6 钢筋焊接接头标注方法（表 3-5）

表 3-5　　　　钢筋焊接接头标注方法

序号	名称	接头形式	标注方法	序号	名称	接头形式	标注方法
1	单面焊接的钢筋接头	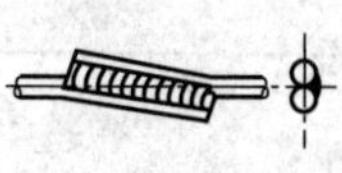	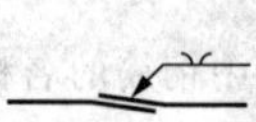	2	双面焊接的钢筋接头	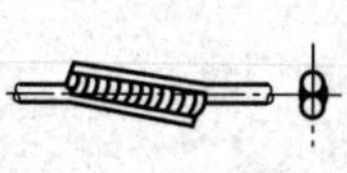	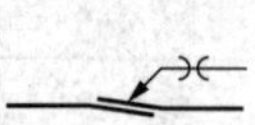

续表

序号	名称	接头形式	标注方法	序号	名称	接头形式	标注方法
3	用帮条单面焊接的钢筋接头			6	坡口平焊的钢筋接头		
4	用帮条双面焊接的钢筋接头						
5	接触对焊（闪光焊）的钢筋接头			7	坡口立焊的钢筋接头		

3.7　预埋件、预埋孔洞的表示方法

1. 预埋件的表示法

如图 3-3（a）、（b）所示，引出线指向预埋件，在引出线的横线上标注预埋件的代号；当在钢筋混凝土构件的正、反面同一位置均设置相同的预埋件时，其标注方法如图 3-3（c）所示，即引出线为一条实线和一条虚线，并均指向预埋件，且在引出横线上标注预埋件的数量和代号；当在钢筋混凝土构件的正、反面同一位置设置编号不同的预埋件时，其标注方法如图 3-3（d）所示，引出线仍为两条，其中一条为实线，另一条为虚线，并均指向预埋件；在引出横线上方标注正面预埋件的代号，在引出横线下方标注反面预埋件的代号。

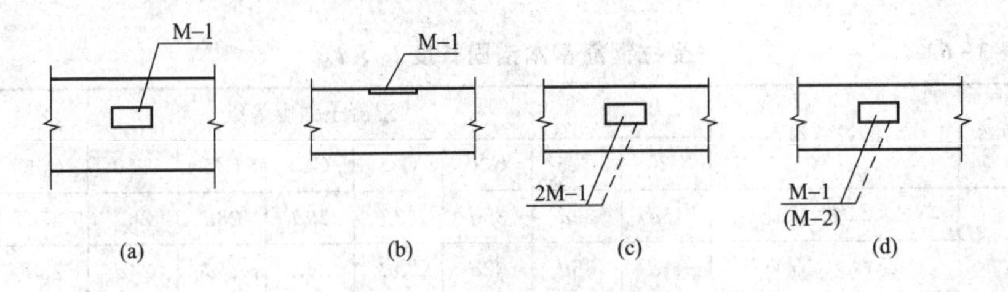

图 3-3　预埋件的表示法

2. 预留孔洞或预埋套管设置的表示法

在钢筋混凝土构件中，孔洞的预留或套管的预埋是常有之事，其表示方法如图 3-4 所示。用引出线指向预留或预埋的位置，在引出横线上方标注预留孔洞的尺寸大小或预埋套管的外径，在引出横线的下方标注孔洞或套管的中心标高或底标高。

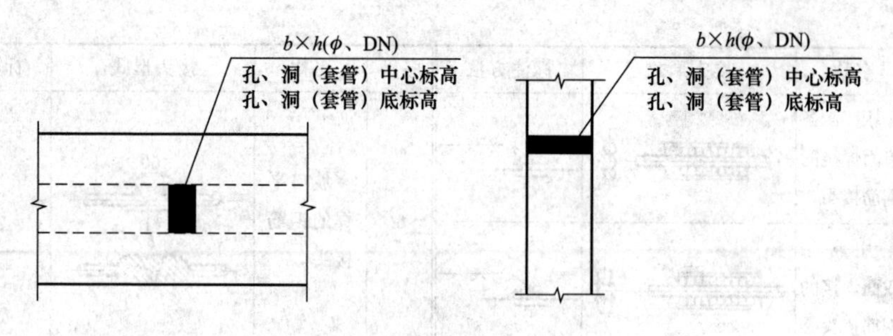

图3-4　预埋件的表示法

3.8　预埋件的焊接加工表示方法

预埋件的焊接加工表示方法与钢结构加工的表示方法一致，请参考钢结构相关章节内容。

3.9　受拉钢筋锚固长度的构造要求

当结构设计中充分利用钢筋的抗拉强度时，受拉钢筋的基本锚固长度按下式计算：

$$l_{ab} = a\frac{f_y}{f_t}d$$

其中，a 为钢筋的外形系数，HPB300 取 0.16；带肋钢筋取 0.14。为方便设计及施工人员，将受拉钢筋的最小锚固长度编列成表，以备查阅。表3-6为受拉钢筋基本锚固长度；表3-7和表3-8为受拉钢筋锚固长度 l_a，抗震锚固长度 l_{aE} 及锚固长度修正系数。

表3-6　　受拉钢筋基本锚固长度 l_{ab}、l_{abE}

钢筋种类	抗震等级	混凝土强度等级								
		C20	C25	C30	C35	C40	C45	C50	C55	≥C60
HPB300	一、二级（l_{abE}）	45d	39d	35d	32d	29d	28d	26d	25d	24d
	三级（l_{abE}）	41d	36d	32d	29d	26d	25d	24d	23d	22d
	四级（l_{abE}） 非抗震（l_{ab}）	39d	34d	30d	28d	25d	24d	23d	22d	21d
HRB335 HRBF335	一、二级（l_{abE}）	44d	38d	33d	31d	29d	26d	25d	24d	24d
	三级（l_{abE}）	40d	35d	31d	28d	26d	24d	23d	22d	22d
	四级（l_{abE}） 非抗震（l_{ab}）	38d	33d	29d	27d	25d	23d	22d	21d	21d

续表

钢筋种类	抗震等级	混凝土强度等级								
		C20	C25	C30	C35	C40	C45	C50	C55	≥C60
HRB400 HRBF400 RRB400	一、二级（l_{abE}）	—	46d	40d	37d	33d	32d	31d	30d	29d
	三级（l_{abE}）	—	42d	37d	34d	30d	29d	28d	27d	26d
	四级（l_{abE}） 非抗震（l_{ab}）	—	40d	35d	32d	29d	28d	27d	26d	25d
HRB500 HRBF500	一、二级（l_{abE}）	—	55d	49d	45d	41d	39d	37d	36d	35d
	三级（l_{abE}）	—	50d	45d	41d	38d	36d	34d	33d	32d
	四级（l_{abE}） 非抗震（l_{ab}）	—	48d	43d	39d	36d	34d	32d	31d	30d

表 3-7　　受拉钢筋锚固长度 l_a、抗震锚固长度 l_{aE}

非抗震	抗　震	注：
$l_a=\zeta_a l_{ab}$	$l_{aE}=\zeta_{aE} l_a$	1. l_a 不应小于 200mm。 2. 锚固长度修正系数 ζ_a 按表 3-8 取用，当多于一项时，可按连乘计算，但不应小于 0.6。 3. ζ_{aE}为抗震锚固长度修正系数，对于一、二级抗震等级取 1.15，对三级抗震等级取 1.05，对于四级抗震等级取 1.00

表 3-8　　受拉钢筋锚固长度修正系数 ζ_a

锚固条件		ζ_a	
带肋钢筋的公称直径大于 25		1.10	—
环氧树脂涂层带肋钢筋		1.25	
施工过程中易受扰动的钢筋		1.10	
锚固区保护层厚度	3d	0.80	注：中间时按内插值。d 为锚固钢筋直径
	5d	0.70	

注：1. HPB300 级钢筋末端应做 180°弯钩，弯后平直段长度不应小于 3d，但作为受压钢筋时可不做弯钩。

2. 当锚固钢筋的保护层厚度不大于 5d 时，锚固钢筋长度范围内应设置横向构造钢筋，其直径不应小于 $d/4$（d 为锚固钢筋的最大直径）；对梁、柱等构件间距不应大于 5d，对板、墙等构件间距不应大于 10d，且均不应大于 100mm（d 为锚固钢筋的最小直径）。

3.10 纵向受拉钢筋绑扎搭接长度 l_{lE}，l_l 的构造要求（见表3-9和表3-10）

表3-9 纵向受拉钢筋绑扎搭接长度 l_{lE}，l_l

纵向受拉钢筋绑扎搭接长度 l_{lE}，l_l	
抗震	非抗震
$l_{lE}=\zeta l_{aE}$	$l_l=\zeta l_a$

注：1. 当不同直径的钢筋搭接时，其 l_{lE} 与 l_l 值按较小直径计算。

2. 在任何情况下 l_l 不得小于300mm。

3. 式中 ζ 为搭接长度修正系数。

表3-10 受拉钢筋搭接长度修正系数 ζ

纵向受拉钢筋搭接长度修正系数 ζ			
纵向钢筋搭接接头面积百分率（%）	≤25	50	100
ζ	1.2	1.4	1.6

3.11 混凝土结构的环境类别及受力钢筋的保护层最小厚度的构造要求

混凝土结构的环境类别见表3-11；混凝土保护层最小厚度见表3-12。

表3-11 混凝土结构的环境类别

环境类别	条　件
一	室内干燥环境； 无侵蚀性静水浸没环境
二a	室内潮湿环境； 非严寒和非寒冷地区的露天环境； 非严寒和非寒冷地区与无侵蚀性的水或土壤直接接触的环境； 严寒和寒冷地区的冰冻线以下与无侵蚀性的水或土壤直接接触的环境
二b	干湿交替环境； 水位频繁变动环境； 严寒和寒冷地区的露天环境； 严寒和寒冷地区冰冻线以上与无侵蚀性的水或土壤直接接触的环境

续表

环境类别	条　　件
三 a	严寒和寒冷地区冬季水位变动区环境； 受除冰盐影响环境； 海风环境
三 b	盐渍土环境； 受除冰盐作用环境； 海岸环境
四	海水环境
五	受人为或自然的侵蚀性物质影响的环境

注：1. 室内潮湿环境是指构件表面经常处于结露或湿润状态的环境。

2. 严寒和寒冷地区的划分应符合现行国家标准《民用建筑热工设计规范》（GB 50176—1993）的有关规定。

3. 海岸环境和海风环境宜根据当地情况，考虑主导风向及结构所处迎风、背风部位等因素的影响，由调查研究和工程经验确定。

4. 受除冰盐影响环境是指受到除冰盐盐雾影响的环境；受除冰盐作用环境是指被除冰盐溶液溅射的环境以及使用除冰盐地区的洗车房、停车楼等建筑。

5. 暴露的环境是指混凝土结构表面所处的环境。

表 3-12　　混凝土保护层的最小厚度　　(mm)

环境类别	板、墙	梁、柱
一	15	20
二 a	20	25
二 b	25	35
三 a	30	40
三 b	40	50

注：1. 表中混凝土保护层厚度指最外层钢筋外边缘至混凝土表面的距离，适用于设计使用年限为 50 年的混凝土结构。

2. 构件中受力钢筋的保护层厚度不应小于钢筋的公称直径。

3. 设计使用年限为 100 年的混凝土结构，一类环境中，最外层钢筋的保护层厚度不应小于表中数值的 1.4 倍；二、三类环境中，应采取专门的有效措施。

4. 混凝土强度等级不大于 C25 时，表中保护层厚度数值应增加 5。

5. 基础底面钢筋的保护层厚度，有混凝土垫层时应从垫层顶面算起，且不应小于 40mm。

3.12　纵向钢筋弯钩及机械锚固的构造形式

纵向钢筋的弯钩及机械锚固构造要求如图 3-5 所示。

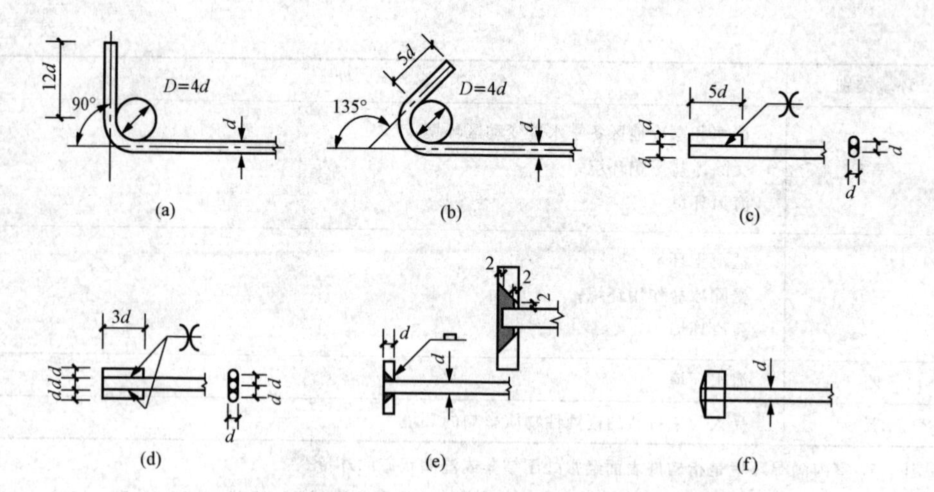

图 3-5　纵向钢筋弯钩及机械锚固的构造形式

（a）末端带 90°弯钩；（b）末端带 135°弯钩；（c）末端一侧贴焊锚筋；（d）末端两侧贴焊锚筋；（e）末端与钢板穿孔塞焊；（f）末端带螺栓锚头

注：1. 当纵向受拉普通钢筋末端采用弯钩或机械锚固措施时，包括弯钩或锚固端头在内的锚固长度（投影长度）可取为基本锚固长度的 60%。

2. 焊缝和螺纹长度应满足承载力的要求；螺栓锚头的规格应符合相关标准的要求。

3. 螺栓锚头和焊接钢板的承压面积不应小于锚固钢筋截面积的 4 倍。

4. 螺栓锚头和焊接锚板的钢筋净距小于 $4d$ 时应考虑群锚效应的不利影响。

5. 截面角部的弯钩和一侧贴焊锚筋的布筋方向宜向截面内侧偏置。

6. 受压钢筋不应采用末端弯钩和一侧贴焊的锚固形式。

第4章　砌体结构施工图识读

砌体结构施工图主要表示砌体建筑的承重构件的布置方式，构件所在的位置、形状、尺寸大小，构件的数量、所用材料、构造情况和各构件之间的相互关系，其中承重构件包括基础、承重墙、柱、梁、板、屋架、屋面板和楼梯等。

砌体结构施工图包括基础图、结构平面布置图、剖面图、结构节点详图和构件图。

4.1　识读基础图

4.1.1　基础图的基本知识

在识读基础图前，首先介绍一些基础图的基本知识，这些基本知识适用于各种类型基础施工图，在下面几章其他结构形式的基础图的识读中将不再重复介绍此部分内容。

1. 基础图的形成

假想用一个水平面沿房屋底层室内地面附近将整幢建筑物剖开后，移去上层的房屋和基础周围的泥土向下投影所得到的水平剖面图，称为“基础平面图”，简称“基础图”。基础图主要是表示建筑物在相对标高±0.00以下基础结构的图纸。

2. 基础图的内容

在基础平面图中应表示出墙体轮廓线、基础轮廓线、基础的宽度和基础剖面的位置，标注定位轴线和定位轴线之间的距离。在基础剖面图中应包括全部不同基础的剖面图。图中应正确反映剖切位置处基础的类型、构造和钢筋混凝土基础的配筋情况，所用材料的强度，钢筋的种类、数量和分布方式等。应详尽标注各部分尺寸。具体包括以下部分。

（1）图名和比例。

（2）纵横向定位轴线及编号、轴线尺寸。

（3）基础墙、柱的平面布置，基础底面形状、大小及其与轴线的关系。

（4）基础梁的位置、代号。

（5）基础的编号、基础断面图的剖切位置线及其编号。

（6）施工说明，即所用材料的强度、防潮层做法、设计依据以及施工注意事项。

3. 基础图的表示方法

（1）定位轴线。基础平面图应标注出与建筑平面图相一致的定位轴线编号和轴线尺寸。

（2）图线。

1）在基础平面图中，只画基础墙、柱及基础底面的轮廓线，基础的细部轮廓线（如大放脚）一般省略不画。

2）凡被剖切到的墙、柱轮廓线，应画成中实线；基础底面的轮廓线应画成细实线。

3）基础梁和地圈梁用粗点画线表示其中心线的位置。

4）基础墙上的预留管洞，应用虚线表示其位置，具体做法及尺寸另用详图表示。

（3）比例和图例：基础平面图中采用的比例及材料图例与建筑平面图相同。

（4）尺寸标注。

1）外部尺寸：基础平面图中的外部尺寸只标注两道，即定位轴线的间距和总尺寸。

2）内部尺寸：基础平面图中的内部尺寸应标注墙的厚度、柱的断面尺寸和基础底面的宽度。

4. 基础详图

（1）基础详图的形成：在基础平面图上的某一处用铅垂剖切面切开基础所得到的断面图称基础详图。主要表明基础各部分的详细尺寸和构造。

（2）基础详图的内容。

1）图名、比例。

2）轴线及其编号。

3）基础断面的形状、大小、材料及配筋。

4）基础断面的详细尺寸和室内外地面标高及基础底面的标高。

5）防潮层的位置和做法。

6）垫层、基础墙、基础梁的形状、大小、材料和强度等级。

7）施工说明。

（3）基础详图的表示方法。

1）图线：基础详图的轮廓线用中实线表示，钢筋符号用粗实线绘制。钢筋混凝土独立基础除画出基础的断面图外，有时还要画出基础的平面图，并在平面图中采用局部剖面表达底板配筋。

2）比例和图例：基础详图常用1∶10、1∶20、1∶50的比例绘制。基础断面除钢筋混凝土材料外，其他材料宜画出材料图例符号。

房屋建筑中的基础一般有条形基础、柱下独立基础、筏形基础、桩基承台基础及箱形基础等。下面章节中将分别介绍。

4.1.2　砌体结构基础图的识读

砌体结构的基础形式主要为条形基础（包括毛石条形基础、砖砌体条形基础、毛石混凝土条形基础、钢筋混凝土条形基础和三合土条形基础等）。基础图即为所选用的基础形式的图纸表现，包括平面图、剖面图及大样图。

1. 基础平面图

图 4-1 表示某砌体结构的条形基础施工图，从中可以读出基础总长、总宽、定位轴线间距，各剖面详图基础的宽度、高度，大放脚的各级尺寸及基础圈梁如何布置等，并指出圈梁截面的配筋。

2. 识读条形基础

我们一起识读图 4-1。图中纵向定位轴线有 8 条（①～⑧），横向定位轴线有 3 条（Ⓐ～Ⓒ）；构造柱有 2 种（GZ1、GZ2）；4 个剖面及其大样（其实只有 2 种：*A—A*、*B—B*）和条形基础放阶大样。基础圈梁 1（JQL—1）顶部标高为 −0.06m，圈梁为正方形截面，边长 240mm，在四角各配有 1ϕ12HPB300 级钢筋，箍筋为两肢 ϕ6@200；基础圈梁 2（JQL—2）顶部标高为−0.06m，圈梁为矩形截面，长 b=370mm，宽 h=240mm，在上下各配有 3ϕ12HPB300 级钢筋，箍筋为三肢 ϕ6@200。

4.2　砌体结构施工平面图的识读

砌体结构平面布置图包括楼盖结构平面布置图、屋盖结构平面布置图、过梁和圈梁平面布置图、柱网平面布置图、基础梁平面布置图、连系梁平面布置图、楼梯间结构平面布置图等。

剖面图包括纵剖面图和横剖面图。

施工详图包括结构节点详图和构件详图，其中节点详图是指结构构造局部和材料用放大尺寸的比例画出的详细图纸，构件详图是指具体构件，如梁、柱、雨篷等构件的详细构造及材料的施工图纸。

4.2.1　砌体结构平面图的特点

砌体结构平面图中应包括楼层和屋面现浇板结构平面布置图、配筋图。在该布置图中应表示出板的类型、梁的位置和代号，钢筋混凝土现浇板的配筋方式和钢筋编号、数量、标注定位轴线及开间、进深、洞口尺寸和其他主要尺寸等。

现在楼（屋）面板施工图已采用平法标注。但该标注方法刚颁布不久，大部分图纸尚未改变过来，所以传统表示法也要介绍。

根据砌体结构平面图绘制方法和表达方式，现将砌体结构平面图的特点列举如下。

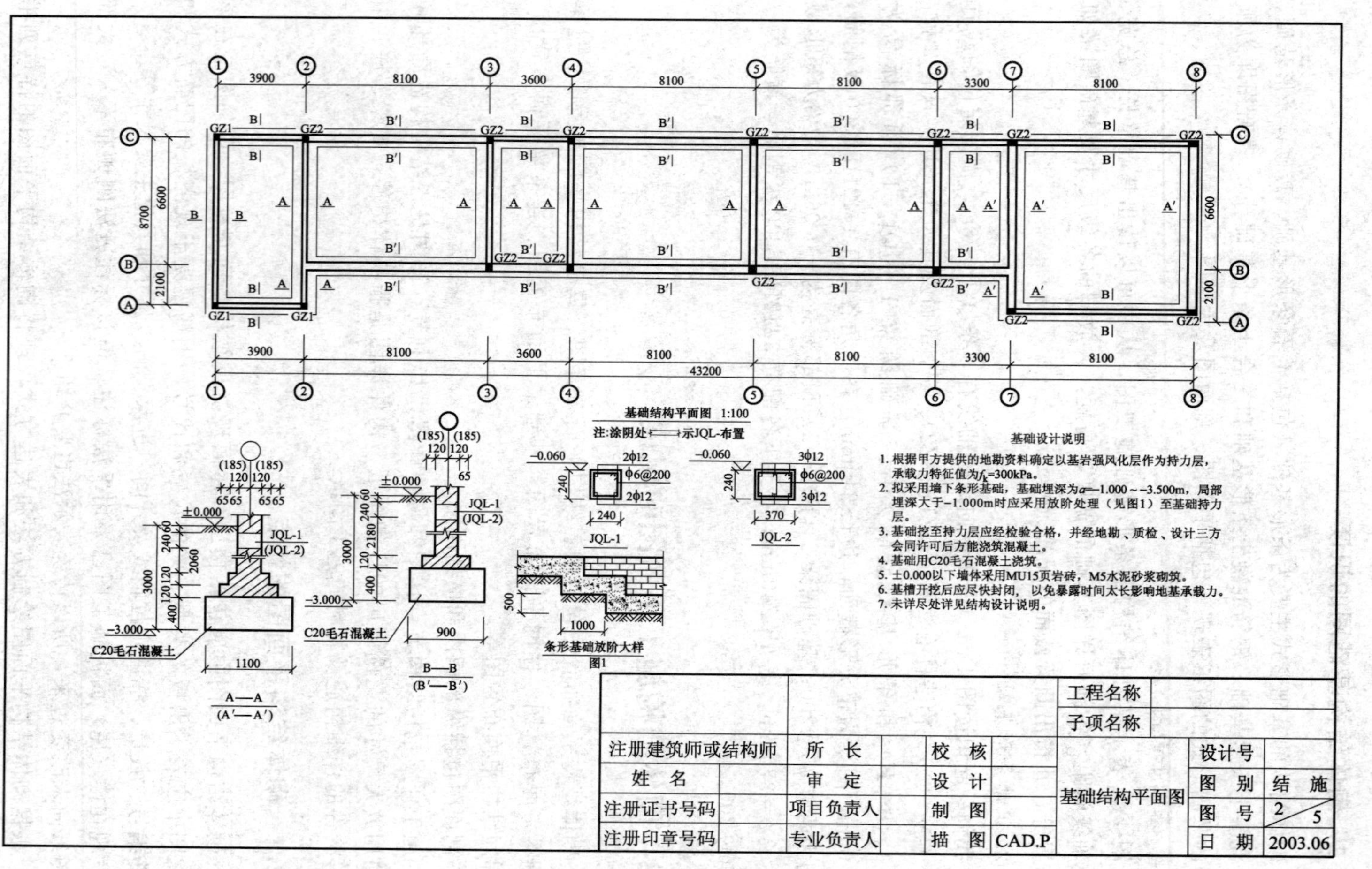

基础结构平面图 1:100
注:涂阴处表示JQL-布置
A—A
(A′—A′)
B—B
(B′—B′)
C20毛石混凝土
JQL-1
(JQL-2)
JQL-1
JQL-2
2ϕ12
ϕ6@200
3ϕ12
条形基础放阶大样
图1
基础设计说明
1. 根据甲方提供的地勘资料确定以基岩强风化层作为持力层，承载力特征值为f_k=300kPa。
2. 拟采用墙下条形基础，基础埋深为a=−1.000～−3.500m，局部埋深大于−1.000m时应采用放阶处理（见图1）至基础持力层。
3. 基础挖至持力层应经检验合格，并经地勘、质检、设计三方会同许可后方能浇筑混凝土。
4. 基础用C20毛石混凝土浇筑。
5. ±0.000以下墙体采用MU15页岩砖，M5水泥砂浆砌筑。
6. 基槽开挖后应尽快封闭，以免暴露时间太长影响地基承载力。
7. 未详尽处详见结构设计说明。
注册建筑师或结构师
姓 名
注册证书号码
注册印章号码
所 长
审 定
项目负责人
专业负责人
校 核
设 计
制 图
描 图
CAD.P
工程名称
子项名称
基础结构平面图
设计号
图 别
结 施
图 号
2/5
日 期
2003.06

图4-1 条形基础施工图

（1）对于现浇钢筋混凝土楼（屋）面板，用粗实线绘制板中所配的钢筋，每种钢筋只画 1 根；对较复杂的板，还应标注板的分类编号，如“B1、B2、…”，注写在相对应的板中指示线上方，其中指示线用细实线画在该板的两对角的连线上，并在该线的下方注写板厚，如“$h=100$(mm)”，也可用板中局部的重合断面来表示板的型号、板的厚度和标高等，如图 4-2 所示。外轮廓线采用细实线或中粗实线，梁的位置采用细虚线绘制。

在图 4-2（a）中，斜细实线表示一块板，①、②号钢筋是底部贯通钢筋，③、④、⑤号钢筋是顶部非贯通钢筋，抵抗负弯矩；标高 3.90m，表示楼板结构底面标高。

图 4-2（b）中有标高符号的黑粗线宽，表示楼板厚度，两头有支撑楼板的梁的截面。⑤、⑥ 号钢筋为底部贯通钢筋，抵抗正弯矩，⑦、⑧、②号钢筋是顶部非贯通钢筋，抵抗负弯矩；在 Y 方向楼板截面处的引出线，标明板底配有 2 φ 4 钢筋。

（2）对于预制楼板，采用粗实线表示楼层平面外轮廓，采用细实线表示预制板的铺设情况，并采用中粗虚线表示梁的位置。对于楼板下方不可见的墙体位置可采用虚线表示，也可采用实线表示。

（3）预制楼板的布置方式有如下两种：其一，在结构单元范围内，根据预制板的实际水平投影分块画出该楼板，并且标注所采用的预制板的数量和型号。同时对于具有相同设置方式的相同单元，只要采用相同的编号即可，如“甲、乙、丙”等表示单元符号，而不要对每一单元都全部画出，如图 4-3（a）所示。其二，在楼盖结构平面内，对相同的单元范围内，只画出一条对角线，并且沿着对角线方向注明预制板的型号和数量，如图 4-3（b）所示。

图 4-3（a）中，第二跨标出甲种布置方式为 4 块长 3.6m，宽为 1.18m，荷载等级为 3 的空心板；其余各跨相同；2GL10.4 表示 2 根洞口宽度为 1.00m、荷载等级为 4 的过梁；同样，2GL18.4 表示 2 根洞口宽度为 1.80m、荷载等级为 4 的过梁。

图 4-3（b）中，斜细实线表示一组预制板①，这组预制板为 14 块 3.9m 长（标志长度），第五种宽度，荷载等级为 4 的预制空心板，实际长度为 3.88m。YGL-21-2 表示洞口宽度 2.10m、荷载等级为 2 的预制过梁；L1、L2 表示 1 号梁和 2 号梁；Z2 表示 2 号柱；“=”表示另一半对称。

（4）楼梯间的结构布置，通常以构件详图的方式单独进行结构布置，而不在楼层结构平面中作详细表达。只是在楼梯间的位置用双对角线或单对角线表示楼梯间，并在线上注写“见××楼梯图”或“详见××楼梯图”的字样，这部分内容在楼梯详图中表示（对于具有相同构件布置的楼层，可只画出一个结构平面图，只是在该图中以不同的标高来表示与它相同的其他各层的标高，并称该图为标准层结构平面图）。

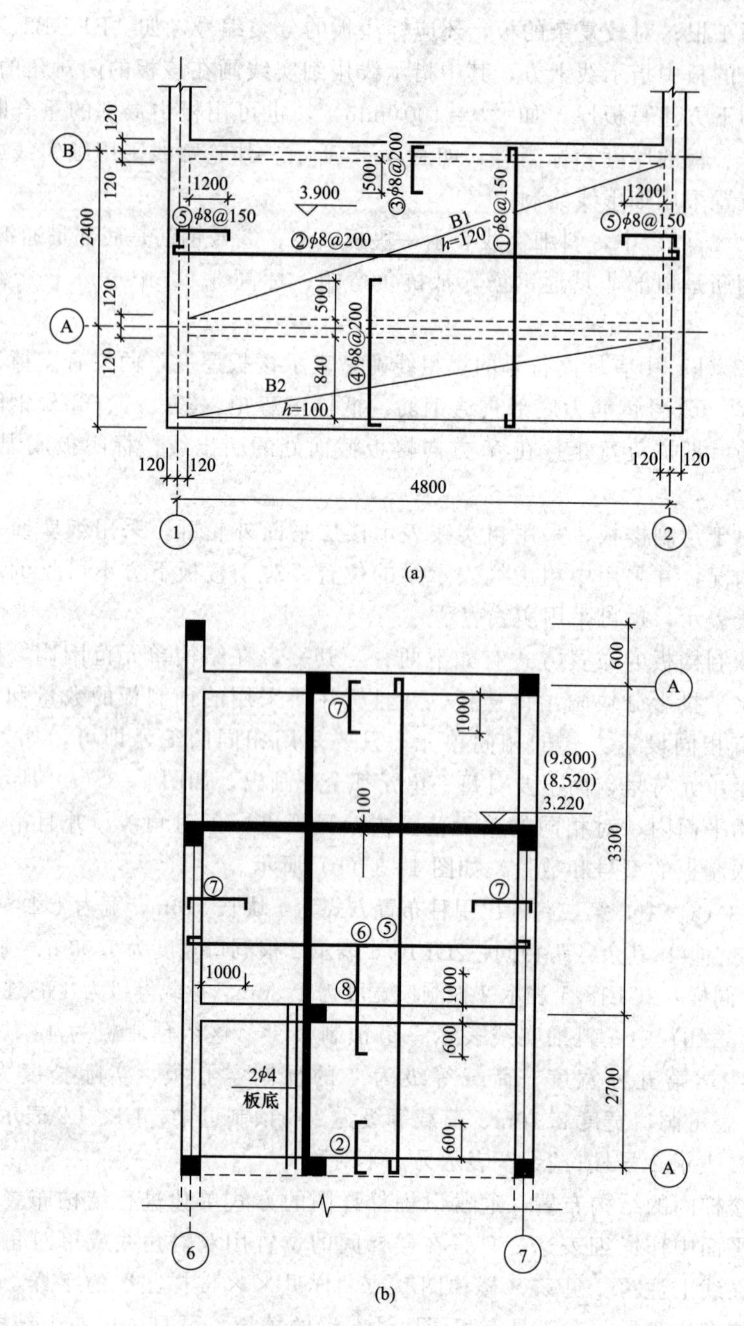

图 4-2 现浇楼板表示法

（a）标注板号形式；（b）重合断面形式

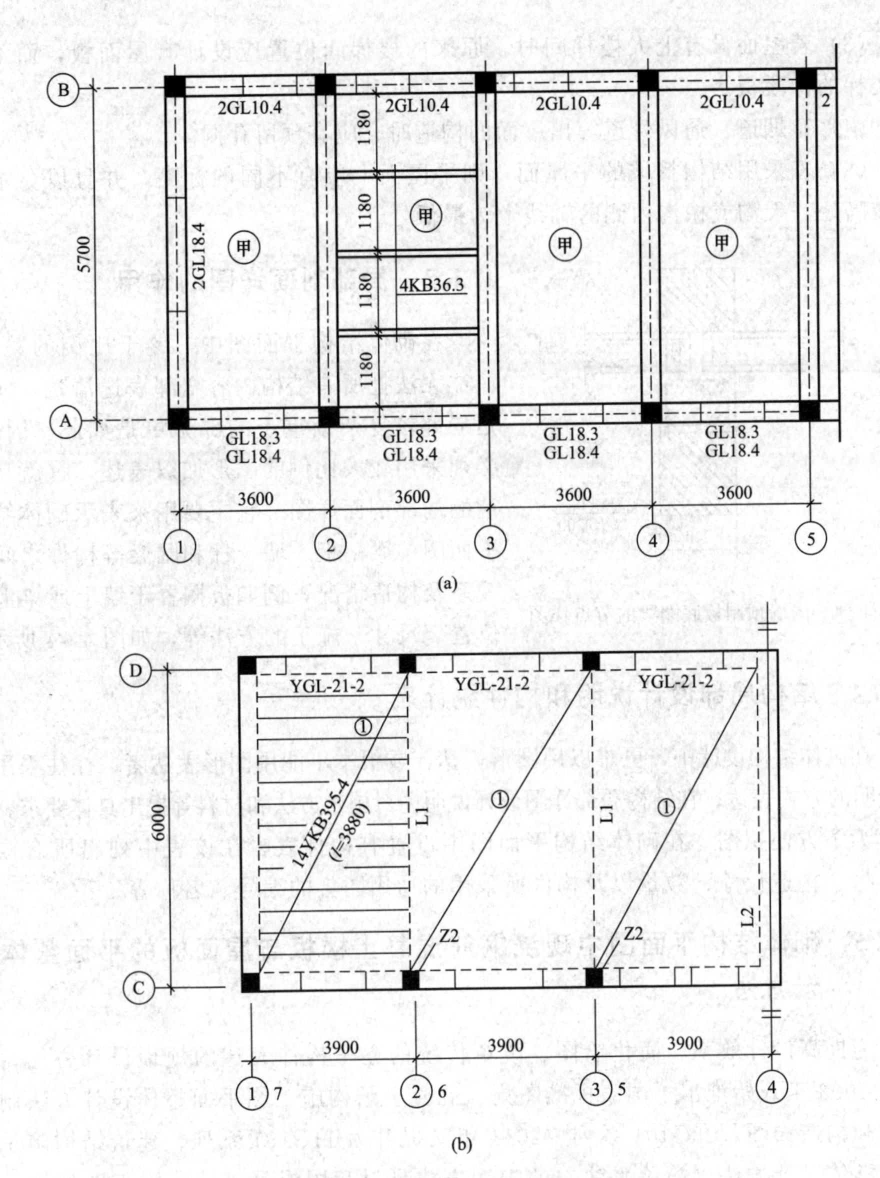

图 4-3 预制楼板的布置方式

(a) 预制楼板布置方式（一）；(b) 预制楼板布置方式（二）

4.2.2 平屋顶结构平面图的特点

在砌体结构中，对于平屋顶的结构平面图，其表示方法与楼层结构平面图的表示方法大部分相同，但有几点不同，现列举如下。

(1) 一般屋面板应有上人孔或设有出屋面的楼梯间和水箱间。

(2) 屋面上的檐口设计为挑檐时，应有挑檐板。

（3）若屋面设有上人楼梯间时，原来的楼梯间位置应设计有屋面板，而不再是楼梯的梯段板。

（4）有烟道、通风管道等出屋面的构造时，应有预留孔洞。

（5）若采用结构找坡的平屋面，则平屋面上应有不同的标高，并且以分水线为最高处，天沟或檐沟内侧的轴线上为最低处。

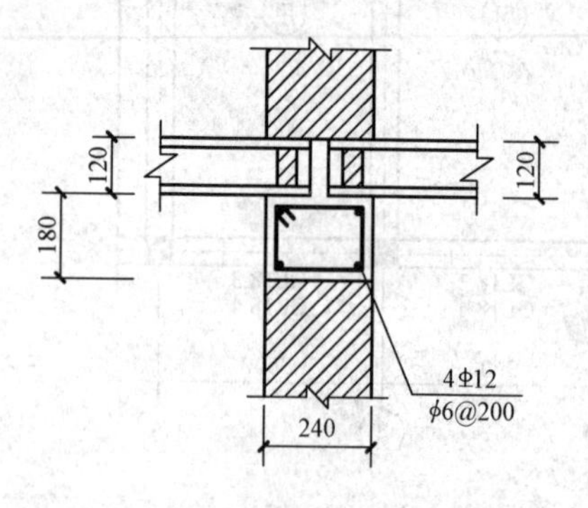

图4-4　内墙预制板底圈梁的节点详图

4.2.3　局部剖面详图的作用

在砌体结构平面图中，鉴于比例的关系，往往无法把所有结构内容全部表达清楚，尤其是局部较复杂或重点的部分更是如此。因此，必须采用较大比例的图形加以表述，这就是所谓的局部剖面详图。它主要用来表示砌体结构平面图中梁、板、墙、柱和圈梁等构件之间的关系及构造情况，例如板搁置于墙上或梁上的位置、尺寸，施工的方法等，如图4-4所示。

4.2.4　结构局部设计说明和构件统计表

在砌体结构设计中，更难以用图形表达，或根本不能用图形表达者，往往采用文字说明的方式表达；在结构局部详图设计说明中对施工方法和材料等提出具体要求。

为了方便识图，在砌体结构平面图中设置有构件表，在该表中列出所有构件的序号、构造尺寸、数量以及构件所采用的通用图集的编号、名称等。

4.2.5　砌体结构平面图中现浇钢筋混凝土楼板与屋面板的平面整体表示方法

为提高设计效率、简化绘图、改革传统的逐个构件表达的烦琐设计方法，我国从2003年开始推出了国家标准图集《混凝土结构施工图平面整体设计方法制图规则和构造详图》03G101系列，2011年又提升为11G101系列。建筑结构施工图平面整体设计方法（简称平法）的表达方式是对我国混凝土结构施工图的设计表示方法的重大改革。

平法的表达形式，概括来讲，是把结构构件的尺寸和配筋等，按照整体表示方法制图规则，整体直接表达在各类构件的结构平面布置图上，再与标准构造详图相配合，即构成一套完整的结构设计。这种表达方式改变了传统的那种将构件从结构平面布置图中索引出来，再逐个绘制配筋详图的烦琐方法，也使施工图纸的数量大为减少。

《国家建筑标准设计图集11G101-1》规定了现浇钢筋混凝土楼板与屋面板的平面整体表示方法。下面来介绍现浇楼板与屋面板表示方法。砌体结构的楼板和

屋面板主要是有梁楼屋盖，这里主要介绍有梁楼盖板制图和识读规则。

1. 有梁楼盖板平法施工图表达方式

为方便设计表达和施工识图，标准设计图集规定结构平面的坐标方向为：

（1）当两向轴网正交布置时，图面从左至右为 X 向，从下至上为 Y 向；

（2）当轴网转折时，局部坐标方向顺轴网转折角度做相应转折；

（3）当轴网向心布置时，切向为 X 向，径向为 Y 向；此外，对于平面布置比较复杂的区域，如轴网转折交界区域、向心布置的核心区域等，其平面坐标方向应由设计者另行规定并在图上明确表示。

2. 板块集中标注

（1）板块集中标注的内容为：板块编号，板厚，贯通纵筋，以及当板面标高不同时的标高高差。

对于普通楼面，两向均以一跨为一板块：对于密肋楼盖，两向主梁（框架梁）均以一跨为一板块（非主梁密肋不计）。所有板块应逐一编号，相同编号的板块可择其一做集中标注，其他仅注写置于圆圈内的板编号，以及当板面标高不同时的标高高差。板块编号规定见表 4-1。

表 4-1　　板块编号

板类型	代号	序号
楼面板	LB	××
屋面板	WB	××
悬挑板	XB	××

板厚注写为 h=×××（为垂直于板面的厚度）；当悬挑板的端部改变截面厚度时，用斜线分隔根部与端部的高度值，注写为 h=×××/×××；当设计已在图注中统一注明板厚时，此项可不注。

贯通纵筋按板块的下部和上部分别注写（当板块上部不设贯通纵筋时则不注），并以 B 代表下部，以 T 代表上部，B&T 代表下部与上部；X 向贯通纵筋以 X 打头，Y 向贯通纵筋以 Y 打头，两向贯通纵筋配置相同时则以 X&Y 打头。当为单向板时，另一向贯通的分布筋可不必注写，而在图中统一注明。

当在某些板内（悬挑板 XB 的下部）配置有构造钢筋时，则 X 向以 Xc，Y 向以 Yc 打头注写。当 Y 向采用放射配筋时（切向为 X 向，径向为 Y 向），设计者应注明配筋间距的度量位置。

当贯通筋采用两种规格钢筋“隔一布一”方式时，表达为 ϕxx/yy@xxx，表示直径为 xx 的钢筋和直径为 yy 的钢筋二者之间间距为 xxx，直径 xx 的钢筋的间距为 xxx 的 2 倍，直径 yy 钢筋的间距为 xxx 的 2 倍。

板面标高高差，系指相对于结构层楼面标高的高差，应将其注写在括号内，且有高差则注，无高差不注。

【例4-1】 设有一楼面板块注写为：LB5 h=110

B：X⌀12@120；Yϕ10@110

系表示5号楼面板，板厚110mm，板下部配置的贯通纵筋X向为⌀12@120，Y向为ϕ10@110；板上部未配置贯通纵筋。

【例4-2】 设有一悬挑板注写为：XB2 h=150/100

B：Xc&Ycϕ8@200

系表示2号悬挑板，板根部厚150mm，端部厚100mm，板下部配置构造钢筋双向均为ϕ8@200（上部受力钢筋见板支座原位标注）。

（2）同一编号板块的类型、板厚和贯通纵筋均相同，但板面标高、跨度、平面形状以及板支座上部非贯通纵筋可以不同，如同一编号板块的平面形状可为矩形、多边形及其他形状等。施工预算时，应根据其实际平面形状，分别计算各块板的混凝土与钢材用量。

（3）设计与施工应注意：单向或双向连续板的中间支座上部同向贯通纵筋，不应在支座位置连接或分别锚固。当相邻两跨的板上部贯通纵筋配置相同，且跨中部位有足够空间连接时，可在两跨任意一跨的跨中连接部位连接；当相邻两跨的上部贯通纵筋配置不同时，应将配置较大者越过其标注的跨数终点或起点伸至相邻跨的跨中连接区域连接。

设计应注意板中间支座两侧上部贯通纵筋的协调配置，施工及预算应按具体设计和相应标准构造要求实施。

3. 板支座原位标注

（1）板支座原位标注的内容为：板支座上部非贯通纵筋和悬挑板上部受力钢筋。

板支座原位标注的钢筋，应在配置相同跨的第一跨表达（当在梁悬挑部位单独配置时则在原位表达）。在配置相同跨的第一跨（或梁悬挑部位），垂直于板支座（梁或墙）绘制一段适宜长度的中粗实线（当该筋通长设置在悬挑板或短跨板上部时，实线段应画至对边或贯通短跨），以该线段代表支座上部非贯通纵筋；并在线段上方注写钢筋编号（如①、②等）、配筋值、横向连续布置的跨数（注写在括号内，且当为一跨时可不注），以及是否横向布置到梁的悬挑端。例如：（××）为横向布置的跨数，（××A）为横向布置的跨数及一端的悬挑部位，（××B）为横向布置的跨数及两端的悬挑部位。

板支座上部非贯通筋自支座中线向跨内的延伸长度，注写在线段的下方位置。

当中间支座上部非贯通纵筋向支座两侧对称延伸时，可仅在支座一侧线段下方标注延伸长度，另一侧不注，如图4-5（a）所示。图中②⌀12@120表示2号钢筋为1根⌀12、间距120mm，两边各延伸1800mm。

当向支座两侧非对称延伸时，应分别在支座两侧线段下方注写延伸长度，如图4-5（b）所示。图中表示3号钢筋左边延伸1800mm，右边延伸1400mm。

对线段画至对边贯通全跨或贯通全悬挑长度的上部通长纵筋，贯通全跨或延

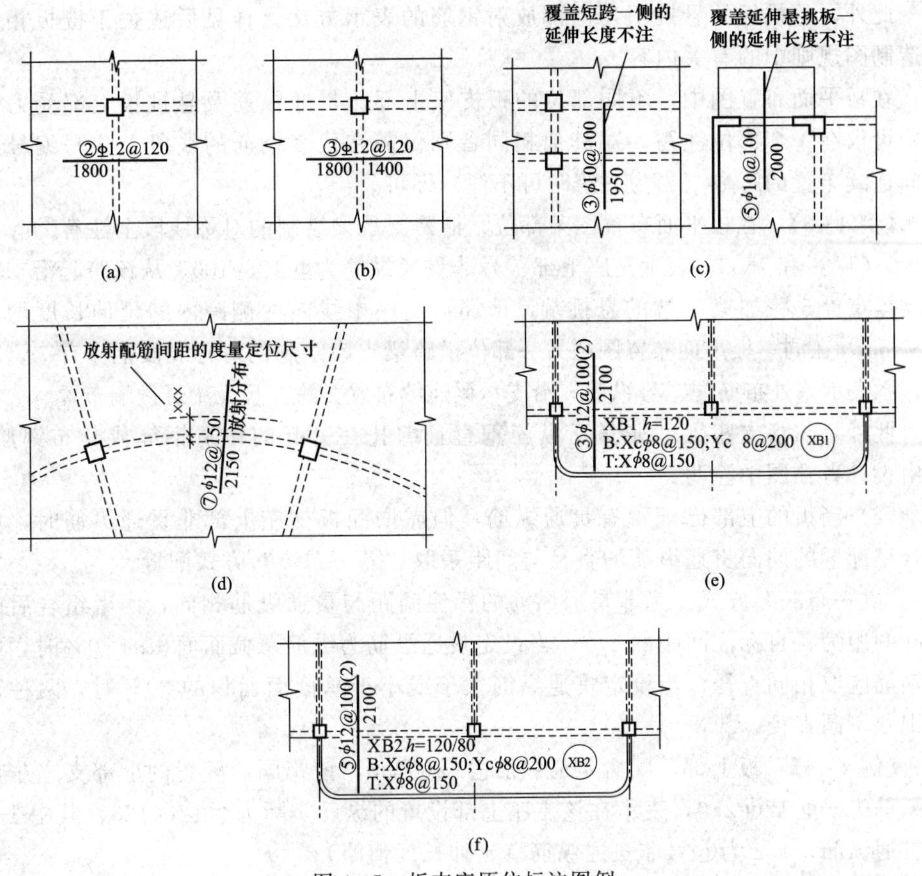

图 4-5　板支座原位标注图例

伸至全悬挑一侧的长度值不注，只注明非贯通筋另一侧的延伸长度值，如图 4-5（c）所示。图中分别表示 3 号钢筋为 1 根 ϕ10、间距 100mm，南边各延伸 1950mm，北边延伸到全跨；5 号钢筋为 1 根 ϕ10、间距 100mm，南边各延伸 2000mm，北边延伸到悬挑端。

当板支座为弧形，支座上部非贯通纵筋呈放射状分布时，设计者应注明配筋间距的度量位置并加注“放射分布”四字，必要时应补绘平面配筋图，如图 4-5（d）所示。图中 7 号钢筋为 1 根 ϕ12、间距 150mm，两边各延伸 2150mm，且沿径向放射布置。

关于延伸悬挑板的注写方式如图 4-5（e）、（f）所示；图 4-5（e）中 3 号钢筋为 1 根 ϕ12、间距 100mm，南边延伸到悬挑板端，北边延伸 2100mm，且连续相邻 2 跨布置；1 号悬挑板 XB1，厚度 h=120mm，底部配筋 X 向 ϕ8@150，Y 向 ϕ8@200 的贯通钢筋；顶部配有 X 向 ϕ8@150；这属于集中标注。

图 4-5（f）中 5 号钢筋为 1 根 ϕ12、间距 100mm，南边延伸到悬挑板端，且连续相邻 2 跨布置；2 号纯悬挑板 XB2，根部厚度 h=120mm，板端厚度 h=80mm，底部配 X 向 ϕ8@150，Y 向 ϕ8@200 的贯通钢筋；顶部配有 X 向 ϕ8@150；这属于集中标注。

此外，悬挑板的悬挑阳角上部放射钢筋的表示方法，详见后述关于楼板相关构造制图规则中的有关内容。

在板平面布置图中，不同部位的板支座上部非贯通纵筋及悬挑板上部受力钢筋，可仅在一个部位注写，对其他相同者则仅需在代表钢筋的线段上注写编号及横向连续布置的跨数（当为一跨时可不注）即可。

【例4-3】 在板平面布置图某部位，横跨支承梁绘制的对称线段上注有⑦Φ 12@100（5A）和1500，表示支座上部⑦号非贯通纵筋为Φ 12@100，从该跨起沿支承梁连续布置5跨加梁一端的悬挑端，该筋自支座中线向两侧跨内的延伸长度均为1500mm。在同一板平面布置图的另一部位横跨梁支座绘制的对称线段上注有⑦（2）者，系表示该处布筋同⑦号纵筋，沿支承梁连续布置2跨，且无梁悬挑端布置。

此外，与板支座上部非贯通纵筋垂直且绑扎在一起的构造钢筋或分布钢筋，应由设计者在图中注明。

（2）当板的上部已配置有贯通纵筋，但需增配板支座上部非贯通纵筋时，应结合已配置的同向贯通纵筋的直径与间距采取“隔一布一”方式配置。

“隔一布一”方式，为非贯通纵筋的标注间距与贯通纵筋相同，两者组合后的实际间距为各自标注间距的1/2。当设定贯通纵筋为纵筋总截面面积的50%时，两种钢筋应取相同直径；当设定贯通纵筋大于或小于总截面面积的50%时，两种钢筋则取不同直径。

【例4-4】 板上部已配置贯通纵筋Φ 12@250，该跨同向配置的上部支座非贯通纵筋为⑤Φ 12@250，表示在该支座上部设置的纵筋实际为Φ 12@125，其中1/2为贯通纵筋，1/2为⑤号非贯通纵筋（延伸长度值略）。

【例4-5】 板上部已配置贯通纵筋 ϕ10@250，该跨配置的上部同向支座非贯通纵筋为③Φ 12@250，表示该跨实际设置的上部纵筋为（1ϕ10＋1Φ 12）/250，实际间距为125mm，其中41%为贯通纵筋，59%为③号非贯通纵筋（延伸长度值略）。

施工时应注意：当支座一侧设置了上部贯通纵筋（在板集中标注中以T打头），而在支座另一侧仅设置了上部非贯通纵筋时，如果支座两侧设置的纵筋直径、间距相同，应将两者连通，避免各自在支座上部分别锚固。

4. 导读板平法施工图

图4-6为采用平面注写方式表达的现浇混凝土楼面施工图，现在从左到右识读该图。

左边表格是结构层楼面标高与结构层高。该建筑地下2层，地上16层，该图是5～8（标高15.87～26.67m）层楼板施工图。

定位轴线①②之间是楼、电梯间（定位轴线BC之间的过道不算）。楼板（包括楼梯板）都是1号板，板厚 $h=100$mm，底部（B）和顶部配筋都是双向（X&Y）ϕ8，间距150mm的贯通钢筋。这属于集中标注。由于在左下角已标出板厚与配筋，所以其他LB1（1号板）只需标出编号就可以了。

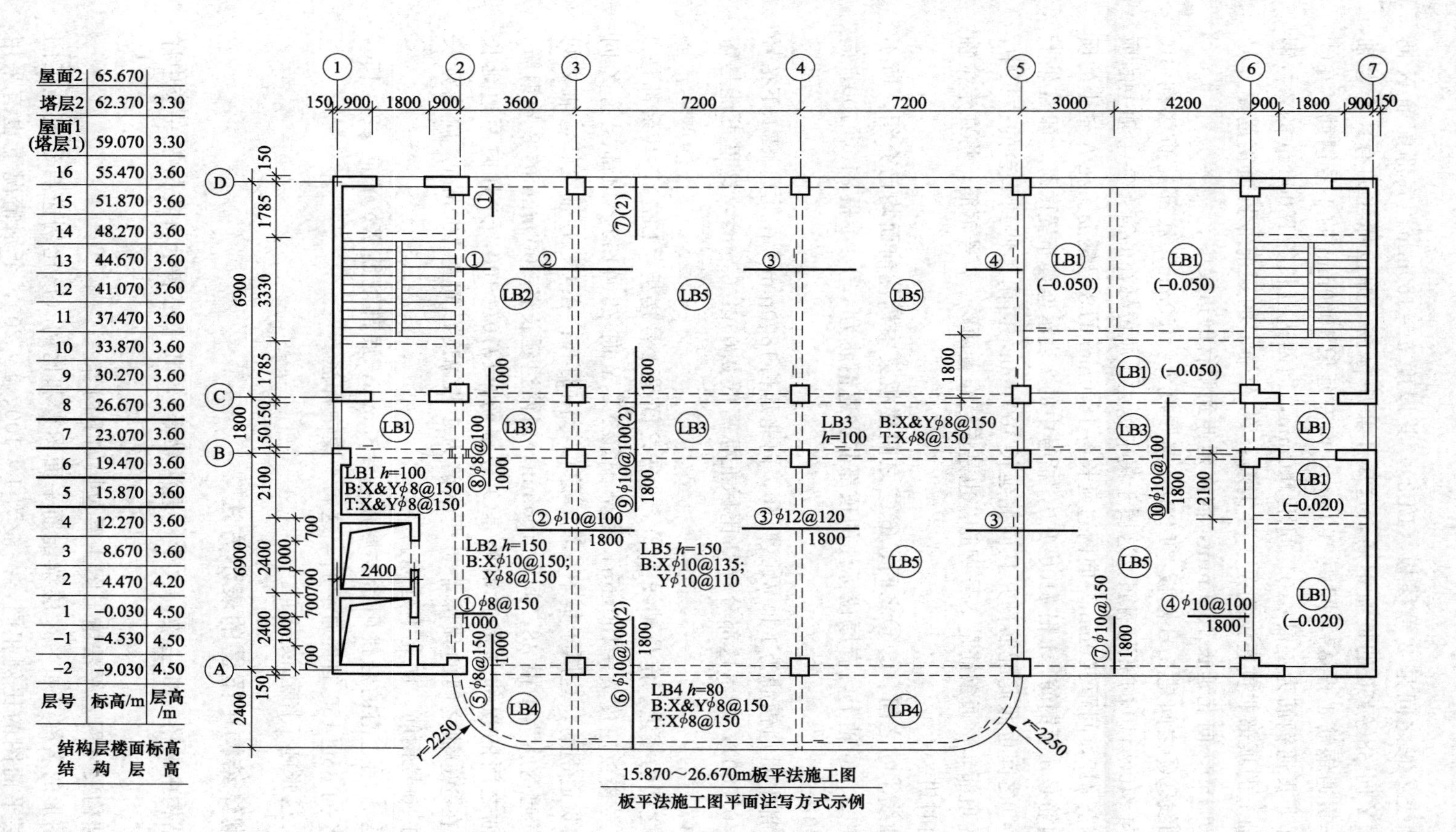

层号	标高/m	层高/m
屋面2	65.670	
塔层2	62.370	3.30
屋面1(塔层1)	59.070	3.30
16	55.470	3.60
15	51.870	3.60
14	48.270	3.60
13	44.670	3.60
12	41.070	3.60
11	37.470	3.60
10	33.870	3.60
9	30.270	3.60
8	26.670	3.60
7	23.070	3.60
6	19.470	3.60
5	15.870	3.60
4	12.270	3.60
3	8.670	3.60
2	4.470	4.20
1	-0.030	4.50
-1	-4.530	4.50
-2	-9.030	4.50

结构层楼面标高
结 构 层 高

图 4-6　某现浇混凝土楼面施工图

注：1. 未注明分布筋为 ϕ8@250。

2. 可在结构层楼面标高、结构层高表中加设混凝土强度等级等栏目。

定位轴线②③之间是 2 号楼板（LB2），其厚度 h = 150mm，底部配筋 X 向 ϕ10@150，Y 向 ϕ8@150 的贯通钢筋，这属于集中标注。原位标注的有：在②轴上的顶部非贯通钢筋 1 根 ϕ8，间距 150mm，向右延长 1000mm 的 1 号钢筋。在③轴上的顶部非贯通钢筋为 1 根 ϕ10，间距 100mm，向两边延长各 1800mm 的 2 号钢筋。在 D 轴上的顶部非贯通钢筋是 1 号钢筋；在 A 轴上的顶部非贯通钢筋是 5 号钢筋，1 Φ@150，向北延长 1000mm，向南延伸到阳台的边梁中。

定位轴线③④之间是 5 号楼板（LB5），其厚度 h = 150mm，底部配筋 X 向 ϕ10@135，Y 向 ϕ10@110 的贯通钢筋，这属于集中标注。原位标注的有：在④轴上的顶部非贯通钢筋 ϕ12，间距 120mm，向两边延长各 1800mm 的 3 号钢筋。在 A 轴上的顶部非贯通钢筋是 6 号钢筋，1 根 ϕ10@100，括号中的 2 表示连续布置两跨，即 A 轴上定位轴线④⑤之间也照此配筋；并且向北延长 1800mm，向南延伸到阳台的边梁中，在 D 轴上的顶部非贯通钢筋是 7 号钢筋，也是连续布置两跨。7 号钢筋，将在定位轴线⑤⑥之间时讲。

定位轴线④⑤之间、⑤⑥之间、⑥⑦之间楼板集中标注前面均已介绍，所不同的是：在⑤、⑥轴上，有原位标注的顶部非贯通钢筋为 4 号，1 根 ϕ10@100，向左延长 1800mm。

7 号顶部非贯通钢筋为 1 根 ϕ10@150，向北延长 1800mm。在北边 LB1 下括号中标有（−0.050），表示这部分标高比标准标高低 0.05m（5cm），这里可能是盥洗室或厕所。

BC 轴之间的楼道。定位轴线①②、⑥⑦之间是 1 号楼板（LB1），其余都是 3 号楼板。3 号楼板厚度 h = 100mm，底部配筋 X&Y 向 ϕ8@150，顶部配筋 X 向 ϕ8@150 的贯通钢筋，这属于集中标注。原位标注的有：在 C、B 轴上②③轴之间的顶部非贯通钢筋为 1 根 ϕ8，间距 100mm，向两边延长各 1000mm 的 8 号钢筋。在③～⑤轴之间的顶部非贯通钢筋是 9 号钢筋，1ϕ10@100，并且向两边延长 1800mm。在⑤⑥轴之间的顶部非贯通钢筋为 1 根 ϕ10，间距 100mm，向南延长 1800mm 的 10 号钢筋，向北不延伸。

最后是 A 轴之南的悬挑阳台。厚度 h = 80mm，底部配筋 X&Y 向 ϕ8@150，顶部配筋 X 向 ϕ8@150 的贯通钢筋，这属于集中标注。

这样，这张施工图就读完了。

4.2.6 砌体结构中梁图的表示方法

砌体结构中的梁（如主梁、次梁、进深梁等），其平法表示将在框架一节中详细讲述。

砌体结构梁（网）平法施工图主要包括如下内容。

(1) 图形的名称（如××层梁配筋平面图）和比例（该比例应与建筑施工图中相应楼层平面图的比例相同，一般为 1 ∶ 100、1 ∶ 200，个别情况下也有采用

1∶150的)。

(2) 梁(网)定位轴线和轴号，以及轴线间的尺寸(这些均与建筑中相应楼层的平面图对应相同，识读时可结合建筑图一并识读)。

(3) 梁的编号［框架梁为“KL××(×)”，一般梁为“L××(×)”］和平面布置。

(4) 每一种编号的梁的截面尺寸、配筋情况，在必要时还要表示出标高，如错层中的梁或处于非楼层标高处的梁。

(5) 必需的梁局部详图和设计说明。

4.3　砌体结构的圈梁布置图表示方法

为增强房屋的整体刚度，防止由于地基的不均匀沉降或较大的振动荷载等对房屋的不利影响，规范规定在砌体结构中应设置现浇钢筋混凝土圈梁。当圈梁(QL)在楼层结构平面图中没法表达清楚时，可单独画出圈梁布置平面图。圈梁用粗实线表示，并在适当位置画出断面的剖切符号。圈梁平面图的比例可采用小比例，如1∶200，图中要求注出定位轴线的距离和尺寸，并在说明中注明圈梁的布置位置和布置原则。图4-7为某民居的圈梁布置图，识读时应特别注意说明中的内容，以便指导施工。

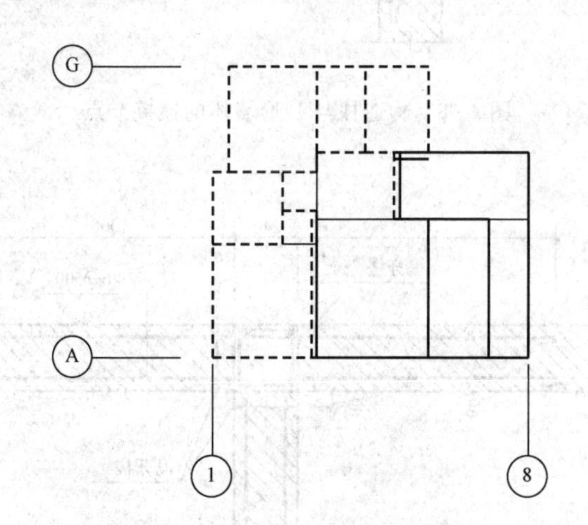

图4-7　某民居的圈梁布置图

注：1. 实线部分为楼面圈梁、虚线部位为错层圈梁。

2. 圈梁设置在板底、楼面错层为450mm，圈梁尺寸为240mm×180mm未连通部分按相应规范搭接。

4.4 砌体结构的节点构造详图

对于设置圈梁和构造柱的砌体结构，墙体与构造柱如何连接？砌体结构施工图中用节点详图来表达。图4-8为构造柱与L形墙体的连接节点详图，图4-9为构造柱与T形墙体的连接节点详图，图4-10为构造柱与一字形墙体连接节点。识读时应注意节点详图的各个部位的细部尺寸，并了解各部分是如何连接的。

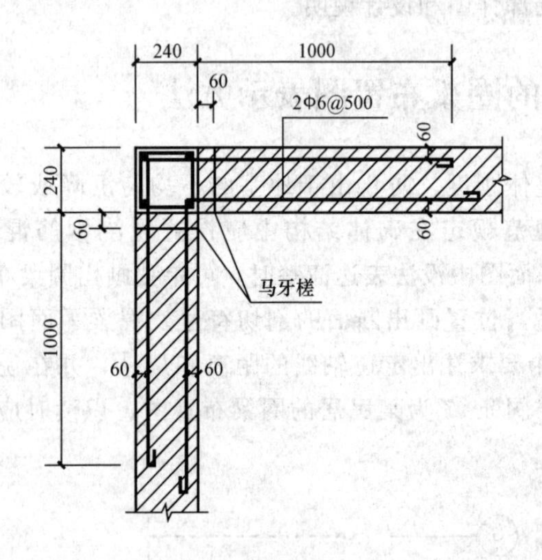

图4-8　构造柱与L形墙体的连接节点

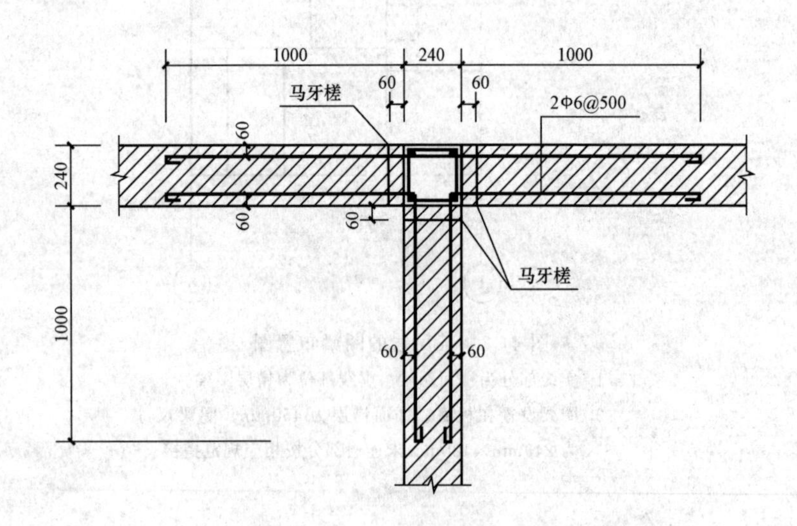

图4-9　构造柱与T形墙体的连接节点

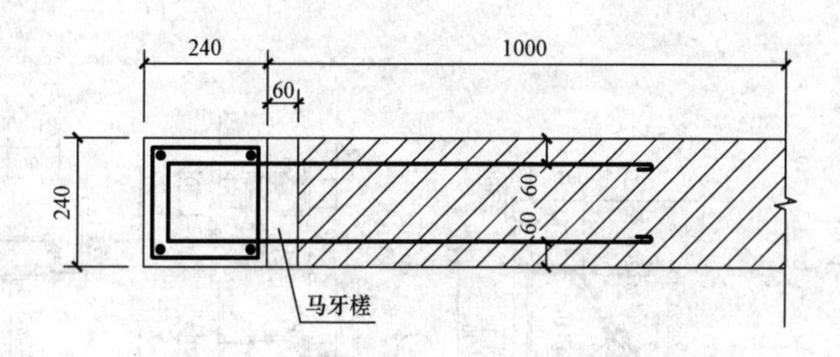

图 4-10　构造柱与一字形墙体连接节点

【识图练习】

图 4-11（见文末插页）、图 4-12 为某二层砌体结构别墅的基础平面布置图和二层楼面结构平面布置图及部分构件的配筋图。请根据本章所学内容带着如下问题自行识读。

（1）此建筑中纵、横向的定位轴线各有多少条？基础是什么形式的，有几种？

（2）基础底面形状大小及其与轴线的关系如何？基础圈梁的位置、编号如何？

（3）基础的编号、断面图的剖切位置线及其编号如何？基础中钢筋如何配置？

（4）基础与柱内钢筋如何连接？

（5）基础墙、柱在平面上是如何布置的？与轴线的关系如何？

（6）“底层架空板结构平面图”中预制板的种类及其尺寸是多少？现浇板带的宽度是多少？

（7）“二层楼面结构平面图”中楼板的类型有几种？板中上部下部钢筋如何配置？

（8）“二层楼面结构平面图”中详图索引个数，及详图中各部分细部钢筋如何配置绑扎？

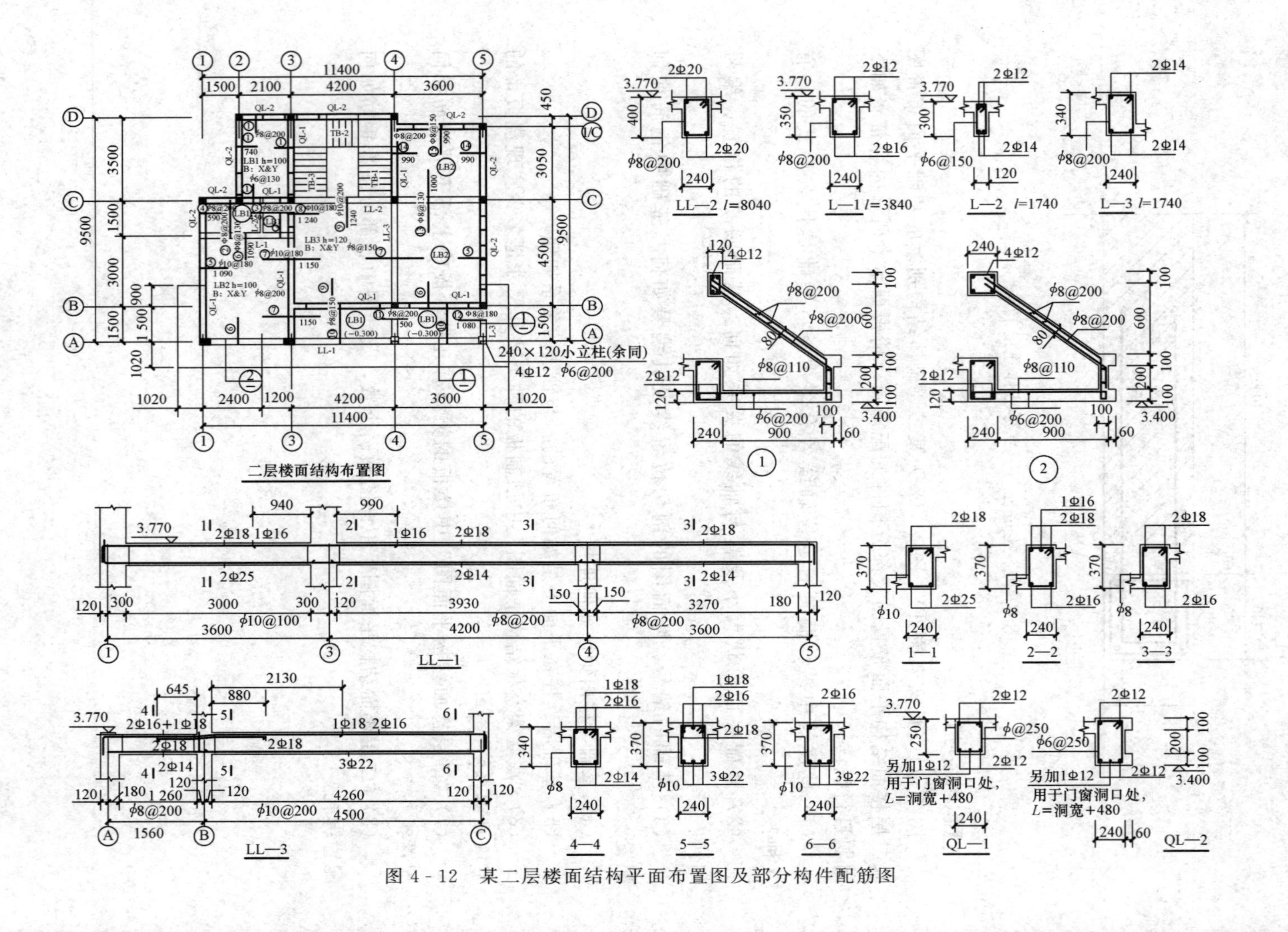

图4-12 某二层楼面结构平面布置图及部分构件配筋图

第5章　混凝土结构施工图识读

5.1　钢筋混凝土基础施工图的识读

在施工图的平面整体表示方法应用以前，我们绘制的施工图如图5-1所示的形式来表达。图中表示的是某厂房的柱下独立基础的剖面图与平面图。从中可以读出基础总长、总宽、定位轴线间距等，并指出其几何形状、各部分的尺寸与配筋。

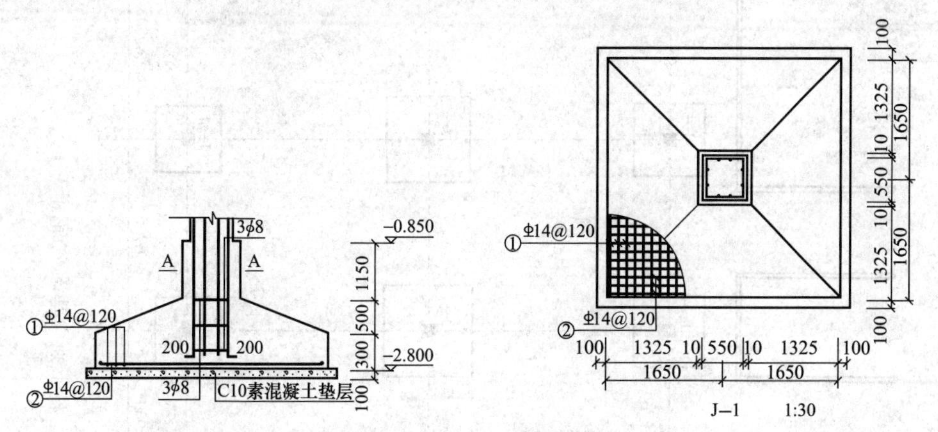

图5-1　独立基础剖面图

从平面图图5-2来看，一共有J—1～J—4四种20个独立基础，各自的位置及其相互关系都表示在图中。从图5-1的J—1剖面图可以看出，最下面是100mm厚的C10素混凝土垫层，之上是一高300mm、边长为3.3m的正方形棱柱，再往上是高500mm、上部边长为570mm的正方形的四边形棱台，再往上是边长为570mm的正方形、高1150mm的棱柱。基础底面双向各配Φ14@120，柱截面为正方形，边长550mm，其中的纵向受力钢筋12根，间距为200mm。在棱台顶面以下配了3道ϕ8的箍筋。

11G101-3给出了独立基础、条形基础、筏形基础和桩基承台的平面整体表示方法和构造详图，并以此作为设计、施工、监理人员开展各自工作的依据。下面先从钢筋混凝土基础开始介绍。

5.1.1　独立基础和杯口独立基础

独立基础与杯口独立基础的标注方法有平面标注和截面标注两种。平面标注是基本的、主要的（以平面标注为主），截面标注列表进行（以截面标注为辅），学会了平面标注，也就学会了截面标注。所以只讲平面标注，截面标注只给出示例。

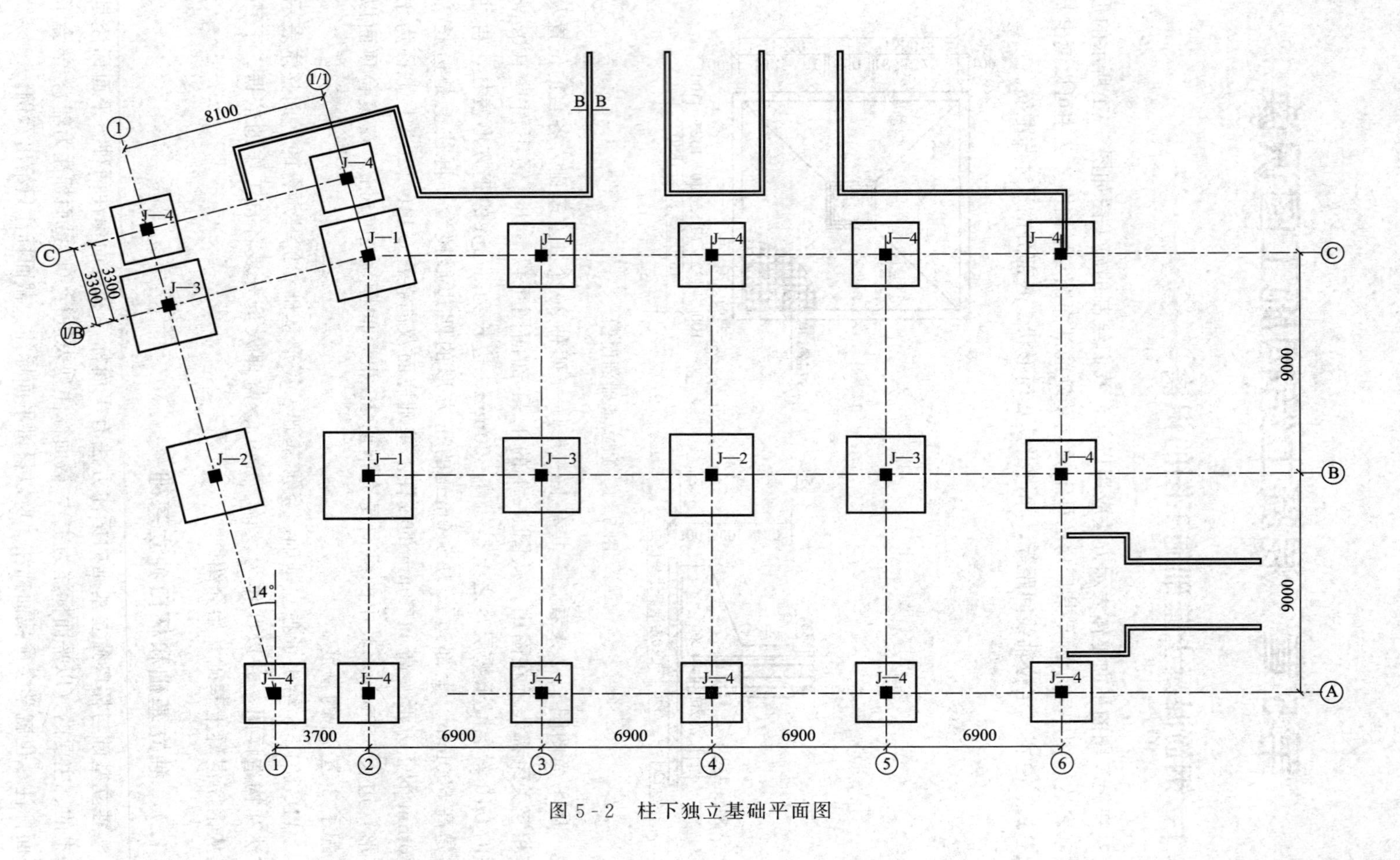

图 5－2　柱下独立基础平面图

独立基础与杯口独立基础的平面标注有集中标注和原位标注两种方式。集中标注负责标注基础的编号、各阶高度尺寸、配筋组成以及相对标高差（选注项）。原位标注负责标注平面尺寸和集中标注未说明的特殊配筋。原位标注优先。

1. 集中标注

(1) 编号。编号按表 5-1 规定进行。

表 5-1　　独立基础编号

类型	基础底板截面形状	代号	序号	说明
普通独立基础	阶形	DJ_J	××	1. 单阶截面即为平板独立基础 2. 坡形截面基础底板可分为四坡、三坡、双坡及单坡
	坡形	DJ_P	××	
杯口独立基础	阶形	BJ_J	××	
	坡形	BJ_P	××	

(2) 各阶高度（mm），高度间用斜线隔开。如 DJ_J×× h_1/h_2…表示××号普通独立阶型基础；从下到上各阶高度分别为 h_1/h_2…，如图 5-3 所示。

BJ_J×× a_0/a_1，h_1/h_2…　表示××号杯口独立阶型基础。其中 a_0 表示杯口深度（包括柱插入杯口的尺寸再加 50mm 的豆石混凝土垫层），a_1 表示杯底厚度；从下到上各阶高度分别为 h_1/h_2…，如图 5-4 所示。

DJ_P×× h_1/h_2…　表示××号普通独立坡形基础；一般第二阶为坡形，从下到上各阶高度分别为 h_1/h_2/…，如图 5-5 所示。

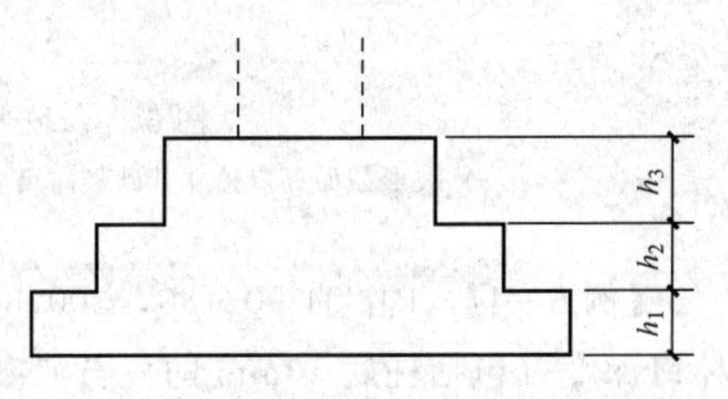

图 5-3　阶形截面普通独立基础竖向尺寸

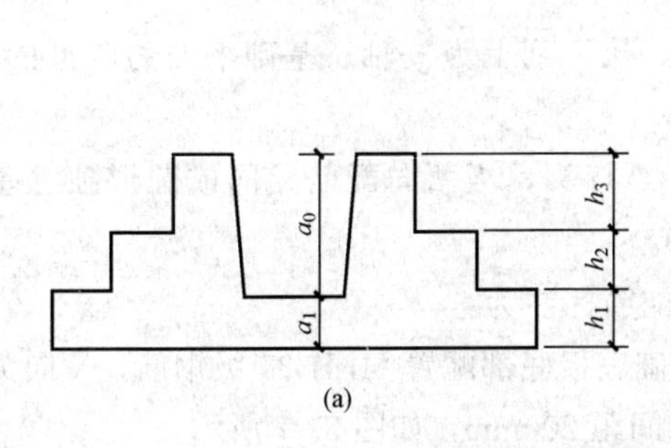

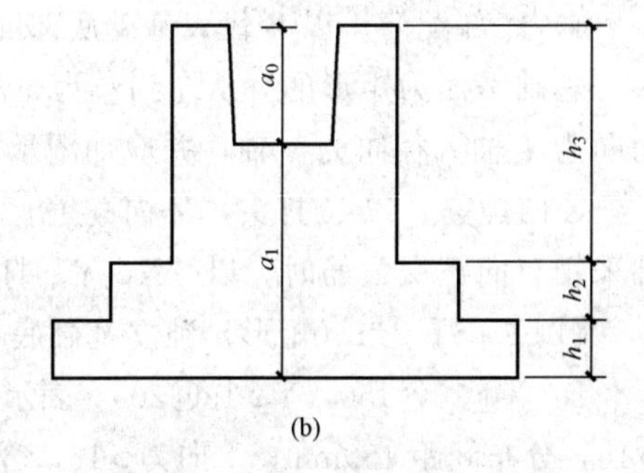

图 5-4　阶形截面杯口独立基础

(a) 阶形截面杯口独立基础竖向尺寸；(b) 阶形截面高杯口独立基础竖向尺寸

BJ_P×× a_0/a_1，h_1/h_2…　表示××号杯口独立坡形基础；其中 a_0 表示杯口深度，a_1 表示杯底厚度；从下到上各阶高度分别为 h_1/h_2…，如图 5-6 所示。

【例 5-1】 DJ_J 01 300/300/300 表示 01 号独立基础分 3 阶，从下到上每阶高度

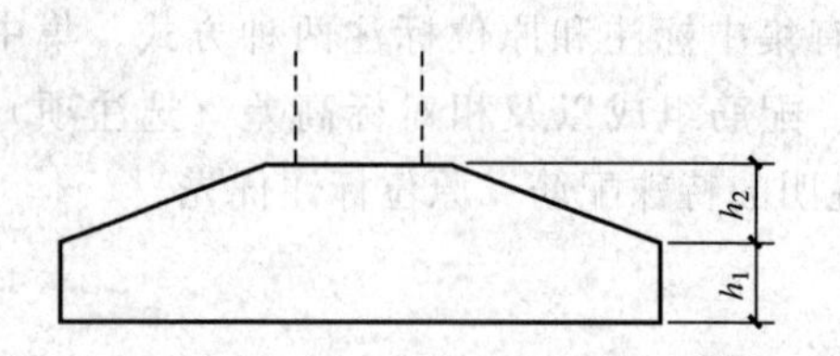

图 5-5　坡形截面普通独立基础竖向尺寸

都是 300mm。

【例 5-2】 DJ_P 02 300/300 表示 02 号独立基础是坡形基础，分 2 阶，每阶高度都是 300mm。

【例 5-3】 BJ_J 03 90/180，300/300/300 表示 03 号杯口独立阶型基础。其中杯口深度（包括柱底 50mm 的豆石混凝土垫层）90mm，杯底厚度 180mm；从下到上各阶高度分别为 300/300/300（mm）。

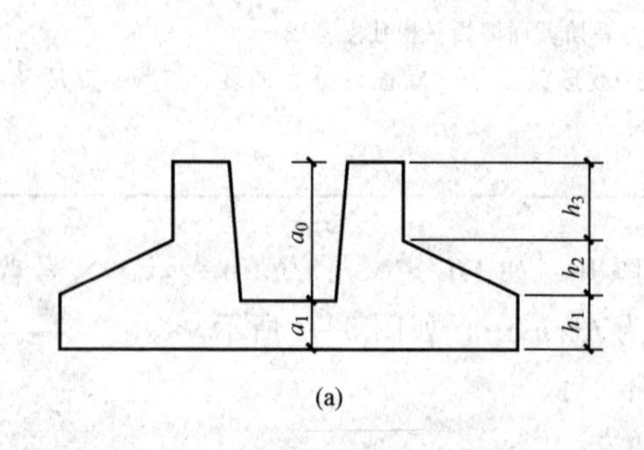

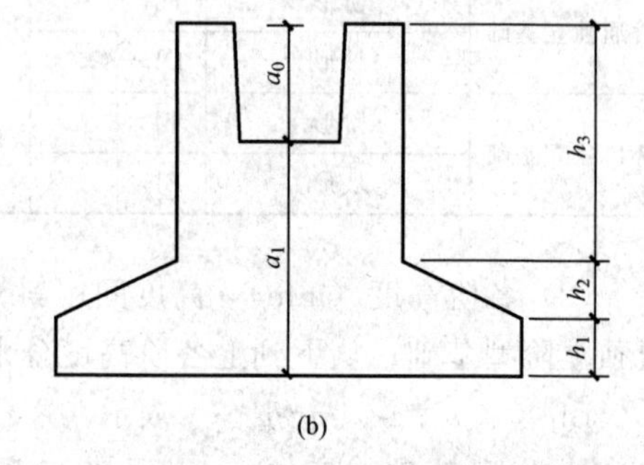

图 5-6　坡形截面杯口独立基础

（a）坡形截面杯口独立基础竖向尺寸；（b）坡形截面高杯口独立基础竖向尺寸

【例 5-4】 BJ_P 04 90/180，300/300/300 表示 04 号杯口独立坡形基础。其中杯口深度（包括柱底 50mm 的豆石混凝土垫层）90mm，杯底厚度 180mm；从下到上各阶高度（包括坡段）分别为 300/300/300（mm）。

（3）配筋。

1）底部配筋。以 B 代表基础底部配筋。

基础平面为矩形的，从左到右为 x 轴，从下到上为 y 轴；基础平面为圆形的，切向为 x 轴，径向为 y 轴，并应加图示。

X 向配筋，以 X 打头，Y 向配筋，以 Y 打头，当两向配筋相同或圆形独立基础采用双向正交配筋时，以“X&Y”打头。

【例 5-5】 当（矩形）独立基础底板配筋标注为：

B：XΦ16@150，YΦ16@200：表示基础底板底部配置 HRB335 级钢筋，X 向为Φ16，分布间距 150mm；Y 向为Φ16，分布间距 200mm，如图 5-7 所示。

2）注写普通独立深基础短柱竖向尺寸及钢筋。当独立基础埋深较大，设置短柱时，短柱配筋应注写在独立基础中。具体注写规定如下：

a. 以 DZ 代表普通独立深基础短柱。

b. 先注写短柱纵筋，再注写箍筋，最后注写短柱标高范围。注写为：角筋/长边中部筋/短边中部筋，箍筋，短柱标高范围；当短柱水平截面为正方形时，注写

为：角筋/x 边中部筋/y 边中部筋，箍筋，短柱标高范围。

【例 5-6】 当短柱配筋标注为：DZ：4 ⌀ 20/5 ⌀ 18/5 ⌀ 18，Φ 10@100，−2.500～−0.050；表示独立基础的短柱设置在−2.500～−0.050m 高度范围内，配置 HRB400 级竖向钢筋和 HPB300 级箍筋。其竖向钢筋为：4 ⌀ 20 角筋、5 ⌀ 18x 边中部筋和 5 ⌀ 18y 边中部筋；其箍筋为Φ 10，间距 100mm。见示意图 5-8。

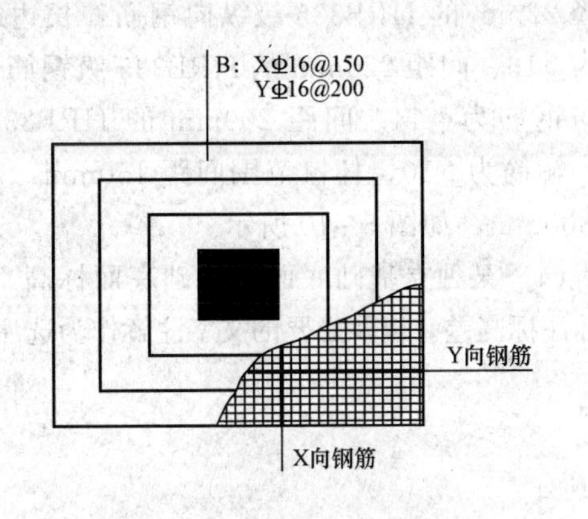

图 5-7　独立基础底板底部双向配筋示意图

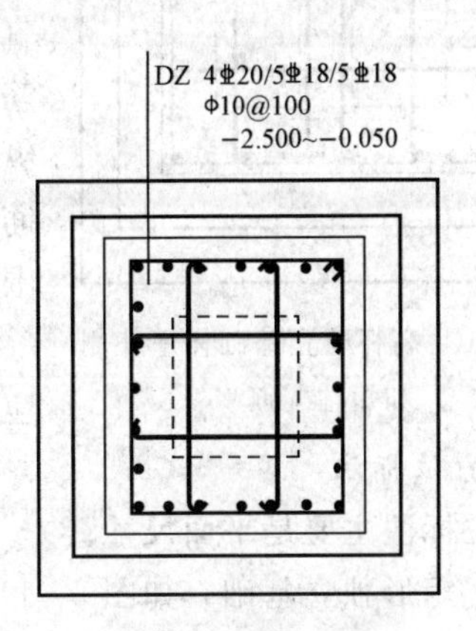

图 5-8　独立基础短柱配筋示意图

3）杯口独立基础杯口顶部焊接钢筋网的各边钢筋。

以“Sn”打头引注杯口顶部焊接钢筋网的各边钢筋。

如 Sn2⌀14 表示杯口顶部每边配 2⌀14 的焊接钢筋网，如图 5-9 所示。

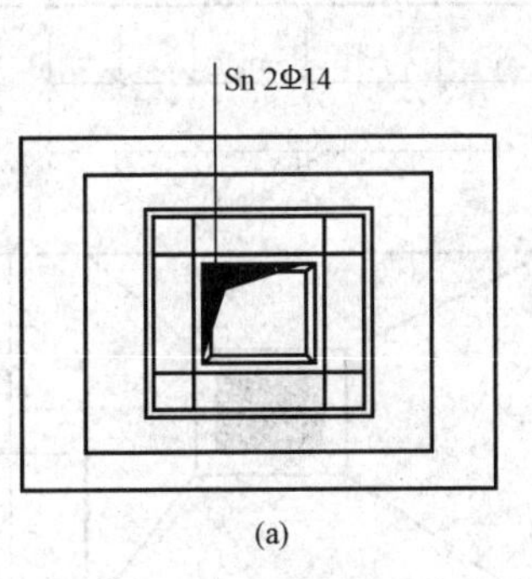

(a)

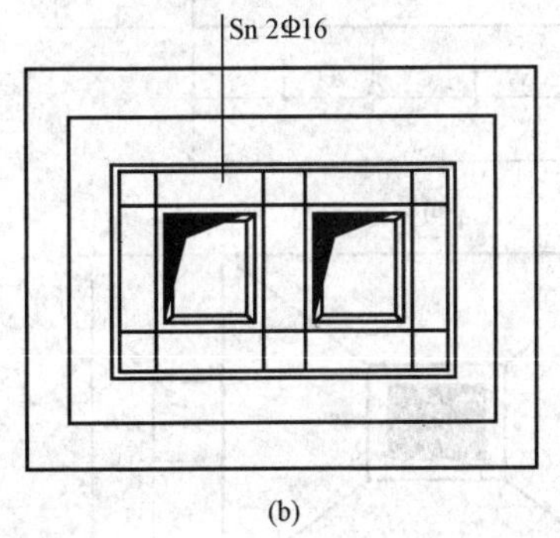

(b)

图 5-9　独立基础顶部焊接钢筋网示意图

（a）单杯口独立基础；（b）双杯口独立基础

当双杯口独立基础中间杯壁厚度小于 400mm 时，其中的构造钢筋见相应的标准构造详图，设计不注。

4）高杯口独立基础的杯壁外侧和短柱配筋。

以“O”代表杯壁外侧和短柱配筋。先纵后横，注写为“角筋/长边中部钢筋/

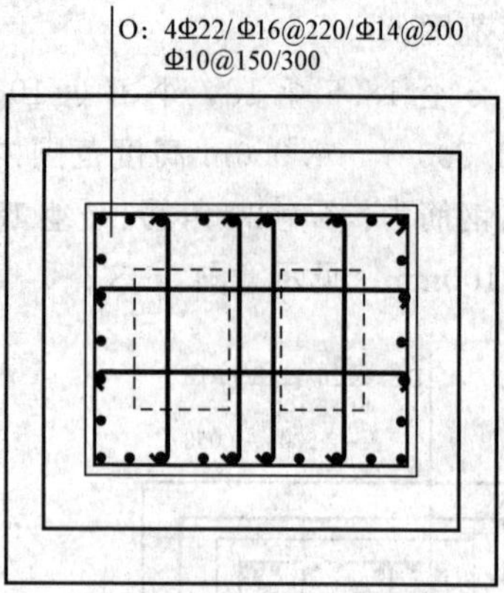

短边中部钢筋/箍筋（两种间距表示杯口范围和短柱范围）”。当杯壁水平截面为正方形时注写为：角筋/x边中部筋/y边中部筋，箍筋。

如O：4Φ22/Φ16@220/Φ14@200，Φ10@150/300表示杯壁外侧和短柱配筋为4角各1根直径22mm的HRB335级纵向钢筋，长边纵向钢筋为Φ16、间距220mm的HRB335级钢筋，短边纵向钢筋为Φ14、间距200mm的HRB335级钢筋；箍筋为Φ10，杯口范围间距150mm，短柱范围300mm，如图5-10所示。

O：4Φ22/Φ16@220/Φ14@200
Φ10@150/300

图5-10 高杯独立基础杯壁外侧和短柱配筋

（4）某独立基础底面与基础底面标高不同时，应标注标高差，以及必要的文字注解作为选注内容。

2. 原位标注

原位标注主要是平面尺寸。

（1）矩形独立基础，如图5-11所示。

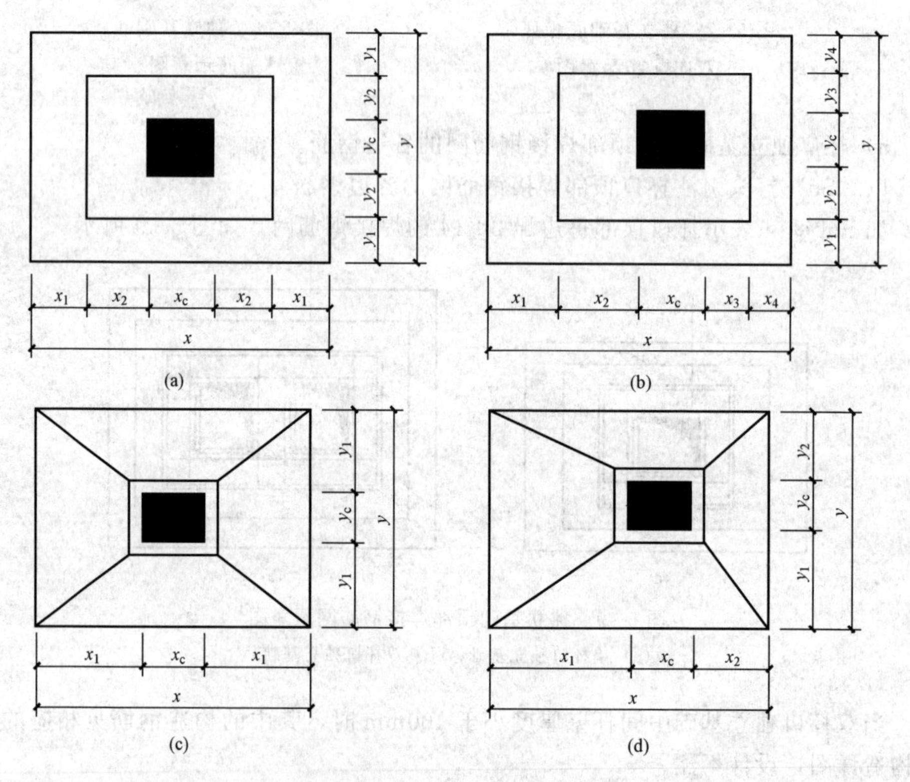

图5-11 矩形独立基础（一）

（a）对称阶形截面普通独立基础原位标注；（b）非对称阶形截面普通独立基础原位标注；
（c）对称坡形截面普通独立基础原位标注；（d）非对称坡形截面普通独立基础原位标注；

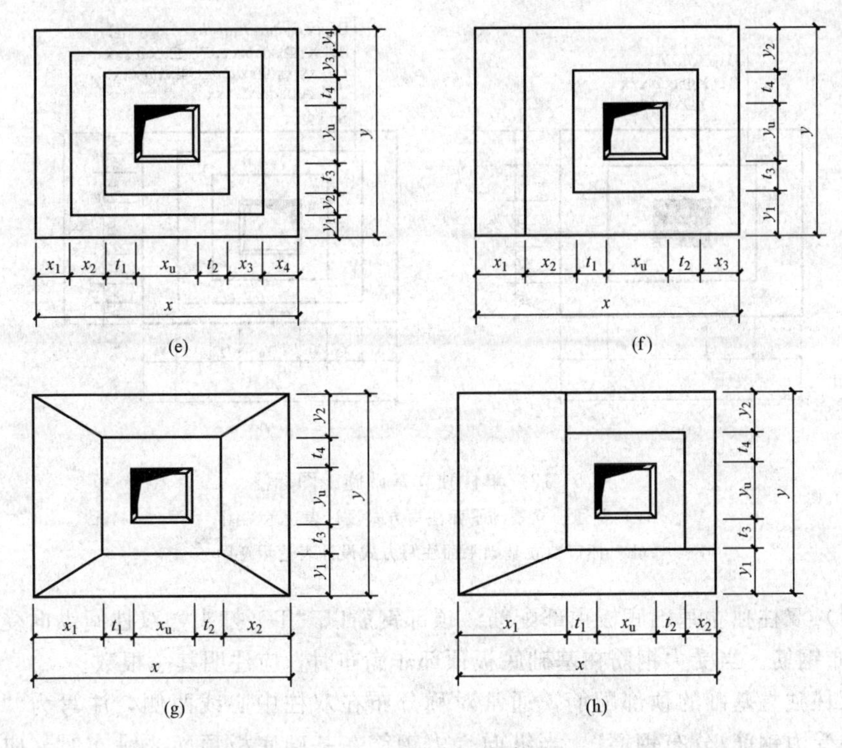

图5-11　矩形独立基础（二）

（e）对称阶形截面杯口独立基础原位标注；（f）非对称阶形截面杯口独立基础原位标注；（g）对称坡形截面杯口独立基础原位标注；（h）非对称坡形截面杯口独立基础原位标注

图5-11中 x_c、y_c 是柱截面尺寸；x_u、y_u 是杯口上口尺寸，按柱截面尺寸每边各加75mm，下口尺寸按标准构造详图确定（为插入杯口的相应柱截面边长尺寸，每边各加50mm），设计不注。t_i 为杯壁厚度。

（2）设置阶形截面圆形独立基础的原位标注，见图5-12。

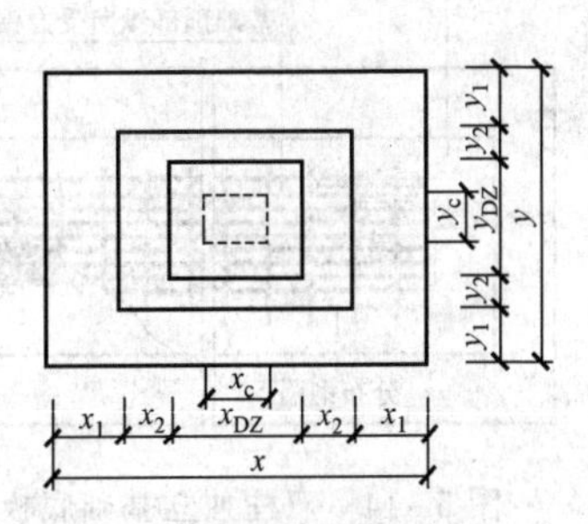

图5-12　阶形截面圆形独立基础原位标注

3. 单柱独立基础施工图标注

单柱独立基础施工图标注，如图5-13所示。

4. 多柱独立基础的标注

多柱独立基础的编号、尺寸、配筋标注方式与单柱相同。

当双柱独立基础的柱距较小时，仅配基础底部钢筋；当柱距较大时，尚应在柱间布置基础顶部钢筋，或设置基础梁。当为四柱独立基础时，通常可设两道平行的基础梁，需要时可在两道基础梁之间配置基础顶部钢筋。

独立基础顶部配筋和基础梁的注写规定如下。

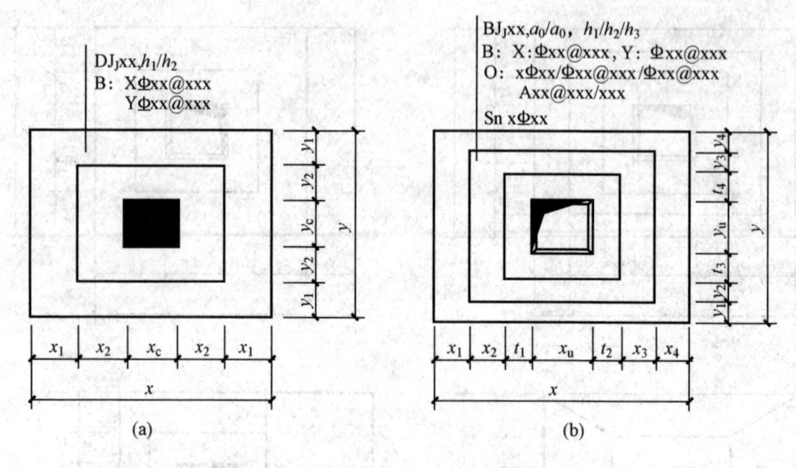

图 5-13　单柱独立基础施工图标注

（a）普通独立基础平面注写方式设计表达示意图；

（b）杯口独立基础平面注写方式设计表达示意图

（1）双柱独立基础底板顶部配筋。顶部钢筋以“T”打头，双柱间纵向受力钢筋/分布钢筋。当受力钢筋在基础底板顶部非满布时，应注明其总根数。

双柱独立基础的顶部配筋，通常对称分布在双柱中心线两侧，注写为“双柱间纵向受力钢筋/分布钢筋”。当纵向受力钢筋在基础底板顶面非满布时，应注明其总根数，例如：

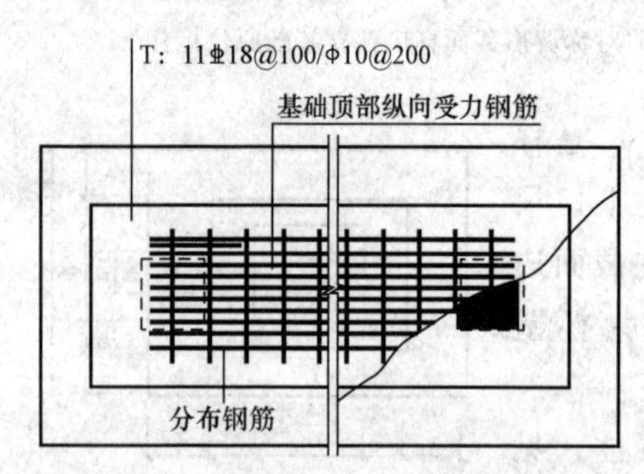

图 5-14　双柱独立基础底板顶部配筋示意图

T：11Φ18@100/φ10@200；表示独立基础顶部配置纵向受力钢筋 HRB400 级，直径为 18mm 设置 11 根，间距 100mm；分布筋 HPB300 级，直径为 10mm，分布间距 200mm，如图 5-14 所示。

（2）双柱独立基础基础梁的标注。当双柱独立基础上设基础梁时，基础梁也有集中标注和原位标注。集中标注应注写基础梁的编号、几何尺寸和配筋。

如 JL01（1）表示 01 号基础梁为 1 跨，两端无延伸；JL01（1A）表示该梁 1 跨，一端有延伸；JL01（1B）表示该梁 1 跨，两端有延伸。

配筋先写箍筋，后写底部和顶部及侧面纵向钢筋。

1）注写基础梁箍筋。

①当具体设计仅采用一种箍筋间距时，注写钢筋级别、直径、间距与肢数（箍筋肢数写在括号内，下同）。

②当具体设计采用两种或多种箍筋间距时，用“/”分隔不同箍筋的间距及肢

数，按照从基础梁两端向跨中的顺序注写。当设计为两种不同箍筋时，先注写第 1 段箍筋（在前面加注箍筋道数），在斜线后再注写第 2 段箍筋（不再加注箍筋道数）。

【例 5 - 7】 11Φ14@150/250（4），表示配置两种 HRB300 级箍筋，直径均为 14mm，从梁两端起向跨内按间距 150mm 设置 11 道，梁其余部位的间距 250mm，均为 4 肢箍。

【例 5 - 8】 9Φ16@100/9Φ16@150/Φ16@200（6），表示配置三种 HRB400 级箍筋，直径Φ16，从梁两端起向跨内按间距 100mm 设置 9 道，再按间距 150mm 设置 9 道，梁其余部位的间距为 200mm，均为 6 肢箍。

2）注写基础梁底部、顶部及侧面纵向钢筋。

①以 B 打头，注写梁底部贯通纵筋（不应少于梁底部受力钢筋总截面面积的 1/3）。当跨中所注根数少于箍筋肢数时，需要在跨中增设梁底部架立筋以固定箍筋，采用“＋”将贯通纵筋与架立筋相连，架立筋注写在加号后面的括号内。

②以 T 打头，注写梁顶部贯通纵筋。

③当梁底部或顶部贯通纵筋多于一排时，用“/”将各排纵筋自上而下分开。

【例 5 - 9】 B：4Φ28；T：12Φ28 7/5，表示梁底部配置贯通纵筋为 4Φ28；梁顶部配置贯通纵筋上一排为 7Φ28，下一排为 5Φ28，共 12Φ28。

注：1. 基础梁的底部贯通纵筋，可在跨中 1/3 跨度范围内采用搭接连接、机械连接或对焊连接。
2. 基础梁的顶部贯通纵筋，可在距柱根 1/4 跨度范围内采用搭接连接，或在柱根附近采用机械连接或对焊连接，且应严格控制接头百分率。

④以大写字母 G 打头注写梁两侧面对称设置的纵向构造钢筋的总配筋值（当梁腹板净高 $h_w \geqslant$450mm 时，根据需要配置）。

【例 5 - 10】 G8Φ14，表示梁每个侧面配置纵向构造钢筋 4Φ14，共配置 8Φ14。

注写基础梁底面相对标高高差（选注内容）。

当独立基础的底面标高与基础底面基准标高不同时，将独立基础底面相对标高高差注写在“( )”内。

必要的文字注解（选注内容）。

当基础梁的设计有特殊要求时，宜增加必要的文字注解。

基础梁的原位标注。

基础梁的原位标注包括梁端或梁在柱下区域的底部全部纵筋（包括非贯通纵筋与已集中标注的贯通纵筋）；基础梁的附加箍筋或吊筋（反扣），附加箍筋或吊筋（反扣）直接画在梁上，并引注配筋值；外伸部位的变截面高度尺寸；对集中标注的修正内容。梁端或梁在柱下区域的底部全部纵筋多于一排时，用“/”将各排纵筋自上而下分开；当同排钢筋有两种直径时，用“＋”相连；当梁中间支座或梁在柱下区域两边的底部纵筋配置不同时，须在支座两边分别标注；当梁中间支座两边的底部纵筋相同时，可仅在支座的一边标注；当梁端（柱下）区域的底部全部纵筋与集中注写过的底部贯通纵筋相同时，可不再重复做原位标注。当外伸部位的变截面高度尺寸有变化时，在该部位原位注写 $b\times h$，h_1/h_2，h_1 为根部截面高度，h_2 为尽端截面高度。当有对集中标注的修正内容时，如截面尺寸、箍筋、底部与顶部贯通纵筋或架立筋、梁侧面纵向构造钢筋、梁底面相对标高高差等不适用于某跨或某外伸部位时，将其修正内容原位标注在该跨或该外伸部位，施工时原位标注取值优先。

3）注写配置两道基础梁的四柱独立基础底板顶部配筋。当四柱独立基础已设置两道平行的基础梁时，根据内力需要可在双梁之间及梁的长度范围内配置基础顶部钢筋，注写为“梁间受力钢筋/分布钢筋”，例如：

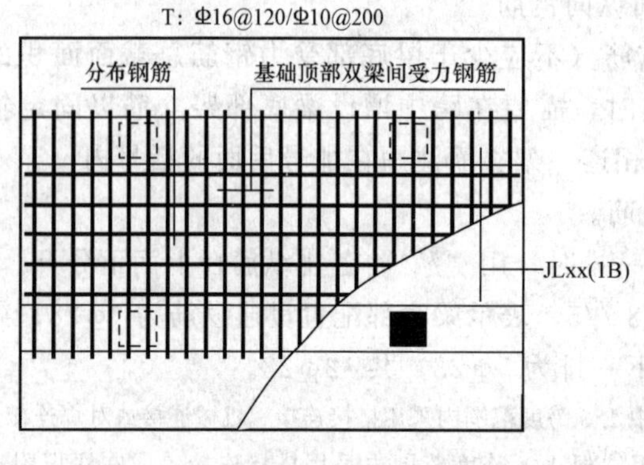

图5-15 四柱独立基础底板顶部基础梁间配筋注写示意图

T：Φ16@120/Φ10@200；表示在四柱独立基础顶部两道基础梁之间配置受力钢筋HRB335级，直径为Φ16，间距120mm；分布筋HRB335级，直径为Φ10，分布间距200mm，如图5-15所示。

【例5-11】 图5-16所示基础梁的集中标注为，05号基础梁，1跨，两端外伸；截面尺寸为600mm×750mm；箍筋为HRB300级钢筋，直径12mm，间距150mm，4肢箍；下部有4根HRB400的直径20mm的通长钢筋；上部有4根与下部相同的钢筋；两侧纵向构造钢筋为4根Φ16的一级钢筋，每边两根。原位标注的是，在柱下连同集中标注的4根通长钢筋，共6根Φ20的钢筋，分两排布置，上排2根非通长，下排4根通长。

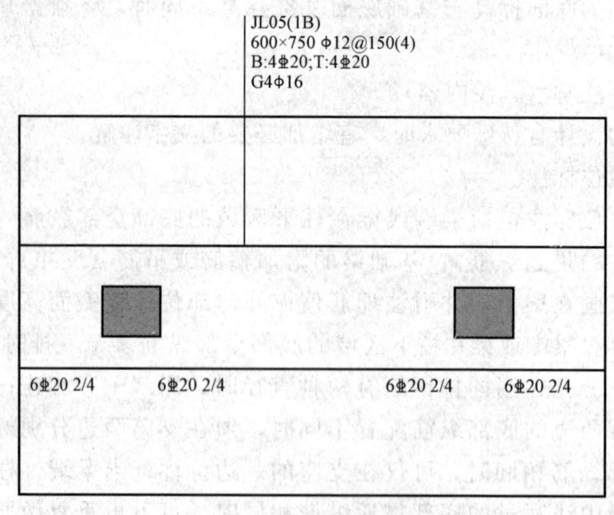

图5-16 双柱独立基础的基础梁配筋注写示意

5. 标准构造详图

平法标注实际上只是标出钢筋的水平投影，至于其形状、具体布置、构造做法都不能直观地反映出来，必须用构造详图来配合。建设部根据目前国内常用且较为成熟的构造做法，编制了标准构造详图，作为设计、施工、监理人员必须了解与平法施工图配套使用的正式设计文件。下面给出相关基础的部分标准构造详图，如图 5-17～图 5-25 所示。

6. 识读独立基础施工图

图 5-26 是某建筑采用平面注写方式表达的独立基础施工图，让我们来识读此图。

该图水平轴线有Ⓐ、Ⓑ、Ⓒ、Ⓓ共 4 道（X 方向），ⒶⒷ、ⒸⒹ轴线的间距为 6900mm，ⒷⒸ轴线之间的间距为 1800mm；竖直轴线①、②、③、④、⑤、⑥、⑦共 7 道（Y 方向），①②、⑥⑦之间的间距为 3900mm，其他轴线之间的间距为 7200mm。

有 6 个二阶阶型单柱独立基础，编号为 DJ_J01，第一阶高度 300mm，长度各 3500mm；第二阶高度 300mm，长宽各 2000mm；柱截面尺寸为 500mm×500mm；底部配筋，X 方向配有直径为 20mm 的 HRB335 级钢筋，间距 200mm；Y 方向配有直径为 20mm 的 HRB335 级钢筋，间距 150mm。

中间有 3 个编号为 DJ_J02 的二阶双柱独立基础。第一阶高度 300mm，长 6180mm，宽 4200mm；第二阶高度 300mm，长 3480mm，宽 2350mm；柱截面尺寸为 500mm×500mm；基础底部配筋，X 方向配有直径为 20mm 的 HRB335 级钢筋，间距 200mm；Y 方向配有直径为 20mm 的 HRB335 级钢筋，间距 150mm；顶部配筋，纵向（Y 方向）配有 10 根直径为 18mm 的 HRB335 级钢筋，间距 100mm；分布钢筋（X 方向）为直径 10mm 的 HRB335 级钢筋，间距 200mm。

四角为带有一根基础梁、梁上有双柱的独立阶型基础（一阶）。基础编号为 DJ_J04，只有一阶，高度 300mm，长 7070mm，宽 3000mm；基础底部配筋，X 方向配有直径为 20mm 的 HRB335 级钢筋，间距 150mm，Y 方向配有直径为 20mm 的 HRB335 级钢筋，间距 200mm；基础梁的编号为 JL01，1 跨，两端有外伸，截面尺寸为 600mm×700mm，箍筋为直径 12mm 的 HPB300 级、间距为 150mm 的 4 肢箍筋，下部配有 4 根直径 20mm 的 HRB335 级的钢筋，上部是 4 根直径 20mm 的 HRB335 级的钢筋，两侧配有 4 根（每侧 2 根）直径 16mm 的 HRB335 级的纵向构造钢筋；柱截面尺寸为 500mm×500mm，柱的形心到定位轴线Ⓓ的距离为 130mm。原位标注的 6 根直径 20mm 的 HRB335 级的钢筋，表示基础梁的柱下区域的底部全部纵筋（包括 4 根集中标注的贯通钢筋）。

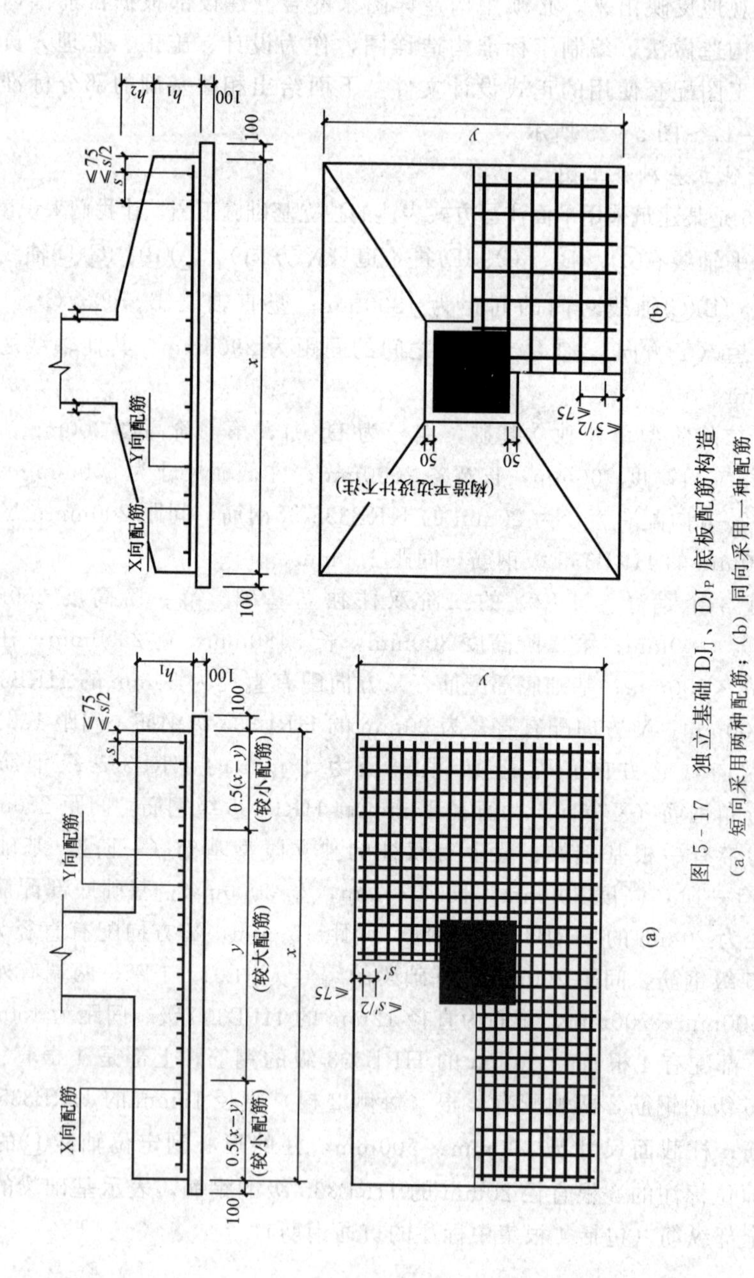

图 5-17　独立基础 DJ_J、DJ_P 底板配筋构造

(a) 短向采用两种配筋；(b) 同向采用一种配筋

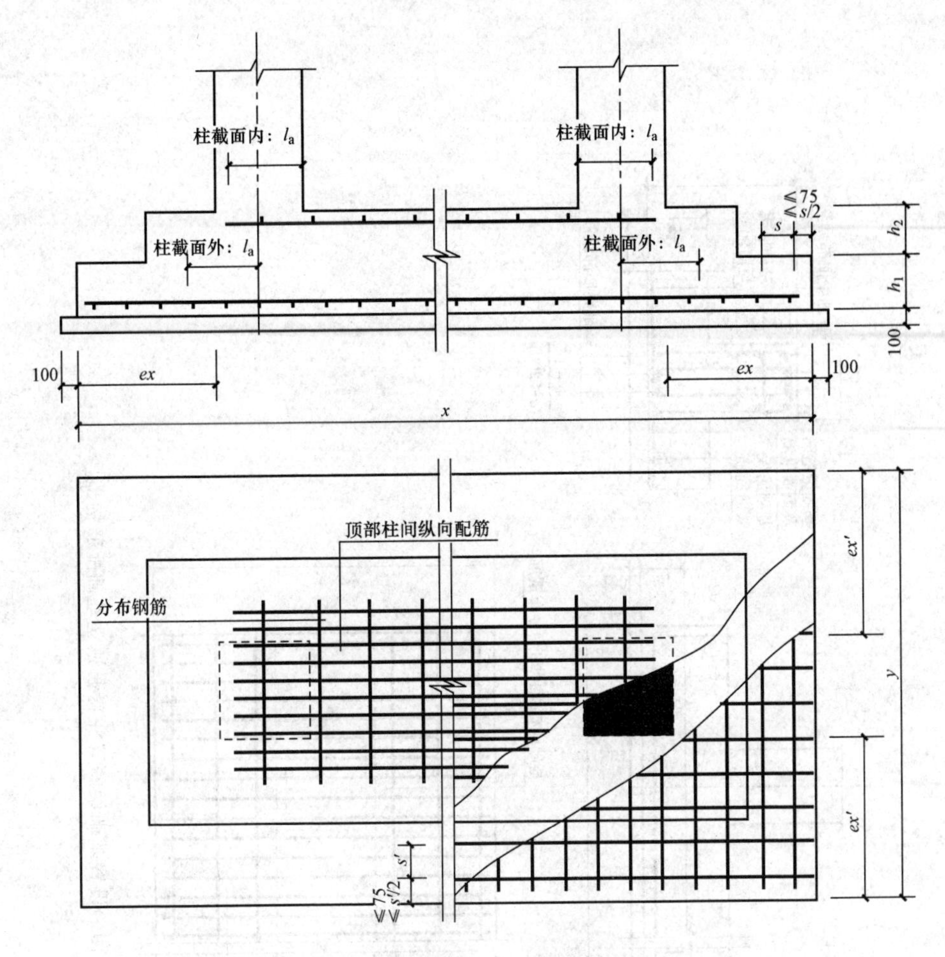

图 5-18　双柱普通独立基础配筋构造

在Ⓑ、Ⓒ轴线两端各有一个带有两根基础梁、梁上各有双柱的一阶独立基础，编号为 DJ_J03，高度 300mm，长 7420mm，宽 5680mm；基础底部配筋，与 DJ_J04 相同，顶部配筋，纵向（X 方向）配有直径为 18mm、间距 150mm 的 HRB335 级钢筋；分布钢筋（Y 方向）为直径 10mm 的 HRB335 级钢筋，间距 200mm。两根基础梁的编号为 JL02，除纵向构造钢筋变为 4 根直径 14mm 钢筋外，其跨数、外伸情况、截面尺寸、配筋等与 JL01 完全相同，柱的形心到定位轴线Ⓑ、Ⓒ的距离为 130mm。

还应指出，左下角 DJ_J04 和 JL01 的集中标注中有选注项“(−0.500)”，说明该独立基础底面标高比基准标高低 0.5m。

建设部推荐的截面标注方式又可分为截面标注与列表标注。截面标注方式与传统的投影表示方法类似，如图 5-1 所示。

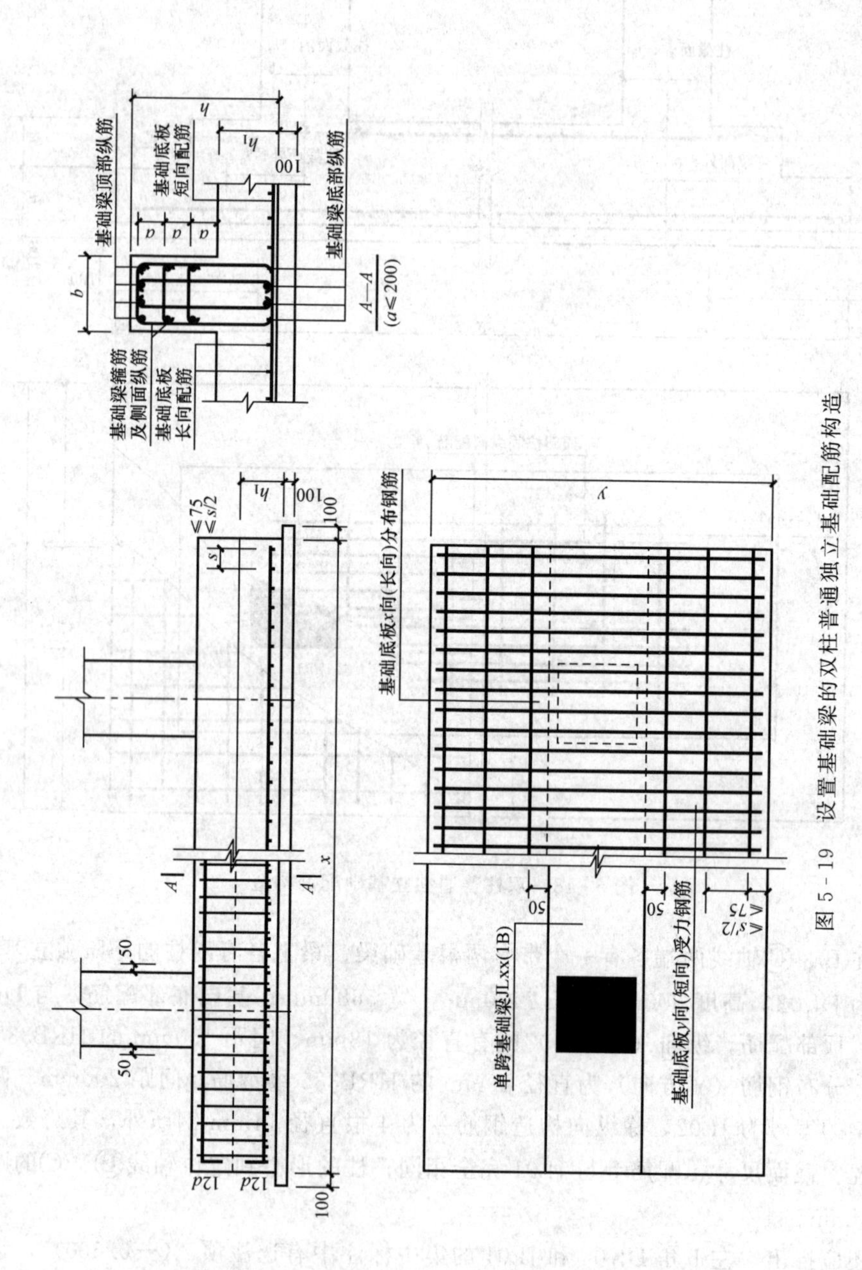

图 5-19 设置基础梁的双柱普通独立基础配筋构造

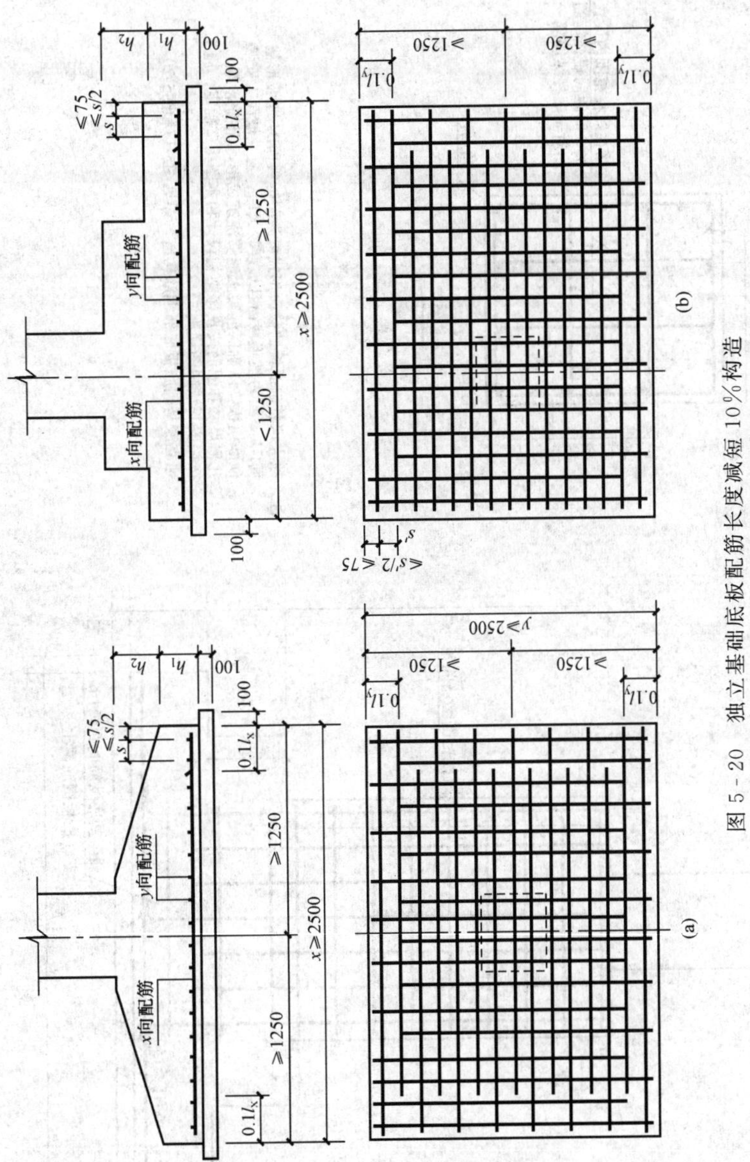

图 5-20　独立基础底板配筋长度减短 10%构造
（a）对称独立基础；（b）非对称独立基础

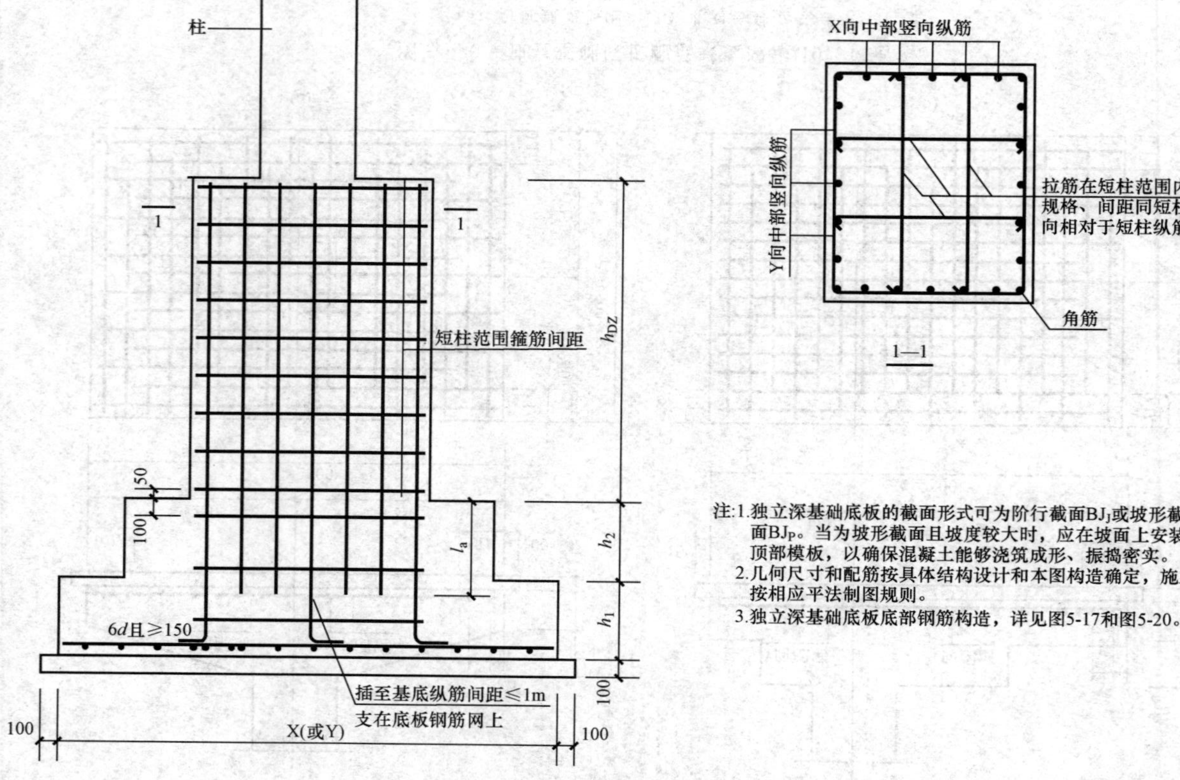

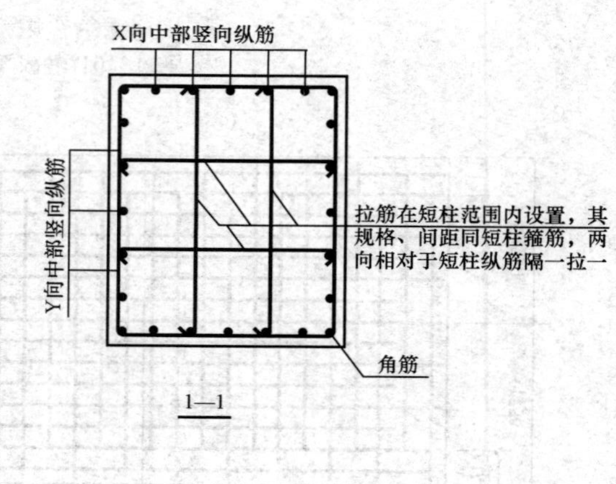

注:1.独立深基础底板的截面形式可为阶行截面BJ_J或坡形截面BJ_P。当为坡形截面且坡度较大时，应在坡面上安装顶部模板，以确保混凝土能够浇筑成形、振捣密实。
2.几何尺寸和配筋按具体结构设计和本图构造确定，施工按相应平法制图规则。
3.独立深基础底板底部钢筋构造，详见图5-17和图5-20。

图 5-21　高柱普通独立深基础短柱配筋构造

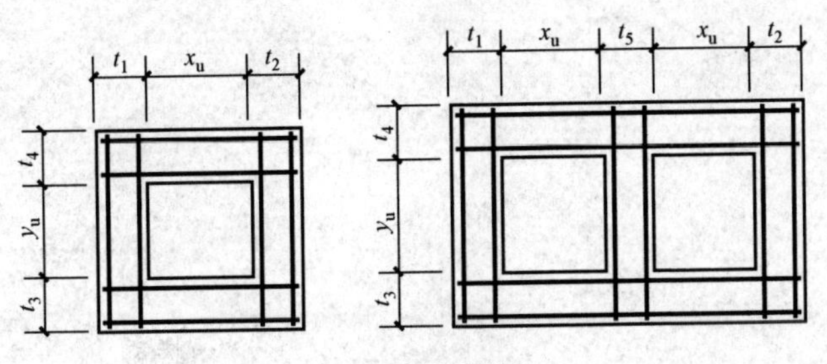

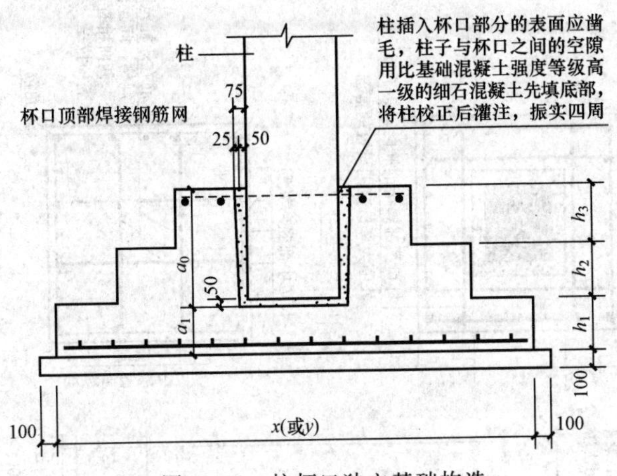

图5-22 柱杯口独立基础构造

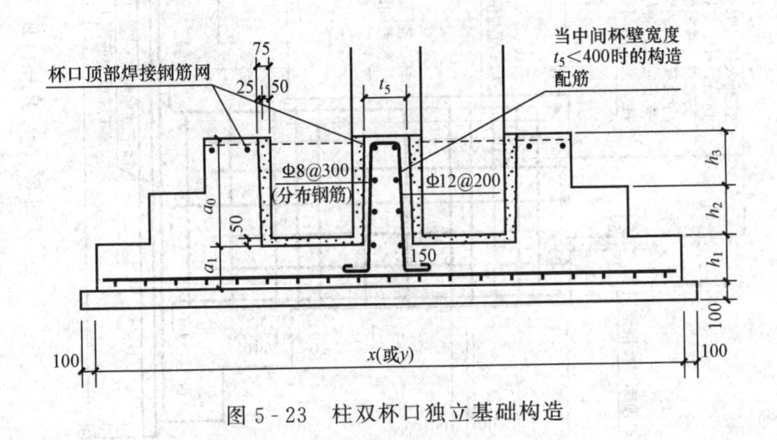

图5-23 柱双杯口独立基础构造

列表方式更为简单，只要根据实际情况如实填写就可以了。当表中栏目不够时，还可增加。如标高差、顶部配筋等。

下面给出普通独立基础与杯口独立基础的用表（见表5-2a、表5-2b）。

当边长（X、Y向）不小于2.5m时，除边缘第一根钢筋外，其余钢筋可减短10%；但偏心基础的基边柱中心至基础边缘尺寸小于1.25m时，该方向钢筋长度应不减短，如图5-27所示。

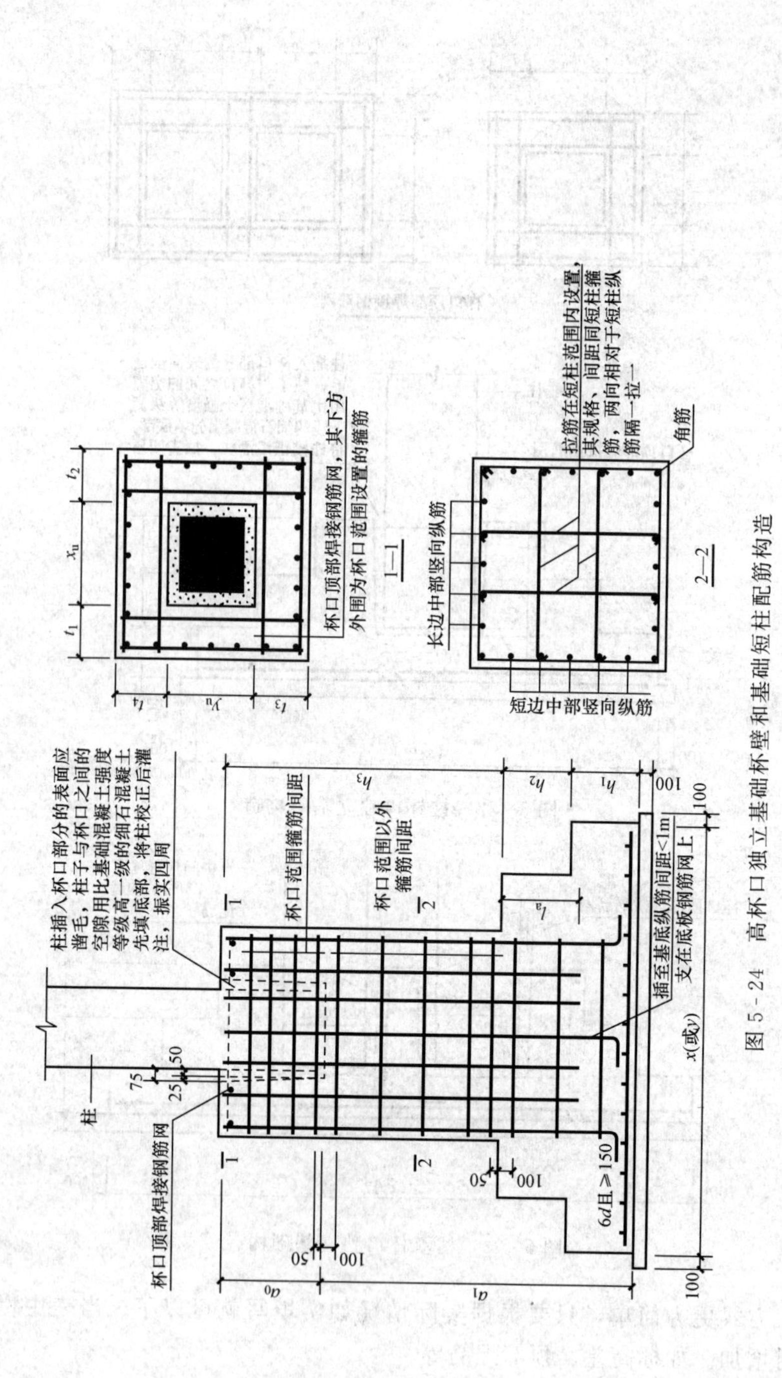

图 5-24　高杯口独立基础杯壁和基础短柱配筋构造

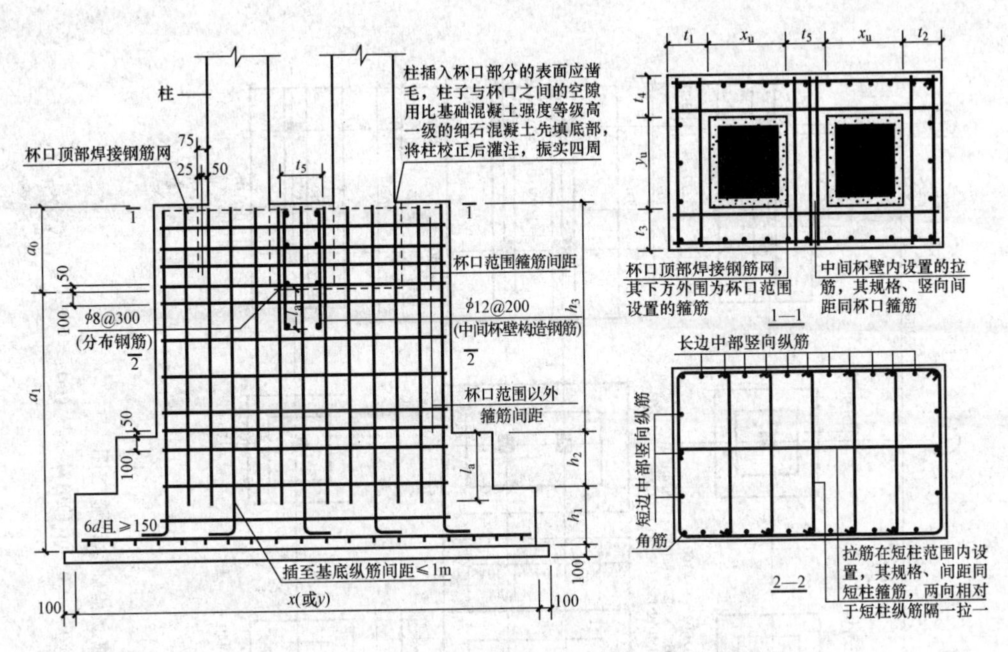

图5-25 双高杯口独立基础杯壁和基础短柱配筋构造

表5-2a　普通独立基础几何尺寸和配筋表

基础编号/截面号	截面几何尺寸				底部配筋（B）	
	x、y	x_c、y_c	x_i、y_i	$h_1/h_2/\cdots$	X向	Y向

表5-2b　杯口独立基础几何尺寸和配筋表

基础编号/截面号	截面几何尺寸				底部配筋(B)		杯口顶部钢筋网（Sn）	杯壁外侧配筋(O)	
	x、y	x_c、y_c	x_1、y_1	a_0，a_1，$h_1/h_2/h_3$ …	X向	Y向		角筋/长边中部筋/短边中部筋	杯口箍筋/短柱箍筋

注：表中可根据实际情况增加栏目，如当基础底面标高与基础底面基准标高不同时加注相对标高高差，或增加说明栏目等。

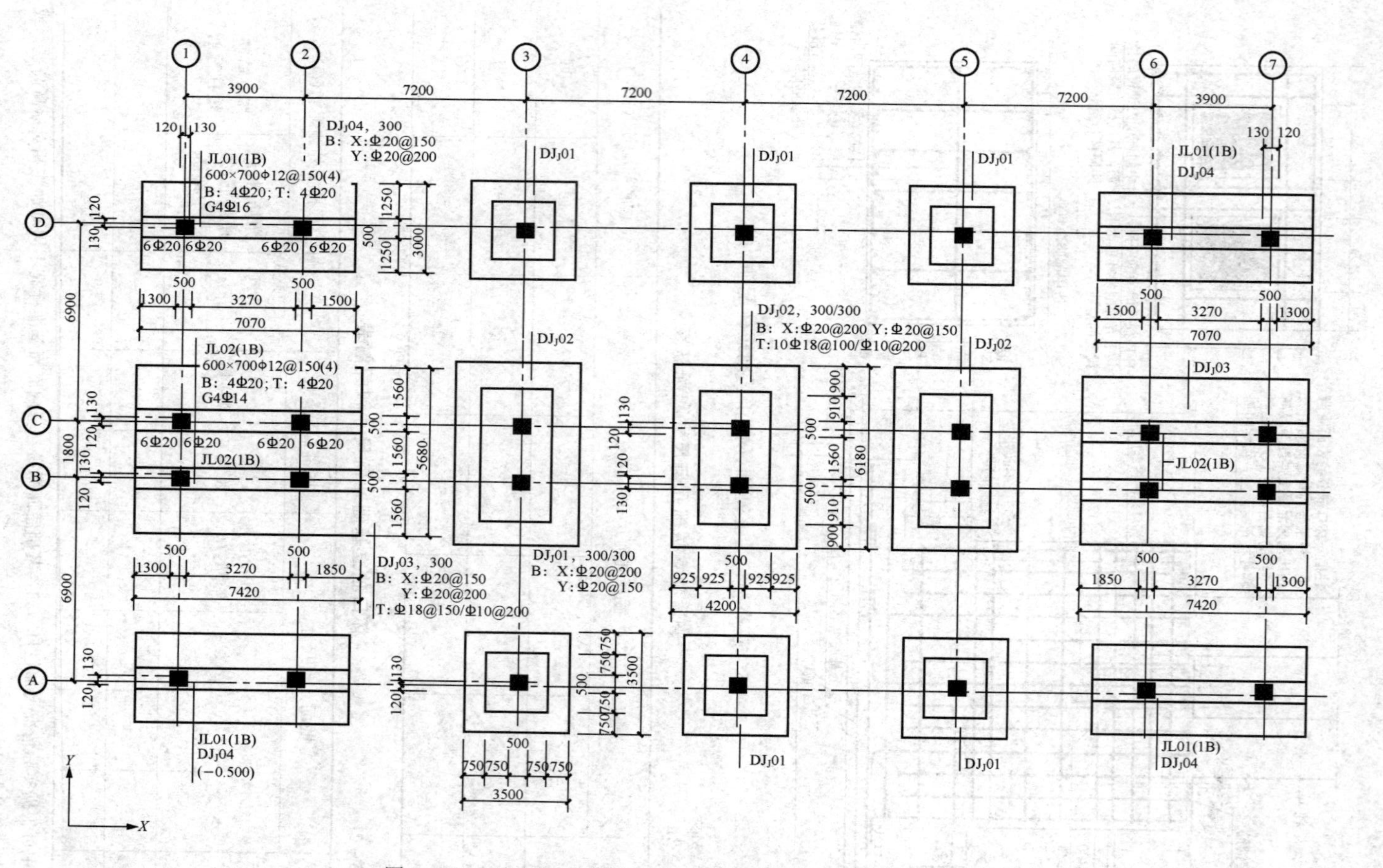

图 5-26 采用平面注写方式表达的独立基础设计施工图

注：1. X、Y 为图面方向；2. 基础底面基准标高（m）：−3.420；±0.000 的绝对标高（m）：60.560。

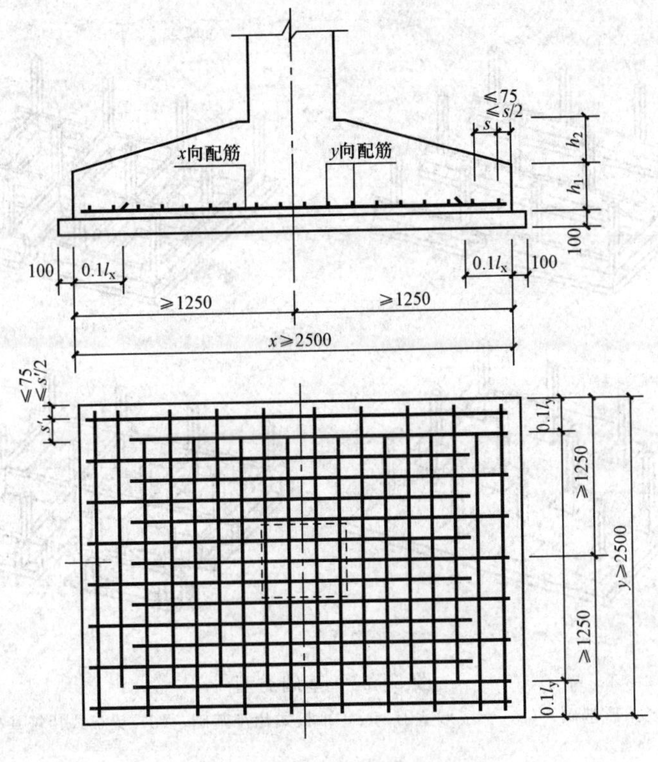

图 5-27　对称独立基础

5.1.2　钢筋混凝土条形基础

钢筋混凝土条形基础有梁板式条形基础和板式条形基础，如图 5-28（a）、（b）所示。其标注方法有平面标注和截面标注两种，以平面标注为主。

梁板式条形基础（适用于框架、框剪、框支剪力墙和钢结构），按基础梁和基础底板分别标注。

板式条形基础（适用于剪力墙、砌体结构）仅标注条形基础底板。

1. 条形基础编号

条形基础编号分为基础梁编号和条形基础底板编号，分别按表 5-3 和表 5-4 的规定。

表 5-3　　　　**条形基础梁编号**

类　型	代　号	序　号	跨数及有否外伸
基础梁	JL	××	（××）端部无外伸 （××A）一端有外伸 （××B）两端有外伸

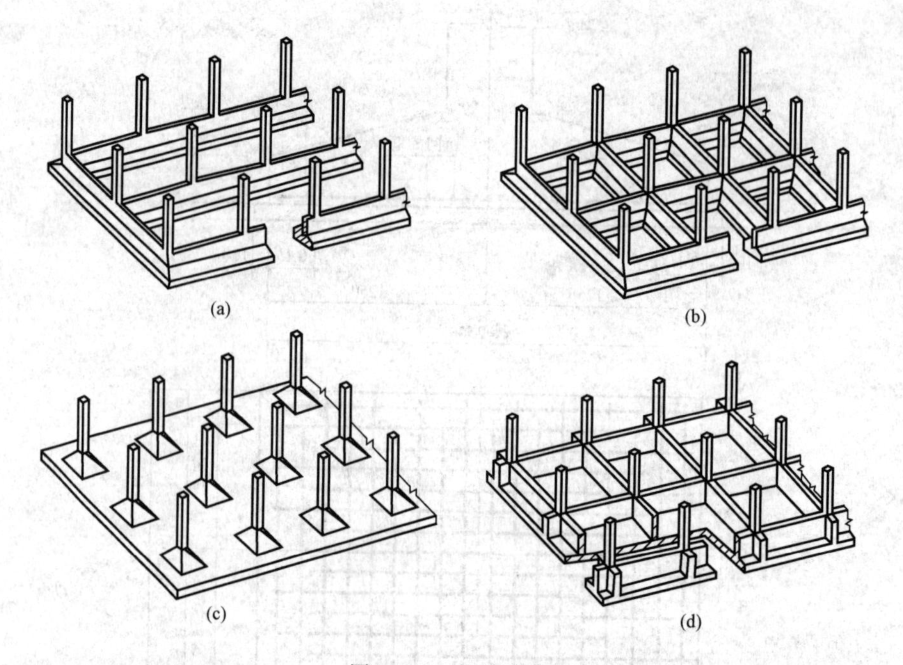

图 5-28　基础类型

（a）条形基础；（b）十字形基础；（c）平板式片筏基础；（d）梁板式片筏基础

表 5-4　　　　　　　　条形基础底板编号

类　　型	基础底板截面形状	代　　号	序　　号	跨数及有否外伸
条形基础底板	坡形	TJB_P	××	（××）端部无外伸 （××A）一端有外伸 （××B）两端有外伸
	阶形	TJB_J	××	

注：条形基础通常采用坡形截面或单阶形截面。

基础梁的平面标注与双柱独立基础中的基础梁完全相同，不再重复。

【例 5-12】　JL04（6B）350×600

6Φ10@100/Φ8@150（4）

B：4Φ20，T：8Φ18 4/4

G4Φ12

表示 04 号基础梁，连续 6 跨，两头有外伸端，箍筋在支座附近有 6 道直径 10mm、间距 100mm 箍筋，其余箍筋为Φ8，间距 150mm，都为 4 肢箍筋；下部通长钢筋为 4Φ20，上部通长钢筋为 8Φ18，分两排布置，每排 4 根；纵向构造钢筋（腰筋）4Φ12，每边 2 根。

又例 TJB_J02（3A）300

B：Φ14@120/Φ8@250

表示该 02 号条形基础底板为阶形，且只有一阶高 300mm，3 跨，一端外伸，底部配筋；横向受力钢筋为直径 14mm 的 HRB335 级钢筋，间距为 150mm；分布钢筋为直径 8mm 的 HPB300 级钢筋。

双梁式条形基础底板，除配底部钢筋以外，尚需在两道梁或两道墙之间的底板顶部配置钢筋。如

TJB_P03（4）300/250

B：Φ14@120/Φ8@250

T：Φ14@120/Φ8@250

表示 03 号条形基础底板为坡形，第一阶高 300mm，第二阶（坡形）高 250mm，4 跨，没有外伸；底部和顶部配筋相同；横向受力钢筋为直径 14mm 的 HRB335 级钢筋，间距为 150mm；分布钢筋为直径 8mm 的 HPB300 级钢筋。

下面我们来识读一张条形基础图（图 5-29）。

该条形基础图水平轴线有Ⓐ、Ⓑ、Ⓒ、Ⓓ共 4 道，ⒶⒷ、ⒸⒹ轴线的间距为 6900mm，ⒷⒸ轴线之间的间距为 1800mm；竖直轴线①、②、③、④、⑤、⑥、⑦共 7 道，①②、⑥⑦之间的间距为 3900mm，其他轴线之间的间距为 7200mm。

Ⓐ、Ⓓ轴线的基础是条形坡形基础，编号为 TJB_P01，第一阶高度 300mm，第二阶（坡形）高度 250mm，连续 6 跨，两端有外伸（2100mm）；底部配筋，横向受力钢筋为直径 20mm 的 HRB335 级钢筋，间距 150mm，分布钢筋为Φ10@250；宽 2000mm。与它一起现浇的基础梁编号为 JL01，连续 6 跨，两端有外伸，截面尺寸为 400mm×800mm，设置 2 种箍筋：从梁两端向跨内设置 11 道 HRB335 级直径 12mm、间距 150mm 的 4 肢箍筋，其余部分的箍筋为Φ10@200，也是 4 肢；下部贯通钢筋为 4 根直径 20mm 的 HRB335 级钢筋，顶部受力钢筋为 6 根直径 20mm 的 HRB335 级钢筋，分两排布置，其中上排 4 根，下排 2 根；梁的两侧还布置有 4 根Φ16 的纵向构造钢筋（每侧 2 根）。再看原位标注配筋的内容：JL01 下部在③、④、⑤轴线柱下全部钢筋为 6 根直径 20mm 的 HRB335 级钢筋（包括集中标注的钢筋），分两排布置，其中上排 2 根，下排 4 根；再看①②、⑥⑦轴线跨间的原位标注，这是对集中标注的修正，按平法规定，原位标注优先。其下部贯通钢筋为 6 根直径为 16mm 的 HRB335 级钢筋，分两排布置，其中上排 2 根，下排 4 根；顶部受力钢筋为 4 根直径 16mm 的 HRB335 级钢筋，最后看外伸端钢筋的原位标注：下部 6 根直径 16mm 的 HRB335 级钢筋（包括集中标注的钢筋），分两排布置，其中上排 2 根，下排 4 根；顶部 4 根直径 16mm 的 HRB335 级钢筋。

Ⓑ、Ⓒ轴线处各有一根基础梁 JL01（6B），截面尺寸和配筋已介绍。它们共用一个条形坡形基础底板，编号为 TJB_P02（6B），其高度、底部配筋与 TJB_P01 完全相同，顶部横向受力钢筋为Φ18@200，分布构造钢筋为Φ10@250。

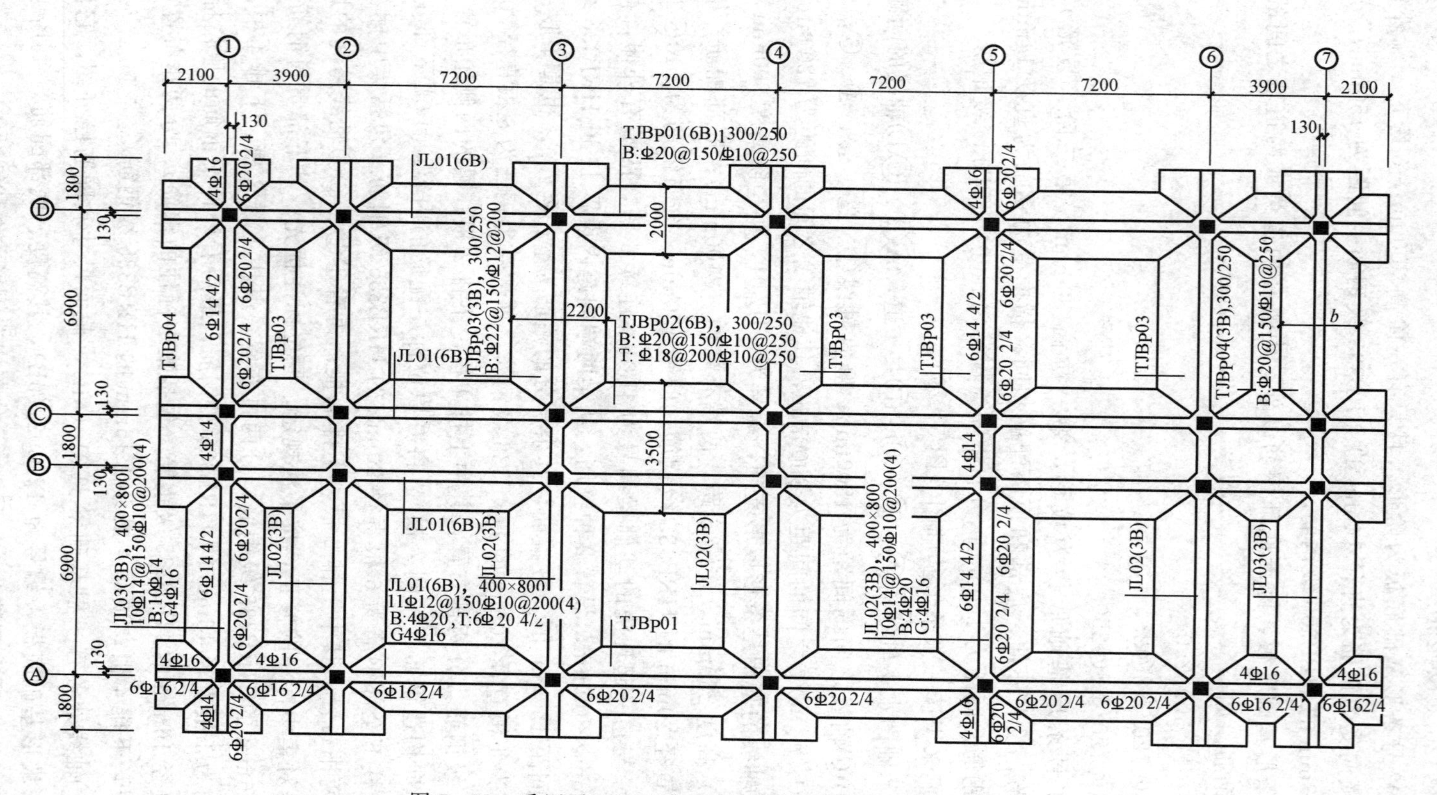

图 5-29 采用平面注写方式表达的条形基础设计施工图

注：基础底面标高（m）：−3.450；±0.000 的绝对标高（m）：102.450。

②③④⑤⑥轴线的条形基础是 TJB_P03 和 JL02，它们都是 3 跨，两端带有外伸。底板高度与 TJB_P01 相同，底部配筋为 ⏀22@150/⏀12@200，宽度为 2200mm；02 号基础梁，截面尺寸与 01 号相同，配筋：箍筋 10⏀14@150/⏀10@200，4 肢箍；下部贯通受力钢筋为 4⏀20，两侧有 4 根纵向构造钢筋，每边 2 根，顶部没有贯通钢筋；原位标注的在ⒶⒷ、ⒸⒹ跨上标注的 6⏀14 4/2 为非贯通的负筋，分 2 排布置，上排 4 根，下排 2 根；ⒷⒸ跨的负筋 4⏀14；另外柱下基础梁下部还布置有非贯通钢筋 6⏀20（包括集中标注的贯通钢筋），也分 2 排布置，上排 2 根，下排 4 根；外伸端长度为 1800mm，下部 6⏀20（包括集中标注的贯通钢筋），也分 2 排布置，上排 2 根，下排 4 根；顶部 4⏀16。

最后①轴和⑦轴基础的标注内容，留给读者完成。

2. 条形基础的截面标注

截面标注方式也可分为截面标注与列表标注。截面标注方式与传统的投影表示方法类似，这里不再赘述。

列表方式更为简单，只要根据实际情况如实填写就可以了。当表中栏目不够时，还可增加。如标高差、顶部配筋等。

下面给出条形基础的基础梁与基础底板的用表，见表 5-5、表 5-6。

表 5-5　　基础梁几何尺寸和配筋表

基础梁编号/截面号	截面几何尺寸		配筋	
	$b \times h$	加腋 $c_1 \times c_2$	底部贯通纵筋＋非贯通纵筋，顶部贯通纵筋	第一种箍筋/第二种箍筋

表 5-6　　条形基础底板几何尺寸和配筋表

基础底板编号/截面号	截面几何尺寸			底部配筋（B）	
	b	b_i	h_1/h_2	横向受力钢筋	纵向构造钢筋

当条形基础底板宽度不小于 2.5m 时，除条形基础端部第一根钢筋和交接部位的钢筋外，其底板受力钢筋长度可减短 10%，即按长度的 0.9 倍交错设置。

3. 条形基础标准构造详图

（1）基础梁 JL 纵向钢筋与箍筋构造，如图 5-30 所示。

（2）基础梁端部与外伸部位钢筋构造，如图 5-31 所示。

（3）基础梁与柱结合部侧腋构造，如图 5-32 所示。

（4）基础梁梁底不平和变截面钢筋构造，如图 5-33 所示。

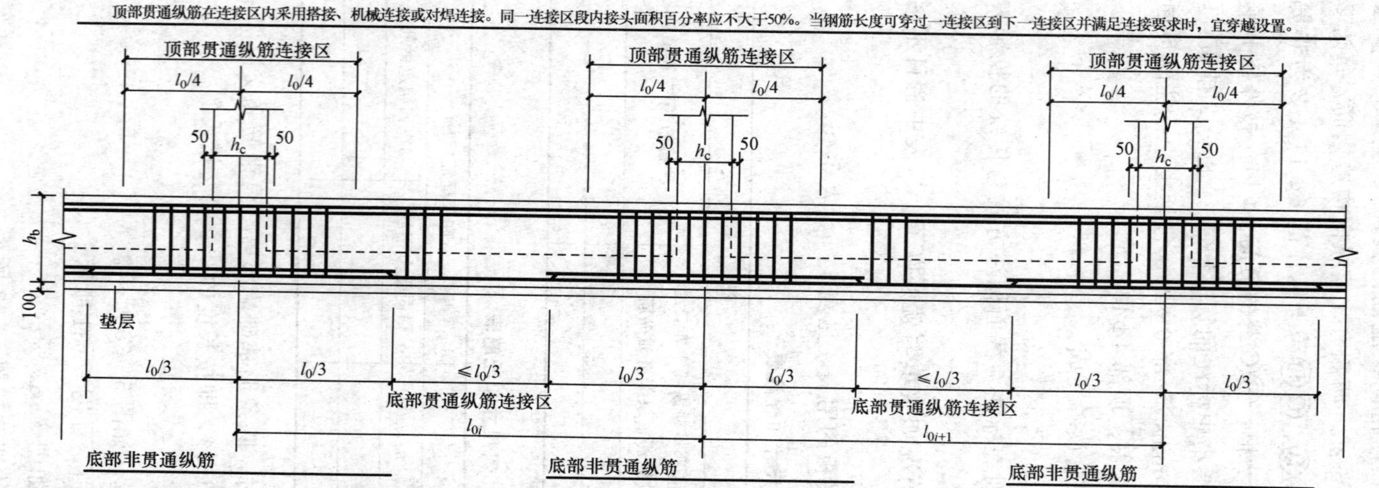

基础梁JL纵向钢筋与箍筋构造

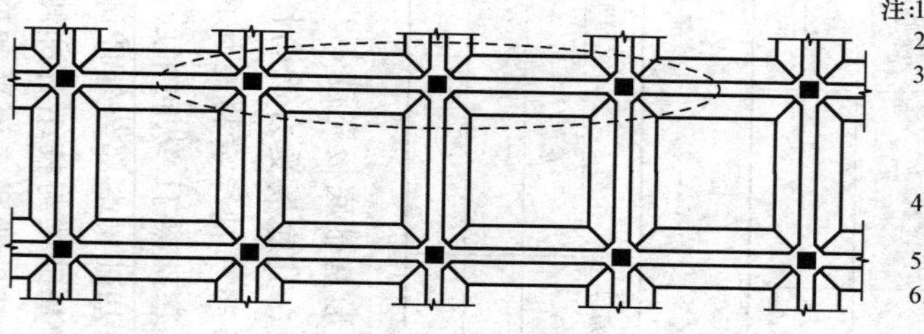

条形基础JL和TJB_P局部平面布置图示意

注：1.跨度值l_0为左跨l_{0i}和右跨l_{0i+1}之较大值，其中i=1，2，3……(边跨端部计算用l_0取边跨跨度值)。

2.底部与顶部贯通纵筋在连接区的连接方式，详见关于纵向钢筋连接构造和非接触搭接构造。

3.节点区内箍筋按梁端箍筋设置。同跨箍筋有多种时，各自设置范围按具体设计注写值。当纵筋需要采用搭接连接时，在受拉搭接区域的箍筋间距应不大于搭接钢筋较小直径的5倍，且应不大于100mm。箍筋直径不小于$d/4$(d为搭接钢筋最小直径)。当受压钢筋直径大于25mm时，尚应在搭接接头两个端面外100mm的范围内各设置两道箍筋。

4.当两毗邻跨的底部贯通纵筋配置不同时，应将配置较大一跨的底部贯通纵筋越过其标注的跨数终点或起点，延伸至配置较小的毗邻跨的跨中连接区域进行连接。

5.当底部纵筋多于两排时，第三排非贯通纵筋向跨内的延伸长度值应由设计者注明。

6.基础梁相交处位于同一层面的交叉纵筋，何梁纵筋在下，何梁纵筋在上，应按具体设计说明。

图5-30　基础梁JL纵向钢筋与箍筋构造

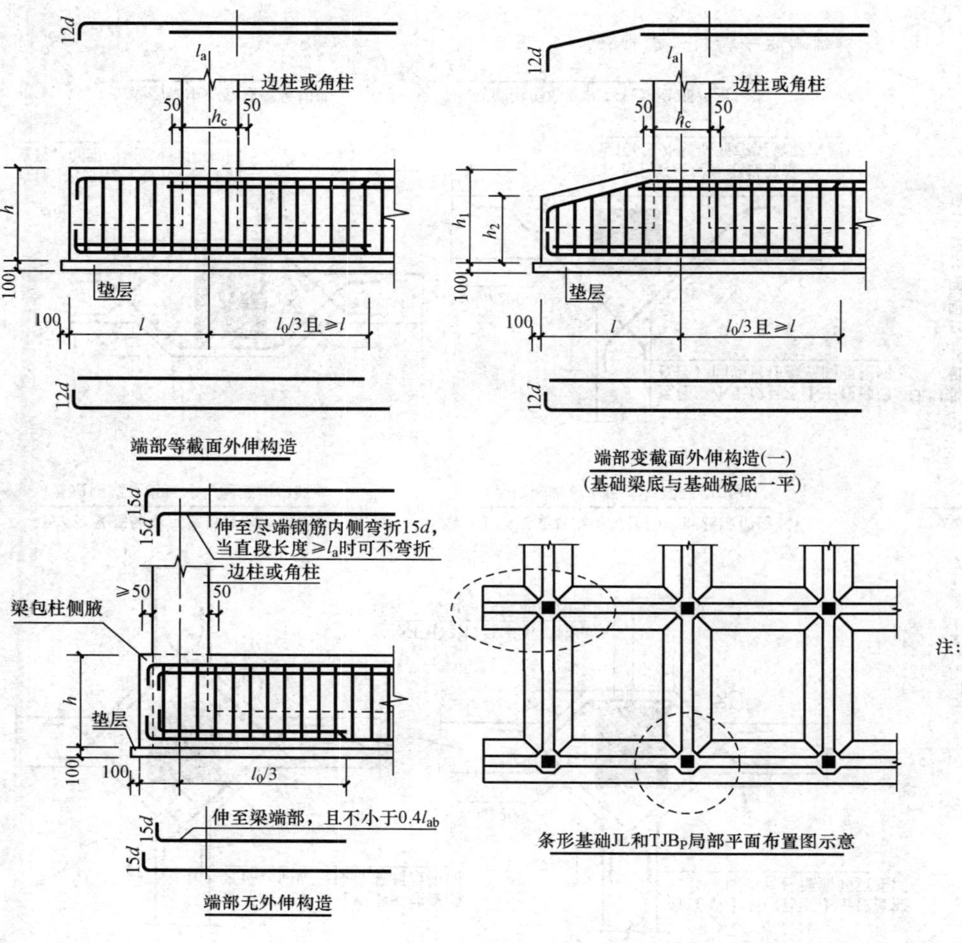

注：1.当外伸部位底部纵筋配置多于两排时，第三排非贯通钢筋的延伸长度值应由设计者注明。
2.在端部无外伸构造中，基础梁底部下排与顶部上排纵筋伸至梁包柱侧腋，与侧腋的水平构造钢筋绑扎在一起。

图 5-31　基础梁 JL 端部与外伸部位钢筋构造

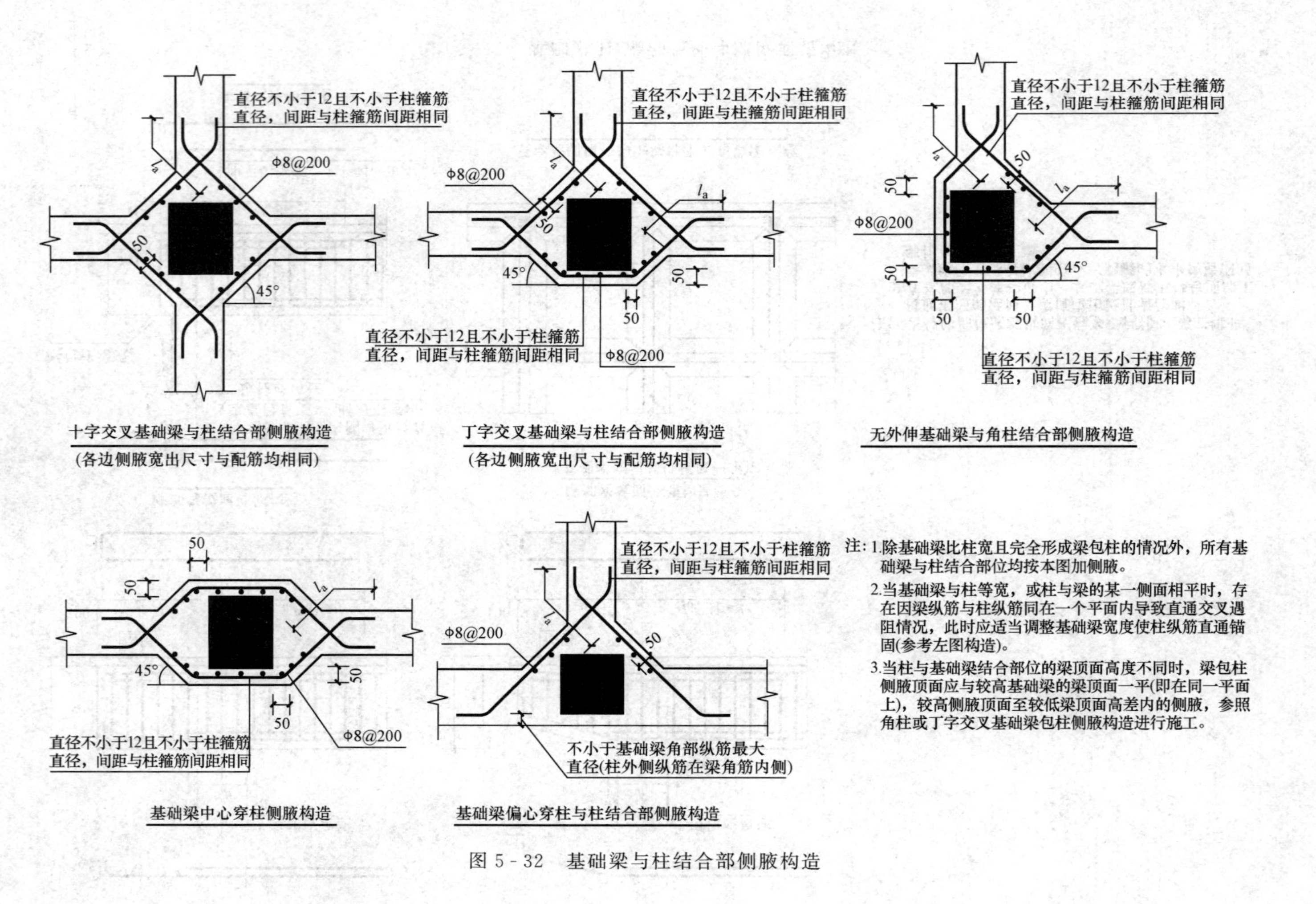

注：1.除基础梁比柱宽且完全形成梁包柱的情况外，所有基础梁与柱结合部位均按本图加侧腋。

2.当基础梁与柱等宽，或柱与梁的某一侧面相平时，存在因梁纵筋与柱纵筋同在一个平面内导致直通交叉遇阻情况，此时应适当调整基础梁宽度使柱纵筋直通锚固(参考左图构造)。

3.当柱与基础梁结合部位的梁顶面高度不同时，梁包柱侧腋顶面应与较高基础梁的梁顶面一平(即在同一平面上)，较高侧腋顶面至较低梁顶面高差内的侧腋，参照角柱或丁字交叉基础梁包柱侧腋构造进行施工。

图 5-32　基础梁与柱结合部侧腋构造

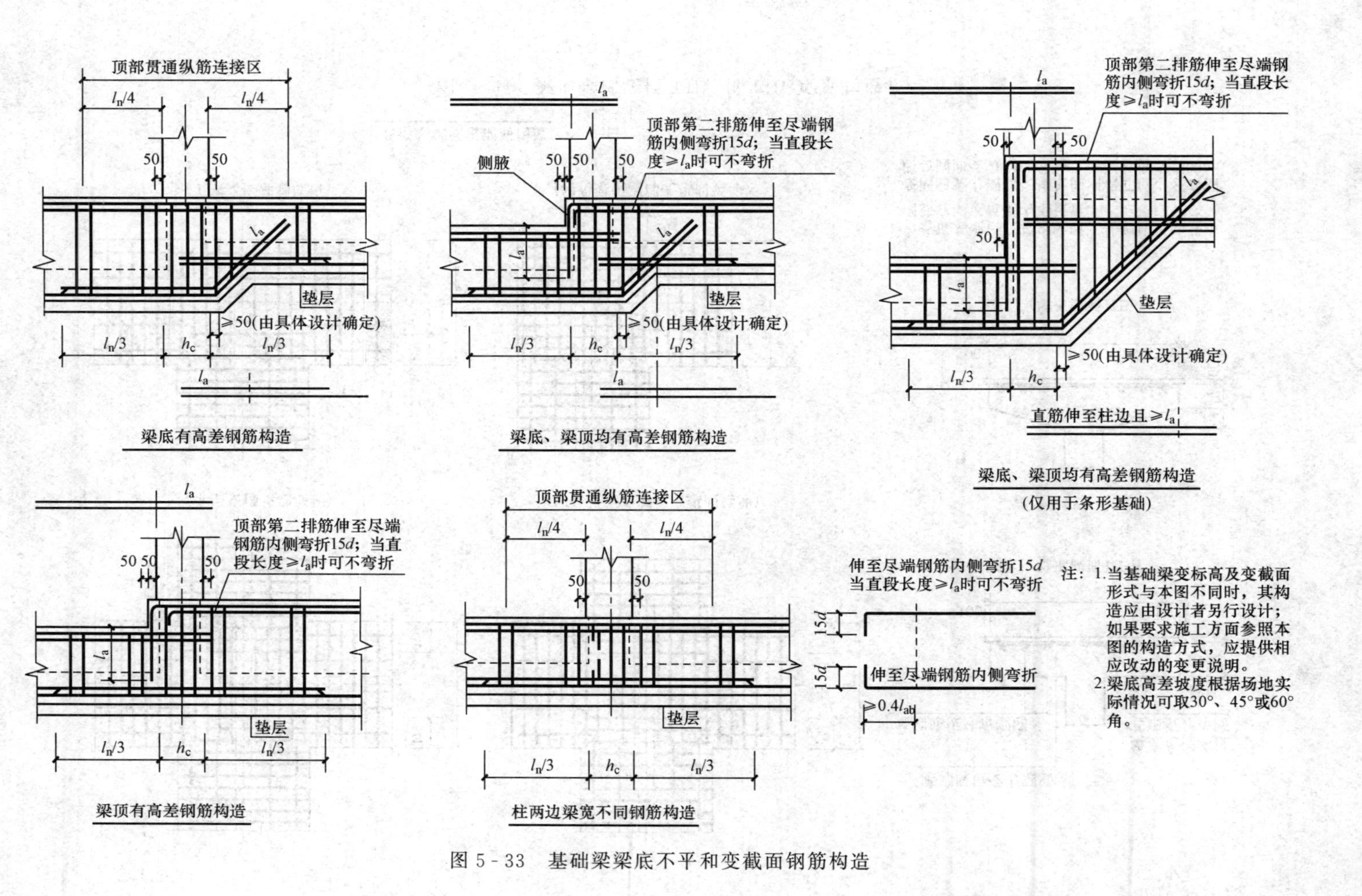

图 5-33　基础梁梁底不平和变截面钢筋构造

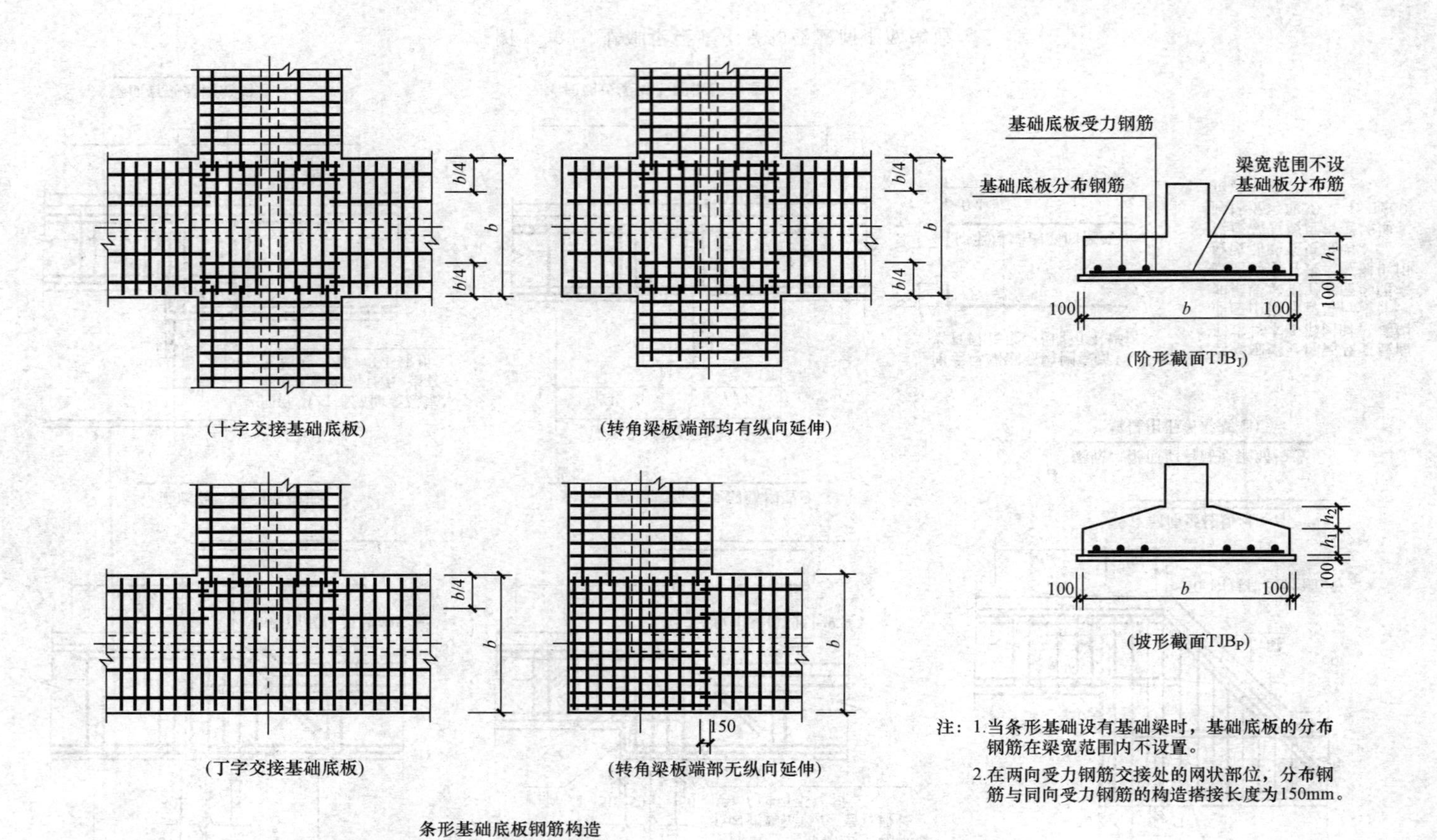

图 5-34　条形基础底板 TJB_P 和 TJB_J 配筋构造

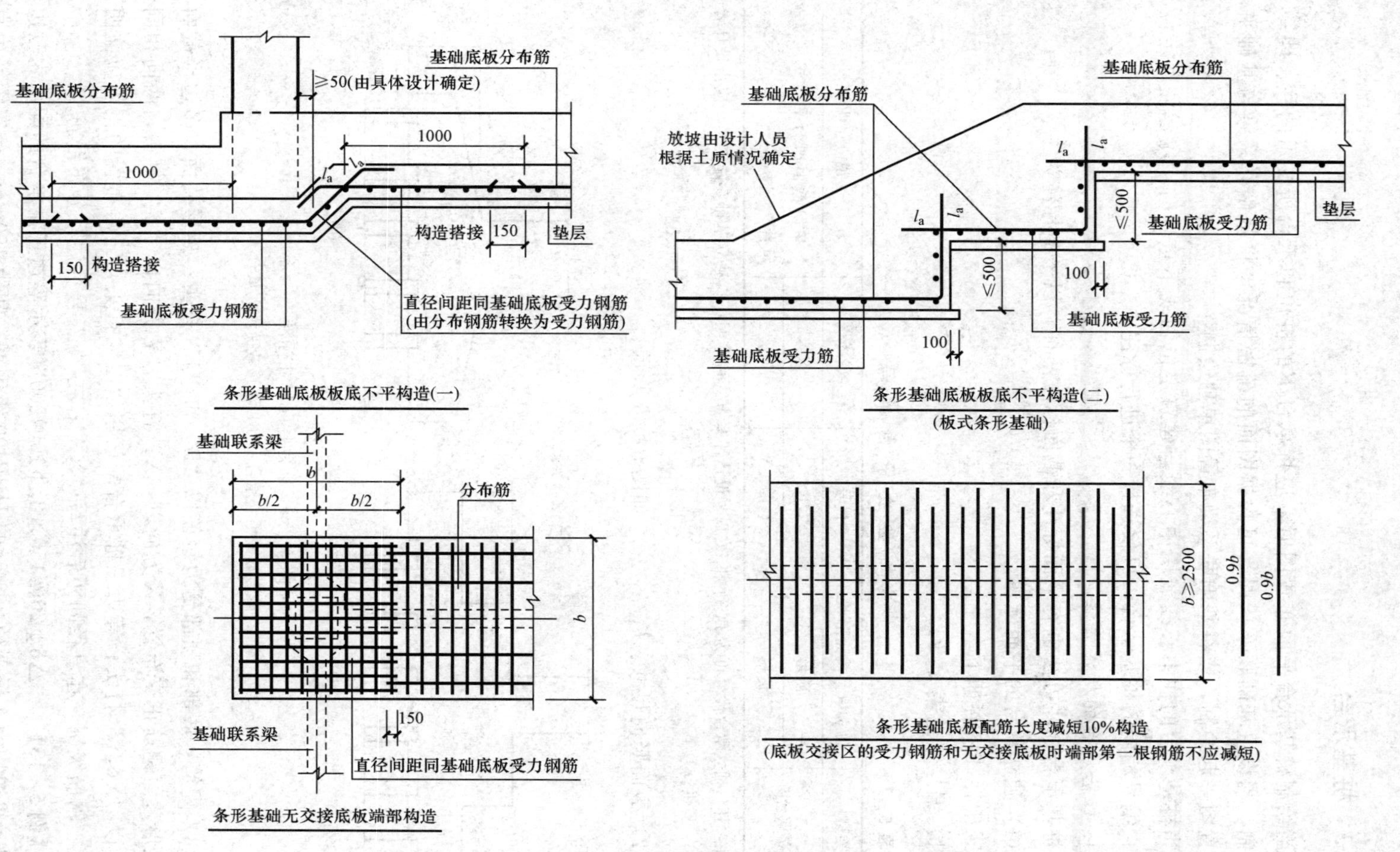

图 5-35　条形基础底板配筋构造

5.1.3 桩基承台

当绘制桩基承台平面布置图时，应将承台下的桩位和承台所支承的柱、墙一起绘制。当设置基础联系梁时，可根据图面的疏密情况，将基础联系梁与基础平面布置图一起绘制，或将基础联系梁布置图单独绘制。

当桩基承台的柱中心线或墙中心线与建筑定位轴线不重合时，应标注其定位尺寸；编号相同的桩基承台，可仅选择一个进行标注。

1. 桩基承台的标注方法

桩基承台标注方法也有平面标注和截面标注两种，以平面标注为主。

(1) 独立承台的平面标注。

集中标注内容如下。

1）编号（见表 5-7）。

表 5-7 独立承台编号

类型	独立承台截面形状	代号	序号	说明
独立承台	阶形	CT_J	××	单阶截面即为平板式独立承台
	坡形	CT_P	××	

注：杯口独立承台代号可为 BCT_J 和 BCT_P，设计注写方式可参照杯口独立基础，施工详图应由设计者提供。

2）截面竖向尺寸：$h_1/h_2/\cdots$，如图 5-36 所示。

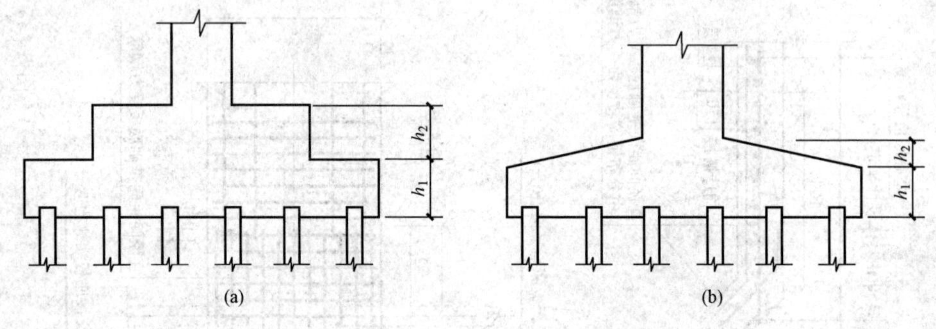

图 5-36 承台竖向尺寸标准

(a) 阶形截面独立承台；(b) 坡形截面独立承台

3）配筋：底部和顶部受力钢筋以“B”和“T”打头；矩形截面、多边形截面和异形截面钢筋正交布置，X 方向以“X”打头，Y 方向以“Y”打头，两向相同时，以“X&Y”打头；等边三桩承台配筋用“△”打头，三角布置的钢筋应注明根数、钢筋级别，在直径间距后注写“×3”；在“/”号后注写分布钢筋。

【例 5-13】 “△6⌀20@150×3/ϕ10@200”表示等边三角承台的配筋为三边相同，每边均为 6 根直径 20mm 的 HRB400 级钢筋，间距 150mm，分布钢筋为直

径 10mm 的 HPB300 级钢筋。

等腰三桩承台时，也以“△”打头，但钢筋注写为底边的受力钢筋“+”两对称斜边的受力钢筋（注明根数并在两对称配筋值后注写“×2”），在“/”后注写分布钢筋。

【例 5-14】“△6⌀22@150+6⌀20@150×2/ϕ10@200”表示等腰三桩承台的配筋为底边配 6 根直径 22mm 的 HRB400 级钢筋，间距 150mm，两腰配筋相同，均为 6 根直径 20mm 的 HRB400 级钢筋，间距 150mm，分布钢筋为直径 10mm 的 HRB235 级钢筋。

4）注写基础底面相对标高差（选注内容）。

5）必要的文字注解（选注内容）。

6）两桩承台可按承台梁标注。

（2）独立承台的原位标注。独立承台的原位标注与独立基础相似，主要表明平面尺寸，如边长、阶宽、坡形平面尺寸等，如图 5-37（a）、（b）、（c）所示。

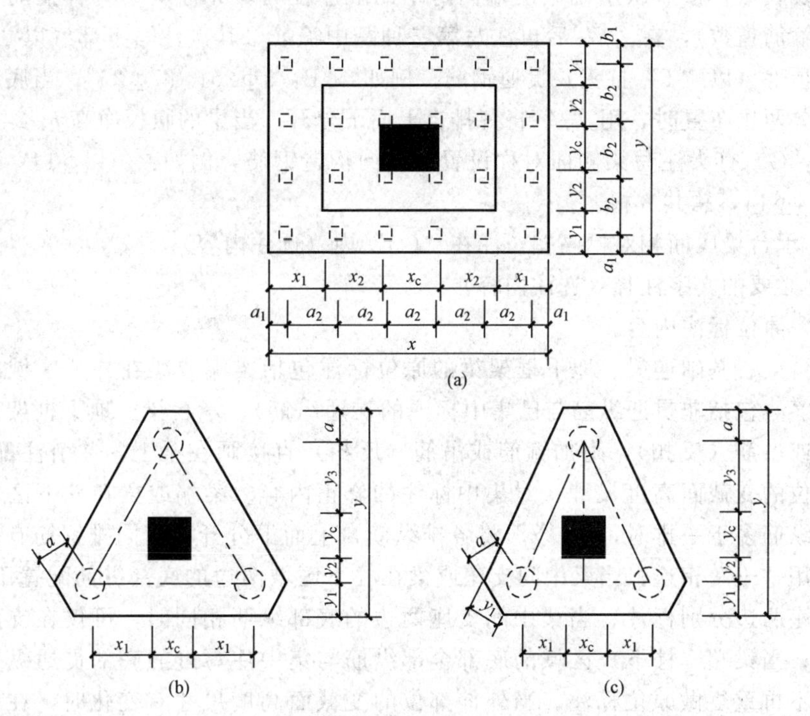

图 5-37　桩基承台原位标注

（a）矩形独立承台平面原位标注；（b）等边三桩独立承台平面原位标注；

（c）等腰三桩独立承台平面原位标注

2. 承台梁、基础连梁、地下框架梁的平面标注

承台梁、基础连梁、地下框架梁的平面标注也有集中标注和原位标注两部分。

（1）集中标注内容。

1）承台梁编号见表5-8。

表5-8　　承台梁编号

类　型	代　号	序　号	跨数及有否悬挑
承台梁	CTL	××	（××）端部无外伸 （××A）一端有外伸 （××B）两端有外伸

2）承台梁截面宽度与高度 $b \times h$。当为加腋梁时，用 $Y_{c1 \times c2}$ 表示，其中 c1 为腋长，c2 为腋高。

3）承台梁、基础连梁、地下框架梁的配筋。先注写箍筋，其钢筋级别、直径、间距与肢数（写在括号内）；当采用两种箍筋间距时，用“/”分隔不同箍筋的间距及肢数，按照从基础梁两端向跨中的顺序注写，先注写第一种箍筋（在前面加注箍筋道数），在“/”后再注写第二种跨中箍筋。其次注写下部（以“B”打头）和顶部（以“T”打头）贯通钢筋，例如：“B：5Φ25；T7Φ25”；当底部或顶部钢筋分两排布置时，用“/”将各排自上而下分开。当梁的腹板净高 $h_w \geqslant 450$mm 时，以“G”打头注写梁侧面对称设置的纵向构造钢筋，例如：“G8Φ14”表示每侧布置4Φ14，总共8根。

4）承台梁底面相对标高差，注在“（ ）”内（选注内容）。

5）必要的文字注释（选注内容）。

（2）原位标注内容。

承台梁、基础连梁、地下框架梁的原位标注包括梁端或梁在柱下区域的底部全部纵筋（包括非贯通纵筋与已集中标注的贯通纵筋）；承台梁、地下框架梁的附加箍筋或吊筋（反扣），附加箍筋或吊筋（反扣）直接画在梁上，并引注配筋值；外伸部位的变截面高度尺寸；对集中标注的修正内容。梁端或梁在柱下区域的底部全部纵筋多于一排时，用“/”将各排纵筋自上而下分开；当同排钢筋有两种直径时，用“+”相连；当梁中间支座或梁在柱下区域两边的底部纵筋配置不同时，须在支座两边分别标注；当梁中间支座两边的底部纵筋相同时，可仅在支座的一边标注；当梁端（柱下）区域的底部全部纵筋与集中注写过的底部贯通纵筋相同时，可不再重复做原位标注。当外伸部位的变截面高度尺寸有变化时，在该部位原位注写 $b \times h$，h_1/h_2，h_1 为根部截面高度，h_2 为尽端截面高度。当有对集中标注的修正内容时，如截面尺寸、箍筋、底部与顶部贯通纵筋或架立筋、梁侧面纵向构造钢筋、梁底面相对标高高差等不适用于某跨或某外伸部位时，将其修正内容原位标注在该跨或该外伸部位，施工时原位标注取值优先。

3. 桩基承台的标准构造详图

（1）矩形承台配筋构造，如图5-38所示。

（2）桩顶纵筋在承台内的锚固构造，如图 5 - 39 所示。

（3）等边三桩承台 CT_J 配筋构造，如图 5 - 40 所示。

（4）等腰三桩承台 CT_J 配筋构造，如图 5 - 41 所示。

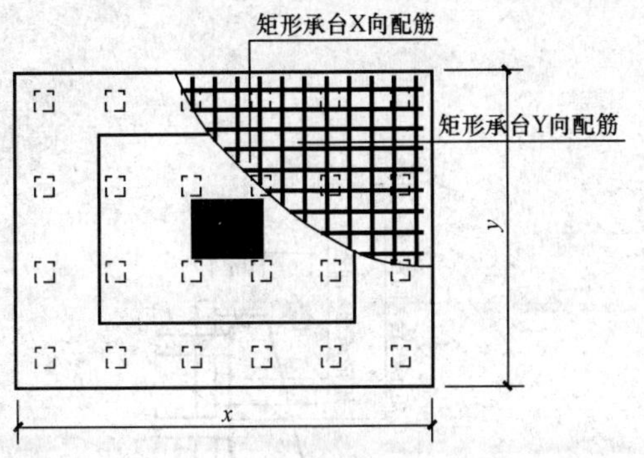

图 5 - 38　矩形承台配筋构造

5.1.4　筏形基础

筏形基础由钢筋混凝土主梁、次梁和地基板组成，形似水中竹筏，所以称作筏形基础，简称筏基。又由于它满布于建筑物下，所以也称“满堂红基础”。筏形基础有梁顶与板顶一平（高板位）、梁底与板底一平（低板位）和板在梁的中部（中板位）三种不同的位置组合。常用的有梁板式筏形基础、平板式筏形基础。先介绍梁板式筏形基础。

1. 梁板式筏形基础平法表示

（1）梁板式筏形基础构件编号，见表 5 - 9。

表 5 - 9　　梁板式筏形基础构件编号

构件类型	代号	序号	跨数及有否外伸
基础主梁（柱下）	JZL	××	（××）或（××A）或（××B）
基础次梁	JCL	××	（××）或（××A）或（××B）
梁板筏基础平板	LPB	××	

注：1.（××A）为一端有外伸，（××B）为两端有外伸，外伸不计入跨数。例如 JZL7（5B）表示第 7 号基础主梁，5 跨，两端有外伸。

2. 对于梁板式筏形基础平板，其跨数及是否有外伸分别在 X，Y 两向的贯通纵筋之后表达。图面从左至右为 X 向，从下至上为 Y 向。

（2）基础主梁 JZL 与基础次梁 JCL 的集中标注应在第一跨（X 向为左端跨，Y 向为下端跨）引出指示线，规定如下。

1）注写基础梁的编号，见表 5 - 9。

2）注写基础梁的截面尺寸。以 $b \times h$ 表示梁截面宽度与高度：当为加腋梁时，用 $b \times h Y c_1 \times c_2$ 表示，其中 c_1 为腋长，c_2 为腋高。

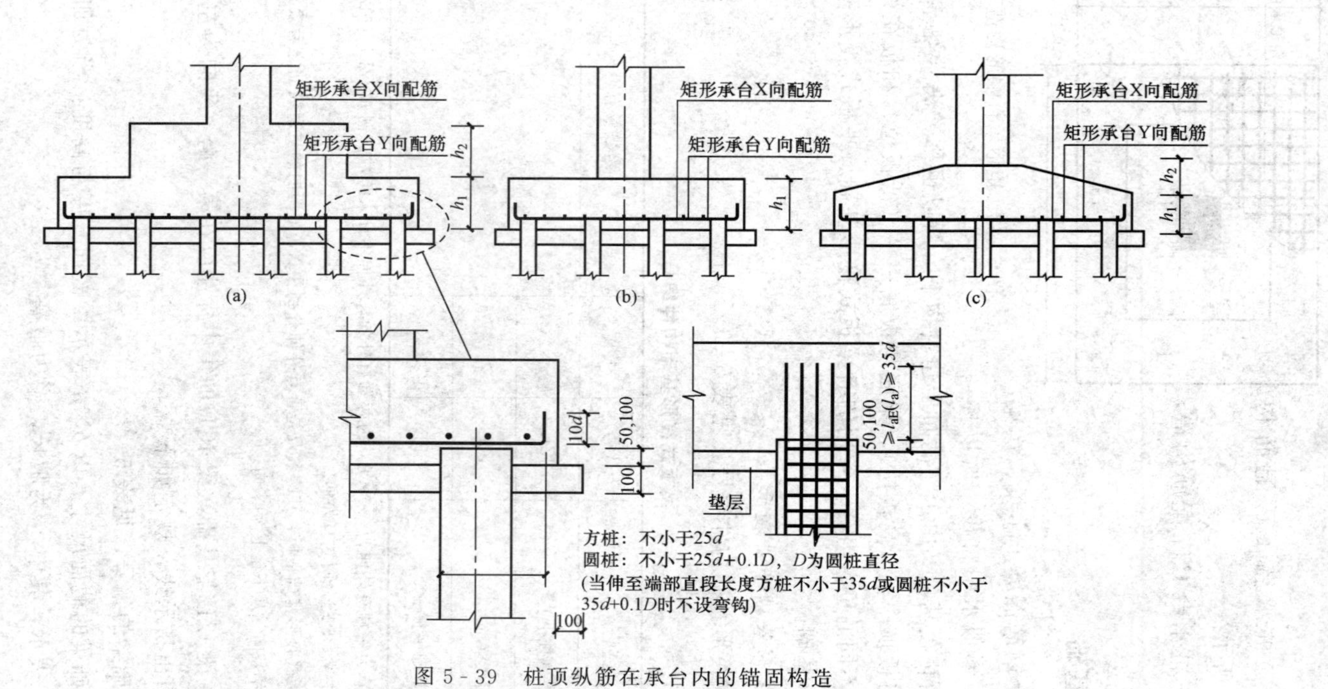

图 5 - 39　桩顶纵筋在承台内的锚固构造

注：当桩直径或桩截面边长小于 800mm 时，桩顶嵌入承台 50mm；当桩径或桩截面边长不小于 800mm 时，桩顶嵌入承台 100mm。

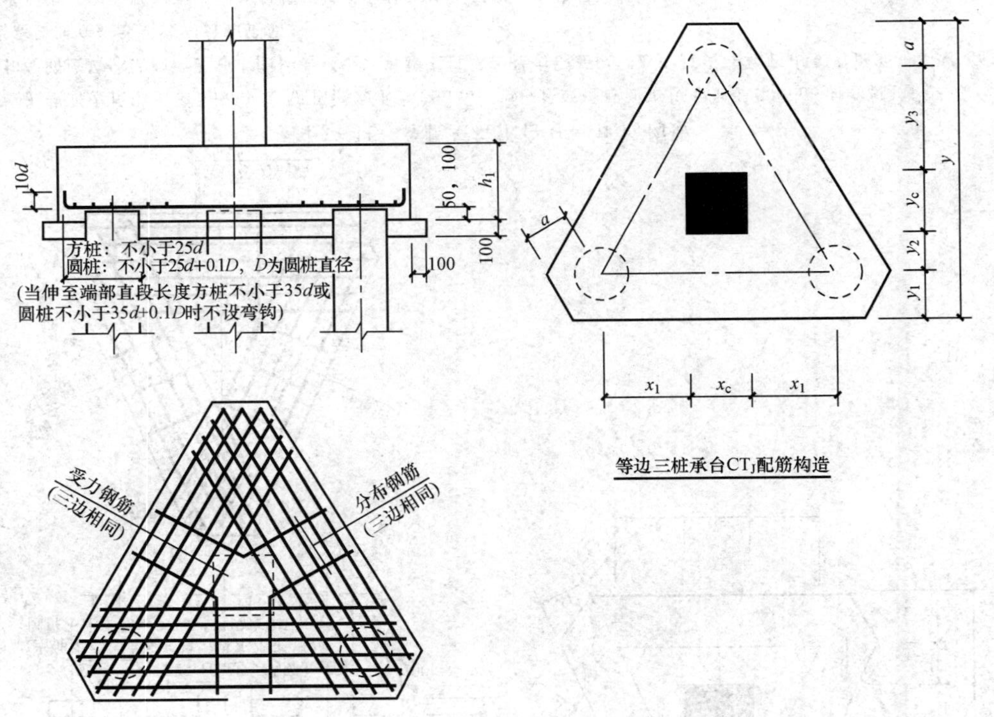

图 5-40　等边三桩承台 CT$_J$ 配筋构造

注：1. 当桩直径或桩截面边长小于 800mm 时，桩顶嵌入承台 50mm；当桩径或桩截面边长不小于 800mm 时，桩顶嵌入承台 100mm。

2. 几何尺寸和配筋按具体结构设计和本图构造规定。等边三桩承台受力钢筋以“△”打头注写各边受力钢筋并×3，当需要时在斜线后注写分布钢筋。

3. 规定图面水平为 x 向，竖向为 y 向，等边三桩承台的底边为何向，应详见具体工程设计。

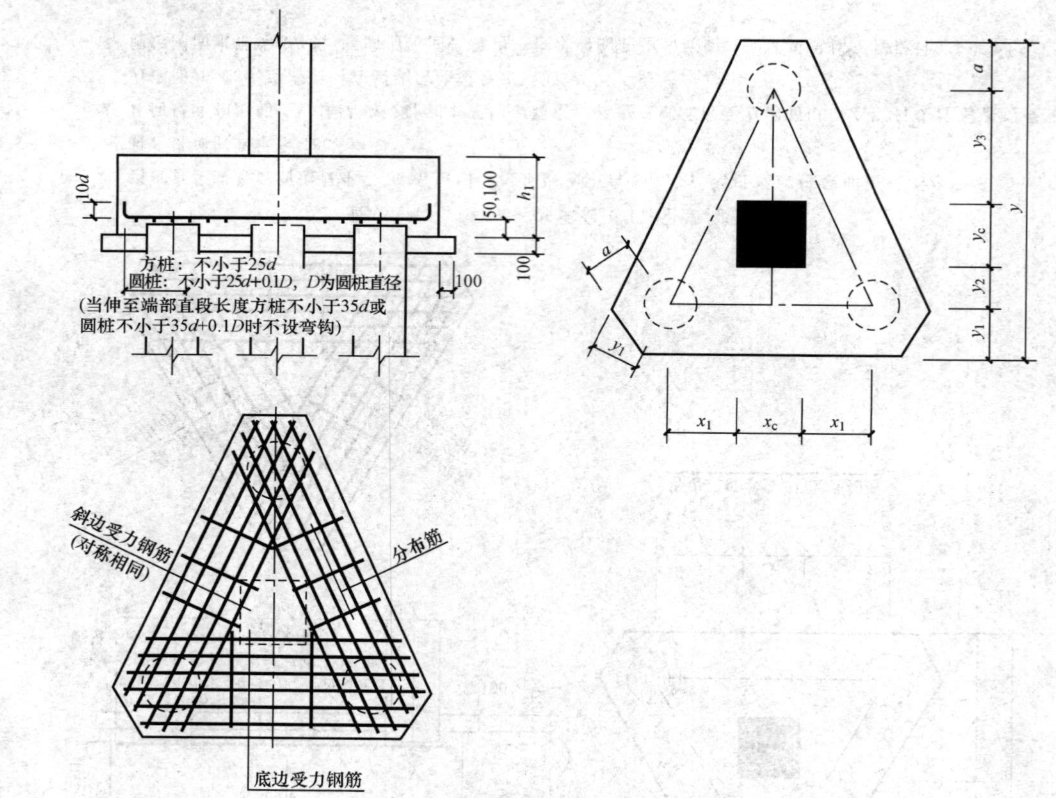

图 5-41　等腰三桩承台 CT_J 配筋构造

注：1. 当桩直径或桩截面边长小于 800mm 时，桩顶嵌入承台 50mm；当桩径或桩截面边长不小于 800mm 时，桩顶嵌入承台 100mm。

2. 几何尺寸和配筋按具体结构设计和本图构造规定。等腰三桩承台受力钢筋以“△”打头注写底边受力钢筋＋对称等腰斜边受力钢筋并×2，当需要时在斜线后注写分布钢筋。

3. 规定图面水平为 x 向，竖向为 y 向，等腰三桩承台的底边为何向，应详见具体工程设计。

3）注写基础梁的箍筋。

①当具体设计采用一种箍筋间距时，仅需注写钢筋级别，直径、间距与肢数（写在括号内）即可。

②当具体设计采用两种或三种箍筋间距时，先注写梁两端的第一种或第一、二种箍筋，并在前面加注箍筋道数；再依次注写跨中部的第二种或第三种箍筋（不需加注箍筋道数）；不同箍筋配置用斜线“/”相分隔。

【例 5-15】 11ϕ14@150/250（6），表示箍筋为 HPB300 级钢筋，直径 ϕ14，从梁端到跨内，间距 150mm 设置 11 道（即分布范围为 50mm＋150×10＝1550mm），其余间距为 250mm，均为六肢箍。

【例 5-16】 9ϕ16@100/12ϕ16@150/ϕ16@200(6)，表示箍筋为 HPB300 级钢筋，直径 ϕ16，从梁端向跨内，间距 100mm 设置 9 道，间距 150mm 设置 12 道，其余间距为 200mm，均为 6 肢箍。

施工时应注意：两个方向基础主梁相交的柱下区域，应有一向截面较高的基础主梁按梁端箍筋全面贯通设置。

4）注写基础梁的底部与顶部贯通纵筋。具体内容为：

①先注写梁底部贯通纵筋（B 打头）的规格与根数（不应少于底部受力钢筋总截面面积的 1/3）。当跨中所注根数少于箍筋肢数时，需要在跨中加设架立筋以固定箍筋，注写时，用加号“＋”将贯通纵筋与架立筋相连，架立筋注写在加号后面的括号内。

②再注写顶部贯通纵筋（T 打头）的配筋值。注写时用分号“;”将底部与顶部纵筋分隔开来，如有个别跨与其不同者，按原位注写的规定处理。

【例 5-17】 B4ϕ32；T7ϕ32 表示梁的底部配置 4ϕ32HPB300 级的贯通纵筋，梁的顶部配置 7ϕ32HPB300 级的贯通纵筋。

③当梁底部或顶部贯通纵筋多于一排时，用斜线“/”将各排纵筋自上而下分开。

【例 5-18】 梁底部贯通纵筋注写为 B8Φ28 3/5，表示上一排纵筋为 3Φ28，下一排纵筋为 5Φ28。

注：1. 基础主梁与基础次梁的底部贯通纵筋，可在跨中 1/3 跨度范围内采用搭接连接、机械连接或对焊连接。

2. 基础主梁的顶部贯通纵筋，可在距柱的根部 1/4 跨度范围内采用搭接连接，或在柱根附近采用机械连接或对焊连接（均应严格控制接头百分率）。

3. 基础次梁的顶部贯通纵筋，每跨两端应锚入基础主梁内，或在距中间支座（基础主梁）1/4 跨度范围采用机械连接或对焊连接（均应严格控制接头百分率）。

5）注写基础梁的侧面纵向构造钢筋。当梁腹板高度 $h_w \geqslant 450$mm 时，根据需要配置纵向构造钢筋。设置在梁两个侧面的总配筋值以大写字母 G 打头注写，且对称配置。

【例5-19】 G8ф16，表示梁的两个侧面共配置8ф16的纵向HRB335级构造钢筋，每侧各配置4ф16。

当基础梁一侧有基础板，另一侧无基础板时，梁两个侧面的纵向构造钢筋以G打头分别注写并用“+”号相连。

【例5-20】 G6ф16+4ф16，表示梁腹板高度h_w较高侧面配置6ф16，另一侧面配置4ф16纵向构造钢筋。

6）注写基础梁底面标高高差（系指相对于筏形基础平板底面标高的高差值），该项为选注值。有高差时须将高差写入括号内（如“高板位”与“中板位”基础梁的底面与基础平板底面标高的高差值），无高差时不注（如“低板位”筏形基础的基础梁）。

（3）基础主梁与基础次梁的原位标注，规定如下。

1）注写梁端（支座）区域的底部全部纵筋，系包括已经集中注写过的贯通纵筋在内的所有纵筋。

①当梁端（支座）区域的底部纵筋多于一排时，用斜线“/”将各排纵筋自上而下分开。

【例5-21】 梁端（支座）区域底部纵筋注写为10ф25 4/6，表示上一排纵筋为4ф25，下一排纵筋为6ф25。

②当同排纵筋有两种直径时，用“+”号将两种直径的纵筋相连。

【例5-22】 梁端（支座）区域底部纵筋注写为4ф28+2ф25，表示一排纵筋由两种不同直径钢筋组合。

③当梁中间支座两边的底部纵筋配置不同时，须在支座两边分别标注；当梁中间支座两边的底部纵筋相同时，可仅在支座的一边标注配筋值。

施工时应注意：当底部贯通纵筋经原位修正注写后，两种不同配置的底部贯通纵筋应在两毗邻跨中配置较小一跨的跨中连接区域连接（即配置较大一跨的底部贯通纵筋需越过其跨数终点或起点伸至毗邻跨的跨中连接区域。具体位置见标准构造详图）。

④当梁端（支座）区域的底部全部纵筋与集中注写过的贯通纵筋相同时，可不再重复做原位标注。

2）注写基础梁的附加箍筋或吊筋（反扣）。将其直接画在平面图中的主梁上，用线引注总配筋值（附加箍筋的肢数注在括号内），当多数附加箍筋或（反扣）吊筋相同时，可在基础梁平法施工图上统一注明，少数与统一注明值不同时，再原位标注。

施工时应注意：附加箍筋或（反扣）吊筋的几何尺寸应按照标准构造详图，结合其所在位置的主梁和次梁的截面尺寸而定。

3）当基础梁外伸部位变截面高度时，在该部位原位注写$b \times h_1/h_2$，h_1为根部截面高度，h_2为尽端截面高度。

4）注写修正内容。当在基础梁上集中标注的某项内容（如梁截面尺寸、箍筋、底部与顶部贯通纵筋或架立筋、梁侧面纵向构造钢筋、梁底面标高高差等）不适用于某跨或某外伸部分时，则将其修正内容原位标注在该跨或该外伸部位，根据“原位标注取值优先”原则，施工时应按原位标注数值取用。

当在多跨基础梁的集中标注中已注明加腋，而该梁某跨根部不需要加腋时，则应在该跨原位标注等截面的 $b \times h$，以修正集中标注中的加腋信息。

按以上各项规定的组合表达方式，详见图 5-42 基础主梁与基础次梁标注图示。

（4）基础梁底部非贯通纵筋的长度规定。

1）为方便施工，凡基础主梁柱下区域和基础次梁支座区域底部非贯通纵筋的延伸长度为 α_0 值，当配置不多于两排时，在标准构造详图中统一取值为自柱中线向跨内延伸至 $l_0/3$ 位置，当非贯通纵筋配置多于两排时，从第二排起向跨内的延伸长度值应由设计者注明。l_0 的取值规定为：对于基础主梁边柱和基础次梁端支座的底部非贯通纵筋，l_0 取本边跨的中心跨度值；对于基础主梁中柱的底部非贯通纵筋，l_0 取中柱中线两边较大一跨的中心跨度值；对于基础次梁中间支座的底部非贯通纵筋，l_0 取中间支座两边较大一跨的中心跨度值。

2）基础主梁与基础次梁外伸部位底部纵筋的延伸长度 α_0 值，在标准构造详图中统一取值为：第一排延伸至梁端头后，全部上弯 $12d$；第二排延伸至梁端头截断。

（5）梁板式筏形基础平板 LPB 的平面标注。梁板式筏形基础平板 LPB 的平面标注分为板底部与顶部贯通纵筋的集中标注与板底部附加非贯通纵筋的原位标注两部分内容。当仅设置贯通纵筋而未设置附加非贯通纵筋时，则仅做集中标注。

1）梁板式筏形基础平板 LPB 贯通纵筋的集中标注，应在所表达的板区双向均为第一跨（X 与 Y 双向首跨）的板上引出（图面从左至右为 X 向，从下至上为 Y 向）。

板区划分条件：板厚相同、基础平板底部与顶部贯通纵筋配置相同的区域为同一板区。各板区应分别进行集中标注。

集中标注的内容规定如下。

①注写基础平板的编号，见表 5-9。

②注写基础平板的截面尺寸。注写 h=××××表示板厚。

③注写基础平板的底部与顶部贯通纵筋及其总长度。

先注写 X 向底部（B 打头）贯通纵筋与顶部（T 打头）贯通纵筋，及其纵向长度范围；再注写 Y 向底部（B 打头）贯通纵筋与顶部（T 打头）贯通纵筋，及其纵向长度范围（图面从左至右为 X 向，从下至上为 Y 向）。

贯通纵筋的总长度注写在括号中，注写方式为“跨数及有无外伸”，其表达形式为：（××）（无外伸）、（××A）（一端有外伸）或（××B）（两端有外伸）。

注：基础平板的跨数以构成柱网的主轴线为准；两主轴线之间无论有几道辅助轴线（例如框筒结构中混凝土内筒中的多道墙体），均可按一跨考虑。

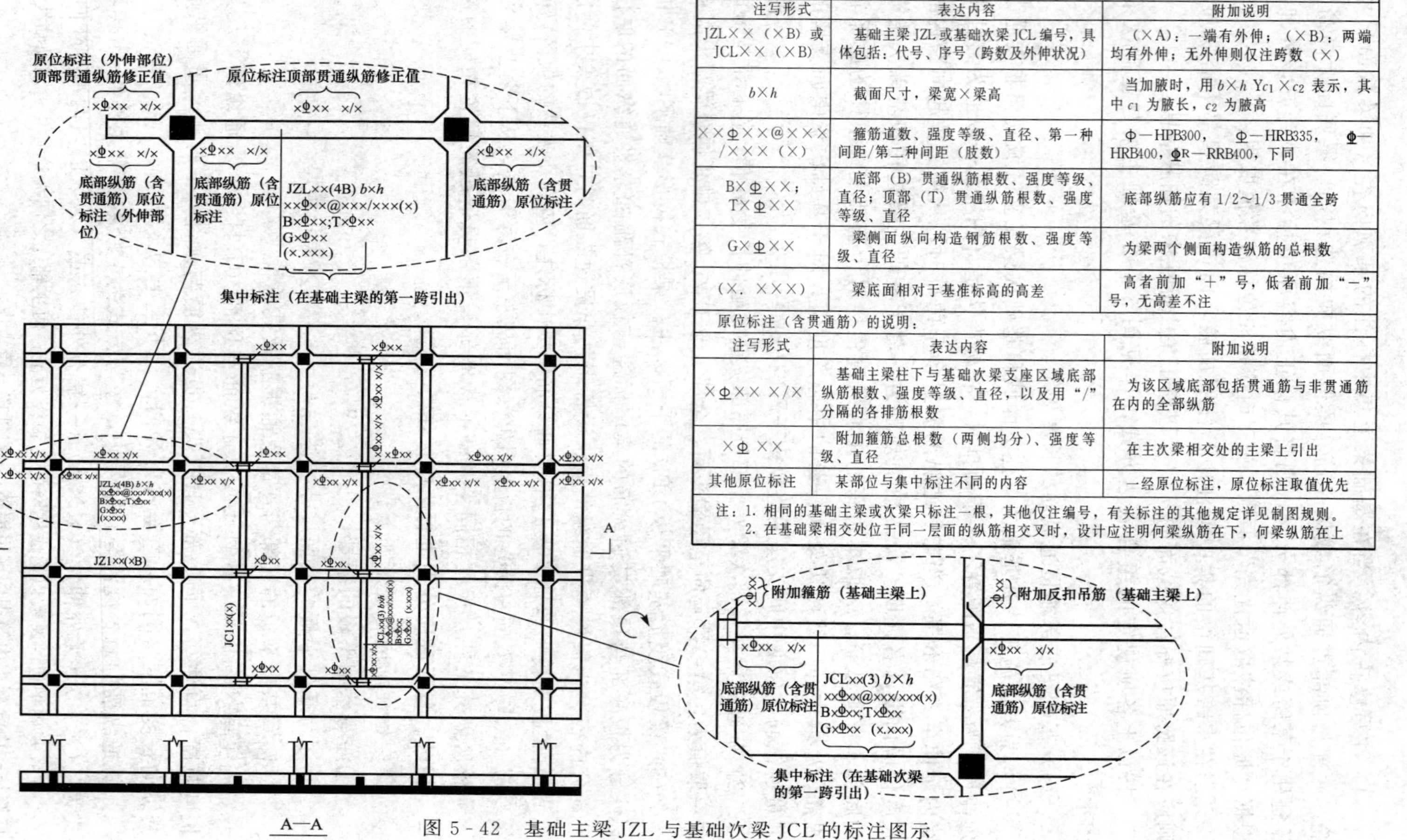

基础主梁 JZL 与基础次梁 JCL 标注说明

集中标注说明（集中标注应在第一跨引出）：		
注写形式	表达内容	附加说明
JZL××（×B）或 JCL××（×B）	基础主梁 JZL 或基础次梁 JCL 编号，具体包括：代号、序号（跨数及外伸状况）	（×A）：一端有外伸；（×B）：两端均有外伸；无外伸则仅注跨数（×）
$b\times h$	截面尺寸，梁宽×梁高	当加腋时，用 $b\times h$ $Yc_1\times c_2$ 表示，其中 c_1 为腋长，c_2 为腋高
××Φ××@×××/×××（×）	箍筋道数、强度等级、直径、第一种间距/第二种间距（肢数）	Φ—HPB300，Φ—HRB335，Φ—HRB400，ΦR—RRB400，下同
B×Φ××；T×Φ××	底部（B）贯通纵筋根数、强度等级、直径；顶部（T）贯通纵筋根数、强度等级、直径	底部纵筋应有1/2～1/3贯通全跨
G×Φ××	梁侧面纵向构造钢筋根数、强度等级、直径	为梁两个侧面构造纵筋的总根数
（×.×××）	梁底面相对于基准标高的高差	高者前加“+”号，低者前加“-”号，无高差不注
原位标注（含贯通筋）的说明：		
注写形式	表达内容	附加说明
×Φ×× ×/×	基础主梁柱下与基础次梁支座区域底部纵筋根数、强度等级、直径，以及用“/”分隔的各排筋根数	为该区域底部包括贯通筋与非贯通筋在内的全部纵筋
×Φ××	附加箍筋总根数（两侧均分）、强度等级、直径	在主次梁相交处的主梁上引出
其他原位标注	某部位与集中标注不同的内容	一经原位标注，原位标注取值优先

注：1. 相同的基础主梁或次梁只标注一根，其他仅注编号，有关标注的其他规定详见制图规则。
2. 在基础梁相交处位于同一层面的纵筋相交叉时，设计应注明何梁纵筋在下，何梁纵筋在上

图 5-42 基础主梁 JZL 与基础次梁 JCL 的标注图示

【例 5-23】 X（向）：BΦ22@150；TΦ20@150；(5B)
Y（向）：BΦ20@200；TΦ18@200；(7A)

表示基础平板 X 向底部配置Φ22 间距 150mm 的贯通纵筋，顶部配置Φ20 间距 150mm 的贯通纵筋，纵向总长度为 5 跨两端有外伸；Y 向底部配置Φ20 间距 200mm 的贯通纵筋，顶部配置Φ18 间距 200mm 的贯通纵筋，纵向总长度为 7 跨，一端有外伸。

当某向底部贯通纵筋或顶部贯通纵筋的配置，在跨内有两种不同间距时，先注写跨内两端的第一种间距，并在前面加注纵筋根数（以表示其分布的范围）；再注写跨中部的第二种间距（不需加注根数）；两者用“/”分隔。

【例 5-24】 X：B12Φ22@200/150：T10Φ20@200/150 表示基础平板 X 向底部配置Φ22 的贯通纵筋，跨两端间距为 200mm，配 12 根，跨中间距为 150mm；X 向顶部配置Φ20 的贯通纵筋，跨两端间距为 200mm，配 10 根，跨中间距为 150mm（纵向总长度略）。

当贯通筋采用两种规格钢筋“隔一布一”方式时，表达为 ϕxx/yy@xxx，表示直径 xx 的钢筋和直径 yy 的钢筋之间的间距为 xxx，直径为 xx 的钢筋、直径为 yy 的钢筋间距分别为 xxx 的 2 倍。

【例 5-25】 Φ10/12@100 表示贯通纵筋为Φ10、Φ12 隔一布一，彼此之间间距为 100。

施工时应注意：当基础平板分板区进行集中标注，且相邻板区板底一平时，两种不同配置的底部贯通纵筋应在两毗邻板跨中配置较小板跨的跨中连接区域连接（即配置较大板跨的底部贯通纵筋需越过板区分界线伸至毗邻板跨的跨中连接区域，具体位置见标准构造详图）。

2）梁板式筏形基础平板 LPB 的原位标注，主要表达横跨基础梁下（板支座）的板底部附加非贯通纵筋，规定如下。

①原位注写位置：在配置相同的若干跨的第一跨下注写（当基础梁悬挑部位单独配置时则在原位表达）。

②注写内容：在上述注写规定位置水平垂直穿过基础梁绘制一段中粗虚线代表底部附加非贯通纵筋，在虚线上注写编号（如①、②等）、钢筋级别、直径、间距与横向布置的跨数及是否布置到外伸部位（横向布置的跨数及是否布置到外伸部位注在括号内），以及自基础梁中线分别向两边跨内的纵向延伸长度值。当该筋向两侧对称延伸时，可仅在一侧标注，另一侧不注；当布置在边梁下时，向基础平板外伸部位一侧的纵向延伸长度与方式按标准构造，设计不注。底部附加非贯通筋相同者，可仅在一根钢筋上注写，其他可仅在中粗虚线上注写编号。

横向布置的跨数及是否布置到外伸部位的表达形式为：××——外伸部位无横向布置或无外伸部位，××A——一端外伸部位有横向布置，或××B——两端外伸部位均有横向布置。横向连续布置的跨数及是否布置到外伸部位，不受集中标注贯通纵筋的板区限制。

【例5-26】 某3号基础主梁JZL3（7B），表示7跨，两端有外伸。在该梁第一跨原位注写基础平板底部附加非贯通纵筋Φ18@300（4A），在第5跨原位注写底部附加非贯通纵筋Φ20@300（3A），表示底部附加非贯通纵筋第一跨至第四跨且包括第一跨的外伸部位横向配置相同，第五跨至第七跨且包括第七跨的外伸部位横向配置相同（延伸长度值略）。

原位注写的底部附加非贯通纵筋，分以下几种方式。

(a)“隔一布一”方式：基础平板（X向或Y向）底部附加非贯通纵筋与贯通纵筋交错插空布置，其标注间距与底部贯通纵筋相同（两者实际组合后的间距为各自标注间距的1/2)。当贯通筋为底部纵筋总截面面积的1/2时，附加非贯通纵筋直径与贯通纵筋直径相同；当贯通筋界于底部纵筋总截面面积的1/2与1/3之间时，附加非贯通纵筋直径大于贯通纵筋直径。

【例5-27】 原位注写的基础平板底部附加非贯通纵筋为：⑤Φ22@300（3)，集中标注的底部贯通纵筋应为BΦ22@300（注写在“;”号前)，表示该3跨范围实际横向设置的底部纵筋合计为Φ22@150，其中1/2为⑤号附加非贯通纵筋，1/2为贯通纵筋（延伸长度值略)。其他与⑤号相同的底部附加非贯通纵筋可仅注编号⑤。

【例5-28】 原位注写的基础平板底部附加非贯通纵筋为：②Φ25@300（4)，集中标注的底部贯通纵筋应为BΦ22@300（注写在“;”号前)，表示该4跨范围实际横向设置的底部纵筋为（1Φ25＋1Φ22）/300，彼此间距为150mm，其中56％为②号附加非贯通纵筋，43％为贯通纵筋（延伸长度值略)。

(b)“隔一布二”方式：基础平板（X向或Y向）底部附加非贯通纵筋为每隔一根贯通纵筋布置两根，其间距有两种，且交替布置，并用两个“@”符分隔：其中较小间距为较大间距的1/2，为贯通纵筋间距的1/3（当贯通筋为底部纵筋总截面面积的1/3时，附加非贯通纵筋直径与贯通纵筋直径相同；当贯通筋界于底部纵筋总截面面积的1/2与1/3之间时，附加非贯通纵筋直径小于贯通纵筋直径)。

【例5-29】 原位注写的基础平板底部附加非贯通纵筋为：⑤Φ20@100@200（2)，集中标注的底部贯通纵筋为BΦ20@300（注写在“;”号前)，表示该2跨范围实际横向设置的底部纵筋为Φ20@100，其中2/3为⑤号附加非贯通纵筋，1/3为贯通纵筋（延伸长度值略)。其他部位与⑤号筋相同的附加非贯通纵筋可仅注编号⑤。

【例5-30】 原位注写的基础平板底部附加非贯通纵筋为：①Φ20@120@240（3)，集中标注的底部贯通纵筋为BΦ22@360（注写在“;”号前)，表示该3跨范围实际横向设置的底部纵筋为（2Φ20＋1Φ22）/360，各筋间距为120mm（其中62％为①号附加非贯通纵筋，38％为贯通纵筋。延伸长度值略)。

当底部附加非贯通纵筋布置在跨内有两种不同间距的底部贯通纵筋区域时，其间距应分别对应为两种，其注写形式应与贯通纵筋保持一致；即先注写跨内两端的第一种间距，并在前面加注纵筋根数（以表示其分布的范围)；再注写跨中部的第二种间距（不需加注根数)，两者用“/”分隔。

(c) 注写修正内容。当集中标注的某些内容不适用于梁板式筏形基础平板某板区的某一板跨时，应由设计者在该板跨内以文字注明，施工时应按文字注明数值取用。

(d) 当若干基础梁下基础平板的底部附加非贯通纵筋配置相同时（其底部、顶部的贯通纵筋可以不同），可仅在一根基础梁下做原位注写，并在其他梁上注明"该梁下基础平板底部附加非贯通纵筋同××基础梁"。

3) 应在图注中注明的其他内容。

(a) 当在基础平板周边沿侧面设置纵向构造钢筋时，应在图注中注明。

(b) 应注明基础平板边缘的封边方式与配筋。当采用底部与顶部纵筋弯直钩封边方式时，注明底部与顶部纵筋各自设长直钩的纵筋间距（每筋必弯，或隔一弯一，或其他）；当采用 U 形筋封边方式时，注明边缘 U 形封边筋的规格与间距；当不采用钢筋封边（侧面无筋）时，也应注明。

(c) 当基础平板外伸变截面高度时，应注明外伸部位的 h_1/h_2，h_1 为板根部截面高度，h_2 为板尽端截面高度。

(d) 当某区域板底有标高高差时（系指相对于根据较大面积原则确定的筏形基础平板底面标高的高差），应注明其高差值与分布范围。

(e) 当基础平板厚度大于 2m 时，应注明设置在基础平板中部的水平构造钢筋网。

(f) 当在板的分布范围内采用拉筋时，应注明拉筋的强度等级、直径、双向间距，以及设置方式（双向或梅花双向）等。

(g) 当在基础平板外伸阳角部位设置放射筋时，应注明放射筋的强度等级、直径、根数，以及设置方式等。

(h) 应注明混凝土垫层厚度与强度等级。

4) 梁板式筏形基础平板 LPB 的平面注写规定，同样适用于钢筋混凝土墙下的基础平板。

按以上主要分项规定的组合表达方式，详见图 5-43"梁板式筏形基础平板标注图示"。

2. 平板式筏形基础制图规则

(1) 平板式筏形基础构件的类型与编号。平板式筏形基础由柱下板带，跨中板带构成；当设计不分板带时，则可按基础平板进行表达。平板式筏形基础构件编号见表 5-10。

表 5-10　　平板式筏形基础构件编号

构件类型	代号	序号	跨数及有否外伸
柱下板带	ZXB	××	(××) 或 (××A) 或 (××B)
跨中板带	KZB	××	(××) 或 (××A) 或 (××B)
平板筏基础平板	BPB	××	

(2) 柱下板带、跨中板带的平面注写。

梁板式筏形基础平板 LPB 标注说明

集中标注说明（集中标注应在双向均为第一跨引出）：

注写形式	表达内容	附加说明
LPB××	基础平板编号，包括代号和序号	为梁板式基础的基础平板
h=××××	基础平板厚度	
X：BΦ××@×××；TΦ××@×××；(×、×A、×B) Y：BΦ××@×××；TΦ××@×××；(×、×A、×B)	X向底部与顶部贯通纵筋强度等级、直径、间距（总长度：跨数及有无伸） Y向底部与顶部贯通纵筋强度等级、直径、间距（总长度：跨数及有无伸）	底部纵筋应有1/3～1/2贯通全跨，注意与非贯通纵筋组合设置的具体要求，详见制图规则。顶部纵筋应全跨贯通；用“B”引导底部贯通纵筋，用“T”引导顶部贯通纵筋。(×A)：一端有外伸；(×B)：两端均有外伸；无外伸则仅注跨数(×)。图面从左至右为X向，从下至上为Y向

板底部附加非贯通筋的原位标注说明（原位标注应在基础梁下相同配筋跨的第一跨下注写）：

注写形式	表达内容	附加说明
ⓧΦ××@×××(×、×A、×B) ×××× 基础梁	底部附加非贯通纵筋编号、强度等级、直径、间距（相同配筋横向布置的跨数及有否布置到外伸部位）；自梁中心线分别向两边跨内的延伸长度值	当向两侧对称延伸时，可只在一侧注延伸长度值，外伸部位一侧的延伸长度与方式按标准构造，设计不注，相同非贯通纵筋可只注写一处，其他仅在中粗虚线上注写编号，与贯通纵筋组合设置时的具体要求详见相应制图规则
修正内容原位注写	某部位与集中标注不同的内容	一经原位注写，原位标注的修正内容取值优先

应在图注中注明的其他内容。
1. 当在基础平板周边侧面设置纵向构造钢筋时，应在图注中注明。
2. 应注明基础平板边缘的封边方式与配筋。
3. 当基础平板外伸变截面高度时，注明外伸部位的 h_1/h_2，h_1 为板根部截面高度，h_2 为板尽端截面高度。
4. 当某区域板底有标高高差时，应注明其高差值与分布范围。
5. 当基础平板厚度大于2m时，应注明设置在基础平板中部的水平构造钢筋网。
6. 当在板中采用拉筋时，注明拉筋的配置及布置方式（双向或梅花双向）。
7. 注明混凝土垫层厚度与强度等级。
8. 结合基础主梁交叉纵筋的上下关系，当基础平板同一层面的纵筋相交叉时，应注明何向纵筋在下，何向纵筋在上

注：有关标注的其他规定详见制图规则

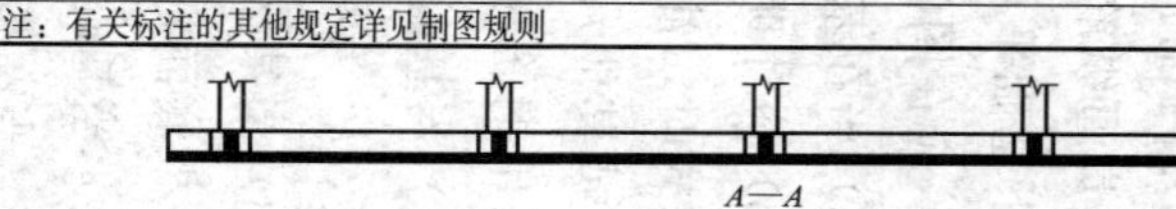

图5-43　梁板式筏形基础平板标注图示

1）柱下板带 ZXB（视其为无箍筋的宽扁梁）底部与顶部贯通纵筋的集中标注。

柱下板带与跨中板带的集中标注，应在第一跨（X 向为左端跨，Y 向为下端跨）引出，规定如下。

①注写编号，见表 5 - 10。

②注写截面尺寸，注写 b=××××表示板带宽度（在图注中注明基础平板厚度）。确定柱下板带宽度应根据规范要求与结构实际受力需要。当柱下板带宽度确定后，跨中板带宽度亦随之确定（即相邻两平行柱下板带之间的距离）。当柱下板带中心线偏离柱中心线时，应在平面图上标注其定位尺寸。

③注写底部与顶部贯通纵筋，具体内容为：注写底部贯通纵筋（B 打头）与顶部贯通纵筋（T 打头）的规格与间距，用分号"；"将其分隔开来。对于柱下板带的柱下区域，通常在其底部贯通纵筋的间隔内插空设有（原位注写的）底部附加非贯通纵筋。

【例 5 - 31】 BΦ22@300；TΦ25@150 表示板带底部配置Φ22 间距 300mm 的贯通纵筋，板带顶部配置Φ25 间距 150mm 的贯通纵筋。

注：①柱下板带与跨中板带的底部贯通纵筋，可在跨中 1/3 范围内采用搭接连接、机械连接或对焊连接；②柱下板带与跨中板带的顶部贯通纵筋，可在柱网轴线附近 1/4 跨度内采用搭接连接、机械连接或对焊连接。

施工时应注意：当柱下板带的底部贯通纵筋配置在从某跨开始改变时，两种不同配置的底部贯通纵筋应在两毗邻跨中配置较小跨的跨中连接区域连接（即配置较大跨的底部贯通纵筋需越过其跨数终点或起点伸至毗邻跨的跨中连接区域。具体位置见标准构造详图）。

2）柱下板带与跨中板带原位标注的内容，主要为底部附加非贯通纵筋，规定如下：

①注写内容：以一段与板带同向的中粗虚线代表附加非贯通纵筋；对柱下板带：贯穿其柱下区域绘制；对跨中板带：横贯柱中线绘制。在虚线上注写底部附加非贯通纵筋的编号（如①、②等）、钢筋级别、直径、间距，以及自柱中线分别向两侧跨内的延伸长度值。当向两侧对称延伸时，长度值可仅在一侧标注，另一侧不注。向外伸部位的延伸长度与方式按标准构造，设计不注。对同一板带中底部附加非贯通筋相同者，可仅在一根钢筋上注写，其他可仅在中粗虚线上注写编号。

底部附加非贯通纵筋的原位注写，分下列几种方式。

（a）"隔一布一"方式：柱下板带或跨中板带底部附加非贯通纵筋与贯通纵筋交错插空布置，其标注间距与底部贯通纵筋相同（两者实际组合后的间距为各自标注间距的 1/2）。

当贯通筋为底部纵筋总截面面积的 1/2 时，附加非贯通纵筋直径与贯通纵筋直径相同（当贯通筋界于 1/2 与 1/3 之间时，附加非贯通纵筋直径大于贯通纵筋直径）。

【例 5 - 32】 柱下区域注写底部附加非贯通纵筋③Φ22@300，集中标注的底部贯通纵筋也应为Φ22@300（注写在"；"号前），表示在柱下区域实际设置的底部纵筋为Φ22@150，其中 1/2 为③号附加非贯通纵筋，1/2 为贯通纵筋（延伸长度值略）。其他部位与③号筋相同的附加非贯通纵筋仅注编号③。

【例5-33】 柱下区域注写底部附加非贯通纵筋②Φ25@300，集中标注的底部贯通纵筋为BΦ22@300（注写在“；”号前），表示在柱下区域实际设置的底部纵筋为（1Φ25＋1Φ22）/300，各筋间距为150mm，其中56％为②号附加非贯通纵筋，43％为贯通纵筋（延伸长度值略）。

（b）“隔一布二”方式：柱下板带或跨中板带底部附加非贯通纵筋为每隔一根贯通纵筋布置2根，其间距有两种，且交替布置，并用两个“@”符分隔；其中较小间距为较大间距的1/2，为贯通纵筋间距的1/3。当贯通筋为底部纵筋总截面面积的1/3时，附加非贯通纵筋直径与贯通纵筋直径相同；当贯通筋界于1/2与1/3之间时，附加非贯通纵筋直径小于贯通纵筋直径。

【例5-34】 柱下区域注写底部附加非贯通纵筋⑤Φ20@100@200，集中标注的底部贯通纵筋应为BΦ20@300（注写在“；”号前），表示在柱下区域实际设置的底部纵筋为Φ20@100，其中2/3为⑤号附加非贯通纵筋，1/3为贯通纵筋（延伸长度值略）。其他与⑤号筋相同的附加非贯通纵筋仅注编号⑤。

【例5-35】 柱下区域注写底部附加非贯通纵筋①Φ20@100@200，集中标注的底部贯通纵筋为BΦ22@300（注写在“；”号前），表示在柱下区域实际设置的底部纵筋为（2Φ20＋1Φ22）/300，各筋间距为100mm，其中62％为①号附加非贯通纵筋，38％为贯通纵筋（延伸长度值略）。

（c）当跨中板带在轴线区域不设置底部附加非贯通纵筋时，则不绘制代表附加非贯通纵筋的虚线，也不做原位注写。

②注写修正内容。当在柱下板带、跨中板带上集中标注的某些内容（如截面尺寸、底部与顶部贯通纵筋等）不适用于某跨或某外伸部分时，则将修正的数值原位标注在该跨或该外伸部位，根据“原位标注取值优先”原则，施工时应按原位标注数值取用。

③柱下板带ZXB与跨中板带KZB应在图注中注明的其他内容为：

（a）注明板厚。当整片平板式筏形基础有不同板厚时，应分别注明各自的板厚值及分布范围。

（b）当在基础平板周边沿侧面设置纵向构造钢筋时，应在图注中注明。

（c）应注明基础平板边缘的封边方式与配筋。当采用底部与顶部纵筋弯直钩封边方式时，注明底部与顶部纵筋各自设长直钩的纵筋间距（每筋必弯，或隔一弯一或其他）。当采用U形筋封边方式时，注明边缘U形封边筋的规格与间距；当不采用钢筋封边（侧面无筋）时，亦应注明。

（d）当基础平板外伸变截面高度时，应注明外伸部位的h_1/h_2，h_1为板根部截面高度，h_2为板尽端截面高度。

（e）当某区域板底有标高高差时（系指相对于根据较大面积原则确定的筏形基础平板底面标高的高差），应注明其高差值与分布范围。

（f）当基础平板厚度大于2m时，应注明设置在基础平板中部的水平构造钢筋网。

(g) 当在板的分布范围内采用拉筋时，应注明拉筋的强度等级、直径、双向间距，以及设置方式（双向或梅花双向）等。

(h) 当在基础平板外伸阳角部位设置放射筋时，应注明放射筋的强度等级、直径、根数，以及设置方式等。

(i) 应注明混凝土垫层厚度与强度等级。

④柱下板带 ZXB 与跨中板带 KZB 的注写规定，同样适用于平板式筏形基础上局部有剪力墙的情况。

(3) 平板式筏形基础平板的平面注写。

1) 平板式筏形基础平板 BPB 的平面注写，分板底部与顶部贯通纵筋的集中标注与板底部附加非贯通纵筋的原位标注两部分内容。当仅设置底部与顶部贯通纵筋而未设置底部附加非贯通纵筋时，则仅做集中标注。

基础平板 BPB 的平面注写与柱下板带 ZXB、跨中板带 KZB 的平面注写为不同的表达方式，但可以表达同样的内容。当整片板式筏形基础配筋比较规律时，宜采用 BPB 表达方式。

2) 平板式筏形基础平板 BPB 的集中标注，除按表 5-10 注写编号外，所有规定均与梁板式筏形基础相同。

3) 平板式筏形基础平板 BPB 的原位标注，主要表达横跨柱中心线下的底部附加非贯通纵筋。注写规定如下。

①原位注写位置：在配置相同的若干跨的第一跨下注写。

②注写内容：在上述注写规定位置水平垂直穿过柱下板带绘制一段中粗虚线代表底部附加非贯通纵筋，在虚线上的注写内容与梁板式筏形基础平板 LPB 注写内容相同。

③当某些柱中心线下的基础平板底部附加非贯通纵筋横向配置相同时（其底部、顶部的贯通纵筋可以不同），可仅在一条中心线下做原位注写，并在其他柱中心线上注明“该柱中心线下基础平板底部附加非贯通纵筋同××柱中心线”。

当底部附加非贯通纵筋横向布置在跨内有两种不同间距的底部贯通纵筋区域时，其间距应分别对应为两种，其注写形式应与贯通纵筋保持一致：即先注写跨内两端的第一种间距，并在前面加注纵筋根数；再注写跨中部的第二种间距（不需加注根数）；两者用“/”分隔。

4) 平板式筏形基础平板 BPB 应在图注中注明的其他内容。

①注明板厚。当整片平板式筏形基础有不同板厚时，应分别注明各板厚值及其各自的分布范围。

②应注明的其他内容，同梁板式筏形基础平板的平面注写。

5) 平板式筏形基础平板 BPB 的平面注写规定，同样适用于平板式筏形基础上局部有剪力墙的情况。

按以上规定的组合表达方式，如图 5-44“柱下板带 ZXB 与跨中板带 KZB 标注图示”和图 5-45“平板式筏形基础平板 BPB 标注图示”所示。

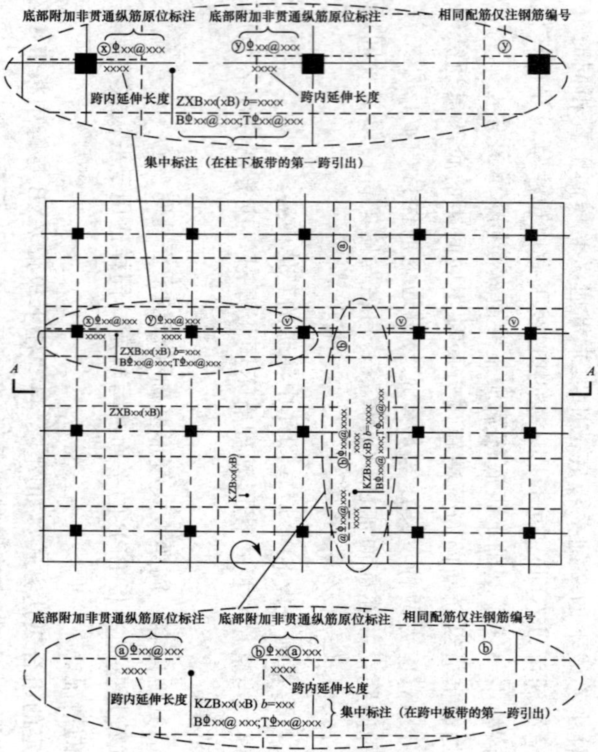

底部附加非贯通纵筋原位标注　底部附加非贯通纵筋原位标注　相同配筋仅注钢筋编号

ⓧΦxx@xxx　xxxx　跨内延伸长度　ⓨΦxx@xxx　xxxx　跨内延伸长度　ⓨ

ZXBxx(xB) b=xxxx
BΦxx@xxx;TΦxx@xxx

集中标注（在柱下板带的第一跨引出）

A　A　ZXBxx(xB)　KZBxx(xB)　Ⓐ　ⓨ　ⓑ

底部附加非贯通纵筋原位标注　底部附加非贯通纵筋原位标注　相同配筋仅注钢筋编号

ⓐΦxx@xxx　xxxx　跨内延伸长度　ⓑΦxx@xxx　xxxx　跨内延伸长度　ⓑ

KZBxx(xB) b=xxx
BΦxx@xxx;TΦxx@xxx　集中标注（在跨中板带的第一跨引出）

柱下板带 ZXB 与跨中板带 KZB 标注说明

集中标注说明（集中标注应在第一跨引出）：

注写形式	表达内容	附加说明
ZXB××（×B）或 KZB××（×B）	柱下板带或跨中板带编号，具体包括：代号、序号（跨数及外伸状况）	（×A）：一端有外伸；（×B）：两端均有外伸；无外伸则仅注跨数（×）
b=××××	板带宽度（在图注中应注明板厚）	板带宽度取值与设置部位应符合规范要求
BΦ××@×××；TΦ××@×××	底部贯通纵筋强度等级、直径、间距；顶部贯通纵筋强度等级、直径、间距	底部纵筋应有1/3～1/2贯通全跨，注意与非贯通纵筋组合设置的具体要求，详见制图规则

板底部附加非贯通纵筋原位标注说明：

注写形式	表达内容	附加说明
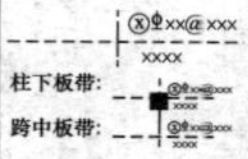 ⓧΦxx@xxx xxxx 柱下板带：跨中板带：	底部非贯通纵筋编号、强度等级、直径、间距；自柱中线分别向两边跨内的延伸长度值	同一板带中其他相同非贯通纵筋可仅在中粗虚线上注写编号。向两侧对称延伸时，可只在一侧注延伸长度值，向外伸部位的延伸长度与方式按标准构造，设计不注，与贯通纵筋组合设置时的具体要求详见相应制图规则
修正内容原位注写	某部位与集中标注不同的内容	一经原位注写，原位标注的修正内容取值优先

应在图注中主明的其他内容：

1. 注明板厚，当有不同板厚时，分别注明板厚值及其各自的分布范围。
2. 当在基础平板周边侧面设置纵向构造钢筋时，应在图注中注明。
3. 应注明基础平板边缘的封边方式与配筋。
4. 当基础平板外伸变截面高度时，注明外伸部位的 h_1/h_2，h_1 为板根部截面高度，h_2 为板尽端截面高度。
5. 当某区域板底有标高高差时，应注明其高差值与分布范围。
6. 当基础平板厚度大于2m时，应注明设置在基础平板中部的水平构造钢筋网。
7. 当在板中设置拉筋时，注明拉筋的配置及设置方式（双向或梅花双向）。
8. 当在基础平板外伸阳角部位设置放射筋时，注明放射筋的配置及设置方式。
9. 注明混凝土垫层厚度与强度等级。
10. 当基础平板同一层面的纵筋相交叉时，应注明何向纵筋在下，何向纵筋在上

注：相同的柱下或跨中板带只标注一条，其他仅注编号，有关标注的其他规定详见制图规则

A—A

图5-44　柱下板带 ZXB 与跨中板带 KZB 标注图示

底部附加非贯通纵筋原位标注（在相同配筋跨的第一跨注写）

跨内延伸长度

集中标注（在双向均为第一跨引出）

BPBxx　h=xxxx
X:BΦxx@xxx;TΦxx@xxx;(4B)
Y:BΦxx@xxx;TΦxx@xxx;(3B)

相同配筋横向布置的跨数及有否布置到外伸部位

跨内延伸长度

相同配筋横向布置的跨数及有否布置到外伸部位

平板式筏形基础平板 BPB 标注说明

注写形式	表达内容	附加说明
集中标注说明（集中标注应在双向均为第一跨引出）：		
BPB××	基础平板编号，包括代号和序号	为平板式基础的基础平板
h=××××	基础平板厚度	
X：BΦ××@×××；TΦ××@×××；（×、×A、×B） Y：BΦ××@×××；TΦ××@×××；（×、×A、×B）	X 向底部与顶部贯通纵筋强度等级、直径、间距（总长度：跨数及有无伸） Y 向底部与顶部贯通纵筋强度等级、直径、间距（总长度：跨数及有无伸）	底部纵筋应有 1/3～1/2 贯通全跨，注意与非贯通纵筋组合设置的具体要求，详见制图规则。顶部纵筋应全跨贯通，用“B”引导底部贯通纵筋，用“T”引导顶部贯通纵筋，(×A)：一端有外伸；(×B)：两端均有外伸；无外伸则仅注跨数（×）。图面从左至右为 X 向，从下至上为 Y 向
板底部附加非贯通筋的原位标注说明（原位标注应在基础梁下相同配筋跨的第一跨下注写）：		
注写形式	表达内容	附加说明
ⓧΦxx@xxx(x,xA,xB) xxxx 柱中线	底部附加非贯通纵筋编号、强度等级、直径、间距（相同配筋横向布置的跨数及有否布置到外伸部位）；自梁中心线分别向两边跨内的延伸长度值	当向两侧对称延伸时，可只在一侧注延伸长度值，外伸部位一侧的延伸长度与方式按标准构造，设计不注，相同非贯通纵筋可只注写一处，其他仅在中粗虚线上注写编号，与贯通纵筋组合设置时的具体要求详见相应制图规则
修正内容原位注写	某部位与集中标注不同的内容	一经原位注写，原位标注的修正内容取值优先

应在图注中注明的其他内容：

1. 当在基础平板周边侧面设置纵向构造钢筋时，应在图注中注明。
2. 应注明基础平板边缘的封边方式与配筋。
3. 当基础平板外伸变截面高度时，注明外伸部位的 h_1/h_2，h_1 为板根部截面高度，h_2 为板尽端截面高度。
4. 当某区域板底有标高高差时，应注明其高差值与分布范围。
5. 当基础平板厚度大于 2m 时，应注明设置在基础平板中部的水平构造钢筋网。
6. 当在板中设置拉筋时，注明拉筋的配置及设置方式（双向或梅花双向）。
7. 当在基础平板外伸阳角部位设置放射筋时，注明放射筋的配置及设置方式。
8. 注明混凝土垫层厚度与强度等级。
9. 当基础平板同一层面的纵筋相交叉时，应注明何向纵筋在下，何向纵筋在上

注：有关标注的其他规定详见制图规则

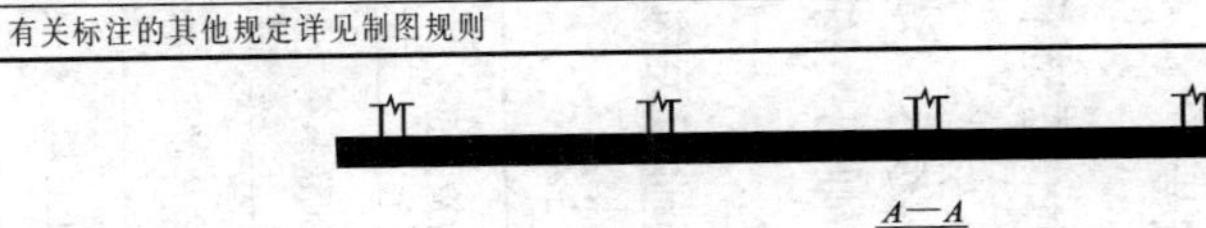

图 5-45　平板式筏形基础平板 BPB 标注图示

原位标注的注写位置：当柱中心线下的底部附加非贯通纵筋（与柱中心线正交）沿柱中心线连续若干跨配置相同时，则在该连续跨的第一跨下原位注写，且将同规格配筋连续布置的跨数注在括号内；当有些跨配置不同时，则应分别原位注写。外伸部位的底部附加非贯通纵筋应单独注写（当与跨内某筋相同时仅注写钢筋编号）。

5.1.5 基础相关构造制图规则

1. 相关构造类型与表示方法

基础相关构造的平法施工图设计，系在基础平面布置图上采用直接引注方式表达。

基础相关构造类型与编号，按表5-11的规定。

表5-11　　基础相关构造类型与编号

构造类型	代号	序号	说　明
基础联系梁	JLL	××	用于独立基础、条形基础、桩基承台
后浇带	HJD	××	用于梁板、平板筏基础、条形基础
上柱墩	SZD	××	用于平板筏基础
下柱墩	XZD	××	用于梁板、平板筏基础
基坑（沟）	JK	××	用于梁板、平板筏基础
窗井墙	CJQ	××	用于梁板、平板筏基础

注：1. 基础联系梁序号：（××）为端部无外伸或无悬挑，（××A）为一端有外伸或有悬挑，（××B）为两端有外伸或有悬挑。

2. 上柱墩在混凝土柱根部位，下柱墩在混凝土柱或钢柱柱根投影部位，均根据筏形基础受力与构造需要而设。

2. 相关构造平法施工图制图规则

（1）基础联系梁平法施工图制图规则

基础联系梁系指连接独立基础、条形基础或桩基承台的梁。基础联系梁的平法施工图设计，系在基础平面布置图上采用平面注写方式表达。

基础联系梁注写方式及内容除编号按表5-11规定外，其余均按11G101-1《混凝土结构施工图平面整体表示方法制图规则和构造详图（现浇混凝土框架、剪力墙、梁、板）》中非框架梁的制图规则执行。

（2）后浇带HJD直接引注。后浇带的平面形状及定位由平面布置图表达，后浇带留筋方式等由引注内容表达，包括：

1）后浇带编号及留筋方式代号。留筋方式有两种，分别为：贯通留筋（代号GT），100%搭接留筋（代号100%）。

2）后浇混凝土的强度等级Cxx。宜采用补偿收缩混凝土，设计应注明相关施工要求。

3）当后浇带区域留筋方式或后浇混凝土强度等级不一致时，设计者应在图中注明与图示不一致的部位及做法。

设计者应注明后浇带下附加防水层做法；当设置抗水压垫层时，尚应注明其厚度、材料与配筋；当采用后浇带超前止水构造时，设计者应注明其厚度与配筋。

后浇带引注见图 5-46。

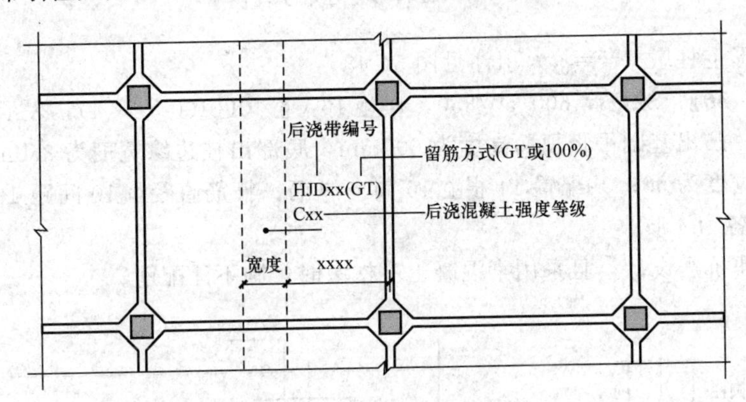

图 5-46　后浇带 HJD 引注图示

贯通留筋的后浇带宽度通常取大于或等于800mm；100%搭接留筋的后浇带宽度通常取800mm与（l_l+60mm）的较大值。

（3）上柱墩SZD，系根据平板式筏形基础受剪或受冲切承载力的需要，在板顶面以上混凝土柱的根部设置的混凝土墩。上柱墩直接引注的内容规定如下：

1）注写编号SZD××，见表 5-11。

2）注写几何尺寸。按“柱墩向上凸出基础平板高度 h_d/柱墩顶部出柱边缘宽度 c_1/柱墩底部出柱边缘宽度 c_2”的顺序注写，其表达形式为 $h_1/c_1/c_2$。

当为棱柱形柱墩 $c_1=c_2$ 时，c_2 不注，表达形式为 h_d/c_1。

3）注写配筋。按“竖向（$c_1=c_2$）或斜竖向（$c_1\neq c_2$）纵筋的总根数、强度等级与直级/箍筋强度等级、直径、间距与肢数（X 向排列脚数 $m\times Y$ 向排列肢数 n）”的顺序注写（当分两行注写时，则可不用反斜线“/”）。

所注纵筋总根数环正方形柱截面均匀分布，环非正方形柱截面相对均匀分布（先放置柱角筋，其余按柱截面相对均匀分布），其表达形式为：xx ⏀ xx/ϕ xx@xxx。

棱台形上柱墩（$c_1\neq c_2$）引注见图 5-47。

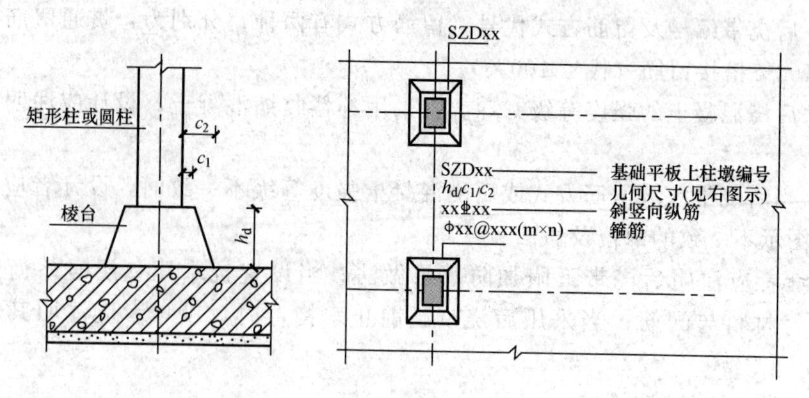

图5-47　棱台形上柱墩引注图示

棱柱形上柱墩（$c_1=c_2$）引注见图5-48。

【例5-36】　SZD3，600/50/350，14⏀16\Φ10@100（4×4），表示3号棱台状上柱墩；凸出基础平板顶面高度为600mm，底部出柱边缘宽度为350mm，顶部出柱边缘宽度为50；共配置14根⏀16斜向纵筋；箍筋直径Φ10间距100mm，X向与Y向各为4肢。

当为非抗震设计，且采用素混凝土上柱墩时，则不注配筋。

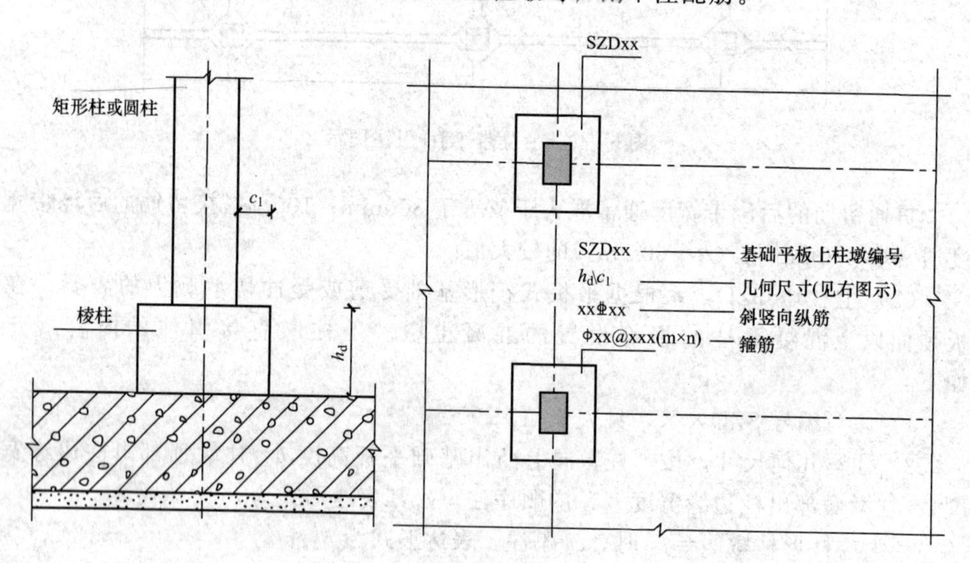

图5-48　棱柱形上柱墩引注图示

（4）下柱墩XZD，系根据平板式筏形基础受剪或受冲切承载力的需要，在柱的所在位置、基础平板底面以下设置的混凝土墩。下柱墩直接引注的内容规定如下：

1）注写编号XZD××，见表5-11。

2）注写几何尺寸。按“柱墩向下凸出基础平板深度 h_d/柱墩顶部出柱投影宽度 c_1/柱墩底部出柱投影宽度 c_2”的顺序注写，其表达形式为 $h_d/c_1/c_2$。

当为倒棱柱形柱墩 $c_1=c_2$ 时，c_2 不注，表达形式为 h_d/c_1。

3）注写配筋。倒棱柱下柱墩，按“X 方向底部纵筋/Y 方向底部纵筋/水平箍筋”的顺序注写（图面从左至右为 X 向，从下至上为 Y 向），其表达形式为：X⌽ xx@xxx/Y⌽ xx@xxx/ϕ xx@xxx；倒棱台下柱墩，其斜侧面由两向纵筋覆盖，不必配置水平箍筋，则其表达形式为：X⌽ xx@xxx/Y⌽ xx@xxx。

倒棱台形下柱墩（$c_1 \neq c_2$）引注见图 5-49。

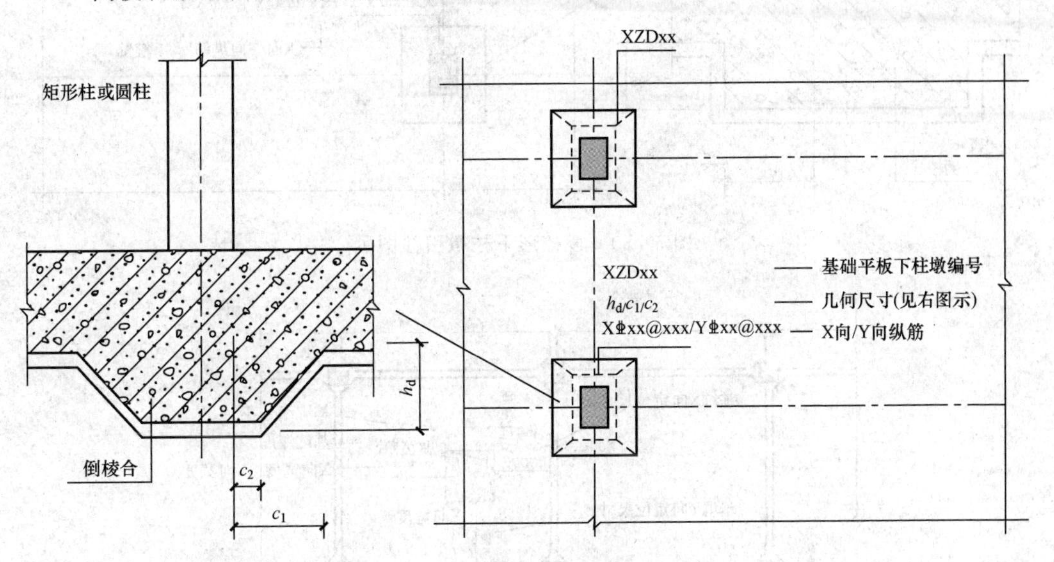

图 5-49　倒棱台形下柱墩引注图示

倒棱柱形下柱墩（$c_1=c_2$）引注见图 5-50。

（5）基坑 JK 直接引注的内容规定如下：

1）注写编号 JK××，见表 5-11。

2）注写几何尺寸。按“基坑深度 h_k/基坑平面尺寸 $x \times y$”的顺序注写，其表达形式为：$h_k/x \times y$。x 为 X 向基坑宽度，y 为 Y 向基坑宽度（图面从左至右为 X 向，从下至上为 Y 向）。

在平面布置图上应标注基坑的平面定位尺寸。

基坑引注图示见图 5-51。

（6）窗井墙 CJQ 平法施工图制图规则

窗井墙注写方式及内容除编号按表 5-11 规定外，其余均按 11G101-1《混凝土结构施工图平面整体表示方法制图规则和构造详图（现浇混凝土框架、剪力墙、梁、板）》中剪力墙及地下室外墙的制图规则执行。

当在窗井墙顶部或底部设置通长加强钢筋时，设计应注明。

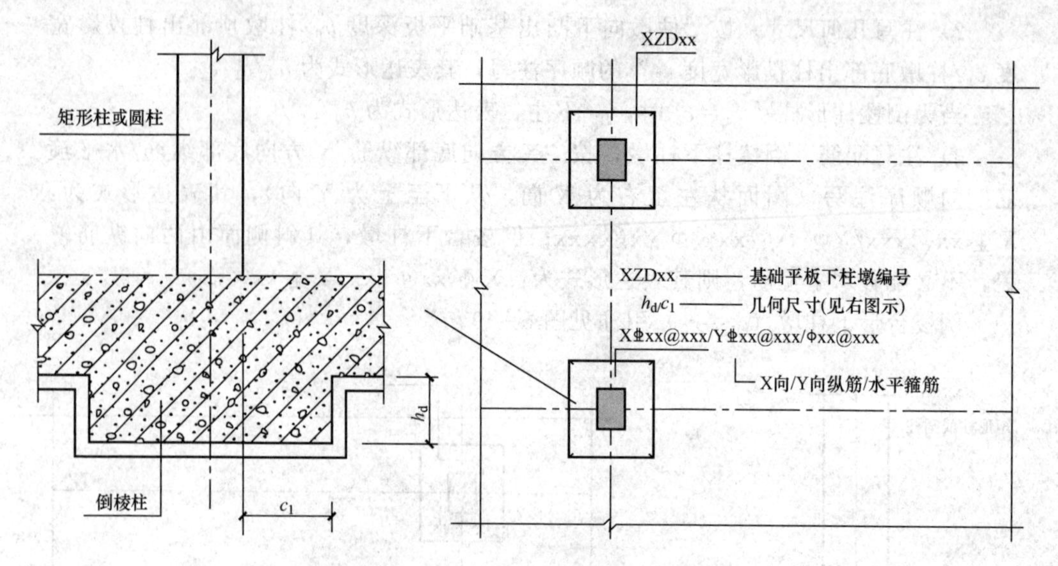

图 5-50　棱柱形下柱墩引注图示

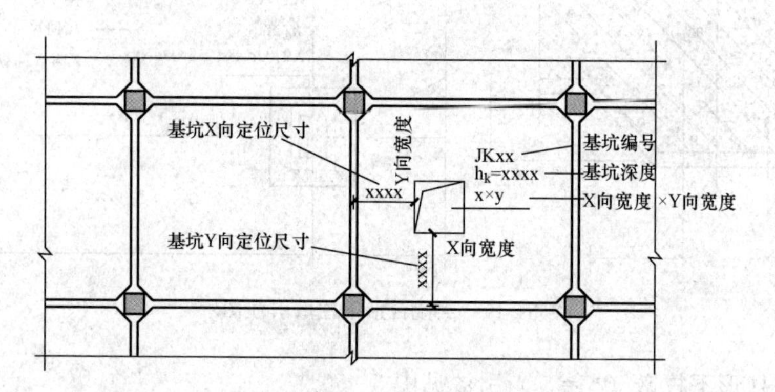

图 5-51　基坑 JK 引注图示

注：当窗井墙按深梁设计时由设计者另行处理。

3. 其他

本节未包括的基础相关构造的表示方法与构造做法，应由设计者根据具体工程情况和规范要求进行设计、绘制。

4. 标准构造详图（图 5-52～图 5-58）

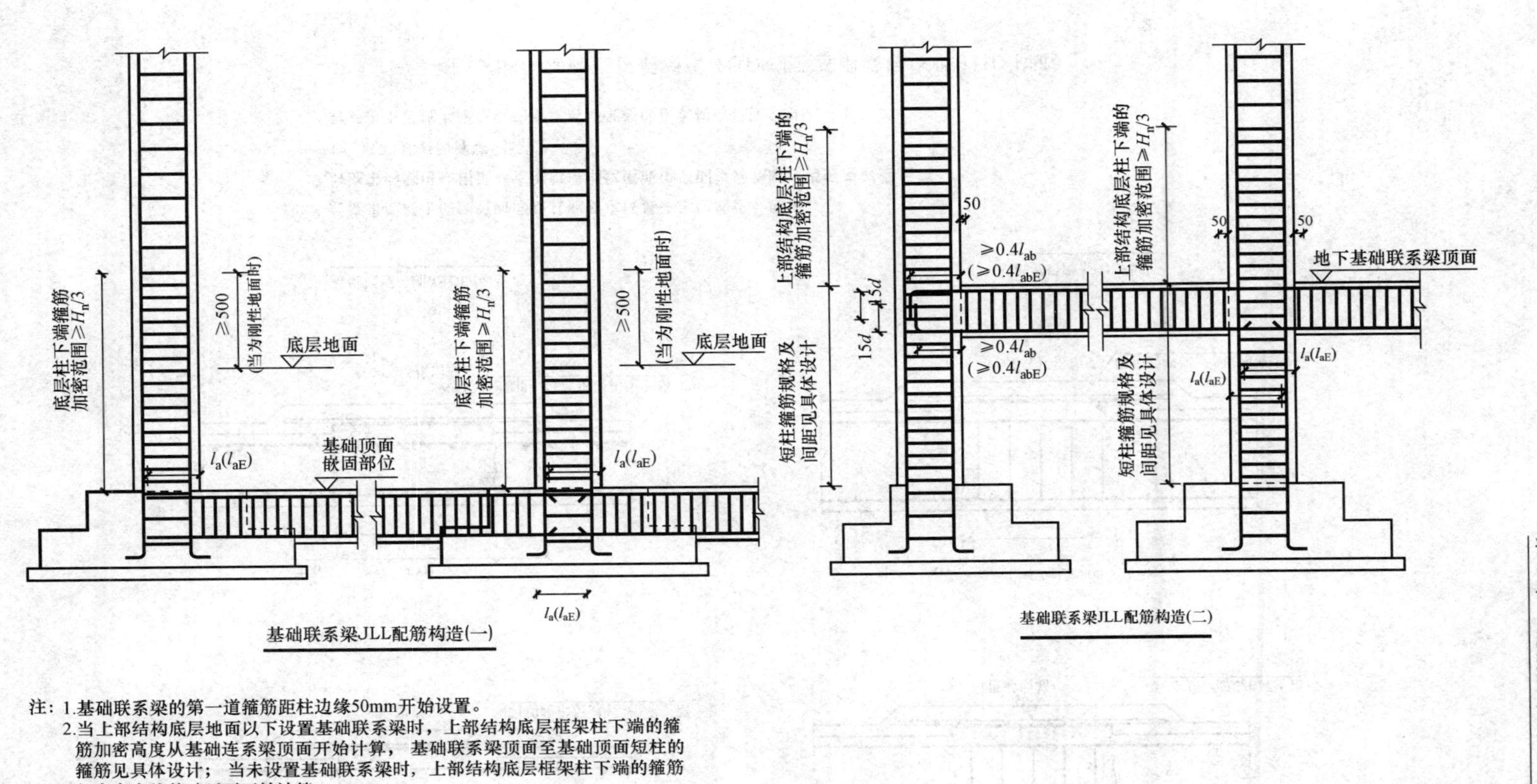

注：1.基础联系梁的第一道箍筋距柱边缘50mm开始设置。

2.当上部结构底层地面以下设置基础联系梁时，上部结构底层框架柱下端的箍筋加密高度从基础连系梁顶面开始计算，基础联系梁顶面至基础顶面短柱的箍筋见具体设计；当未设置基础联系梁时，上部结构底层框架柱下端的箍筋加密高度从基础顶面开始计算。

3.基础联系梁用于独立基础、条形基础及桩基承台。

4.图中括号内数据用于抗震设计。

图 5-52　基础联系梁 JLL 配筋构造

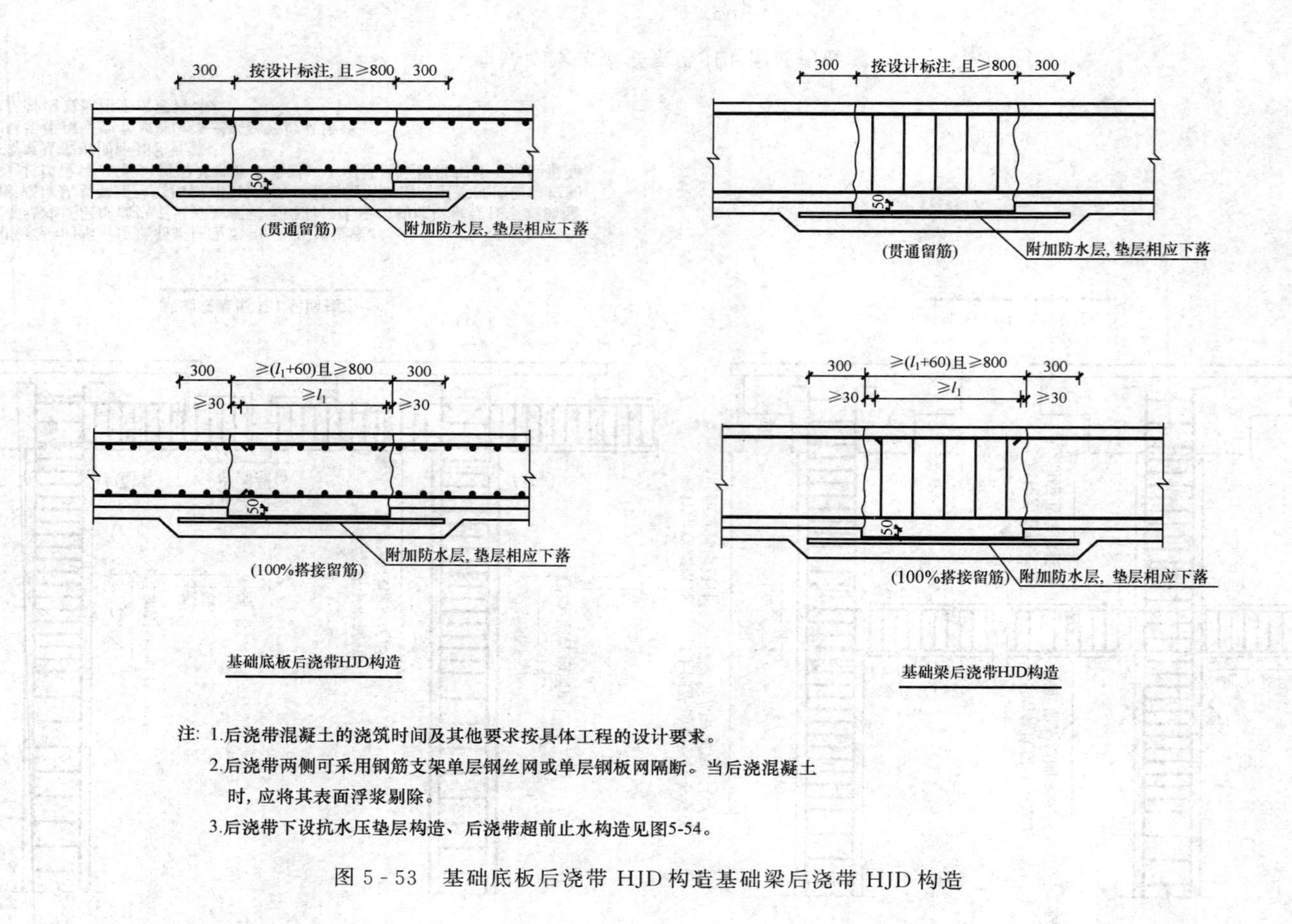

注：1.后浇带混凝土的浇筑时间及其他要求按具体工程的设计要求。

2.后浇带两侧可采用钢筋支架单层钢丝网或单层钢板网隔断。当后浇混凝土时，应将其表面浮浆剔除。

3.后浇带下设抗水压垫层构造、后浇带超前止水构造见图5-54。

图5-53　基础底板后浇带HJD构造基础梁后浇带HJD构造

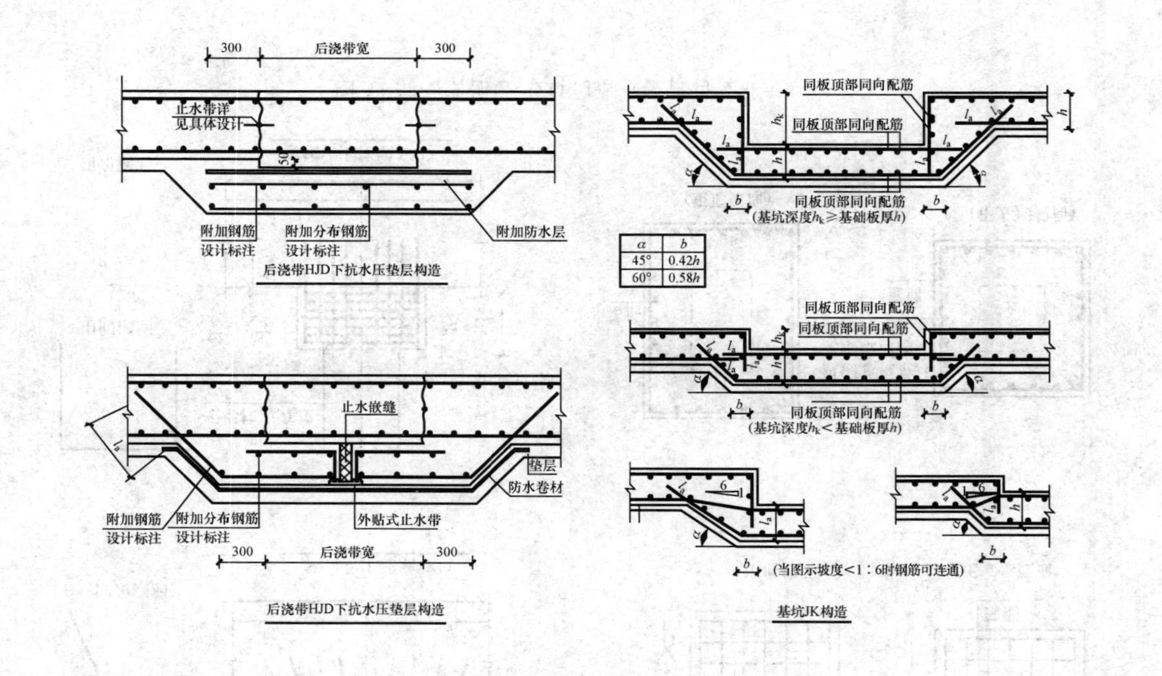

α	b
45°	0.42h
60°	0.58h

注：1.后浇带留筋方式及宽度要求见图5-53。
2.基坑同一层面两向正交钢筋的上下位置与基础底板对应相同。基础底板同一层面的交叉纵筋何向在下，何向在上，应按具体设计说明。
3.根据施工是否方便，基坑侧壁的水平钢筋可位于内侧，也可位于外侧。
4.基坑中当钢筋直锚至对边<l_a时，可以伸至对边钢筋内侧顺势弯折，总锚固长度应≥l_a。

图 5 - 54　后浇带 HJD 下抗水压垫层构造后浇带 HJD 超前止水构造　基坑 JK 构造

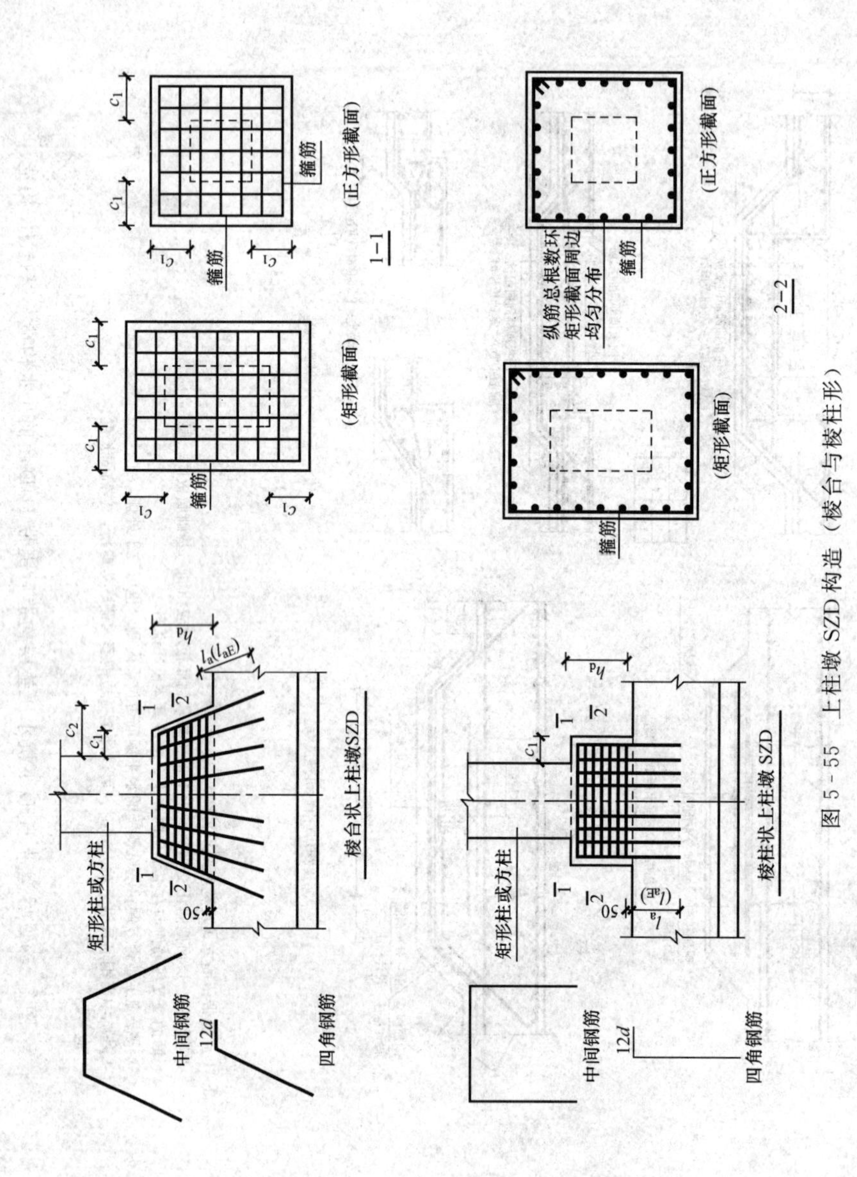

图 5-55　上柱墩 SZD 构造（棱台与棱柱形）

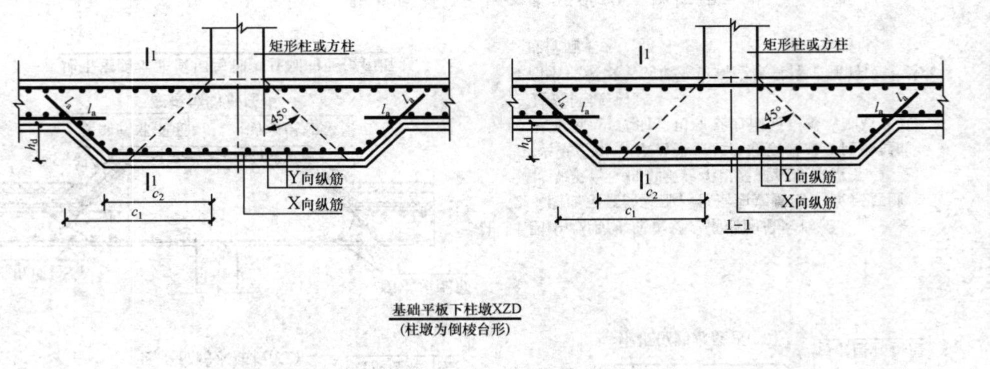

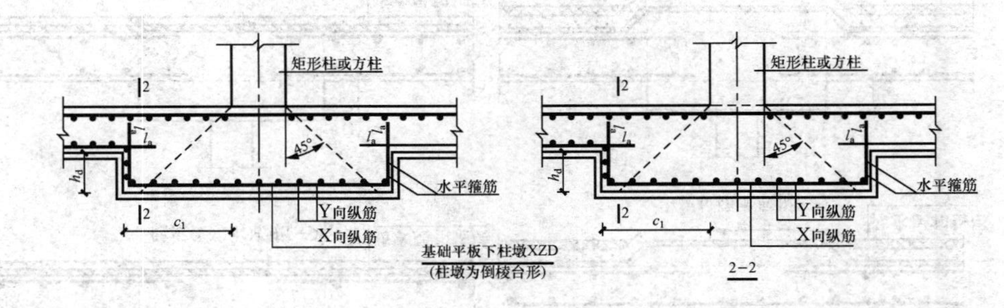

注:当纵筋直锚长度不足时,可伸至基础平板顶之后水平弯折。

图 5 - 56　下柱墩 XZD 构造（倒棱台与倒棱柱形）

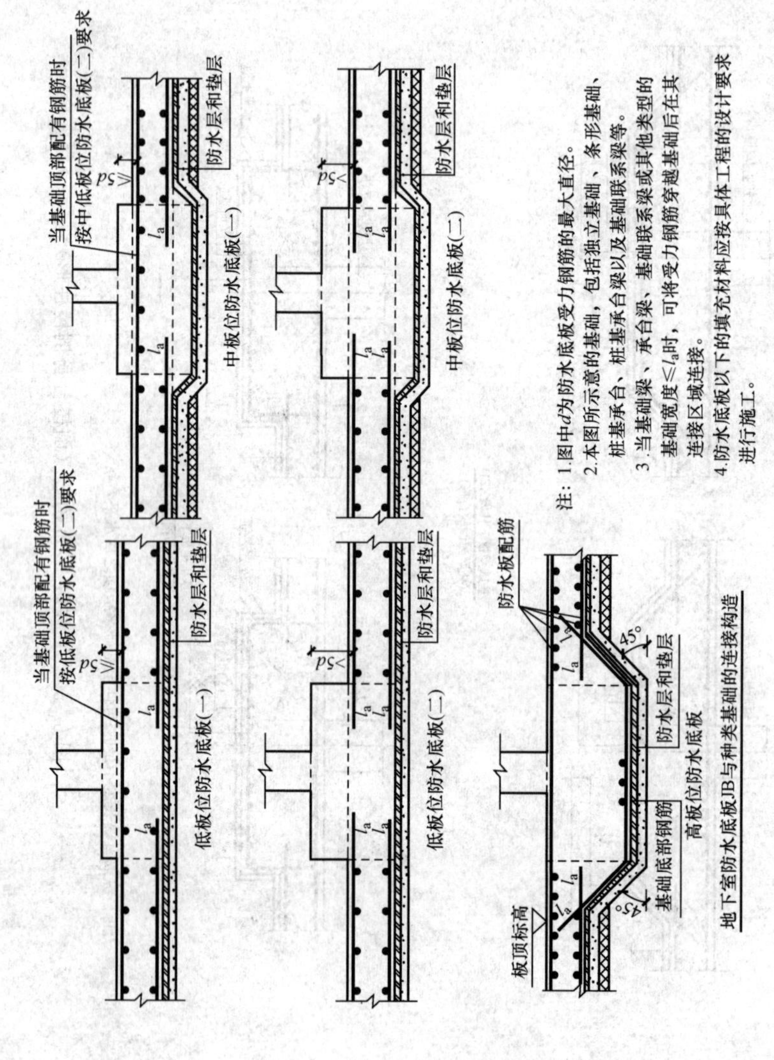

注：1.图中d为防水底板受力钢筋的最大直径。

2.本图所示意的基础，包括独立基础、条形基础、桩基承台、桩基承台梁以及基础联系梁等。

3.当基础梁、承台梁、基础联系梁或其他类型的基础宽度≤l_a时，可将受力钢筋穿越基础后在其连接区域连接。

4.防水底板以下的填充材料应按具体工程的设计要求进行施工。

图5-57　防水底板JB与各类基础的连接构造

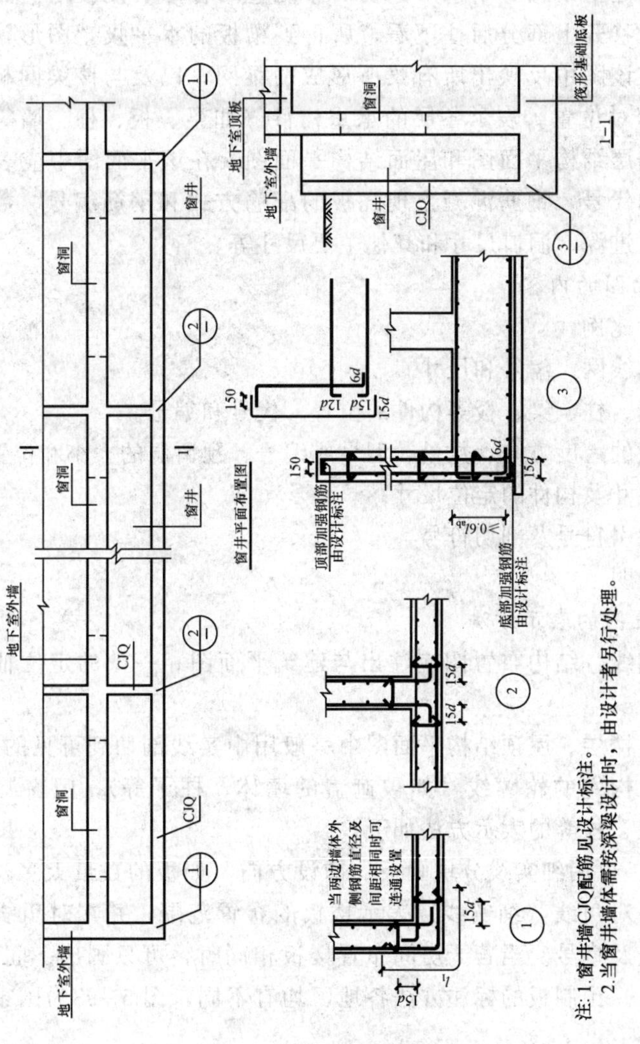

注：1.窗井墙CJQ配筋见设计标注。
2.当窗井墙体需按深梁设计时，由设计者另行处理。

图 5-58　窗井墙 CJQ 配筋构造

5.2 钢筋混凝土结构平面施工图的识读

5.2.1 概述

平面施工图是指设想一个水平剖切面，使它沿着每层楼板结构面将建筑物切成上下两部分，移开上部分后往下看，所得到梁板的水平投影图形，即为梁板的平面布置图。在该图中反映出所有梁所形成的梁网，以及与该梁网相关的墙、柱和板等构件的相对位置。表示各层的承重构件（如梁、板、柱、墙等）布置的图纸，一般包括楼层结构平面图和屋面结构平面图。在该平面图中应表示出板的类型、梁的位置和代号，钢筋混凝土现浇板的配筋方式和钢筋编号、数量、标注定位轴线及开间、进深、洞口尺寸和其他主要尺寸等。

1. 结构平面图的内容

（1）图名、比例。

（2）标注轴线网、编号和尺寸。

（3）标注墙、柱、梁、板等构件的位置、代号和编号。

（4）预制板的跨度方向、数量、型号或编号、预留洞的大小和位置。

（5）轴线尺寸及构件的定位尺寸。

（6）详图索引符号及剖切符号。

（7）文字说明。

2. 结构布置图的表示方法

（1）定位轴线：结构布置图应注出与建筑平面图相一致的定位轴线编号和轴线尺寸。

（2）图线：楼层、屋顶结构平面图中一般用中实线剖切到可见的构件轮廓线，虚线表示不可见构件的轮廓线（如被遮盖的墙体、柱子等），门窗洞口一般可不画。图中梁、板、柱等的表示方法如下。

1）预制板：可用细实线分块画板的铺设方向。如板的数量太多，可采用简化画法，即用一条对角线（细实线）表示楼板的布置范围，并在对角线上或下标注预制楼板的数量及型号。当若干房间布置楼板相同时，可只画出一间的实际铺板，其余用代号表示。预制板的标注方法各地区均有不同，图5-93为国家标准的标注说明。

如Y-KB4212-5表示预应力圆孔板的标志长度4.2m（42dm），标志宽度1.2m（12dm），板的荷载等级（能承担的荷载）为5级。荷载等级将在后文解释。

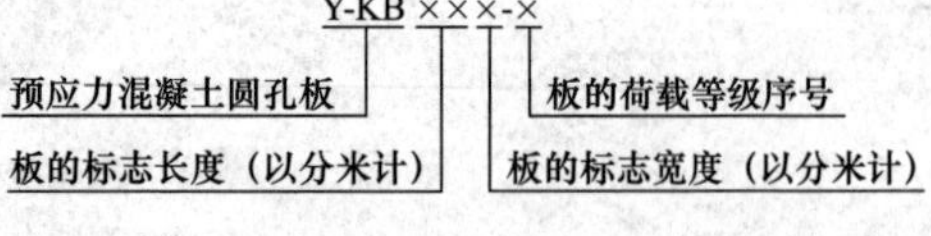

图5-93 预应力混凝土圆孔板的标注方法

2）现浇板：现浇板配筋已采用平法标注，后文再讲。

3）梁、屋架、支撑、过梁：一般用粗点画线表示其中心位置，并注写代号。如梁为 L1、L2、L3；过梁为 GL1、GL2 等；屋架为 WJ1、WJ2 等；支撑为 ZC1、ZC2 等。

4）柱：被剖到的柱均涂黑，并标注代号，如 Z1、Z2、Z3 等。

5）圈梁：当圈梁（QL）在楼层结构平面图中没法表达清楚时，可单独画出其圈梁布置平面图。圈梁用粗实线表示，并在适当位置画出断面的剖切符号。圈梁平面图的比例可采用小比例如 1∶200，图中要求注出定位轴线的距离和尺寸。

(3）比例和图名：楼层和屋顶结构平面图的比例同建筑平面图，一般采用 1∶100或 1∶200 的比例绘制。

(4）尺寸标注：结构平面布置图的尺寸，一般只注写开间、进深、总尺寸及个别地方容易弄错的尺寸。

5.2.2　多层多跨钢筋混凝土框架平法施工图与构造详图

1. 现浇楼面板及屋面板的平法施工图

同砌体结构现浇楼面板及屋面板的施工图表示方法，这里不再赘述。

2. 梁的平法施工图

如前所述，梁的平法施工图，是以平面注写的方法或截面标注的方法来表示梁的位置、截面尺寸、配筋情况等内容的图纸。

采用梁平法绘制施工图，其注写方式包括两个方面，即集中标注和原位标注。其中，集中标注表达该梁全长通用的数据，而原位标注用于表达该梁在某些位置的特殊或特别的数据，是对集中标注在局部位置的补充和说明。并且原位标注优先。梁（网）平法施工图一般包括如下内容。

1）图形的名称（如××层梁配筋平面图）和比例（该比例应与建筑施工图中相应楼层平面图的比例相同，一般有 1∶100、1∶200，个别情况下也有采用 1∶150 的）。

2）梁（网）定位轴线和轴号，以及轴线间的尺寸（这些均与建筑中相应楼层的平面图对应相同，识读时可结合建施图一并识读）。

3）梁的编号［框架梁为“KL××（×）”，一般梁为“L××（×）”］平面布置。

4）每一种编号的梁的截面尺寸、配筋情况，在必要时还要表示出标高，如错层中的梁或处于非楼层标高处的梁。

5）必需的梁局部详图和设计说明。

3. 框架梁柱平面整体表示法

(1）梁平法。

1）梁编号由梁类型代号、序号、跨数及有无悬挑代号几项组成，应符合表 5-12 的规定。

表5-12　　梁编号

梁类型	代号	序号	跨数及是否带有悬挑
楼层框架梁	KL	××	(××)、(××A) 或 (××B)
屋面框架梁	WKL	××	(××)、(××A) 或 (××B)
框支梁	KZL	××	(××)、(××A) 或 (××B)
非框架梁	L	××	(××)、(××A) 或 (××B)
悬挑梁	XL	××	
井字梁	JZL	××	(××)、(××A) 或 (××B)

注：(××A) 为一端有悬挑，(××B) 为两端有悬挑，悬挑不计入跨数。

【例5-37】 KL 7 (5A) 表示第7号框架梁，5跨，一端有悬挑。

L9 (7B) 表示第9号非框架梁，7跨，两端有悬挑。

2）梁集中标注的内容，有五项必注值及一项选注值（集中标注可以从梁的任意一跨引出），规定如下。

①梁编号见表5-25，该项为必注值。其中，对井字梁编号中关于跨数的规定见4)。

②梁截面尺寸，该项为必注值。当为等截面梁时，用 $b\times h$ 表示；当为竖向加腋时，用 $b\times h$ GY$c_1\times c_2$ 表示，其中 c_1 为腋长，c_2 为腋高 [见图5-59 (a)]；当为水平加腋梁，一侧加腋时用 $b\times h$ PY$c_1\times c_2$ 表示，其中 c_1 为腋长，c_2 为腋高 [见图5-59 (b)]；当有悬挑梁且根部和端部的高度不同时，用斜线分隔根部与端部的高度值，即为 $b\times h_1/h_2$ [见图5-59 (c)]。

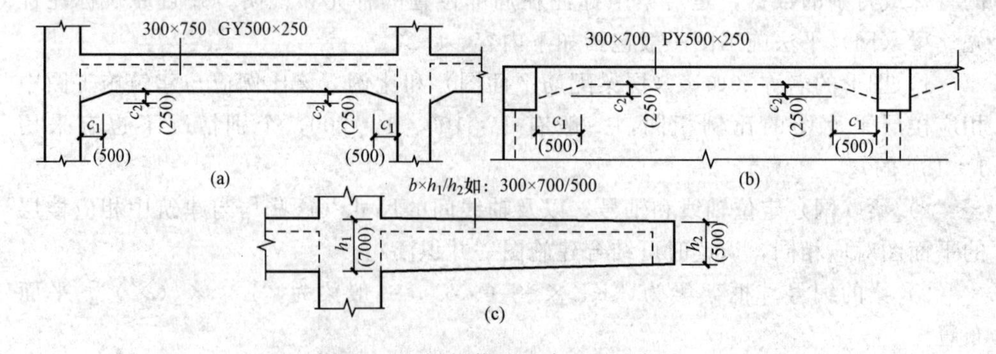

图5-59　梁的截面尺寸注写示意图

(a) 竖向加腋梁截面；(b) 水平加腋梁截面；(c) 悬挑梁不等高截面

③梁箍筋，包括钢筋级别、直径、加密区与非加密区间距及肢数，该项为必注值。箍筋加密区与非加密区的不同间距及肢数需用斜线"/"分隔；当梁箍筋为同一种间距及肢数时，则不需用斜线；当加密区与非加密区的箍筋肢数相同时，则将肢数注写一次；箍筋肢数应写在括号内。加密区范围见相应抗震级别的标准构造详图。

【例 5-38】 ϕ10@100/200（4），表示箍筋为 HPB300 级钢筋，直径 ϕ10，加密区间距为 100mm，非加密区间距为 200mm，均为 4 肢箍。

ϕ8@100(4)/150(2)，表示箍筋为 HPB300 级钢筋直径 ϕ8，加密区间距为 100mm，4 肢箍；非加密区间距为 150mm，2 肢箍。

当抗震结构中的非框架梁、悬挑梁、井字梁，及非抗震结构中的各类梁采用不同的箍筋间距及肢数时，也用斜线“/”将其分隔开来。注写时，先注写梁支座端部的箍筋（包括箍筋的箍数、钢筋级别、直径、间距与肢数），在斜线后注写梁跨中部分的箍筋间距及肢数。

【例 5-39】 13ϕ10@150/200（4），表示箍筋为 HPB300 级钢筋，直径 ϕ10；梁的两端各有 13 个 4 肢箍，间距为 150mm；梁跨中部分间距为 200mm，4 肢箍。

18ϕ12@150(4)/200（2），表示箍筋为 HPB300 级钢筋，直径 ϕ12：梁的两端各有 18 个 4 肢箍，间距为 150mm；梁跨中部分，间距为 200mm，2 肢箍。

④梁上部通长筋或架立筋配置（通长筋可为相同或不同直径采用搭接连接、机械连接或对焊连接的钢筋），该项为必注值。所注规格与根数应根据结构受力要求及箍筋肢数等构造要求而定。当同排纵筋中既有通长筋又有架立筋时，应用“＋”号将通长筋和架立筋相连。注写时须将角部纵筋写在加号的前面，架立筋写在加号后面的括号内，以示不同直径及与通长筋的区别。当全部采用架立筋时，则将其写入括号内。

【例 5-40】 2Φ22 用于 2 肢箍；2Φ22＋(4Φ12）用于 6 肢箍，其中 2Φ22 为通长筋，4Φ12 为架立筋。

当梁的上部纵筋和下部纵筋为全跨相同，且多数跨配筋相同时，此项可加注下部纵筋的配筋值，用分号“；”将上部与下部纵筋的配筋值分隔开来，少数跨不同者，原位标注。

【例 5-41】 3Φ22；3Φ20 表示梁的上部配置 3Φ22 的通长筋，梁的下部配置 3Φ20 的通长筋。

⑤梁侧面纵向构造钢筋或受扭钢筋配置，该项为必注值。当梁腹板高度 $h_w \geqslant 450$mm 时，须配置纵向构造钢筋，所注规格与根数应符合规范规定。此项注写值以大写字母 G 打头，接续注写设置在梁两个侧面的总配筋值，且对称配置。

【例 5-42】 G4Φ12，表示梁的两个侧面共配置 4Φ12 的纵向构造钢筋，每侧各配置 2Φ12。

当梁侧面需配置受扭纵向钢筋时，此项注写值以大写字母 N 打头，接续注写配置在梁两个侧面的总配筋值，且对称配置。受扭纵向钢筋应满足梁侧面纵向构造钢筋的间距要求，且不再重复配置纵向构造钢筋。

【例 5-43】 N6Φ22，表示梁的两个侧面共配置 6Φ22 的受扭纵向钢筋，每侧各配置 3Φ22。

注：1. 当为梁侧面构造钢筋时，其搭接与锚固长度可取为15d。

2. 当为梁侧面受扭纵向钢筋时，其搭接长度为l_l或l_{lE}（抗震）；其锚固长度与方式同框架梁下部纵筋。

⑥梁顶面标高高差项为选注值。

梁顶面标高高差，系指相对于结构层楼面标高的高差值，对于位于结构夹层的梁，则指相对于结构夹层楼面标高的高差。有高差时，须将其写入括号内，无高差时不注。

当某梁的顶面高于所在结构层的楼面标高时，其标高高差为正值，反之为负值。例如：某结构层的楼面标高为44.950m和48.250m，当某梁的梁顶面标高高差注写为（－0.050）时，即表明该梁顶面标高分别相对于44.950m和48.250m低0.05m。

3）梁原位标注的内容规定如下。

①梁支座上部纵筋，该部位含通长筋在内的所有纵筋。

(a) 当上部纵筋多于一排时，用斜线“/”将各排纵筋自上而下分开。

【例5-44】 梁支座上部纵筋注写为6Φ25 4/2，表示上一排纵筋为4Φ25，下一排纵筋为2Φ25。

(b) 当同排纵筋有两种直径时，用加号“＋”将两种直径的纵筋相连，注写时将角部纵筋写在前面。

【例5-45】 梁支座上部有4根纵筋，2Φ25放在角部，2Φ22放在中部，在梁支座上部应注写为2Φ25＋2Φ22。

(c) 当梁中间支座两边的上部纵筋不同时，须在支座两边分别标注；当梁中间支座两边的上部纵筋相同时，可仅在支座的一边标注配筋值，另一边省去不注[见图5-60 (a)]。

图中表示7号框架梁有3跨，截面$b\times h$＝300mm×700mm；箍筋Φ10，加密区间距100mm，非加密区间距200mm，2肢箍，上部通长钢筋2Φ25；侧面抗扭钢筋共4Φ18（每边2根），相对于结构层标高差为－0.10m（比结构层标低0.10m）。再看原位标注内容，第一跨：左支座边缘上部4Φ25（包括集中标注的2根）；右支座分两排布置，上排4Φ25（包括集中标注的2根），下排2Φ25；下部钢筋为4Φ25，全部伸入支座。第二跨上部纵筋也是两排布置，上排4Φ25（包括集中标注的2根），下排2Φ25；下部钢筋为4Φ25，全部伸入支座。侧面构造钢筋共4Φ10（每边2根）。第三跨与第一跨布置对称。端支座截面示意图标于图中。

②梁下部纵筋。

(a) 当下部纵筋多于一排时，用斜线“/”将各排纵筋自上而下分开。

【例5-46】 梁下部纵筋注写为6Φ25 2/4，表示上一排纵筋为2Φ25，下一排纵筋为4Φ25，全部伸入支座。

(b) 当同排纵筋有两种直径时，用“＋”号将两种直径的纵筋相连，注写时

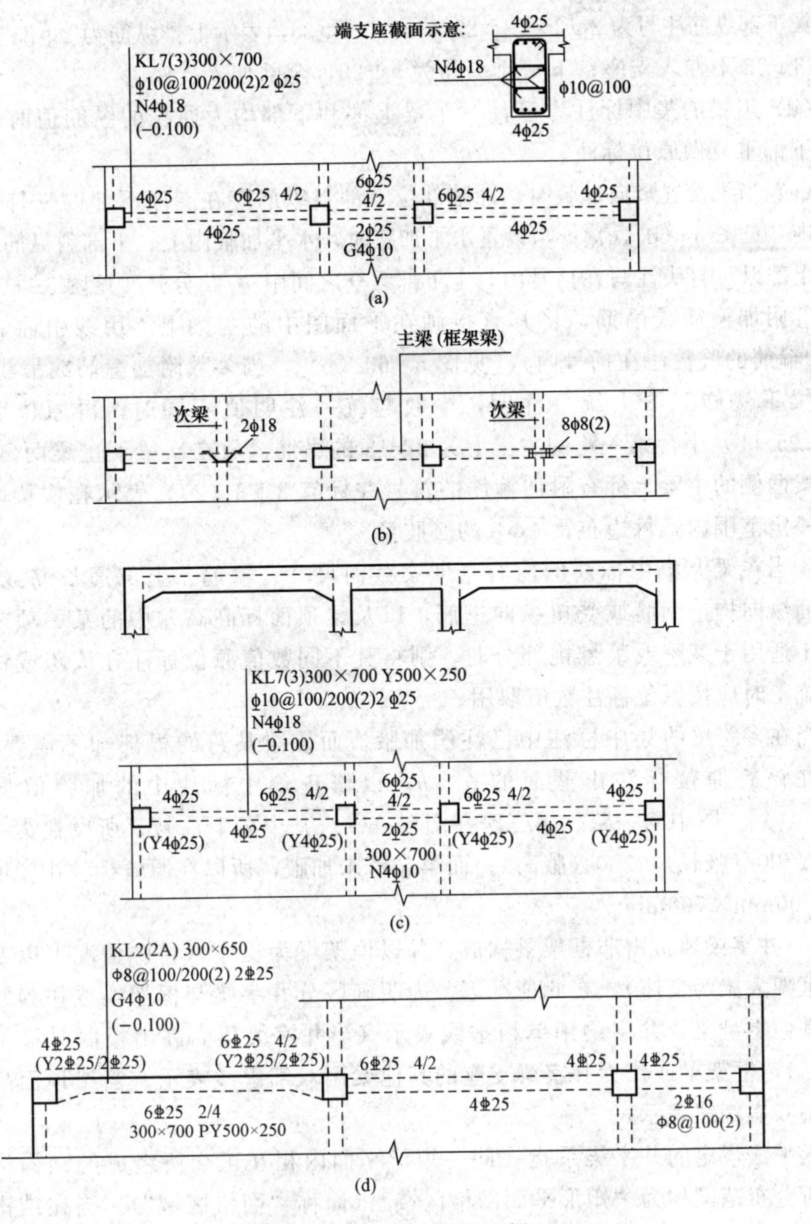

图 5-60　梁平法标注示例

(a) 大小跨梁的注写示例；(b) 附加箍筋和吊筋的画法示例；

(c) 梁竖向加腋平面注写方式表达示例；(d) 梁水平加腋平面注写方式表达示例

角筋写在前面。

(c) 当梁下部纵筋不全部伸入支座时，将梁支座下部纵筋减少的数量写在括号内。

【例 5-47】 梁下部纵筋注写为Φ25 2 (−2)/4，则表示上排纵筋为 2Φ25，且不伸入支座；下一排纵筋为 4Φ25，全部伸入支座。

梁下部纵筋注写为2Φ25+3Φ22（−3）/5Φ25，表示上排纵筋为2Φ25和3Φ22，其中3Φ22不伸入支座；下一排纵筋为5Φ25，全部伸入支座。

（d）当梁的集中标注中已注写了梁上部和下部均为通长的纵筋值时，则不需在梁下部重复做原位标注。

（e）当梁设置竖向加腋时，加腋部位下部斜纵筋应在支座下部以 y 打头注写在括号内［见图5-60（c)］；当设置水平加腋时，水平加腋内上、下部斜纵筋应在加腋支座上部以 y 打头注写在括号内，上下部纵筋之间用“/”分开［见图5-60（d)］。

③附加箍筋或吊筋，将其直接画在平面图中的主梁上，用线引注总配筋值（附加箍筋的肢数注在括号内）［见图5-60（b)］，当多数附加箍筋或吊筋相同时，可在梁平法施工图上统一注明，少数与统一注明值不同时，再原位引注。在图5-95（b）中，第一跨的主梁上为2Φ18的吊筋（放在次梁下主梁两侧）；第三跨次梁两侧的主梁上标有附加箍筋的符号并标有8ϕ8（2），表示在次梁两侧的主梁的一定范围内，每边布置4ϕ8的2肢箍。

④当在梁上集中标注的内容（即梁截面尺寸、箍筋、上部通长筋或架立筋，梁侧面纵向构造钢筋或受扭纵向钢筋，以及梁顶面标高高差中的某一项或几项数值）不适用于某跨或某悬挑部分时，则将其不同数值原位标注在该跨或该悬挑部位，施工时应按原位标注数值取用。

当在多跨梁的集中标注中已注明加腋，而该梁某跨的根部却不需要加腋时，则应在该跨原位标注出截面的 $b \times h$，以修正集中标注中的加腋信息［见图5-60（c)］。图中第一跨、第三跨在图5-60（c）中梁下加腋，所以在集中标注中加了Y500（腋长）×250（腋高）；而第二跨未加腋，所以在原位标注中说明截面尺寸是300mm×700mm。

4）井字梁通常由非框架梁构成，并以框架梁为支座（特殊情况下以专门设置的非框架大梁为支座）。在此情况下，为明确区分井字梁与框架梁或作为井字梁支座的其他类型梁，井字梁用单粗虚线表示（当井字梁顶面高出板面时可用单粗实线表示），框架梁或作为井字梁支座的其他梁用双细虚线表示（当梁顶面高出板面时可用双实细线表示）。

板平法规定的井字梁系指在同一矩形平面内相互正交所组成的结构构件，井字梁所分布范围称为“矩形平面网格区域”（简称“网格区域”）。当在结构平面布置中仅有由四根框架梁框起的一片网格区域时，所有在该区域相互正交的井字梁均为单跨；当有多片网格区域相连时，贯通多片网格区域的井字梁为多跨，且相邻两片网格区域分界处即为该井字梁的中间支座。对某根井字梁编号时，其跨数为其总支座数减1；在该梁的任意两个支座之间，无论有几根同类梁与其相交，均不作为支座（见图5-61)。图中左右分2跨，南北方向5跨，即3号框架梁有2跨［KL3（2)］，1号框架梁5跨［KL1（5)］（只画出1跨）；在左网格区内，水平井字梁有1号、2号和3号，均为2跨［JZL1（2）、JZL2（2）、JZL3（2)］，间距为

c；竖向井字梁有 4 号、5 号，均为 1 跨［JZL4（1）、JZL5（1）］，间距为 a；在右网格区内，水平井字梁已在左网格中标出；竖向井字梁有 6 号和 7 号，均为 1 跨［JZL6（1）、JZL6（1）］，间距为 b。

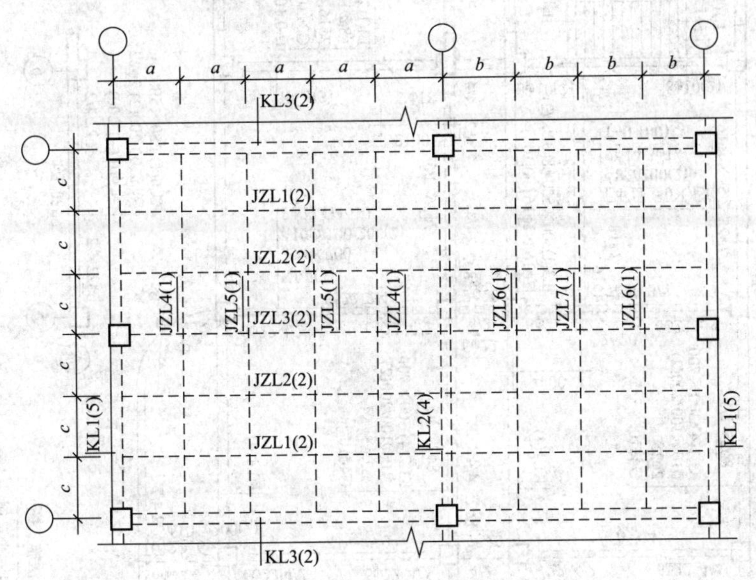

图 5-61　井字梁平面布置图

井字梁的注写：设计者应注明纵横两个方向梁相交处同一层面钢筋的上下交错关系（指梁上部或下部的同层面交错钢筋何梁在上、何梁在下），以及在该相交处两方向梁箍筋的布置要求。

5）在梁平法施工图中，当局部梁的布置过密时，可将过密区用虚线框出，适当放大比例后再用平面注写方式表示。

6）识读梁平法施工图示例。图 5-62 所示一梁平法施工图，让我们来识读此图。

左边表格是结构层号、层楼面标高与结构层高。该建筑地下 2 层，地上 16 层，外加屋面 1（塔层 1）、塔层 2 和屋面 2。该图是 5～8 层（标高 15.87～26.67m）梁平法施工图。

定位轴线①②之间是楼、电梯间；楼梯间有 2 根 1 跨的非框架梁［L1（1）］，北边一根比左表中所示标高低 1.8m，左端支撑在山墙上，右端支撑在 2 号定位轴线的主梁上，在楼梯梁端两侧的主梁上布置有每边 4Φ10 的双肢附加箍筋；南边一根左端支撑在山墙上，右端支撑在 2 号定位轴线的主梁上（与北边梁标高不同），在楼梯下的主梁上布置有 2Φ18 的吊筋。定位轴线②处的 3 号框架梁，共 3 跨，截面 $b\times h=250\text{mm}\times 650\text{mm}$，箍筋为双肢加密区 100mm、非加密区 200mm 的 $\phi10$ 钢筋；上部贯通钢筋为 2Φ22，构造腰筋每边 2ϕ10；原位标注第一跨上部通长纵筋分两

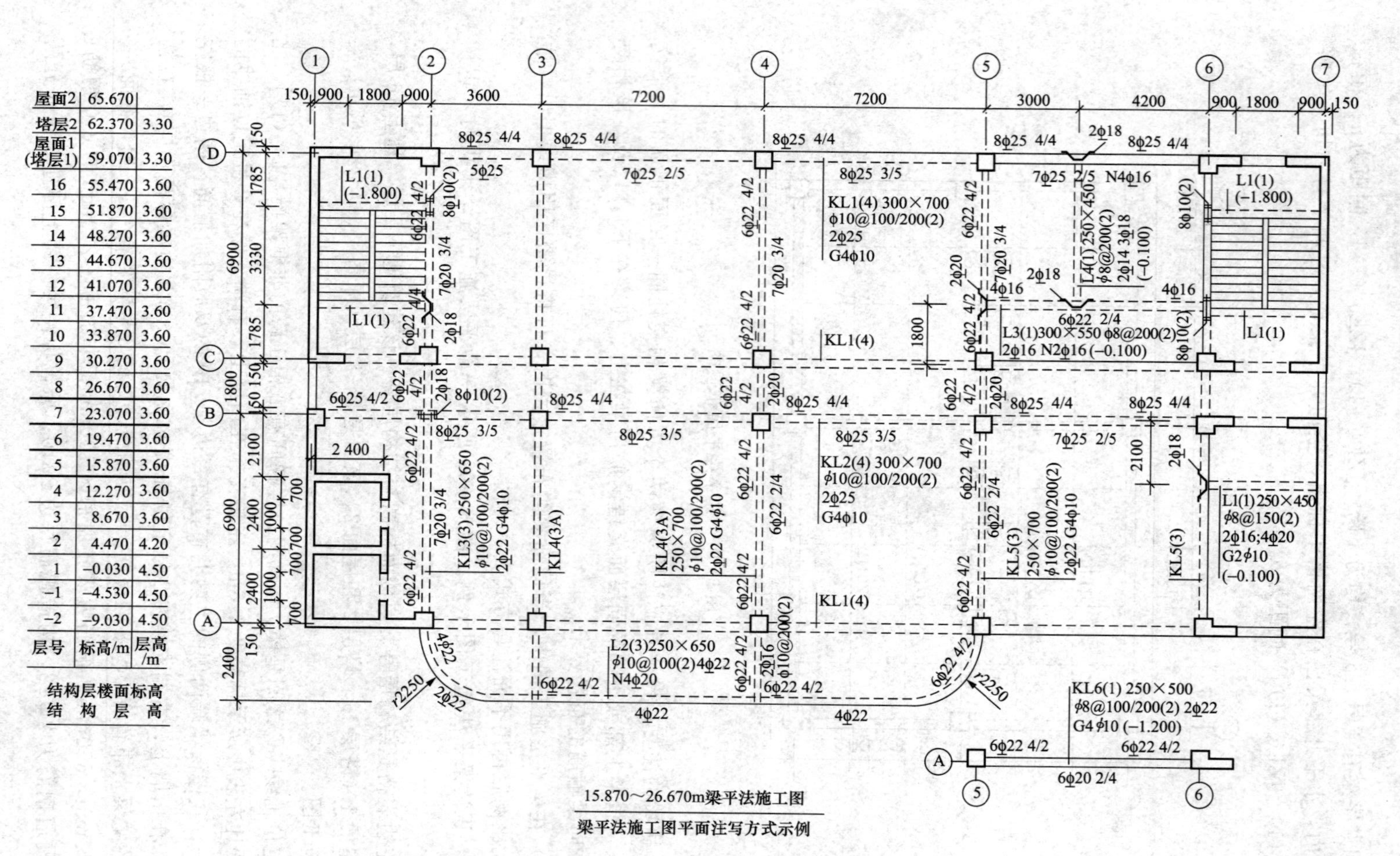

层号	标高/m	层高/m
屋面2	65.670	
塔层2	62.370	3.30
屋面1(塔层1)	59.070	3.30
16	55.470	3.60
15	51.870	3.60
14	48.270	3.60
13	44.670	3.60
12	41.070	3.60
11	37.470	3.60
10	33.870	3.60
9	30.270	3.60
8	26.670	3.60
7	23.070	3.60
6	19.470	3.60
5	15.870	3.60
4	12.270	3.60
3	8.670	3.60
2	4.470	4.20
1	−0.030	4.50
−1	−4.530	4.50
−2	−9.030	4.50

结构层楼面标高
结构层高

图5-62 某梁平法施工图

注：可在结构层楼面标高、结构层高表中加设混凝土强度等级等栏目。

排布置，上排 4Φ22（包括集中标注的 2 根），下排 2Φ22；下部也分两排，上排 3Φ20，下排 4Φ20，全部伸入支座；第二跨上部钢筋与第一跨相同，下部为 2Φ18；第三跨与第一跨配筋相同，但多了附加箍筋与吊筋。

定位轴线④处的 4 号框架梁（一端悬挑），共 3 跨［KL4（3A）］，截面 $b \times h$ = 250mm×700mm，箍筋为双肢加密区 100mm、非加密区 200mm 的 ϕ10 钢筋；上部贯通钢筋为 2Φ22，构造腰筋每边 2ϕ10；原位标注：悬挑部分，6Φ22 上部通长筋，分两排，上排 4 根（包括集中标注的 2 根），下排 2 根，下部通长钢筋为 2Φ16，箍筋为双肢 ϕ10@200；第一跨上部通长纵筋分两排布置，上排 4Φ22（包括集中标注的 2 根），下排 2Φ22；下部也分两排，上排 2Φ22，下排 4Φ22，全部伸入支座；第二跨上部钢筋与第一跨相同，下部为 2Φ20；第三跨上部与第一跨配筋相同，下部也分为两排，上排 3Φ20，下排 4Φ20，全部伸入支座。

定位轴线③处的配筋与定位轴线④处的完全相同。

悬挑板边梁为带两个弧形的 2 号 3 跨连续梁［L2（3）］，$b \times h$ = 250mm×650mm，箍筋为双肢加密区 100mm、非加密区 200mm 的 ϕ10 钢筋；上部贯通钢筋为 4Φ22，抗扭钢筋为每边 2Φ20；原位标注第一跨上部左支座附近的 4Φ22（集中标注已有），可以不注；下部 2Φ22，全部伸入支座；③轴线 KL4 两边对称布置的上部纵筋分两排布置，上排 4Φ22（包括集中标注的 4 根），下排 2Φ22，第二跨下部 4Φ22，全部伸入支座；第三跨与第二跨相同。

其他各轴线的配筋读者自己试读。

此外，Ⓐ轴上⑤⑥轴线间的框架在标高为－1.200m 处有 1 跨框架梁，因地方不够，梁专门标于右下角。

（2）截面注写方式

1）如果平面表示法尚不能表达清楚，可用截面注写方式。截面注写方式，系在标准层绘制的梁平面布置图上，分别在不同编号的梁中各选择一根梁用剖面号引出配筋图，并在其上注写截面尺寸和配筋具体数值的方式来表达梁平法施工图（见图 5-98）。

图中标出了图 5-62 中Ⓒ Ⓓ轴之间横跨在⑤⑥轴上梁及其附属开间梁的三个部位的配筋情况。

2）对所有梁按表 5-12 的规定进行编号，从相同编号的梁中选择一根梁，先将“单边截面号”（从梁边引出的一段中实线，如图 5-63 梁平法施工图 1、2、3 所画的那样）画在该梁上，再将截面配筋详图画在本图或其他图上。当某梁的顶面标高与结构层的楼面标高不同时，尚应继其梁编号后注写梁顶面标高高差（注写规定与平面注写方式相同）。

3）在截面配筋详图上注写截面尺寸 $b \times h$、上部筋、下部筋、侧面构造筋或受扭筋以及箍筋的具体数值时，其表达形式与平面注写方式相同。

4）截面注写方式既可以单独使用，也可与平面注写方式结合使用。

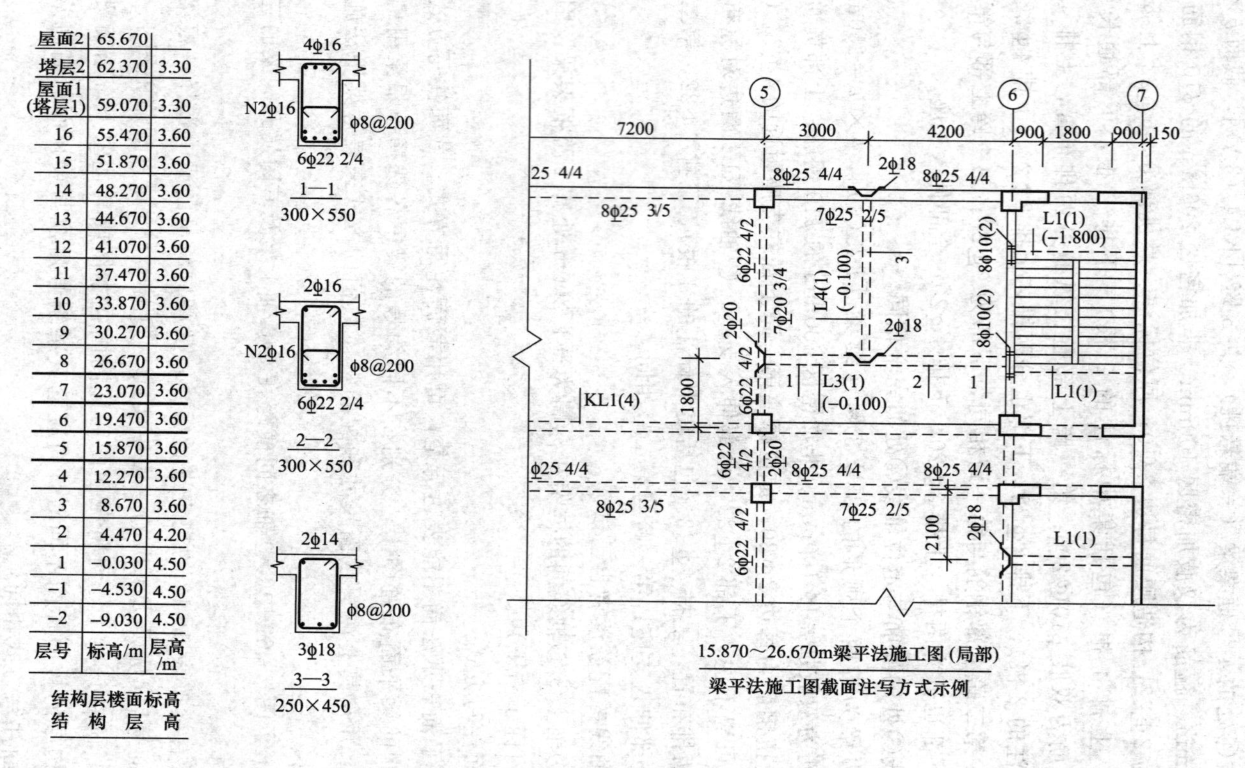

层号	标高/m	层高/m
屋面2	65.670	
塔层2	62.370	3.30
屋面1（塔层1）	59.070	3.30
16	55.470	3.60
15	51.870	3.60
14	48.270	3.60
13	44.670	3.60
12	41.070	3.60
11	37.470	3.60
10	33.870	3.60
9	30.270	3.60
8	26.670	3.60
7	23.070	3.60
6	19.470	3.60
5	15.870	3.60
4	12.270	3.60
3	8.670	3.60
2	4.470	4.20
1	−0.030	4.50
−1	−4.530	4.50
−2	−9.030	4.50

结构层楼面标高
结 构 层 高

图5-63　梁平法施工图截面注写方式示例

注：可在结构层楼面标高、结构层高表中加设混凝土强度等级等栏目。

注：在梁平法施工图的平面图中，当局部区域的梁布置过密时，除了采用截面注写方式表达外也可采用上段梁平法 5）的措施来表达。当表达异形截面梁的尺寸与配筋时，用截面注写方式相对比较方便。

（3）梁支座上部纵筋的长度规定。

1）为方便施工，凡框架梁的所有支座和非框架梁（不包括井字梁）的中间支座上部纵筋的延伸长度 α_0 值在标准构造详图中统一取值为：第一排非通长筋及与跨中直径不同的通长筋从柱（梁）边起延伸至 $l_n/3$ 位置；第二排非通长筋延伸至 $l_n/4$ 位置。l_n 的取值规定为：对于端支座，l_n 为本跨的净跨值；对于中间支座，l_n 为支座两边较大一跨的净跨值。

2）悬挑梁（包括其他类型梁的悬挑部分）上部第一排纵筋延伸至梁端头并下弯，第二排延伸至 $3l/4$ 位置，l 为自柱（梁）边算起的悬挑净长。当具体工程需将悬挑梁中的部分上部筋从悬挑梁根部开始斜向弯下时，应由设计者另加注明。

3）井字梁的端部支座和中间支座上部纵筋的延伸长度 α_0 值，应由设计者在原位加注具体数值予以注明。

当采用平面注写方式时，则在原位标注的支座上部纵筋后面括号内加注具体延伸长度值［见图 5-64（a）］；当为截面注写方式时，则在梁端截面配筋图上注写的上部纵筋后面括号内加注具体延伸长度值［见图 5-64（b）］。

注：本图仅示意井字梁的注写方法（两片网格区域），未注明截面几何尺寸 $b\times h$，支座上部纵筋延伸长度值 $\alpha_{01}\sim\alpha_{03}$，以及纵筋与箍筋的具体数值。

【例 5-48】 贯通两片网格区域采用平面注写方式的某井字梁，其中间支座上部纵筋注写为 6Φ25 4/2（3200/2400），表示该位置上部纵筋设置两排，上一排纵筋为 4Φ25，自支座边缘向跨内的延伸长度为 3200mm；下一排纵筋为 2Φ25，自支座边缘向跨内的延伸长度为 2400mm。

4）设计者在执行 1）、2）关于梁支座端上部纵筋的统一取值规定时，特别是在大小跨相邻和端跨外为长悬臂的情况下，还应注意按 GB 50010—2010《混凝土结构设计规范》第 10.2.3 条关于在负弯矩截断钢筋的有关规定进行校核，若不满足时应根据规范规定另行变更。

（4）不伸入支座的梁下部纵筋长度规定。

1）当梁（不包括框支梁）下部纵筋不全部伸入支座时，不伸入支座的梁下部纵筋截断点距支座边的距离，在标准构造详图中统一取为 $0.1l_{ni}$（l_{ni} 为本跨梁的净跨值）。

2）当按 1）规定确定不伸入支座的梁下部纵筋的数量时，应符合 GB 50010—2010《混凝土结构设计规范》的有关规定。

4. 钢筋混凝土楼（屋）面梁的标准构造详图

（1）抗震楼层框架梁 KL 纵向钢筋构造（见图 5-65）。

1）图中跨度值 l_n 为左跨 l_{ni} 和右跨 $l_{n,i+1}$ 之较大值，其中 $i=1，2，3$。

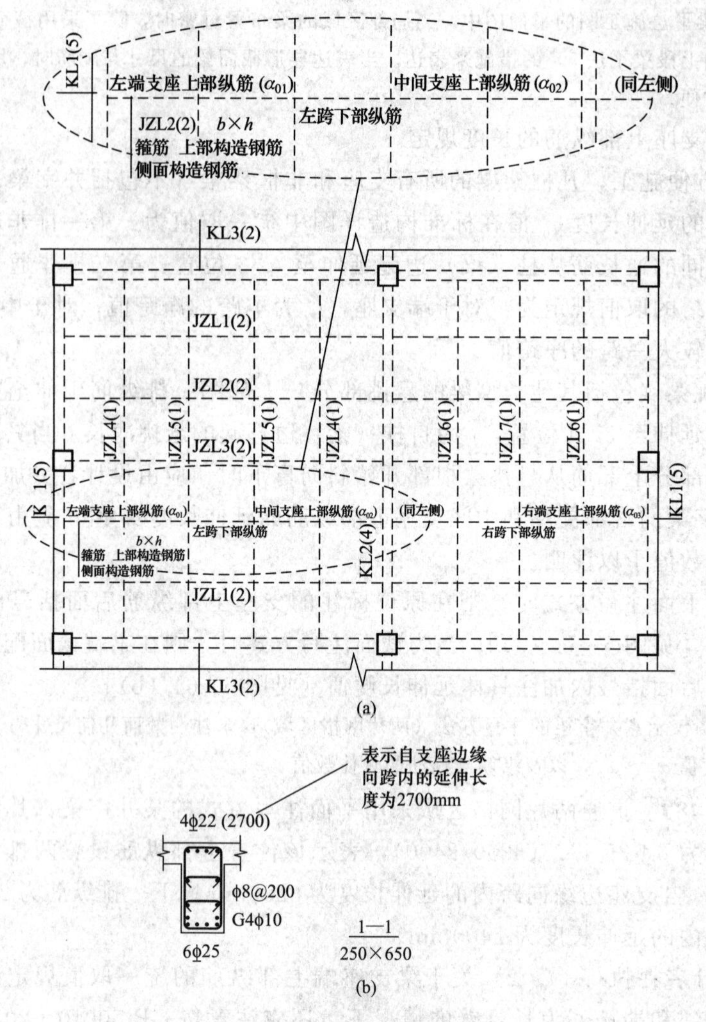

图5-64 井字梁平法施工图平面注写示例

2）h_c 为柱截面沿框架方向的高度。

3）梁上部通长钢筋与非贯通钢筋直径相同时，连接位置宜位于跨中 $l_{ni}/3$ 范围内；梁下部钢筋连接位置宜位于支座 $l_{ni}/3$ 范围内；且在同一连接区段内钢筋接头面积百分率不宜大于50%。

4）一级框架梁宜采用机械连接，二、三、四级可采用绑扎搭接或焊接连接。

5）当梁纵筋（不包括侧面G打头的构造筋及架立筋）采用绑扎搭接接长时，搭接区内箍筋直径及间距应满足图5-67（a）中的要求。

（2）抗震屋面框架梁WKL纵向钢筋构造（见图5-66）。

（3）纵向受力钢筋搭接区箍筋构造［见图5-67（a）］及纵向受拉钢筋连接构造［见图5-67（b）］。

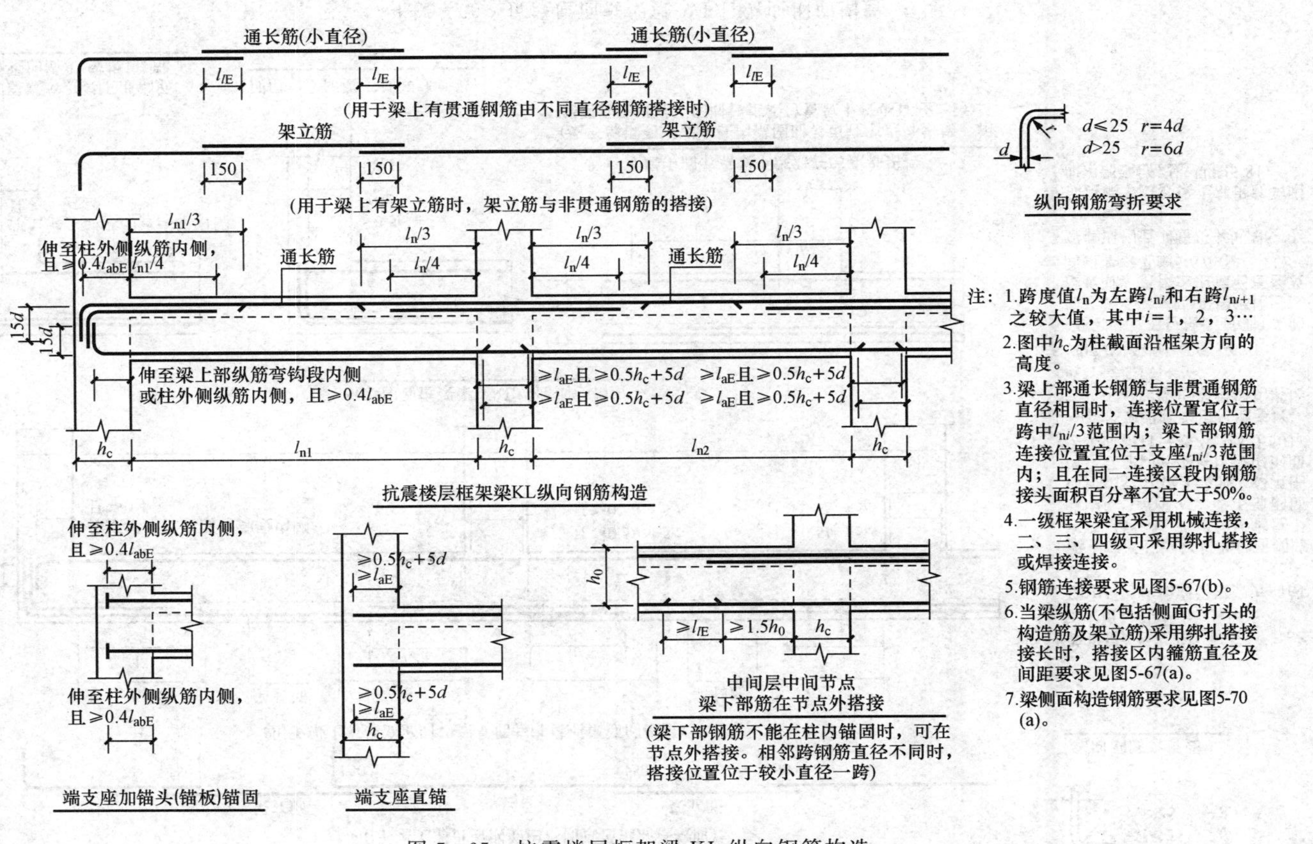

图 5-65　抗震楼层框架梁 KL 纵向钢筋构造

注：当梁的上部既有通长筋又有架立筋时，其中架立筋的搭接长度为 150。

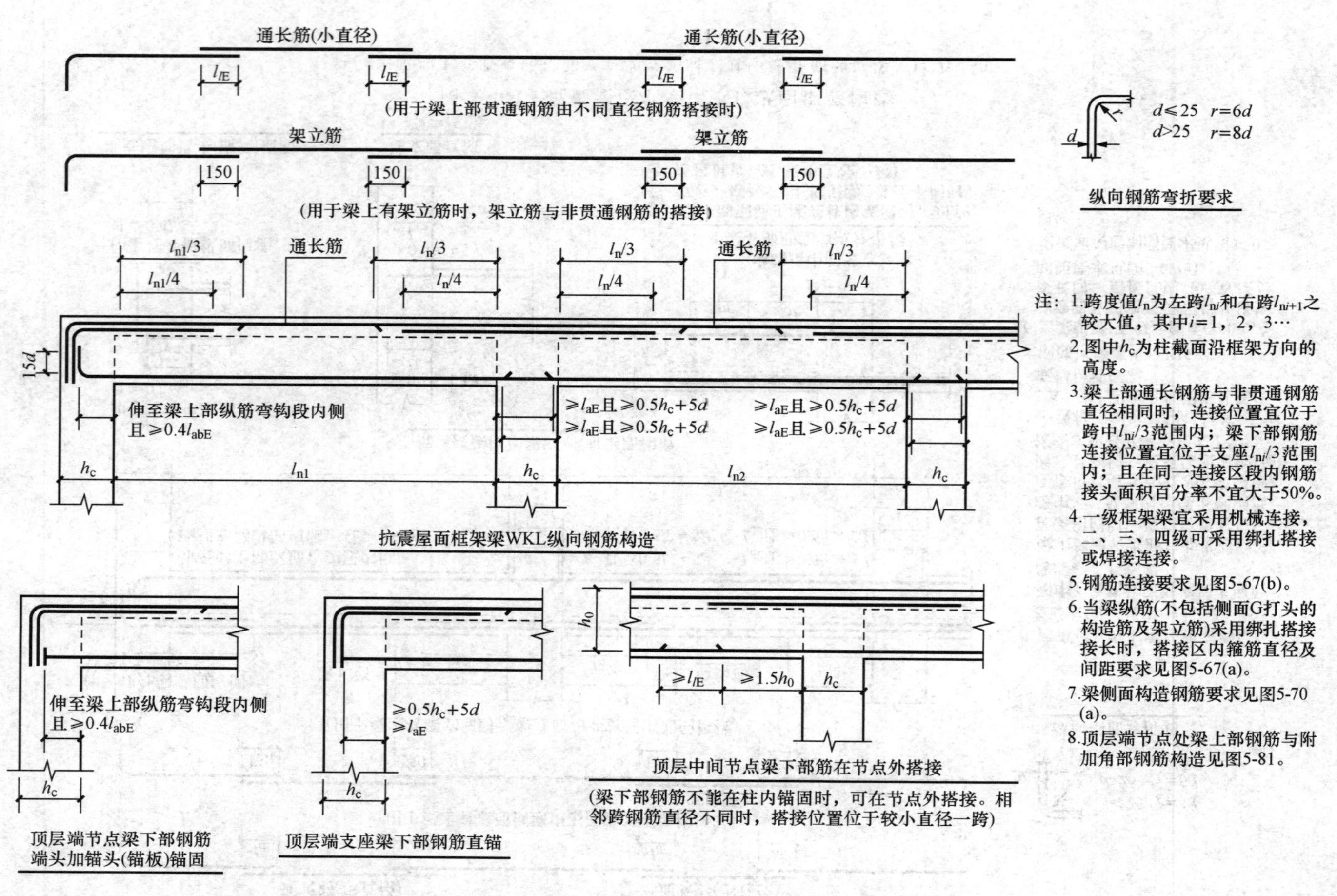

注：1.跨度值l_n为左跨l_{ni}和右跨l_{ni+1}之较大值，其中$i=1，2，3\cdots$

2.图中h_c为柱截面沿框架方向的高度。

3.梁上部通长钢筋与非贯通钢筋直径相同时，连接位置宜位于跨中$l_{ni}/3$范围内；梁下部钢筋连接位置宜位于支座$l_{ni}/3$范围内；且在同一连接区段内钢筋接头面积百分率不宜大于50%。

4.一级框架梁宜采用机械连接，二、三、四级可采用绑扎搭接或焊接连接。

5.钢筋连接要求见图5-67(b)。

6.当梁纵筋(不包括侧面G打头的构造筋及架立筋)采用绑扎搭接接长时，搭接区内箍筋直径及间距要求见图5-67(a)。

7.梁侧面构造钢筋要求见图5-70(a)。

8.顶层端节点处梁上部钢筋与附加角部钢筋构造见图5-81。

图5-66　抗震屋面框架梁WKL纵向钢筋构造

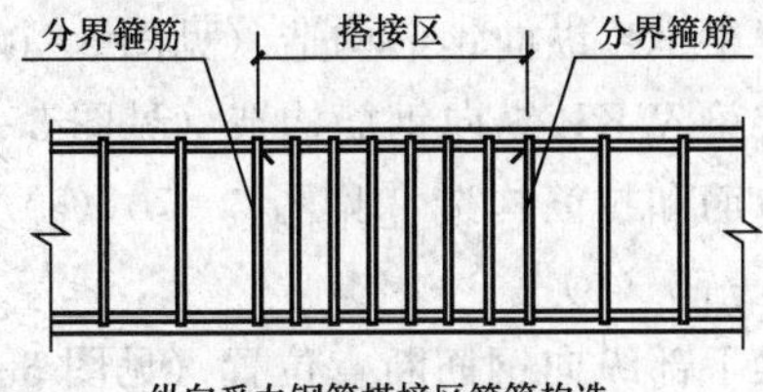

纵向受力钢筋搭接区箍筋构造

注：1.本图用于梁、柱类构件搭接区箍筋设置。
2.搭接区内箍筋直径不小于$d/4$(d为搭接钢筋最大直径),间距不应大于100mm及$5d$(d为搭接钢筋最小直径)。
3.当受压钢筋直径大于25mm时,尚应在搭接接头两个端面外100mm的范围内各设置两道箍筋。

图 5-67（a）　纵向受力钢筋搭接区箍筋构造

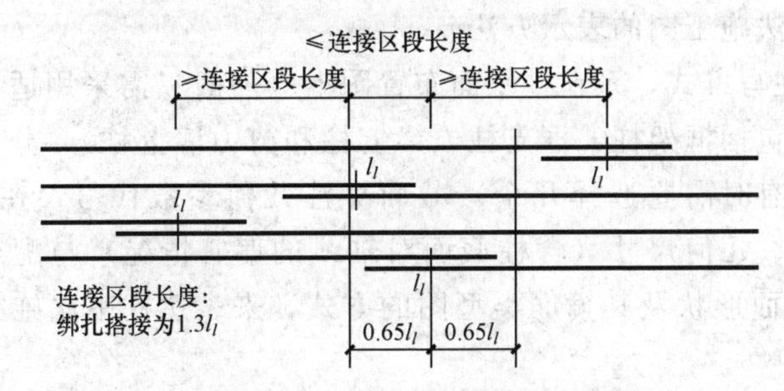

同一连接区段内纵向受拉钢筋绑扎搭接接头

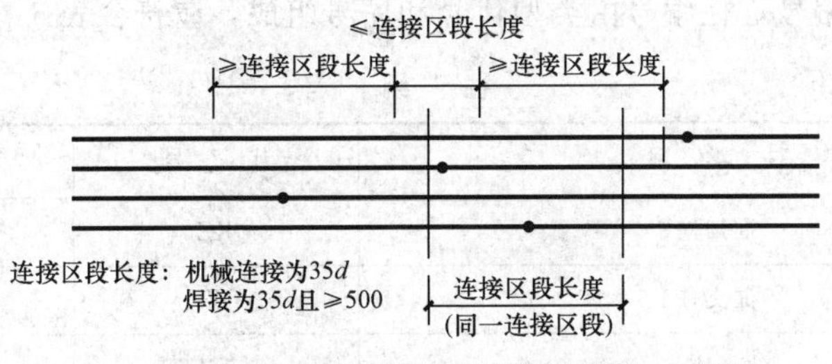

同一连接区段内纵向受拉钢筋机械连接、焊接接头

图 5-67（b）　纵向受拉钢筋连接构造

注：1. d 为相互连接两根钢筋中较小直径；当同一构件内不同连接钢筋计算连接区段长度不同时取大值。
2. 凡接头中点位于连接区段长度内连接接头均属同一连接区段。
3. 同一连接区段内纵向钢筋搭接接头面积百分率，为该区段内有连接接头的纵向受力钢筋截面面积与全部纵向钢筋截面面积的比值（当直径相同时，图示钢筋连接接头面积百分率为50%）。
4. 当受拉钢筋直径>25mm 及受压钢筋直径>28mm 时，不宜采用绑扎搭接。
5. 轴心受拉及小偏心受拉构件中纵向受力钢筋不应采用绑扎搭接。
6. 纵向受力钢筋连接位置宜避开梁端、柱端箍筋加密区。如必须在此连接时，应采用机械连接或焊接。
7. 机械连接和焊接接头的类型及质量应符合国家现行有关标准的规定。
8. 梁、柱类构件的纵向受力筋绑扎搭接区域内箍筋设置要求见图 5-67（a）。

(4) 非抗震楼层框架梁KL纵向钢筋构造（见图5-68）。

(5) 非抗震屋面框架梁WKL纵向钢筋构造（见图5-69）。

(6) 梁侧面纵向构造筋和拉筋构造［见图5-70（a）］抗震框架梁KL、WKL箍筋加密区构造［见图5-70（b）］。

(7) 不伸入支座的梁下部纵向钢筋断点位置（见图5-71）。

(8) KL、WKL中间支座纵向钢筋构造（见图5-72）。

(9) 主梁中次梁下的附加箍筋与吊筋构造（见图5-73）。

(10) 梁L中间支座纵向钢筋构造（见图5-74）。

(11) 纯悬挑梁XL和各类梁的悬挑端配筋构造（见图5-75）。

5. 框架柱平法施工图制图规则

(1) 柱平法施工图的表示方法。

1）列表注写方式，系在柱平面布置图上（一般只需采用适当比例绘制一张柱平面布置图，包括框架柱、框支柱、梁上柱和剪力墙上柱），分别在同一编号的柱中选择一个（有时需要选择几个）截面标注几何参数代号；在柱表中注写柱号、柱段起止标高、几何尺寸（含柱截面对轴线的偏心情况）与配筋的具体数值，并配以各种柱截面形状及其箍筋类型图的方式，来表达柱平法施工图，如图5-111所示。

2）柱表注写内容规定如下。

①注写柱编号，柱编号由类型代号和序号组成，应符合表5-13的规定。

表5-13　　柱　编　号

柱　类　型	代　号	序　号
框架柱	KZ	××
框支柱	KZZ	××
芯柱	XZ	××
梁上柱	LZ	××
剪力墙上柱	QZ	××

注：编号时，当柱的总高、分段截面尺寸和配筋均对应相同，仅分段截面与轴线的关系不同时，仍可将其编为同一柱号，但应在图中注明截面与轴线的关系。

②注写各段柱的起止标高，自柱根部往上以变截面位置或截面未变但配筋改变处为界分段注写。框架柱和框支柱的根部标高系指基础顶面标高；芯柱的根部标高系指根据结构实际需要而定的起始位置标高；梁上柱的根部标高系指梁顶面标高。剪力墙上柱的根部标高为墙顶面标高。

③对于矩形柱，注写柱截面尺寸$b\times h$及与轴线关系的几何参数代号b_1、b_2和h_1、h_2的具体数值，需对应于各段柱分别注写。其中$b=b_1+b_2$，$h=h_1+h_2$。当截

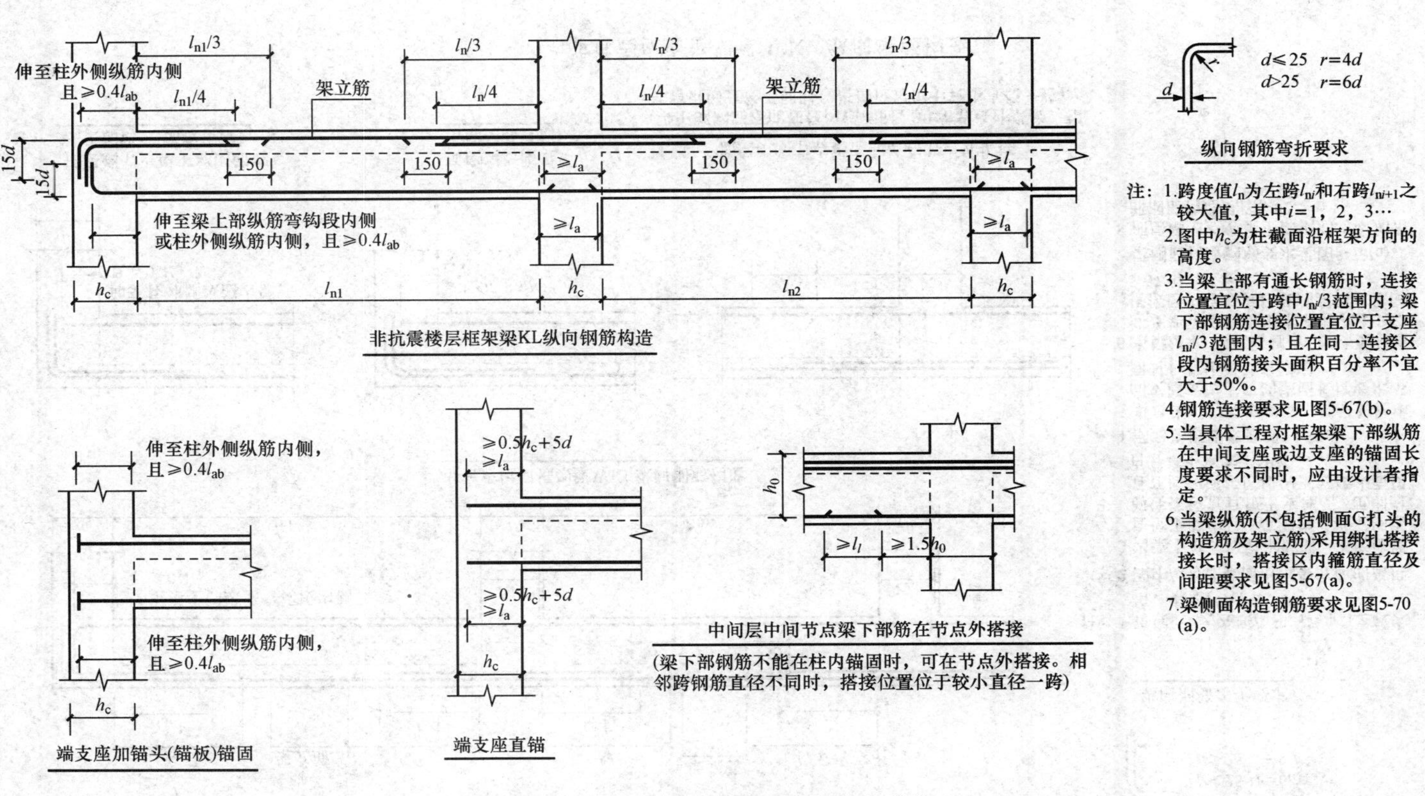

图5-68 非抗震楼层框架梁KL纵向钢筋构造

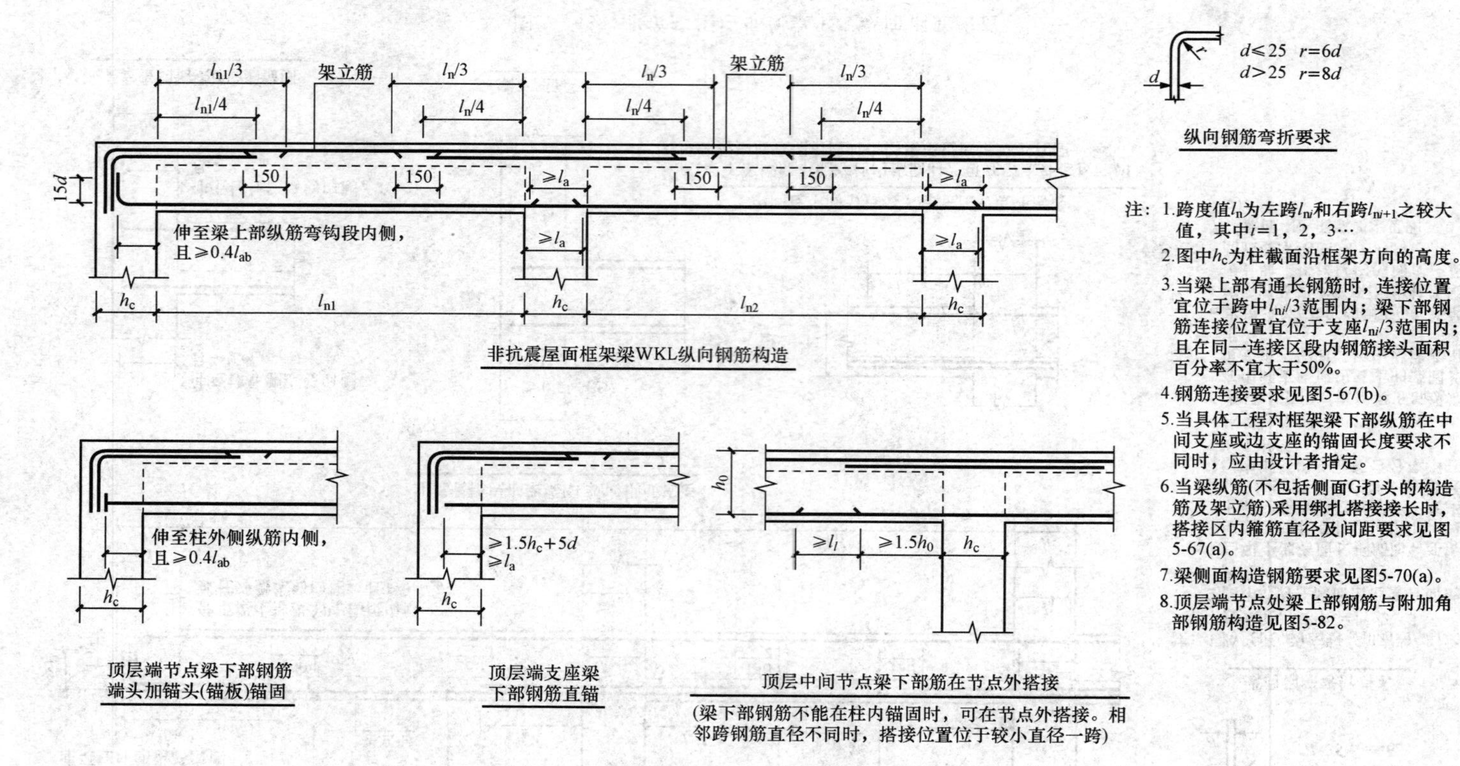

图5-69 非抗震屋面框架梁WKL纵向钢筋构造

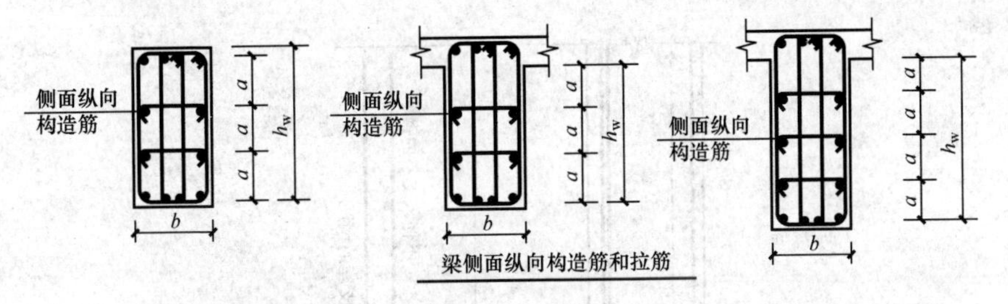

图 5-70（a）　梁侧面纵向构造筋及拉筋构造

注：1. 当 $h_w \geqslant 450$mm 时，在梁的两个侧面应沿高度配置纵向构造钢筋；纵向构造钢筋间距 $a \leqslant 200$mm。

2. 当梁侧面配有直径不小于构造纵筋的受扭纵筋时，受扭钢筋可以代替构造钢筋。

3. 梁侧面构造纵筋的搭接与锚固长度可取 15d。梁侧面受扭纵筋的搭接长度为 l_{lE} 或 l_l，其锚固长度为 l_{aE} 或 l_a，锚固方式同框架梁下部纵筋。

4. 当梁宽≤350mm 时，拉筋直径为 6mm；梁宽＞350mm 时，拉筋直径为 8mm。拉筋间距为非加密区箍筋间距的 2 倍。当设有多排拉筋时，上下两排拉筋竖向错开设置。

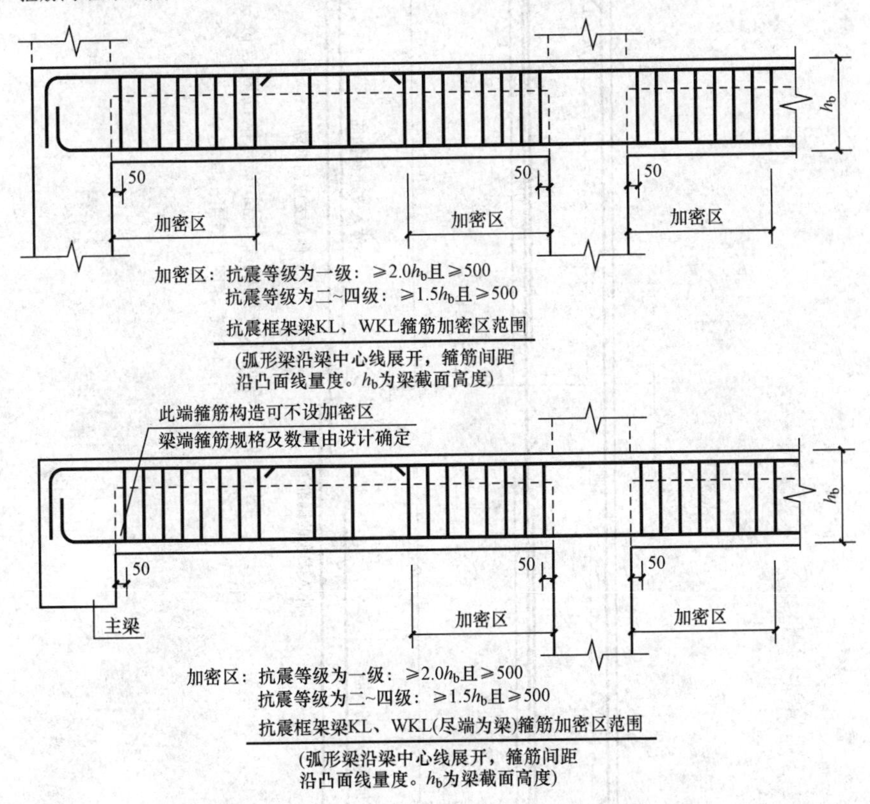

图 5-70（b）　抗震框架梁 KL、WL 箍筋加密区构造

注：1. 本图抗震框架梁箍筋加密区范围同样适用于框架梁与剪力墙平面内连接的情况。

2. 梁中附加箍筋、吊筋构造见图 5-70（a）。

3. 当梁纵筋（不包括侧面 G 打头的构造筋及架立筋）采用绑扎搭接接长时，搭接区内箍筋直径及间距要求见图 5-67（a）。

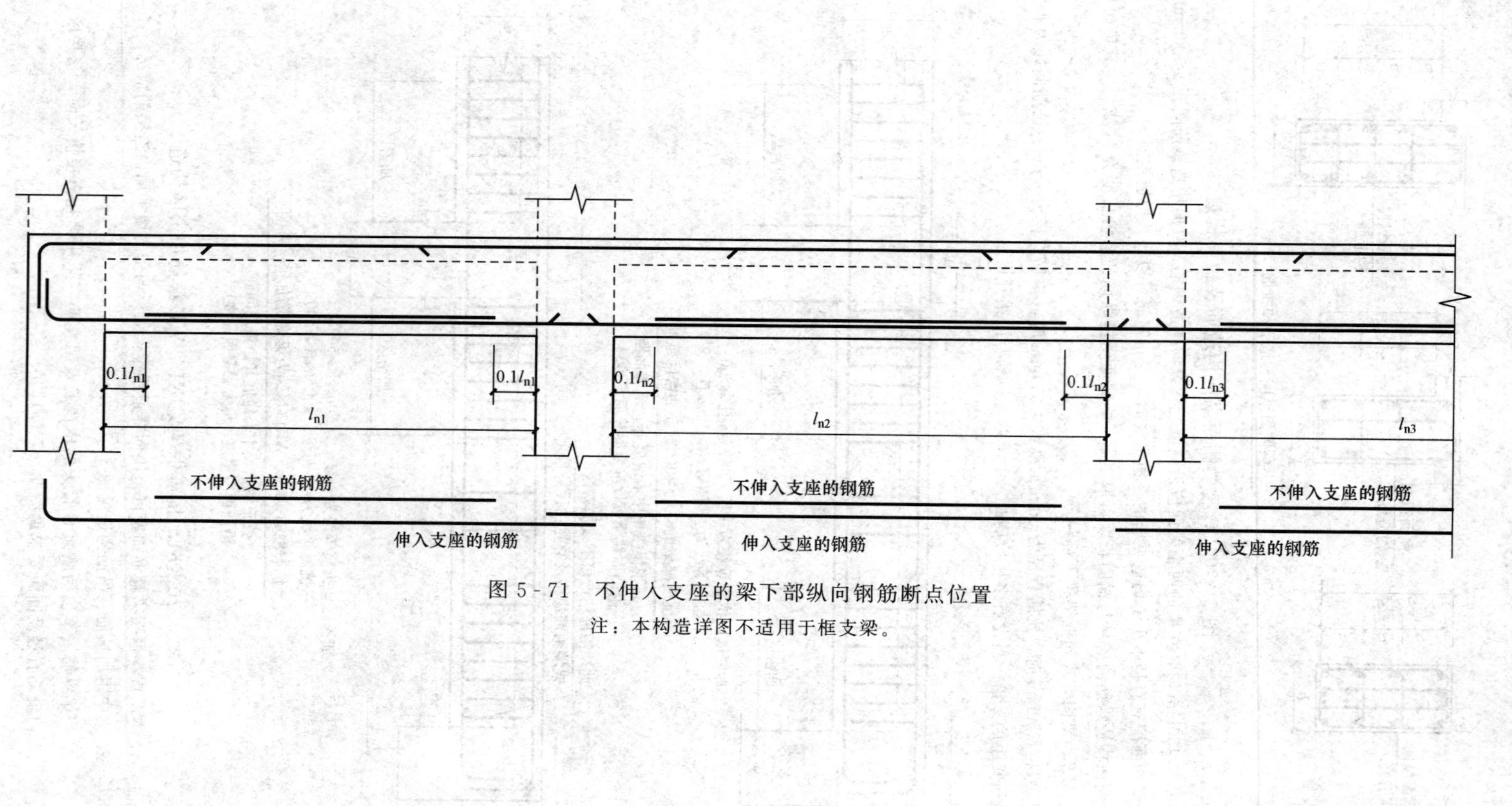

图 5-71 不伸入支座的梁下部纵向钢筋断点位置

注：本构造详图不适用于框支梁。

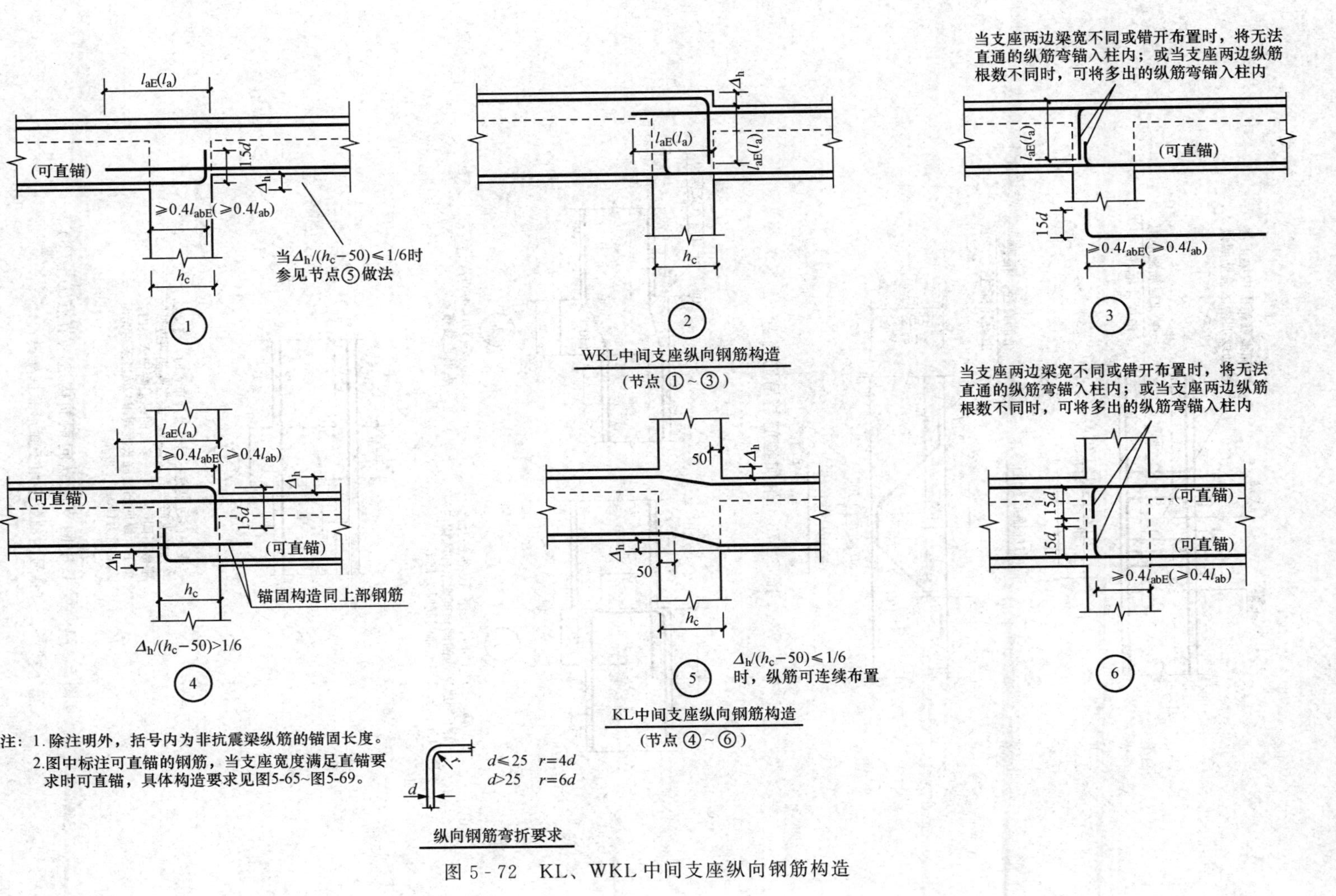

WKL中间支座纵向钢筋构造
（节点①~③）

KL中间支座纵向钢筋构造
（节点④~⑥）

注：1.除注明外，括号内为非抗震梁纵筋的锚固长度。
2.图中标注可直锚的钢筋，当支座宽度满足直锚要求时可直锚，具体构造要求见图5-65~图5-69。

纵向钢筋弯折要求

图 5-72　KL、WKL 中间支座纵向钢筋构造

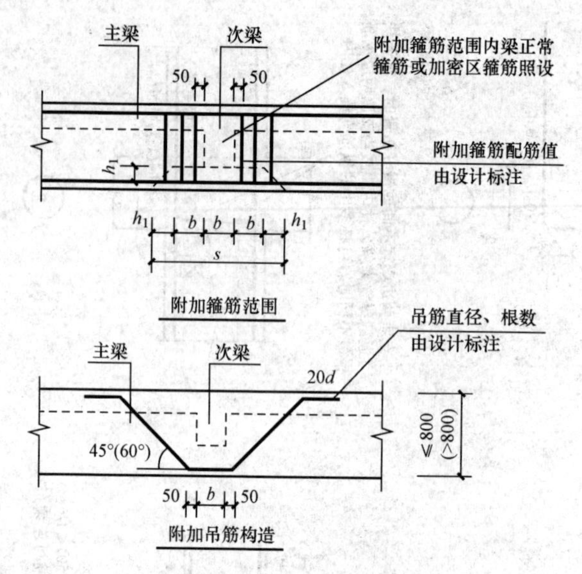

图5-73　附加箍筋与吊筋构造

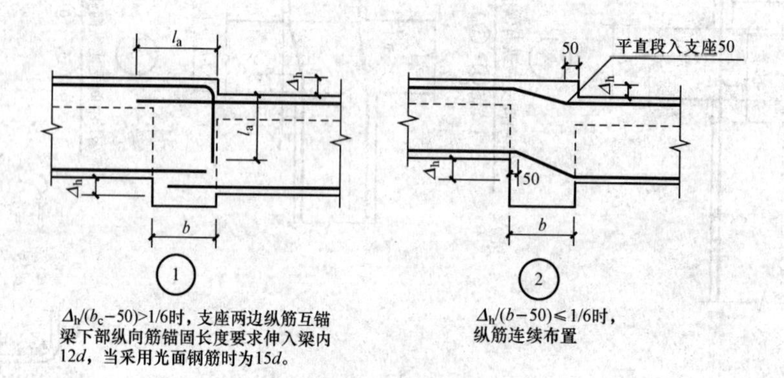

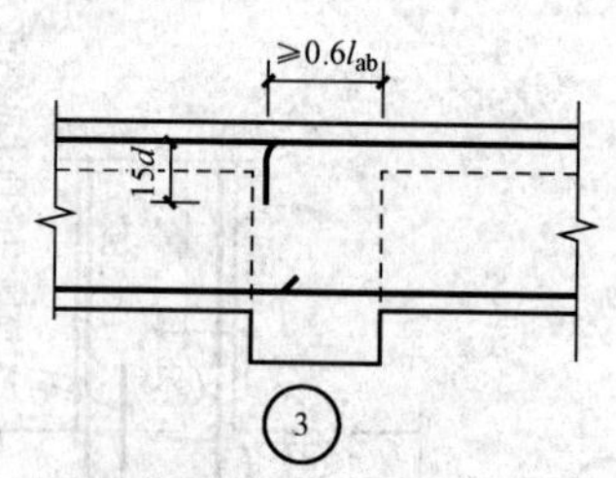

图5-74　梁L中间支座纵向钢筋构造（节点①～③）

（括号内的数字用于弧形非框架梁）

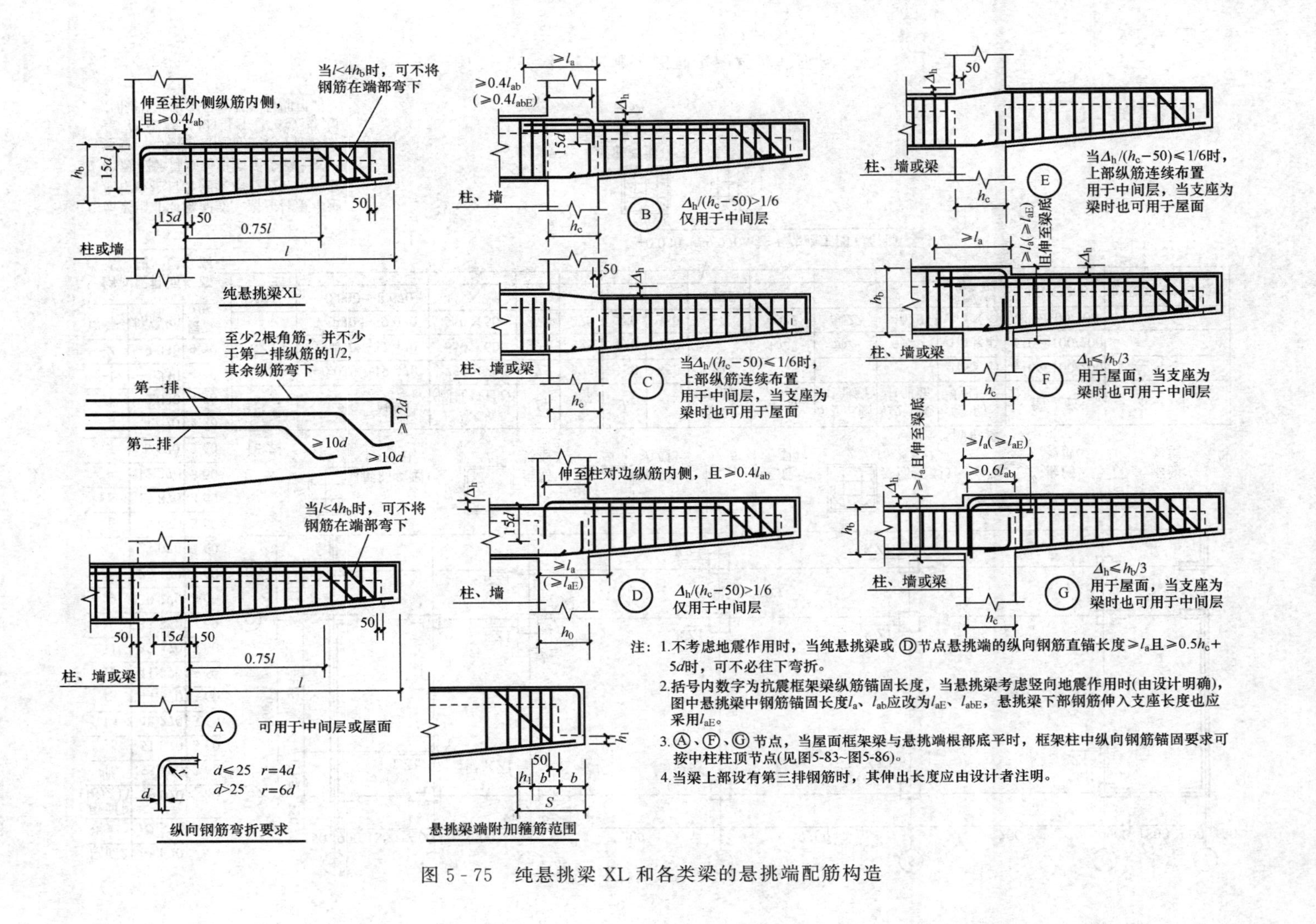

注：1.不考虑地震作用时，当纯悬挑梁或Ⓓ节点悬挑端的纵向钢筋直锚长度$\geqslant l_a$且$\geqslant 0.5h_c+5d$时，可不必往下弯折。

2.括号内数字为抗震框架梁纵筋锚固长度，当悬挑梁考虑竖向地震作用时(由设计明确)，图中悬挑梁中钢筋锚固长度l_a、l_{ab}应改为l_{aE}、l_{abE}，悬挑梁下部钢筋伸入支座长度也应采用l_{aE}。

3.Ⓐ、Ⓕ、Ⓖ节点，当屋面框架梁与悬挑端根部底平时，框架柱中纵向钢筋锚固要求可按中柱柱顶节点(见图5-83~图5-86)。

4.当梁上部设有第三排钢筋时，其伸出长度应由设计者注明。

图5-75　纯悬挑梁XL和各类梁的悬挑端配筋构造

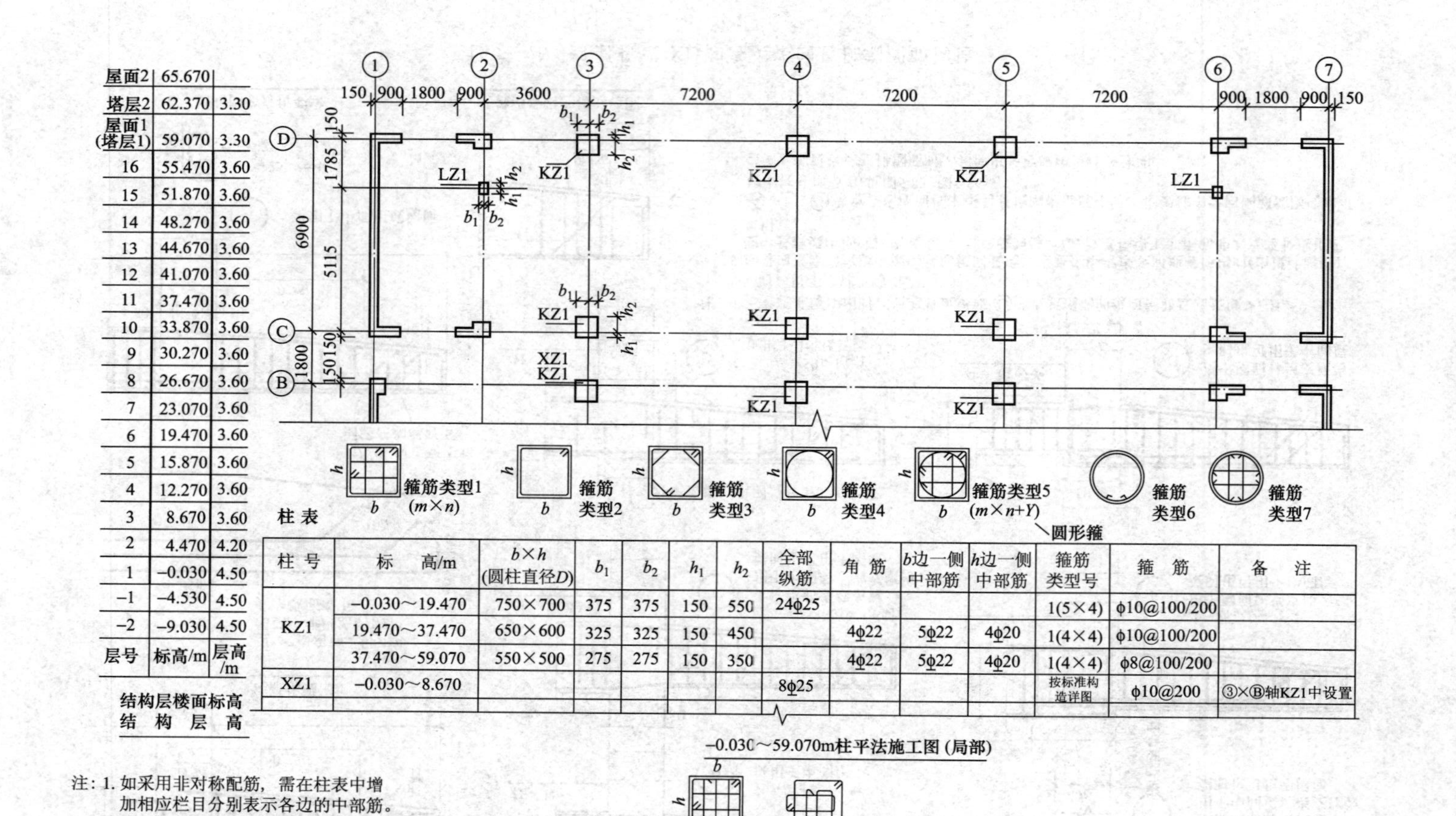

层号	标高/m	层高/m
屋面2	65.670	
塔层2	62.370	3.30
屋面1（塔层1）	59.070	3.30
16	55.470	3.60
15	51.870	3.60
14	48.270	3.60
13	44.670	3.60
12	41.070	3.60
11	37.470	3.60
10	33.870	3.60
9	30.270	3.60
8	26.670	3.60
7	23.070	3.60
6	19.470	3.60
5	15.870	3.60
4	12.270	3.60
3	8.670	3.60
2	4.470	4.20
1	−0.030	4.50
−1	−4.530	4.50
−2	−9.030	4.50

结构层楼面标高
结构层高

柱表

柱号	标高/m	$b\times h$（圆柱直径D）	b_1	b_2	h_1	h_2	全部纵筋	角筋	b边一侧中部筋	h边一侧中部筋	箍筋类型号	箍筋	备注
KZ1	−0.030～19.470	750×700	375	375	150	550	24φ25				1(5×4)	φ10@100/200	
	19.470～37.470	650×600	325	325	150	450		4φ22	5φ22	4φ20	1(4×4)	φ10@100/200	
	37.470～59.070	550×500	275	275	150	350		4φ22	5φ22	4φ20	1(4×4)	φ8@100/200	
XZ1	−0.030～8.670						8φ25				按标准构造详图	φ10@200	③×Ⓑ轴KZ1中设置

−0.030～59.070m柱平法施工图（局部）

注：1. 如采用非对称配筋，需在柱表中增加相应栏目分别表示各边的中部筋。
2. 抗震设计箍筋对纵筋至少隔一拉一。
3. 类型1、类型5的箍筋肢数可有多种组合，右图为5×4的组合，其余类型为固定形式，在表中只注类型号即可。

图 5-76 柱平法施工图列表注写方式示例

面的某一边收缩变化至与轴线重合或偏到轴线的另一侧时，b_1、b_2、h_1、h_2 中的某项为零或为负值。对于圆柱，表中 $b \times h$ 一栏改用在圆柱直径数字前加 d 表示。为表达简单，圆柱截面与轴线的关系也用 b_1、b_2 和 h_1、h_2 表示，并使 $d = b_1 + b_2 = h_1 + h_2$。

对于芯柱，根据结构需要，可以在某些框架柱的一定高度范围内，在其内部的中心位置设置（分别引注其柱编号）。芯柱截面尺寸按构造确定，并按标准构造详图施工，设计不注；当设计者采用与本构造详图不同的做法时，应另行注明。芯柱定位随框架柱走，不需要注写其与轴线的几何关系。

④注写柱纵筋。当柱纵筋直径相同，各边根数也相同时（包括矩形柱、圆柱和芯柱），将纵筋注写在“全部纵筋”一栏中；除此之外，柱纵筋分角筋、截面 b 边中部筋和 h 边中部筋三项分别注写（对于采用对称配筋的矩形截面柱，可仅注写一侧中部筋，对称边省略不注）。

⑤注写箍筋类型号及箍筋肢数，在箍筋类型栏内注写按下面 3）规定绘制柱截面形状及其箍筋类型号。

⑥注写柱箍筋，包括钢筋级别、直径与间距。

当为抗震设计时，用斜线“/”区分柱端箍筋加密区与柱身非加密区长度范围内箍筋的不同间距。施工人员须根据标准构造详图的规定，在规定的几种长度值中取其最大者作为加密区长度。

【例 5 - 49】　ϕ10@100/250，表示箍筋为 HPB300 级钢筋，直径 ϕ10，加密区间距为 100mm，非加密区间距为 250mm。

当箍筋沿柱全高为一种间距时，则不使用“/”线。

【例 5 - 50】　ϕ10@100，表示箍筋为 HPB300 级钢筋，直径 ϕ10，间距为 100mm，沿柱全高加密。

当圆柱采用螺旋箍筋时，需在箍筋前加“L”。

【例 5 - 51】　Lϕ10@100/200，表示采用螺旋箍筋，HPB300 级钢筋，直径 ϕ10，加密区间距为 100mm，非加密区间距为 200mm。

当柱（包括芯柱）纵筋采用搭接连接，且为抗震设计时，在柱纵筋搭接长度范围内（应避开柱端的箍筋加密区）的箍筋均应按不大于 $5d$（d 为柱纵筋较小直径）及不大于 100mm 的间距加密。

当为非抗震设计时，在柱纵筋搭接长度范围内的箍筋加密，应由设计者另行注明。

3）具体工程所设计的各种箍筋类型图以及箍筋复合的具体方式，需画在表的上部或图中的适当位置，并在其上标注与表中相对应的 b、h 和类型号。

当为抗震设计时，确定箍筋肢数时要满足对柱纵筋“隔一拉一”以及箍筋肢距的要求。

4）图 5-76 为采用列表注写方式表达的柱平法施工图示例。

该图为标高－0.030～59.070m。图中左边表格是结构层号、楼面标高与结构层高。平面图中有 1 号框架柱（KZ1）、1 号梁上柱（LZ1）和 1 号芯柱（XZ1），并标出柱的位置与截面尺寸。还画出 7 种箍筋类型和柱表。箍筋类型中的 $m \times n$ 表示横向肢数×竖向肢数。

（2）截面注写方式。

1）截面注写方式，系在标准层绘制的柱平面布置图的柱截面上，分别在同一编号的柱中选择一个截面，以直接注写截面尺寸和配筋具体数值的方式来表达柱平法施工图，如图 5-77 所示。

2）对除芯柱之外的所有柱截面按表 5-13 规定进行编号，从相同编号的柱中选择一个截面，按另一种比例原位放大绘制柱截面配筋图，并在各配筋图上继其编号后再注写截面尺寸 $b \times h$、角筋或全部纵筋（当纵筋采用一种直径且能够图示清楚时）、箍筋的具体数值［箍筋的注写方式及对柱纵筋搭接长度范围的箍筋间距要求同上段⑥］，以及在柱截面配筋图上标注柱截面与轴线关系 b_1、b_2 和 h_1、h_2 的具体数值。

当纵筋采用两种直径时，需再注写截面各边中部筋的具体数值（对于采用对称配筋的矩形截面柱，可仅在一侧注写中部筋，对称边省略不注）。

当在某些框架柱的一定高度范围内，在其内部的中心位置设置芯柱时，首先按照表 5-26 进行编号，继其编号后注写芯柱的起止标高、全部纵筋及箍筋的具体数值［箍筋的注写方式及对柱纵筋搭接长度范围的箍筋间距要求同上段⑥］，芯柱截面尺寸按构造确定，并按标准构造详图施工，设计不注；当设计者采用与本构造详图不同的做法时，应另行注明。芯柱定位随框架柱走，不需要注写其与轴线的几何关系。

3）在截面注写方式中，如柱的分段截面尺寸和配筋均相同，仅分段截面与轴线的关系不同时，可将其编为同一柱号。但此时应在未画配筋的柱截面上注写该柱截面与轴线关系的具体尺寸。

4）图 5-77 为采用截面注写方式表达的柱平法施工图示例。

该图为标高 19.47～37.47m 的柱平法施工图。图中选出有代表性的 KZ1、KZ2、KZ3、LZ1 将其比例放大后标出其截面尺寸和配筋情况。如 1 号框架柱，截面为 650mm×600mm 的矩形；4Φ22 贯通纵筋，放于 4 角；X 向 5 根（不包括集中标注的 2 根）Φ22 钢筋，Y 向 4 根（不包括集中标注的 2 根）Φ20 钢筋；箍筋为 4 肢 ϕ10 箍筋，加密区间距 100mm，非加密区间距 200mm。而 2 号框架柱，截面也为 650mm×600mm 的矩形；贯通纵筋配的是 22Φ22，却没有原位标注，说明每边 6 根Φ22 钢筋；箍筋与 KZ1 相同。3 号框架柱的不同之处是贯通纵筋为24Φ22，说明长边布置 7 根，短边布置 6 根。

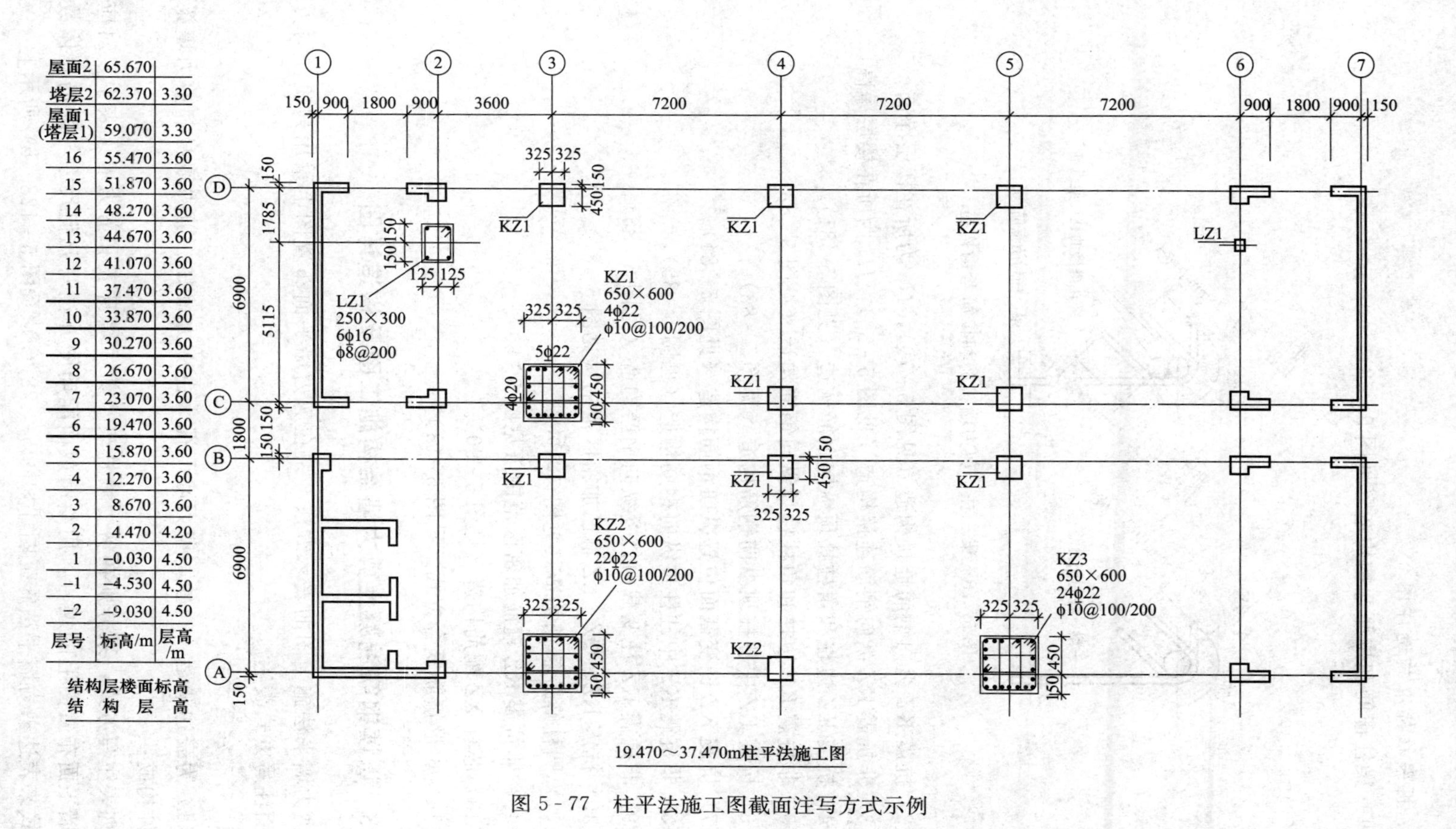

层号	标高/m	层高/m
屋面2	65.670	
塔层2	62.370	3.30
屋面1(塔层1)	59.070	3.30
16	55.470	3.60
15	51.870	3.60
14	48.270	3.60
13	44.670	3.60
12	41.070	3.60
11	37.470	3.60
10	33.870	3.60
9	30.270	3.60
8	26.670	3.60
7	23.070	3.60
6	19.470	3.60
5	15.870	3.60
4	12.270	3.60
3	8.670	3.60
2	4.470	4.20
1	-0.030	4.50
-1	-4.530	4.50
-2	-9.030	4.50

结构层楼面标高
结构层高

图 5-77　柱平法施工图截面注写方式示例

6. 框架柱标准构造详图

（1）梁柱箍筋和拉筋弯钩构造（见图5-78）。

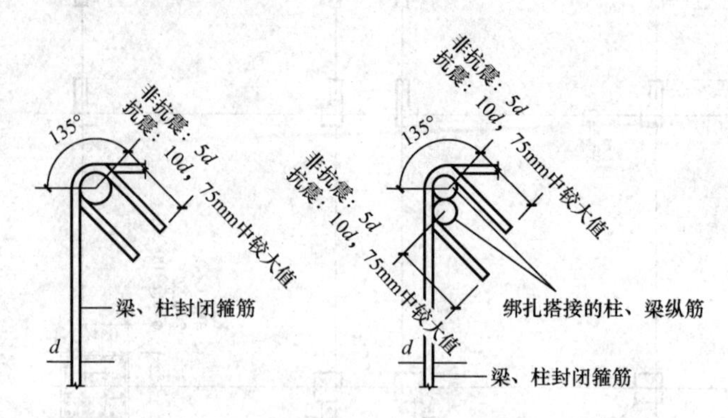

图5-78　梁、柱、剪力墙箍筋和拉筋弯钩构造

（2）抗震KZ纵向钢筋连接构造（见图5-79），H_n为所在楼层净高。

（3）非抗震KZ纵向钢筋连接构造（见图5-80），H_n为所在楼层净高。

（4）抗震KZ边柱和角柱柱顶纵向钢筋构造（见图5-81）。

（5）非抗震KZ边柱和角柱柱顶纵向钢筋构造（见图5-82）。

（6）抗震KZ中柱柱顶纵向钢筋构造（见图5-83）。

（7）抗震KZ柱变截面位置纵向钢筋构造（见图5-84）。

（8）非抗震KZ中柱柱顶纵向钢筋构造（见图5-85）。

（9）非抗震KZ柱变截面位置纵向钢筋构造（见图5-86）。

（10）抗震KZ、QZ、LZ箍筋加密区范围（见图5-87）。

（11）圆柱螺旋箍筋构造（见图5-88）。

（12）非抗震KZ箍筋加密区范围（见图5-89）。

（13）芯柱XZ配筋构造（见图5-90）。

（14）矩形箍筋复合方式（见图5-91）。

5.2.3　识读钢筋混凝土剪力墙结构施工图及构造详图

剪力墙平法施工图的表示方法，系在剪力墙平面布置图上采用列表注写方式或截面注写方式表达。

1. 列表注写方式

（1）为表达清楚、简便，剪力墙可视为由剪力墙柱、剪力墙身和剪力墙梁三类构件构成。

列表注写方式，系分别在剪力墙柱表、剪力墙身表和剪力墙梁表中，对应于剪力墙平面布置图上的编号，用绘制截面配筋图并注写几何尺寸与配筋具体数值的方式来表达剪力墙平法施工图［如图5-128（a）及图5-128（b）所示］。

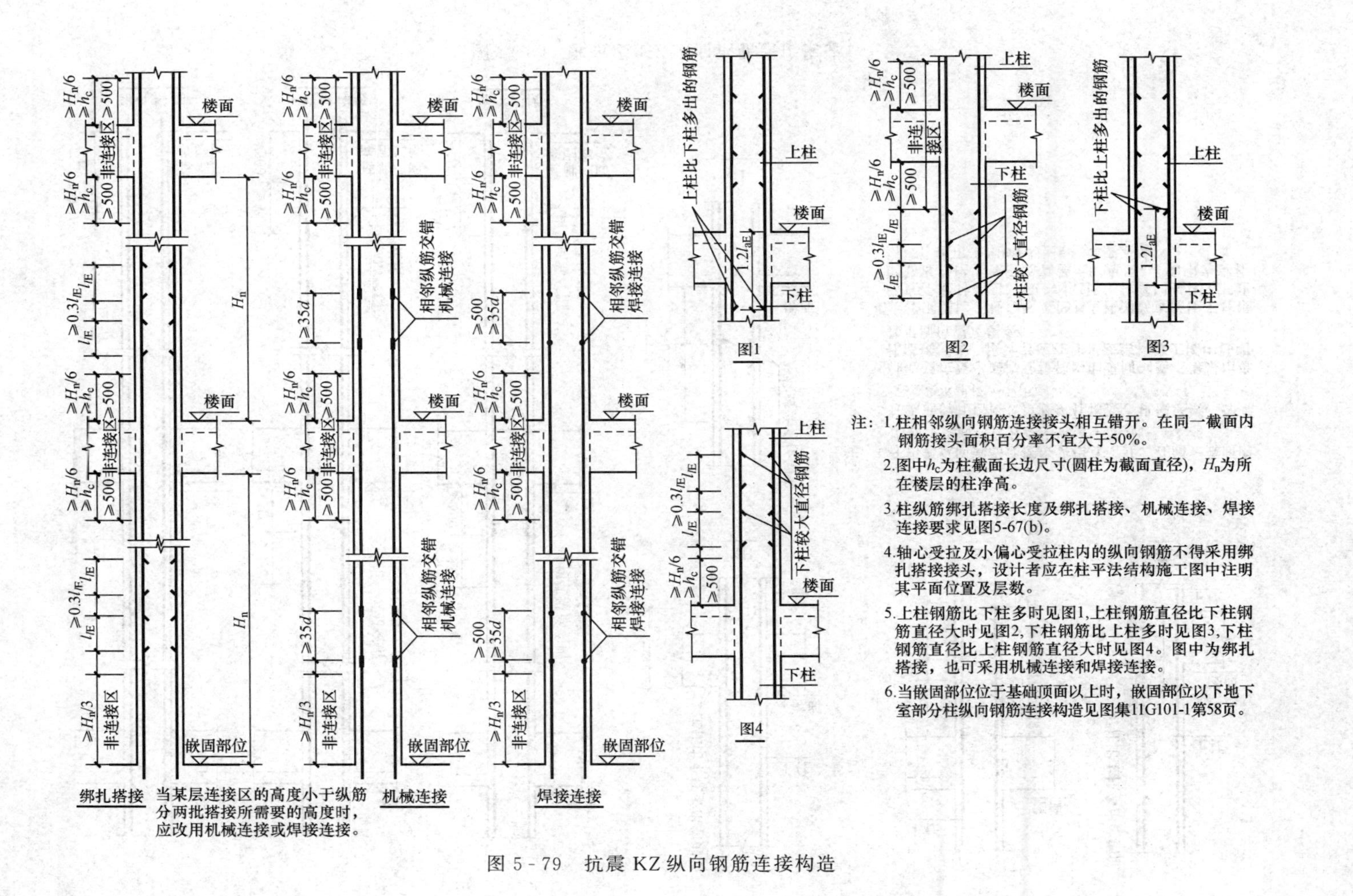

注：1.柱相邻纵向钢筋连接接头相互错开。在同一截面内钢筋接头面积百分率不宜大于50%。

2.图中h_c为柱截面长边尺寸(圆柱为截面直径)，H_n为所在楼层的柱净高。

3.柱纵筋绑扎搭接长度及绑扎搭接、机械连接、焊接连接要求见图5-67(b)。

4.轴心受拉及小偏心受拉柱内的纵向钢筋不得采用绑扎搭接接头，设计者应在柱平法结构施工图中注明其平面位置及层数。

5.上柱钢筋比下柱多时见图1,上柱钢筋直径比下柱钢筋直径大时见图2,下柱钢筋比上柱多时见图3,下柱钢筋直径比上柱钢筋直径大时见图4。图中为绑扎搭接，也可采用机械连接和焊接连接。

6.当嵌固部位位于基础顶面以上时，嵌固部位以下地下室部分柱纵向钢筋连接构造见图集11G101-1第58页。

图5-79 抗震KZ纵向钢筋连接构造

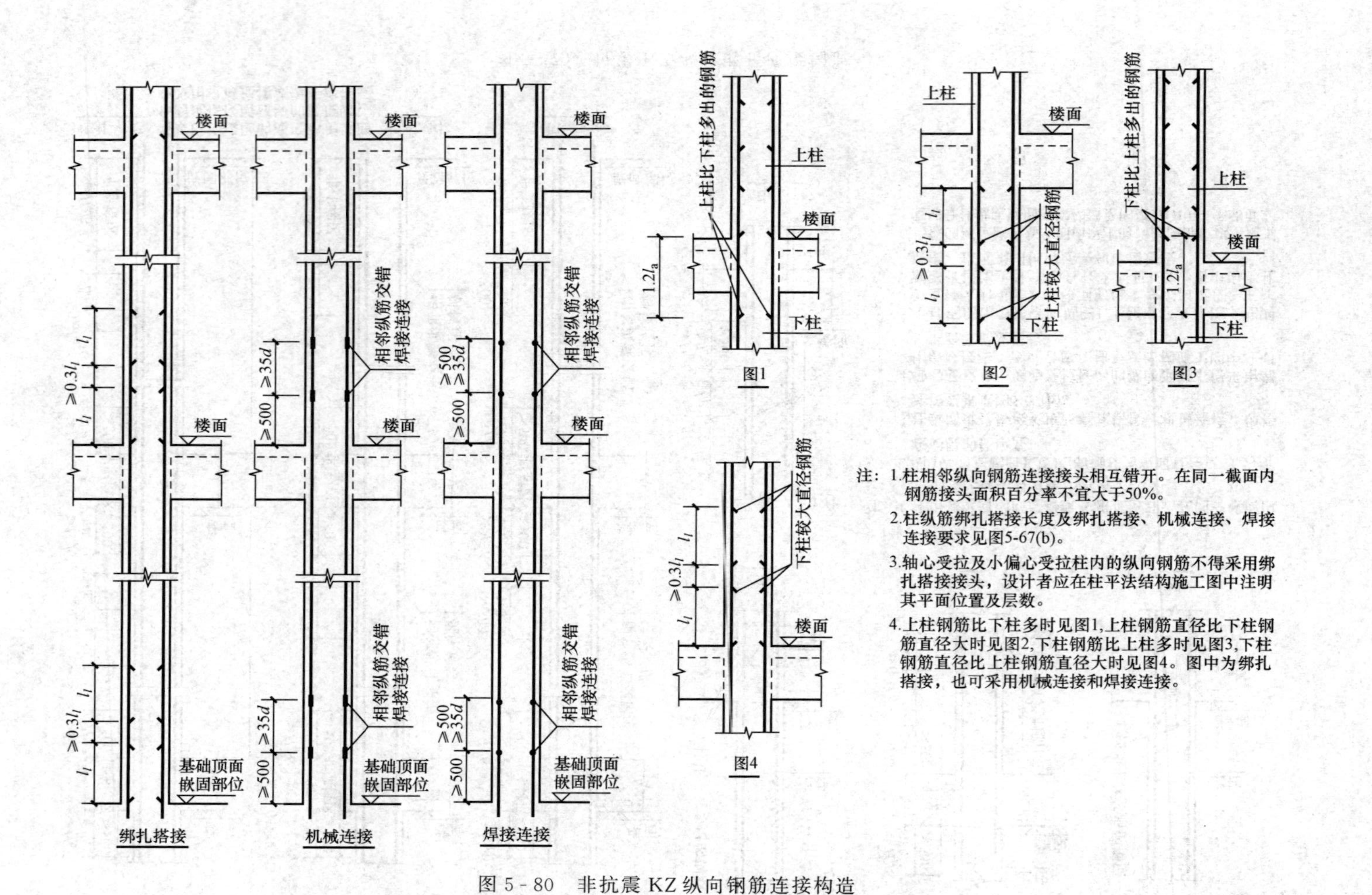

注：1.柱相邻纵向钢筋连接接头相互错开。在同一截面内钢筋接头面积百分率不宜大于50%。

2.柱纵筋绑扎搭接长度及绑扎搭接、机械连接、焊接连接要求见图5-67(b)。

3.轴心受拉及小偏心受拉柱内的纵向钢筋不得采用绑扎搭接接头，设计者应在柱平法结构施工图中注明其平面位置及层数。

4.上柱钢筋比下柱多时见图1,上柱钢筋直径比下柱钢筋直径大时见图2,下柱钢筋比上柱多时见图3,下柱钢筋直径比上柱钢筋直径大时见图4。图中为绑扎搭接，也可采用机械连接和焊接连接。

图5-80　非抗震KZ纵向钢筋连接构造

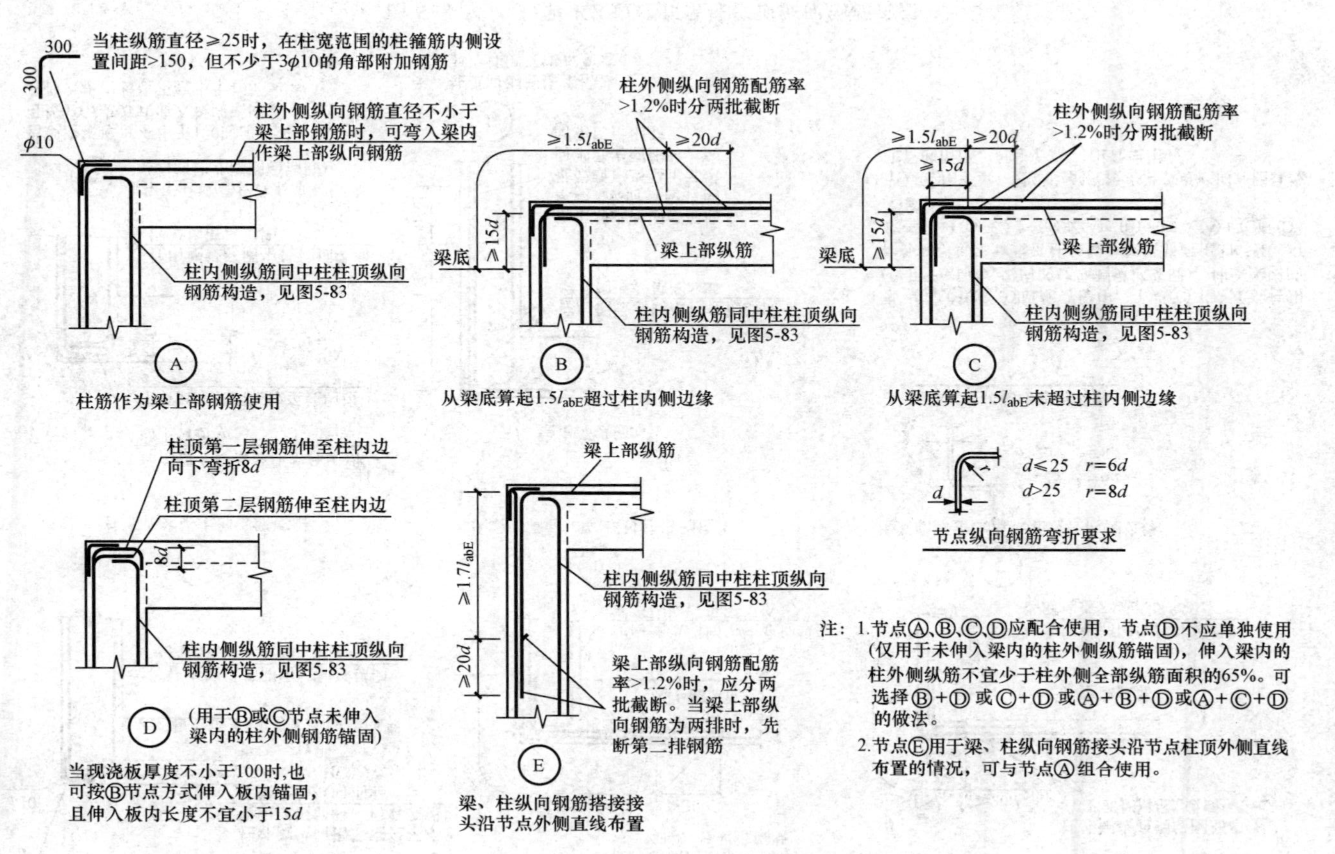

注：1.节点Ⓐ、Ⓑ、Ⓒ、Ⓓ应配合使用，节点Ⓓ不应单独使用(仅用于未伸入梁内的柱外侧纵筋锚固)，伸入梁内的柱外侧纵筋不宜少于柱外侧全部纵筋面积的65%。可选择Ⓑ+Ⓓ或Ⓒ+Ⓓ或Ⓐ+Ⓑ+Ⓓ或Ⓐ+Ⓒ+Ⓓ的做法。
2.节点Ⓔ用于梁、柱纵向钢筋接头沿节点柱顶外侧直线布置的情况，可与节点Ⓐ组合使用。

图 5-81　抗震 KZ 边柱和角柱柱顶纵向钢筋构造

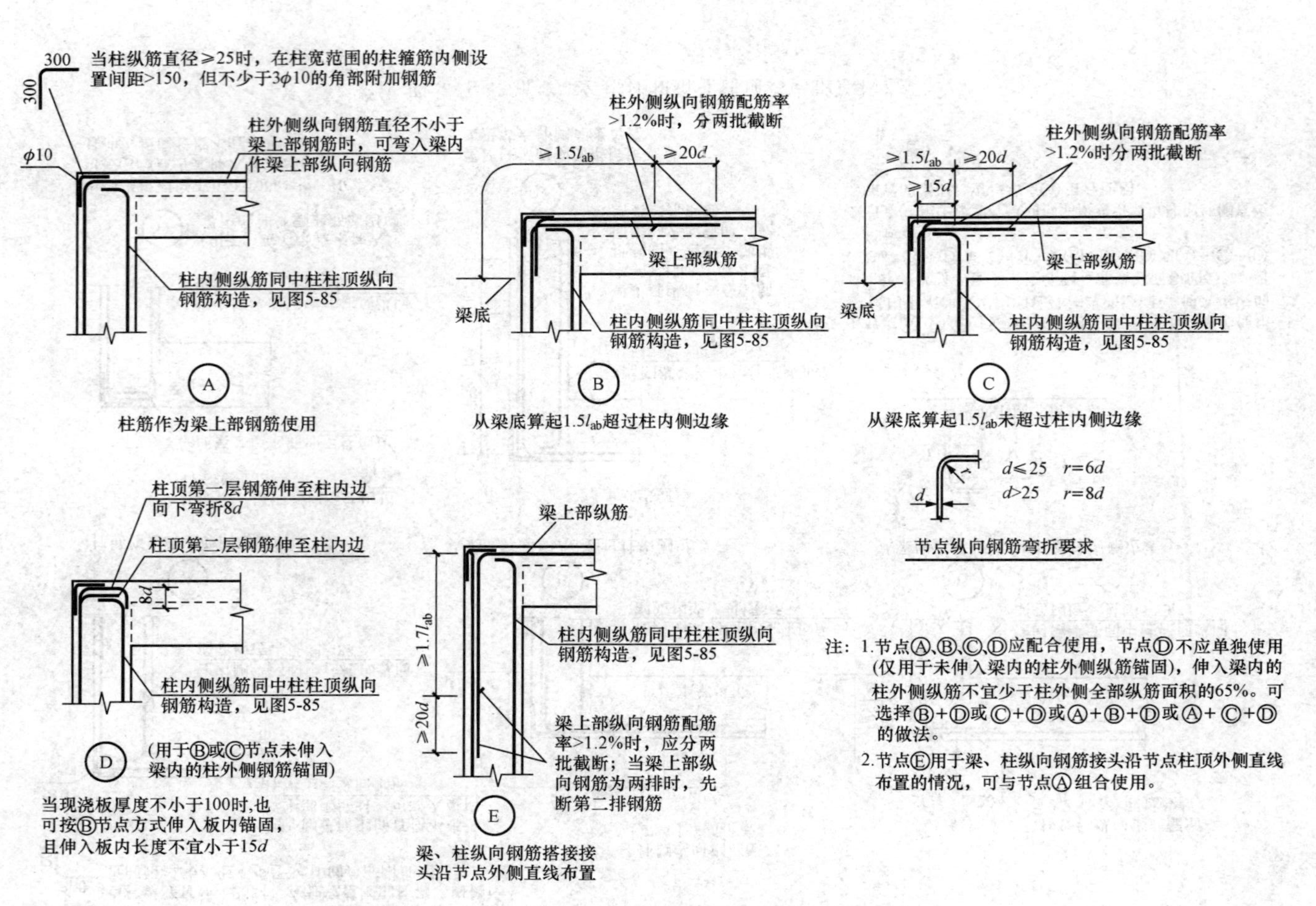

注：1.节点Ⓐ、Ⓑ、Ⓒ、Ⓓ应配合使用，节点Ⓓ不应单独使用（仅用于未伸入梁内的柱外侧纵筋锚固），伸入梁内的柱外侧纵筋不宜少于柱外侧全部纵筋面积的65%。可选择Ⓑ+Ⓓ或Ⓒ+Ⓓ或Ⓐ+Ⓑ+Ⓓ或Ⓐ+Ⓒ+Ⓓ的做法。

2.节点Ⓔ用于梁、柱纵向钢筋接头沿节点柱顶外侧直线布置的情况，可与节点Ⓐ组合使用。

图5-82 非抗震KZ边柱和角柱柱顶纵向钢筋构造

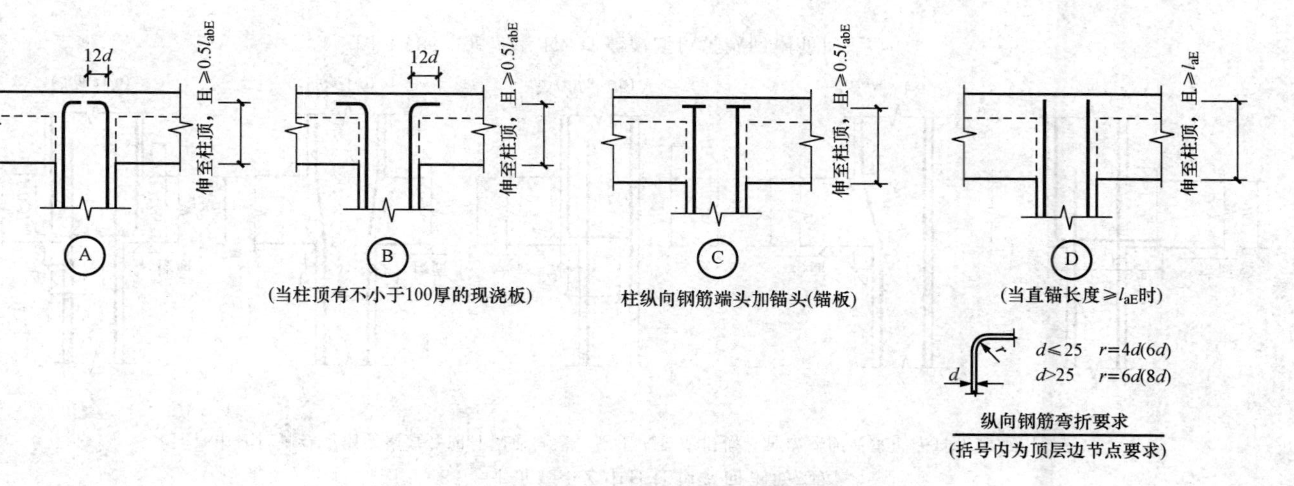

图 5-83 抗震 KZ 中柱柱顶纵向钢筋构造

注：中柱柱头纵向钢筋构造分四种构造做法，施工人员应根据各种做法所要求的条件正确选用。

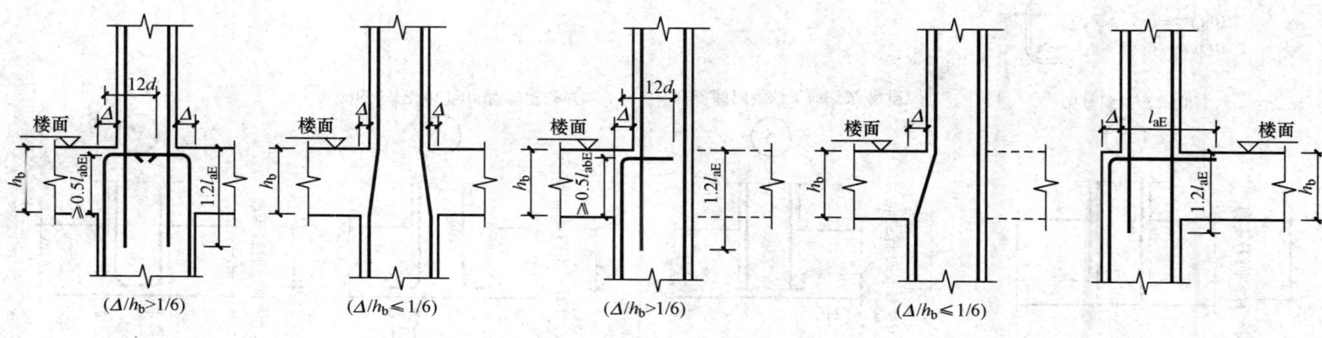

图 5-84 抗震 KZ 柱变截面位置纵向钢筋构造

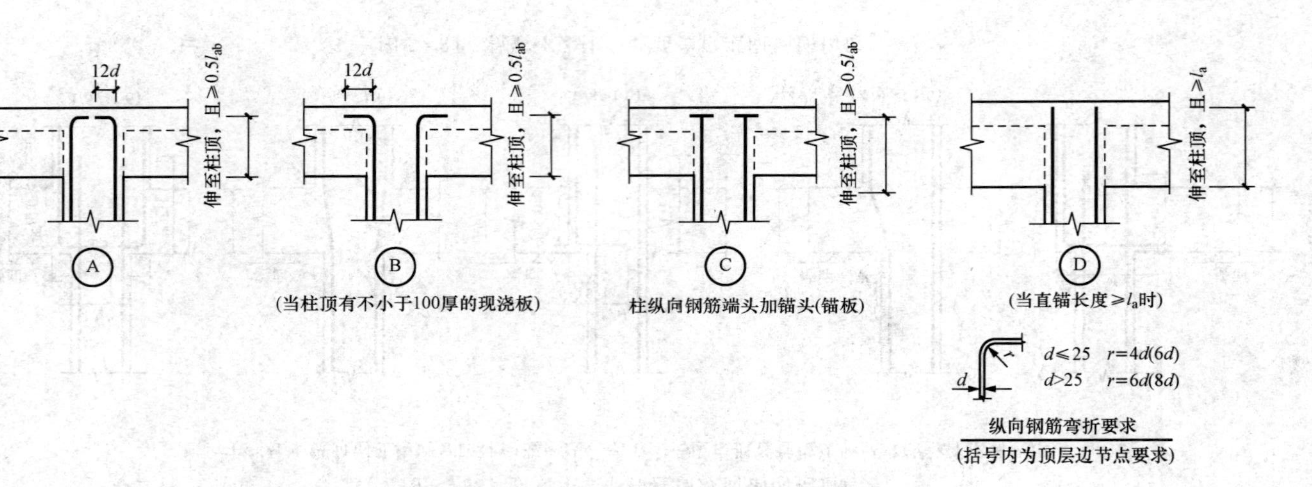

图 5-85 非抗震 KZ 中柱柱顶纵向钢筋构造

注：中柱柱头纵向钢筋构造分四种构造做法，施工人员应根据各种做法所要求的条件正确应用。

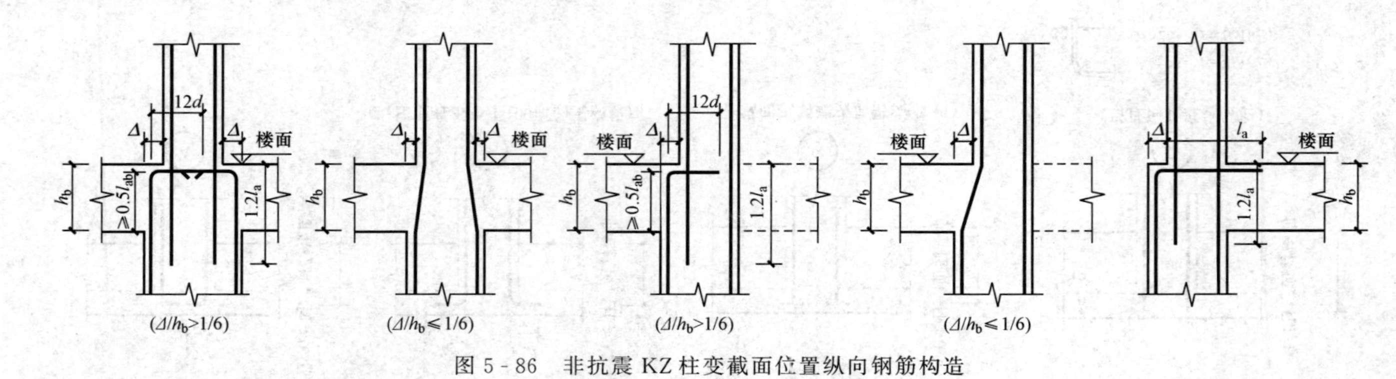

图 5-86 非抗震 KZ 柱变截面位置纵向钢筋构造

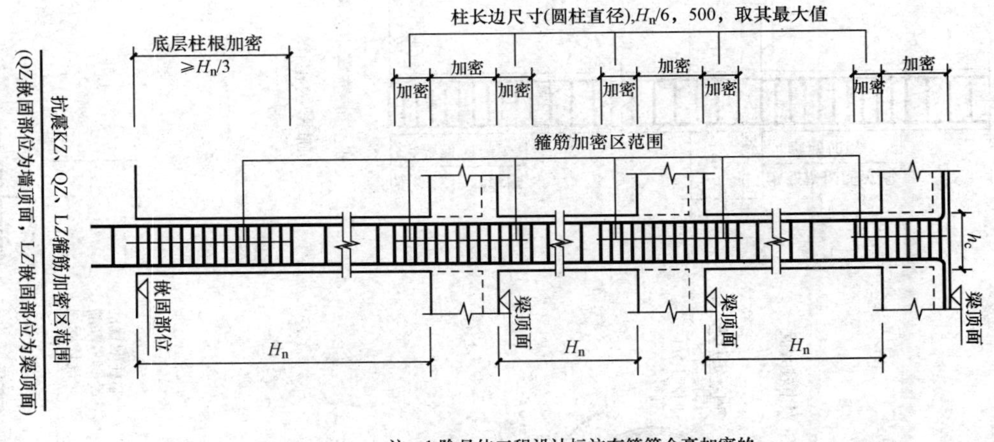

抗震KZ、QZ、LZ箍筋加密区范围

(QZ嵌固部位为墙顶面，LZ嵌固部位为梁顶面)

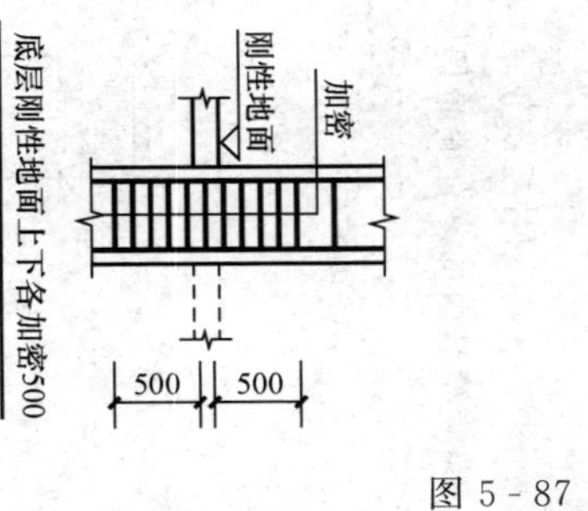

底层刚性地面上下各加密500

注：1.除具体工程设计标注有箍筋全高加密的柱外，柱箍筋加密区按本图所示。

2.当柱纵筋采用搭接连接时，搭接区范围内箍筋构造见图5-67(a)。

3.当柱在某楼层各向均无梁连接时，计算箍筋加密范围采用的H_n按该跃层柱的总净高取用，其余情况同普通柱。

图 5-87　抗震 KZ、QZ、LZ 箍筋加密区范围

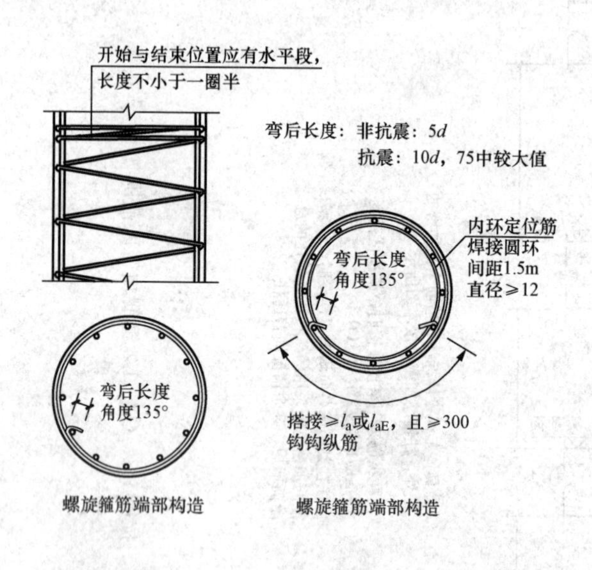

图 5-88　圆柱螺旋箍筋构造
（螺旋箍筋内的复合箍筋具体设计）

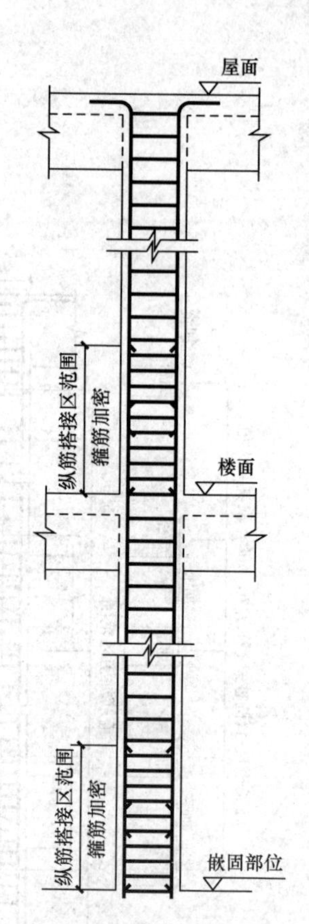

图 5-89　非抗震 KZ 箍筋
加密区范围

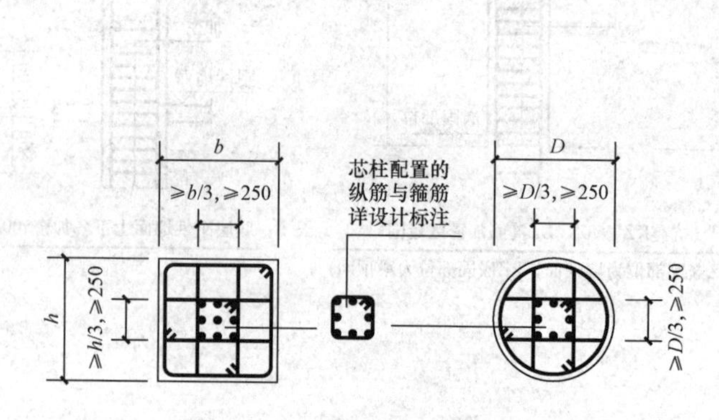

图 5-90　芯柱 XZ 配筋构造

注：纵筋的连接及根部锚固同框架柱，往上直通至芯柱柱顶标高。

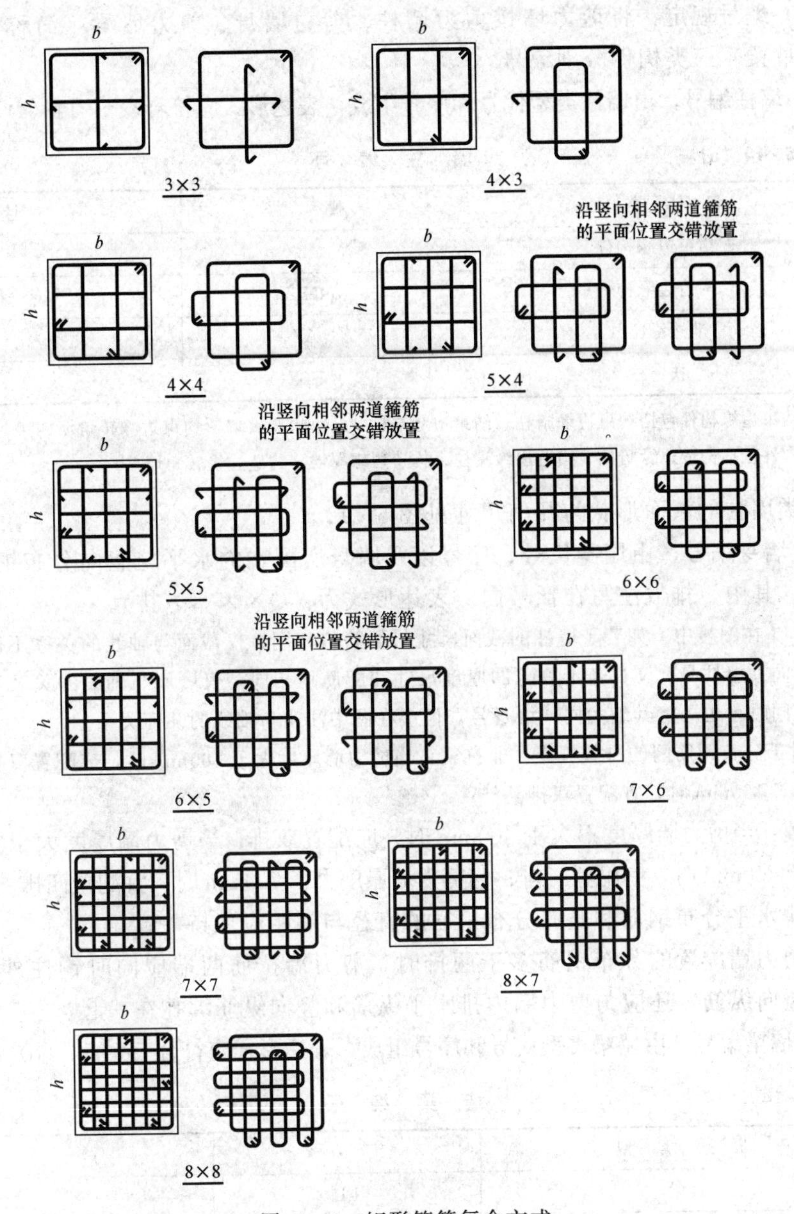

图 5-91　矩形箍筋复合方式

注：矩形复合箍筋的基本复合方式可为：

1. 沿复合箍周边，箍筋局部重叠不宜多于两层，以复合箍筋最外围的封闭箍筋为基准，柱内的横向箍筋紧挨其设置在下（或在上），柱内纵向箍筋紧挨其设置在上（或在下）。
2. 若在同一组内复合箍筋各肢位置不能满足对称性要求时，沿柱竖向相邻两组箍筋应交错放置。
3. 矩形箍筋复合方式同样适用于芯柱。

（2）编号规定：将剪力墙按剪力墙柱、剪力墙身、剪力墙梁（简称为墙柱、墙身、墙梁）三类构件分别编号。

1）墙柱编号，由墙柱类型代号和序号组成，表达形式应符合表5-14（a）的规定。

表5-14（a）　墙柱编号

墙柱类型	代号	序号
约束边缘构件	YBZ	××
构造边缘构件	GBZ	××
非边缘暗柱	AZ	××
扶壁柱	FBZ	××

注：约束边缘构件包括约束边缘暗柱、约束边缘端柱、约束边缘翼墙、约束边缘转角墙四种。构造边缘构件包括构造边缘暗柱、构造边缘端柱、构造边缘翼墙、构造边缘转角墙。

各类墙柱的截面形状与几何尺寸见图5-92。

2）墙身编号，由墙身代号、序号以及墙身所配置的水平与竖向分布钢筋的排数组成，其中，排数注写在括号内。表达形式为：Q××（×排）。

注：1. 在编号中：如若干墙柱的截面尺寸与配筋均相同，仅截面与轴线的关系不同时，可将其编为同一墙柱号；又如若干墙身的厚度尺寸和配筋均相同，仅墙厚与轴线的关系不同或墙身长度不同时，也可将其编为同一墙身号，但应在图中注明与轴线的几何关系。

2. 对于分布钢筋网的排数规定。非抗震：当剪力墙厚度大于160mm时，应配置双排；当其厚度不大于160mm时，宜配置双排。

抗震：当剪力墙厚度不大于400mm时，应配置双排；当剪力墙厚度大于400mm，但不大于700mm时，宜配置三排；当剪力墙厚度大于700mm时，宜配置四排。

各排水平分布钢筋和竖向分布钢筋的直径与间距应保持一致。

当剪力墙配置的分布钢筋多于两排时，剪力墙拉筋两端应同时钩住外排水平纵筋和竖向纵筋，还应与剪力墙内排水平纵筋和竖向纵筋绑扎在一起。

3）墙梁编号，由墙梁类型代号和序号组成，表达形式应符合表5-14（b）的规定。

表5-14（b）　墙梁编号

墙梁类型	代号	序号
连梁	LL	××
连梁（对角暗撑配筋）	LL（JC）	××
连梁（交叉斜筋配筋）	LL（JX）	××
连梁（集中对角斜筋配筋）	LL（DX）	××
暗梁	AL	××
边框梁	BKL	××

注：在具体工程中，当某些墙身需设置暗梁或边框梁时，宜在剪力墙平法施工图中绘制暗梁或边框梁的平面布置简图并编号［见图5-93（a）］，以明确其具体位置。

（3）在剪力墙柱表中表达的内容，规定如下。

1）注写墙柱编号［见表 5-14（a）］和绘制该墙柱的截面配筋图；标注墙柱几何尺寸。

① 约束边缘构件需注明阴影部分尺寸。剪力墙平面布置图中应注明约束边缘构件沿墙肢长度 l_c（约束边缘翼墙中沿墙肢长度尺寸为 $2b_f$ 时可不注）。

② 构造边缘构件需注明阴影部分尺寸。

③ 扶壁柱及非边缘暗柱需标准几何尺寸。

2）注写各段墙柱的起止标高，自墙柱根部往上以变截面位置或截面未变但配筋改变处为界分段注写。墙柱根部标高一般指基础顶面标高（部分框支剪力墙结构则为框支梁顶面标高）。

3）注写各段墙柱的纵向钢筋和箍筋，注写值应与表中绘制的截面配筋图对应一致。纵向钢筋注总配筋值；墙柱箍筋的注写方式与柱箍筋相同。约束边缘构件除注写阴影部位的箍筋外，尚需在剪力墙平面布置图中注写非阴影区内布置的拉筋（或箍筋）。

所有墙柱纵向钢筋搭接长度范围内的箍筋间距要求同柱平法。

（4）在剪力墙身表中表达的内容，规定如下。

1）注写墙身编号（含水平与竖向分布钢筋的排数）。

2）注写各段墙身起止标高，自墙身根部往上以变截面位置或截面未变但配筋改变处为界分段注写。墙身根部标高系指基础顶面标高（框支剪力墙结构则为框支梁的顶面标高）。

3）注写水平分布钢筋、竖向分布钢筋和拉筋的具体数值。注写数值为一排水平分布钢筋和竖向分布钢筋的规格与间距，具体设置几排已经在墙身编号后面表达。

拉筋应注明布置方式“双向”或“梅花双向”，见图 5-93（c）（图中 a 为竖向分布钢筋间距，b 为水平分布钢筋间距）。

（5）在剪力墙梁表中表达的内容，规定如下。

1）注写墙梁编号，见表 5-14（b）。

2）注写墙梁所在楼层号。

3）注写墙梁顶面标高高差，系指相对于墙梁所在结构层楼面标高的高差值，高于者为正值，低于者为负值，当无高差时不注。

4）注写墙梁截面尺寸 $b \times h$，上部纵筋，下部纵筋和箍筋的具体数值。

5）当连梁设有对角暗撑时［代号为 LL(JC)××］，注写暗撑的截面尺寸（箍筋外皮尺寸）；注写一根暗撑的全部纵筋，并标注×2 表明有两根暗撑相互交叉；注写暗撑箍筋的具体值。

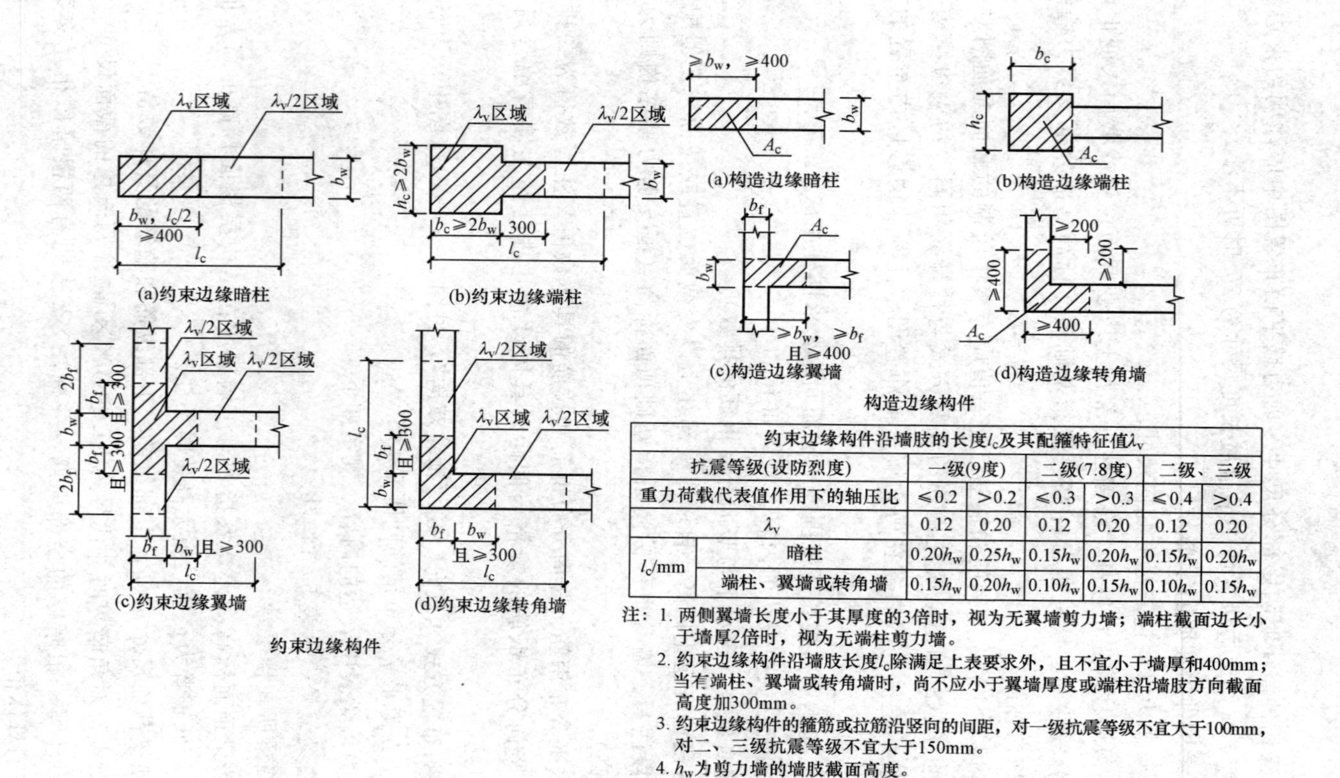

约束边缘构件沿墙肢的长度l_c及其配箍特征值λ_v							
抗震等级(设防烈度)		一级(9度)		二级(7.8度)		二级、三级	
重力荷载代表值作用下的轴压比		≤0.2	>0.2	≤0.3	>0.3	≤0.4	>0.4
λ_v		0.12	0.20	0.12	0.20	0.12	0.20
l_c/mm	暗柱	$0.20h_w$	$0.25h_w$	$0.15h_w$	$0.20h_w$	$0.15h_w$	$0.20h_w$
	端柱、翼墙或转角墙	$0.15h_w$	$0.20h_w$	$0.10h_w$	$0.15h_w$	$0.10h_w$	$0.15h_w$

注：1. 两侧翼墙长度小于其厚度的3倍时，视为无翼墙剪力墙；端柱截面边长小于墙厚2倍时，视为无端柱剪力墙。
2. 约束边缘构件沿墙肢长度l_c除满足上表要求外，且不宜小于墙厚和400mm；当有端柱、翼墙或转角墙时，尚不应小于翼墙厚度或端柱沿墙肢方向截面高度加300mm。
3. 约束边缘构件的箍筋或拉筋沿竖向的间距，对一级抗震等级不宜大于100mm，对二、三级抗震等级不宜大于150mm。
4. h_w为剪力墙的墙肢截面高度。
5. 体积配箍率计算可适当计入满足构造要求且在墙端有可靠锚固的水平分布钢筋的截面面积。

图 5-92　各类墙柱的截面形状与几何尺寸

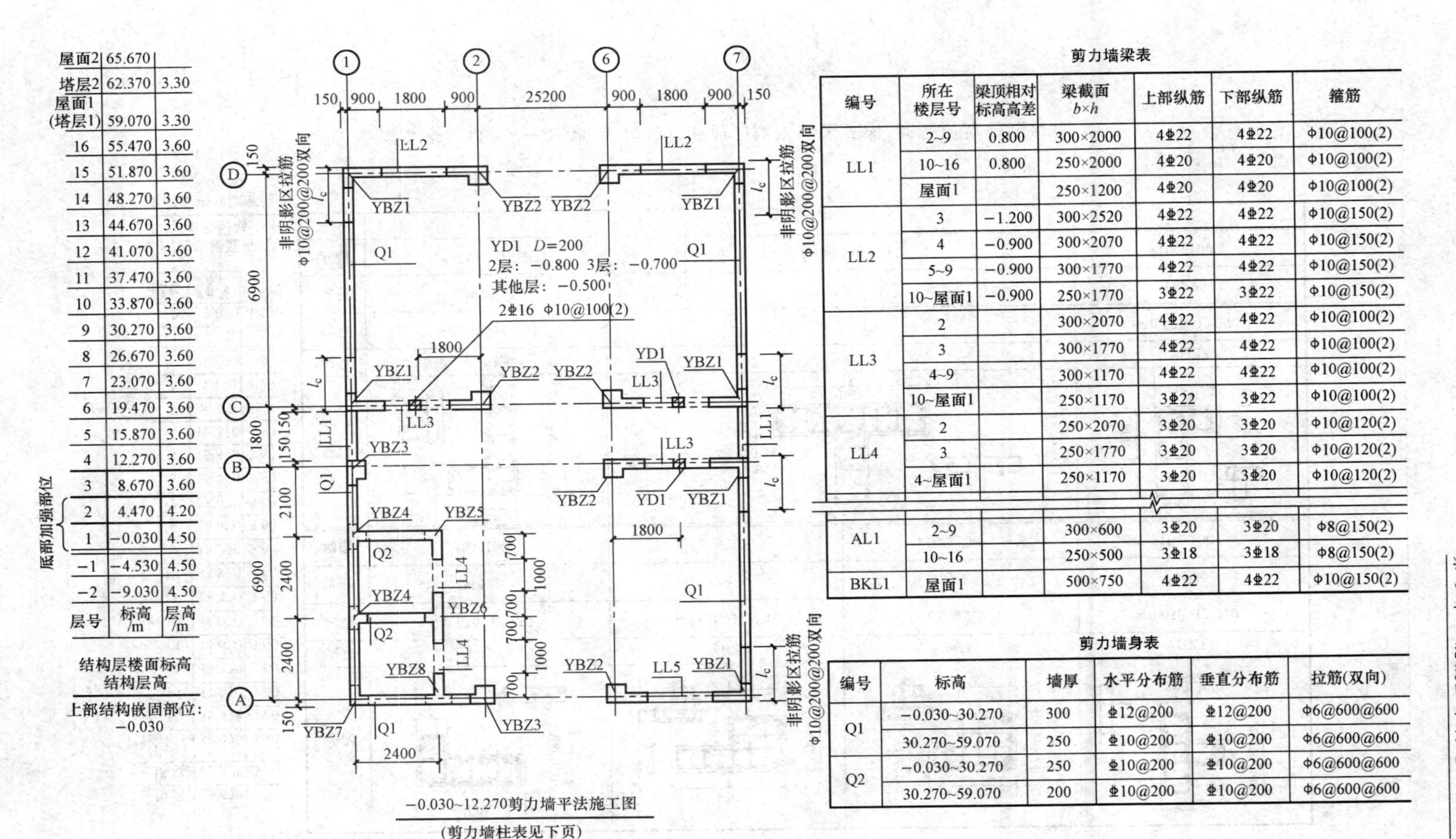

屋面2	65.670	
塔层2	62.370	3.30
屋面1 (塔层1)	59.070	3.30
16	55.470	3.60
15	51.870	3.60
14	48.270	3.60
13	44.670	3.60
12	41.070	3.60
11	37.470	3.60
10	33.870	3.60
9	30.270	3.60
8	26.670	3.60
7	23.070	3.60
6	19.470	3.60
5	15.870	3.60
4	12.270	3.60
3	8.670	3.60
2	4.470	4.20
1	−0.030	4.50
−1	−4.530	4.50
−2	−9.030	4.50
层号	标高/m	层高/m

底部加强部位（2层、1层）

结构层楼面标高
结构层高

上部结构嵌固部位：
−0.030

剪力墙梁表

编号	所在楼层号	梁顶相对标高高差	梁截面 $b \times h$	上部纵筋	下部纵筋	箍筋
LL1	2~9	0.800	300×2000	4Φ22	4Φ22	ϕ10@100(2)
	10~16	0.800	250×2000	4Φ20	4Φ20	ϕ10@100(2)
	屋面1		250×1200	4Φ20	4Φ20	ϕ10@100(2)
LL2	3	−1.200	300×2520	4Φ22	4Φ22	ϕ10@150(2)
	4	−0.900	300×2070	4Φ22	4Φ22	ϕ10@150(2)
	5~9	−0.900	300×1770	4Φ22	4Φ22	ϕ10@150(2)
	10~屋面1	−0.900	250×1770	3Φ22	3Φ22	ϕ10@150(2)
LL3	2		300×2070	4Φ22	4Φ22	ϕ10@100(2)
	3		300×1770	4Φ22	4Φ22	ϕ10@100(2)
	4~9		300×1170	4Φ22	4Φ22	ϕ10@100(2)
	10~屋面1		250×1170	3Φ22	3Φ22	ϕ10@100(2)
LL4	2		250×2070	3Φ20	3Φ20	ϕ10@120(2)
	3		250×1770	3Φ20	3Φ20	ϕ10@120(2)
	4~屋面1		250×1170	3Φ20	3Φ20	ϕ10@120(2)
AL1	2~9		300×600	3Φ20	3Φ20	ϕ8@150(2)
	10~16		250×500	3Φ18	3Φ18	ϕ8@150(2)
BKL1	屋面1		500×750	4Φ22	4Φ22	ϕ10@150(2)

剪力墙身表

编号	标高	墙厚	水平分布筋	垂直分布筋	拉筋(双向)
Q1	−0.030~30.270	300	Φ12@200	Φ12@200	ϕ6@600@600
	30.270~59.070	250	Φ10@200	Φ10@200	ϕ6@600@600
Q2	−0.030~30.270	250	Φ10@200	Φ10@200	ϕ6@600@600
	30.270~59.070	200	Φ10@200	Φ10@200	ϕ6@600@600

注：1.可在结构层楼面标高、结构层高表中加设混凝土强度等级等栏目。
2.本示例中l_c为约束边缘构件沿墙肢的伸出长度(实际工程中应注明具体值)，约束边缘构件非阴影区拉筋(除图中有标注外)：竖向与水平钢筋交点处均设置，直径ϕ8。

图 5-93（a）　剪力墙平法施工图列表注写方式示例

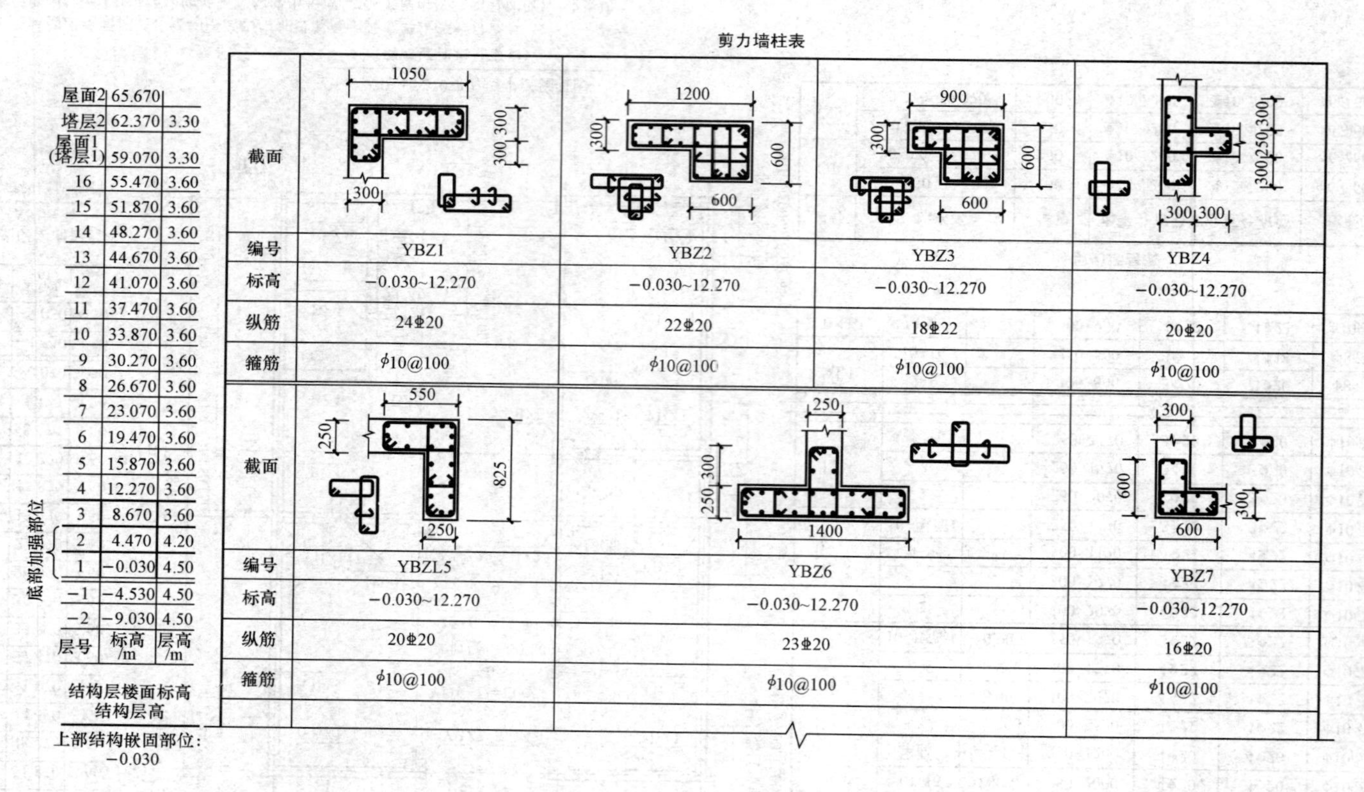

层号	标高/m	层高/m
屋面2	65.670	
塔层2	62.370	3.30
屋面1（塔层1）	59.070	3.30
16	55.470	3.60
15	51.870	3.60
14	48.270	3.60
13	44.670	3.60
12	41.070	3.60
11	37.470	3.60
10	33.870	3.60
9	30.270	3.60
8	26.670	3.60
7	23.070	3.60
6	19.470	3.60
5	15.870	3.60
4	12.270	3.60
3	8.670	3.60
2	4.470	4.20
1	−0.030	4.50
−1	−4.530	4.50
−2	−9.030	4.50

底部加强部位（层 1～2）

结构层楼面标高
结构层高

上部结构嵌固部位：
−0.030

剪力墙柱表

截面				
编号	YBZ1	YBZ2	YBZ3	YBZ4
标高	−0.030~12.270	−0.030~12.270	−0.030~12.270	−0.030~12.270
纵筋	24⌀20	22⌀20	18⌀22	20⌀20
箍筋	ϕ10@100	ϕ10@100	ϕ10@100	ϕ10@100

截面			
编号	YBZL5	YBZ6	YBZ7
标高	−0.030~12.270	−0.030~12.270	−0.030~12.270
纵筋	20⌀20	23⌀20	16⌀20
箍筋	ϕ10@100	ϕ10@100	ϕ10@100

图 5-93（b） −0.030～12.270m 剪力墙平法施工图（部分剪力墙柱表）

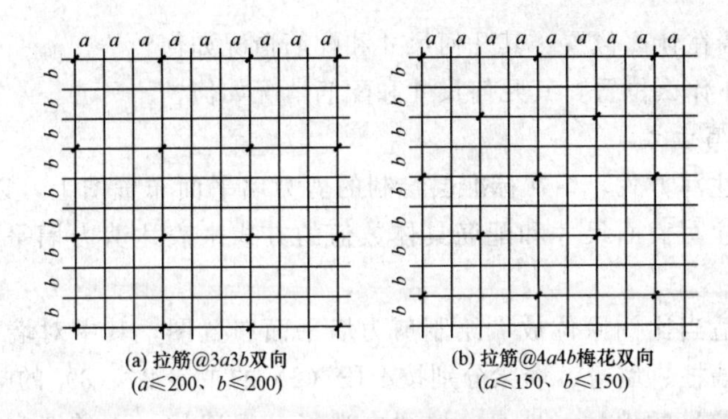

图 5-93（c）　双向拉筋与梅花双向拉筋示意

6）当连梁设有交叉斜筋时［代号为 LL(JX)××］，注写连梁一侧对角斜筋的配筋值，并标注×2 表明对称设置；注写对角斜筋在连梁端部设置的拉筋根数、规格及直径，并标注×4 表示四角设置；注写连梁一侧折线筋配筋值，并标注×2 表明对称设置。

7）当连梁设有集中对角配筋时［代号为 LL(DX)××］，注写一条对角线上的对角斜筋，并标注×2 表明对称设置。

墙梁侧面纵筋的配置，当墙身水平分布钢筋满足连梁、暗梁及边框梁的梁侧面纵向构造钢筋的要求时，该筋配置同墙身水平分布钢筋，表中不注，施工按标准构造详图的要求即可；当不满足时，应在表中注明梁侧面纵筋的具体数值（其在支座内的锚固要求同连梁中受力钢筋）。

图 5-93（a）和图 5-93（b）为采用列表注写方式分别表达剪力墙墙梁、墙身和墙柱的平法施工图示例。

图 5-93（a）是剪力墙结构标高－0.03～12.27m 的平法施工图。左表是标高、层高表，右表是剪力墙梁表和剪力墙身表；图中，在 B、C 轴线的连梁 3（LL3）下各有 1 个 1 号圆洞（YD1）（垂直竖向连梁平面的水平洞口），直径D＝200mm，洞中心线标高：2 层比左表标高低 0.8m（从右表可以看出 2 层 LL3 的$b\times h$＝300mm×2070mm），3 层低 0.7m（LL3 的 $b\times h$＝300mm×1770mm），其他层低 0.5m（LL3 的 $b\times h$＝250mm×1170mm）；每边补强配筋为 2 Φ 16，箍筋为双肢φ10@100。

图 5-93（b）是－0.030～12.270m 的剪力墙平法施工图（部分剪力墙柱表），可以读出各种墙柱的截面形状、尺寸与配筋。

其余请读者自己识读，并回答下列问题：

1 号构造边缘转角墙（柱）在什么位置？

2 号构造边缘端柱在什么位置？

4 号构造边缘翼墙（柱）在什么位置？

1 号剪力墙在什么位置？其几何尺寸和配筋情况如何？

2 号剪力墙在什么位置？其几何尺寸和配筋情况如何？

4 号连梁在什么位置？其几何尺寸和配筋情况如何？

2. 截面注写方式

(1) 截面注写方式，系在标准层绘制的剪力墙平面布置图上，以直接在墙柱、墙身、墙梁上注写截面尺寸和配筋具体数值的方式来表达剪力墙平法施工图，如图 5-94 所示。

(2) 选用适当比例原位放大绘制剪力墙平面布置图，其中对墙柱绘制配筋截面图；对所有墙柱、墙身、墙梁分别按上段 (2) 的 1)、2)、3) 的规定进行编号，并分别在相同编号的墙柱、墙身、墙梁中选择一根墙柱、一道墙身、一根墙梁进行注写，其注写方式按以下规定进行。

1) 从相同编号的墙柱中选择一个截面，标注全部纵筋及箍筋的具体数值。对墙柱纵筋搭接长度范围的箍筋间距要求同柱平法。此外：

① 约束边缘构件除需注明阴影部分尺寸外，尚需注明约束边缘构件沿墙肢长度 l_c，约束边缘翼墙中沿墙肢长度尺寸为 $2b_f$ 时可不注。除注写阴影部位的箍筋外，尚需注写非阴影区内布置的拉筋（或箍筋）。当仅 l_c 不同时，可编为同一构件，但应单独注明 l_c 的具体尺寸并标注非阴影区内布置的拉筋（或箍筋）。

② 当约束边缘构件体积配箍率中计入墙身水平分布钢筋时，设计者应注明。还应注明墙身水平分布筋在阴影区域内设置的拉筋。施工时，墙身水平分布钢筋应注意采用相应的构造做法。

2) 从相同编号的墙身中选择一道墙身，按顺序引注的内容为：墙身编号（应包括注写在括号内墙身所配置的水平与竖向分布钢筋的排数）、墙厚尺寸，水平分布钢筋、竖向分布钢筋和拉筋的具体数值。

3) 从相同编号的墙梁中选择一根墙梁，按顺序引注的内容为：

① 注写墙梁编号、墙梁截面尺寸 $b \times h$、墙梁箍筋、上部纵筋、下部纵筋和墙梁顶面标高高差的具体数值。

② 当连梁设有对称暗撑时［代号为 LL(JC)××］，注写规则同上节“列表注写方式”中关于连梁注写的有关规定。当连梁设有交叉斜筋时［代号为 LL(JX)××］，注写规则同上节“列表注写方式”中关于连梁注写的有关规定。

③ 当连梁设有交叉斜筋时［代号为 LL(JX)××］，注写规则同上节“列表注写方式”中关于连梁注写的有关规定。

④ 当连梁设有集中对角筋时［代号为 LL(DX)××］，注写规则同上节“列表注写方式”中关于连梁注写的有关规定。

当墙身水平分布钢筋不能满足连梁、暗梁及边框梁的梁侧面纵向构造钢筋的要求时，应补充注明梁侧面纵筋的具体数值，注写时，以大写字母 N 打头，接续注写直径与间距。其在支座内的锚固要求同连梁中受力钢筋。

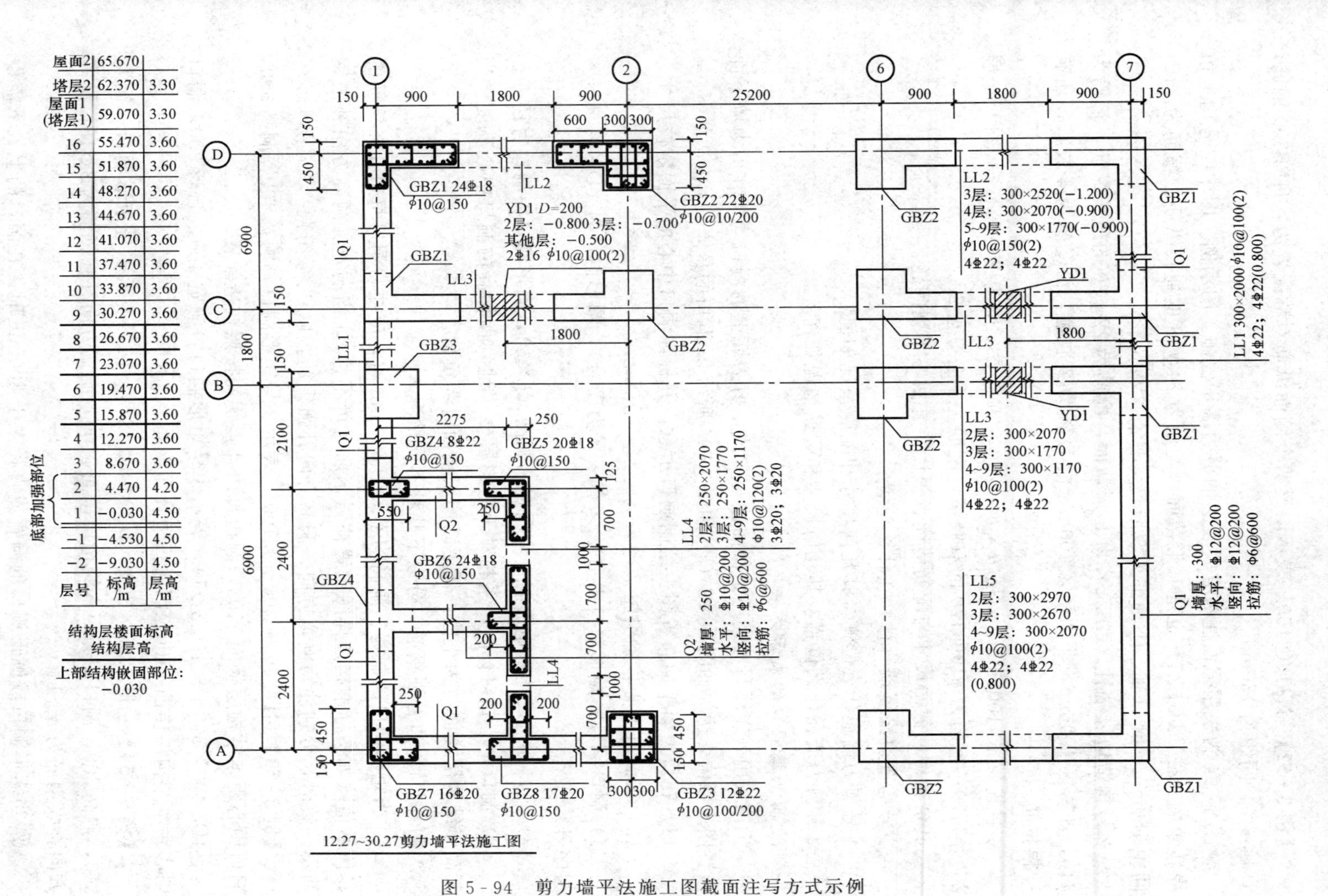

图 5－94　剪力墙平法施工图截面注写方式示例

【例5-52】 Nϕ10@150，表示墙梁两个侧面纵筋对称配置为：HPB300钢筋，直径ϕ10，间距为150mm。

图5-94为采用截面注写方式表达的剪力墙平法施工图示例。图中1号构造边缘转角墙（柱）（GBZ1）也是L形截面，配筋为24⌀18的通长纵筋，箍筋为ϕ10，间距150mm，沿D轴、①轴都为双肢箍，另有2根拉筋。

2号构造边缘端柱（GBZ2）为L形截面，配筋为22⌀20的通长纵筋，箍筋为ϕ10，加密区100mm，非加密区200m，沿D轴为2肢箍，沿②轴为4肢箍；还有一根拉筋。

4号连梁长1000mm，2层$b\times h=250\times2070$，3层为250×1770，4～9层250×1170；箍筋为ϕ10@120的双肢箍，配筋上下各3⌀20。

其余构件的截面尺寸与配筋请读者识读，并回答下列问题：

6号构造边缘翼墙（柱）在什么位置？

1号剪力墙在什么位置？其几何尺寸和配筋情况如何？

2号剪力墙在什么位置？其几何尺寸和配筋情况如何？

3. *剪力墙洞口的表示方法*

无论采用列表注写方式还是截面注写方式，剪力墙上的洞口均可在剪力墙平面布置图上原位表达［如图5-93（a）和图5-94所示］。洞口的具体表示方法如下。

（1）在剪力墙平面布置图上绘制洞口示意，并标注洞口中心的平面定位尺寸。

（2）在洞口中心位置引注：

1）洞口编号：矩形洞口为JD××（××为序号），圆形洞口为YD××（××为序号）。

2）洞口几何尺寸：矩形洞口为洞宽×洞高（$b\times h$），圆形洞口为洞口直径D。

3）洞口中心相对标高，系相对于结构层楼（地）面标高的洞口中心高度。当其高于结构层楼面时为正值，低于结构层楼面时为负值。

4）洞口每边补强钢筋，分以下几种不同情况。

① 当矩形洞口的洞宽、洞高均不大于800mm时，应注写洞口每边补强钢筋的具体数值（如按标准构造详图设置补强钢筋时可不注）。当洞宽、洞高方向补强钢筋不一致时，分别注写洞宽方向、洞高方向补强钢筋，以“/”分隔。

【例5-53】 JD2 400×300+3.100，表示2号矩形洞口，洞宽400，洞高300，洞口中心距本结构层楼面3100，洞边每边补强钢筋按照构造配置。

JD3 400×300+3.100 3⌀14，表示3号矩形洞口，洞宽400，洞高300，洞口中心距本结构层楼面3100，洞边每边补强钢筋为3⌀14。

【例5-54】 JD4 800×300+3.100 3⌀18/3⌀14，表示4号矩形洞口，洞宽800，洞高300，洞口中心距本结构层楼面3100，洞宽方向补强钢筋为3⌀18，洞高方向补强钢筋为3⌀14。

② 当矩形洞口或圆形洞口的洞宽或直径大于800mm时，在洞口的上、下需设

置补强暗梁，此项注写为洞口上、下每边暗梁的纵筋与箍筋的具体数值（在标准构造详图中，补强暗梁梁高一律定为 400mm，施工时按标准构造详图取值，设计不注。当设计者采用与该构造详图不同的做法时，应另行注明）；当洞口上、下边为剪力墙连梁时，此项免注；洞口竖向两侧按边缘构件配筋，也不在此项表达。圆形洞口时尚需注明环向加强筋的具体数值。

【例 5-55】 JD5 1800×2100＋1.800 6ϕ20 ϕ8@150，表示 5 号矩形洞口，洞宽 1800mm，洞高 2100mm，洞口中心距本结构层楼面 1800mm，洞口上、下设补强暗梁，每边暗梁纵筋为 6ϕ20，箍筋为 ϕ8@150。

【例 5-56】 YD5 1000＋1.800 6Φ20 ϕ8@150 2Φ16，表示 5 号圆形洞口，直径 1000，洞口中心距本结构层楼面 1800，洞口上下设补强暗梁，每边暗梁纵筋为6Φ20，箍筋为 ϕ8@150，环向加强钢筋 2Φ16。

③ 当圆形洞口设置在连梁中部 1/3 范围（且圆洞直径不大于 1/3 梁高）时，需注写在圆洞上下水平设置的每边补强纵筋与箍筋。

④ 当圆形洞口设置在墙身或暗梁、边框梁位置，且洞口直径不大于 300mm 时，此项注写洞口上下左右每边布置的补强纵筋的数值。

⑤ 当圆形洞口直径大于 300mm，但不大于 800mm 时，其加强钢筋在标准构造详图中是按照圆外切正六边形的边长方向布置（请参考对照标准图集中相应的标准构造详图），设计仅需注写六边形中一边补强钢筋的具体数值。

4. 剪力墙结构标准构造详图

（1）剪力墙墙身水平钢筋构造如图 5-95 所示。

（2）剪力墙墙身竖向钢筋构造如图 5-96 所示。

（3）剪力墙约束边缘构件 YBZ 构造如图 5-97 所示。

（4）剪力墙构造边缘构件 GBZ 及扶壁柱 FBZ、非边缘暗柱 AZ 构造如图 5-98 所示。

（5）剪力墙 LL、AL、BKL 配筋构造如图 5-99 所示。

（6）剪力墙连梁 LL(JX)、LL(DX)、LL(JC) 斜向交叉暗撑构造及斜向交叉钢筋构造如图 5-100 所示。

（7）剪力墙洞口补强构造如图 5-101 所示。

5. 地下室外墙的表示方法

地下室外墙仅适用于起挡土作用的地下室外围护墙。其中墙柱、连梁及洞口等的表示方法同地上剪力墙。

地下室外墙编号，由墙身代号、序号组成。表达为：

DWQ××

地下室外墙平面注写方式，包括集中标注墙体编号、厚度、贯通筋、拉筋等和原位标注附加非贯通筋等两部分内容。当仅设置贯通筋，未设置附加非贯通筋时，则仅做集中标注。

（1）地下室外墙的集中标注，规定如下：

1）注写地下室外墙编号，包括代号、序号、墙身长度（注为××～××轴）。

2）注写地下室外墙厚度 b_w=×××。

3）注写地下室外墙的外侧、内侧贯通筋和拉筋。

①以OS代表外墙外侧贯通筋。其中，外侧水平贯通筋以H打头注写，外侧竖向贯通筋以V打头注写。

②以IS代表外墙内侧贯通筋。其中，内侧水平贯通筋以H打头注写，内侧竖向贯通筋以V打头注写。

③以tb打头注写拉筋直径、强度等级及间距，并注明“双向”或“梅花双向”。

【例5-57】 DWQ2（①～⑥），b_w=300mm

OS：H⏀18@200，V⏀20@200

IS：H⏀16@200，V⏀18@200

tb Φ6@400@400 双向

表示2号外墙，长度范围为①～⑥之间，墙厚为300；外侧水平贯通筋为⏀18@200，竖向贯通筋为⏀20@200；内侧水平贯通筋为⏀16@200，竖向贯通筋为⏀18@200；双向拉筋为Φ6，水平间距为400mm，竖向间距为400mm。

（2）地下室外墙的原位标注，主要表示在外墙外侧配置的水平非贯通筋或竖向非贯通筋。

当配置水平非贯通筋时，在地下室墙体平面图上原位标注。在地下室外墙外侧绘制粗实线段代表水平非贯通筋，在其上注写钢筋编号并以H打头注写钢筋强度等级、直径、分布间距，以及自支座中线向两边跨内的伸出长度值。当自支座中线向两侧对称伸出时，可仅在单侧标注跨内伸出长度，另一侧不注，此种情况下非贯通筋总长度为标注长度的2倍。边支座处非贯通钢筋的伸出长度值从支座外边缘算起。

地下室外墙外侧非贯通筋通常采用“隔一布一”方式与集中标注的贯通筋间隔布置，其标注间距应与贯通筋相同，两者组合后的实际分布间距为各自标注间距的1/2。

当在地下室外墙外侧底部、顶部、中层楼板位置配置竖向非贯通筋时，应补充绘制地下室外墙竖向截面轮廓图并在其上原位标注。表示方法为在地下室外墙竖向截面轮廓图外侧绘制粗实线段代表竖向非贯通筋，在其上注写钢筋编号并以V打头注写钢筋强度等级、直径、分布间距，以及向上（下）层的伸出长度值，并在外墙竖向截面图名下注明分布范围（××～××轴）。

注：向层内的伸出长度值注写方式：

1. 地下室外墙底部非贯通钢筋向层内的伸出长度值从基础底板顶面算起。

2. 地下室外墙顶部非贯通钢筋向层内的伸出长度值从板底面算起。

3. 中层楼板处非贯通钢筋向层内的伸出长度值从板中间算起，当上下两侧伸出长度值相同时可仅注写一侧。

地下室外墙外侧水平、竖向非贯通筋配置相同者，可仅选择一处注写，其他可仅注写编号。

当在地下室外墙顶部设置通长加强钢筋时应注明。

设计时应注意：Ⅰ.设计者应根据具体情况判定扶壁柱或内墙是否作为墙身水平方向的支座，以选择合理的配筋方式。

Ⅱ.11G101－3 图集提供了"顶板作为外墙的简支支承"、"顶板作为外墙的弹性嵌固支承"两种做法，设计者应指定选用何种做法。

采用平面注写方式表达的地下室剪力墙平法施工图示例见图 5－102。

（3）其他

1）在抗震设计中，应注明底部加强区在剪力墙平法施工图中的所在部位及其高度范围，以便使施工人员明确在该范围内应按照加强部位的构造要求进行施工。

2）当剪力墙中有偏心受拉墙肢时，无论采用何种直径的竖向钢筋，均应采用机械连接或焊接接长，设计者应在剪力墙平法施工图中加以注明。

【例 5－58】 识读图 5－102 所示地下室外墙平法施工图。

图为－9.030～－4.500m（负二层）地下室外墙平法施工图。

Ⓐ、Ⓓ轴的集中标注表示该外墙编号为 1 号地下室外墙，范围从①～⑥轴线；墙宽 250mm；外部受力钢筋：水平为间距 200mm、直径 18mm 的 HRB400 级钢筋，竖向为间距 200mm、直径 20mm 的 HRB400 级钢筋；内部受力钢筋：水平为间距 200mm、直径 16mm 的 HRB400 级钢筋，竖向为间距 200mm、直径 18mm 的 HRB400 级钢筋；拉筋为双向间距 400mm、直径 6mm 的 HPB300 级钢筋。原位标注为：在Ⓓ轴线上①、⑥轴线对应的角部外墙水平方向有①号间距 200mm、直径 18mm 的 HRB400 级钢筋，从①、⑥轴线向跨内延伸 2000mm；在③轴线的对应的外墙水平方向也有同样的②号非通长钢筋，向两边跨内对称延伸 2000mm。而在①、⑥轴线上的 2 号地下室外墙 DWQ2，分布范围从Ⓐ～Ⓓ轴线，墙宽 250mm；外部受力钢筋：水平为间距 100mm、直径 18mm 的 HRB400 级钢筋，竖向为间距 100mm、直径 20mm 的 HRB400 级钢筋；内部受力钢筋：水平为间距 200mm、直径 16mm 的 HRB400 级钢筋，竖向为间距 200mm、直径 18mm 的 HRB400 级钢筋；拉筋为双向间距 400mm、直径 6mm 的 HPB300 级钢筋。无原位标注。

图 3－102 右图表示 DQW1 竖向非贯通筋的布置图。③号钢筋范围从①～⑥轴线，水平间距 200mm、直径 20mm 的 HRB400 级钢筋，从基础顶面向上延伸 2100mm；④号钢筋是－1 层（标高－4.530m）处范围从①～⑥轴线，水平间距 200mm、直径 20mm 的 HRB400 级钢筋，从楼板中线向上向下对称延伸 1500mm；⑤号钢筋是 1 层（标高－0.030m）处范围从①～⑥轴线，水平间距 200mm、直径 18mm 的 HRB400 级钢筋，从楼板底面向下延伸 1500mm。

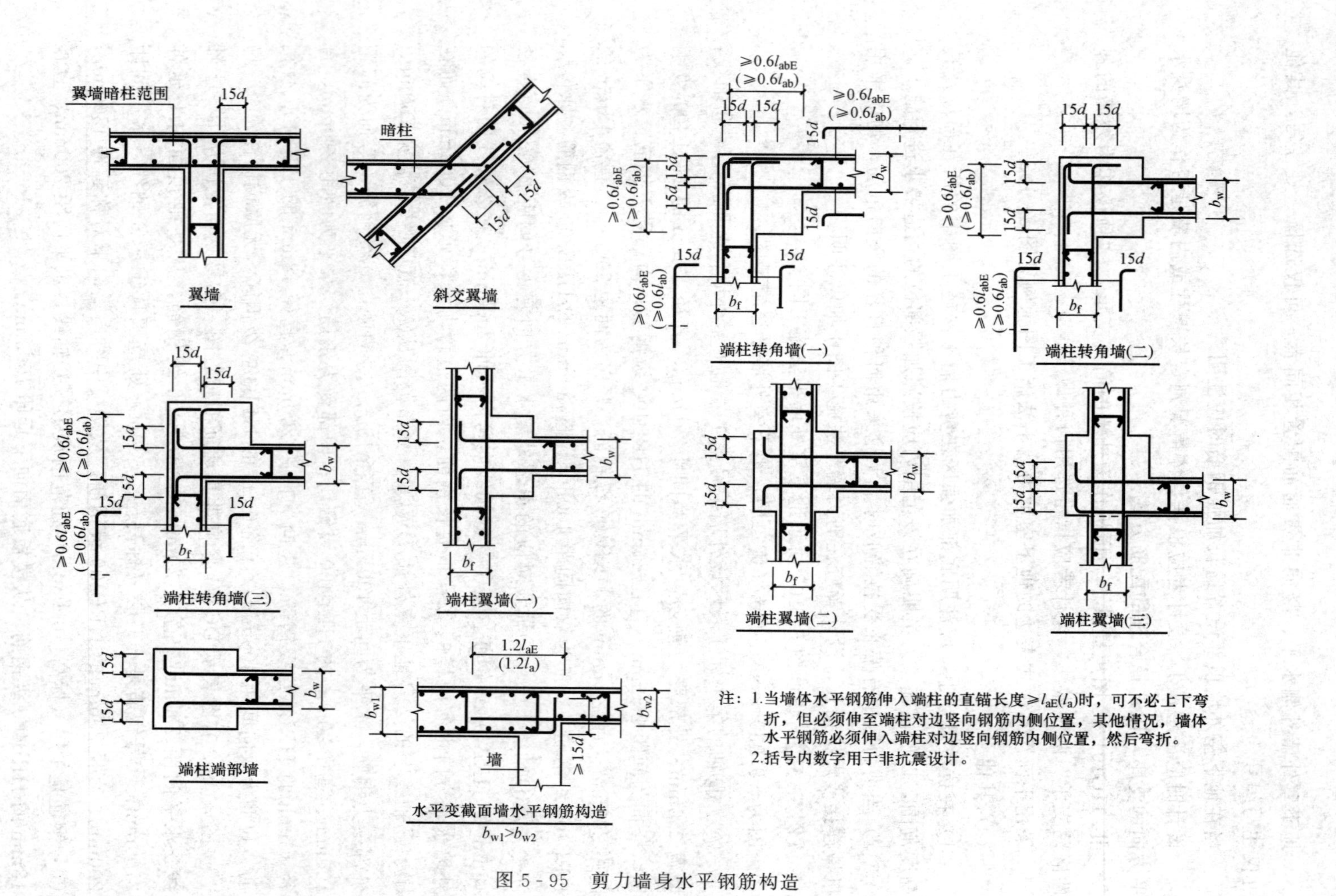

注：1.当墙体水平钢筋伸入端柱的直锚长度≥l_{aE}(l_a)时，可不必上下弯折，但必须伸至端柱对边竖向钢筋内侧位置，其他情况，墙体水平钢筋必须伸入端柱对边竖向钢筋内侧位置，然后弯折。

2.括号内数字用于非抗震设计。

图5-95　剪力墙身水平钢筋构造

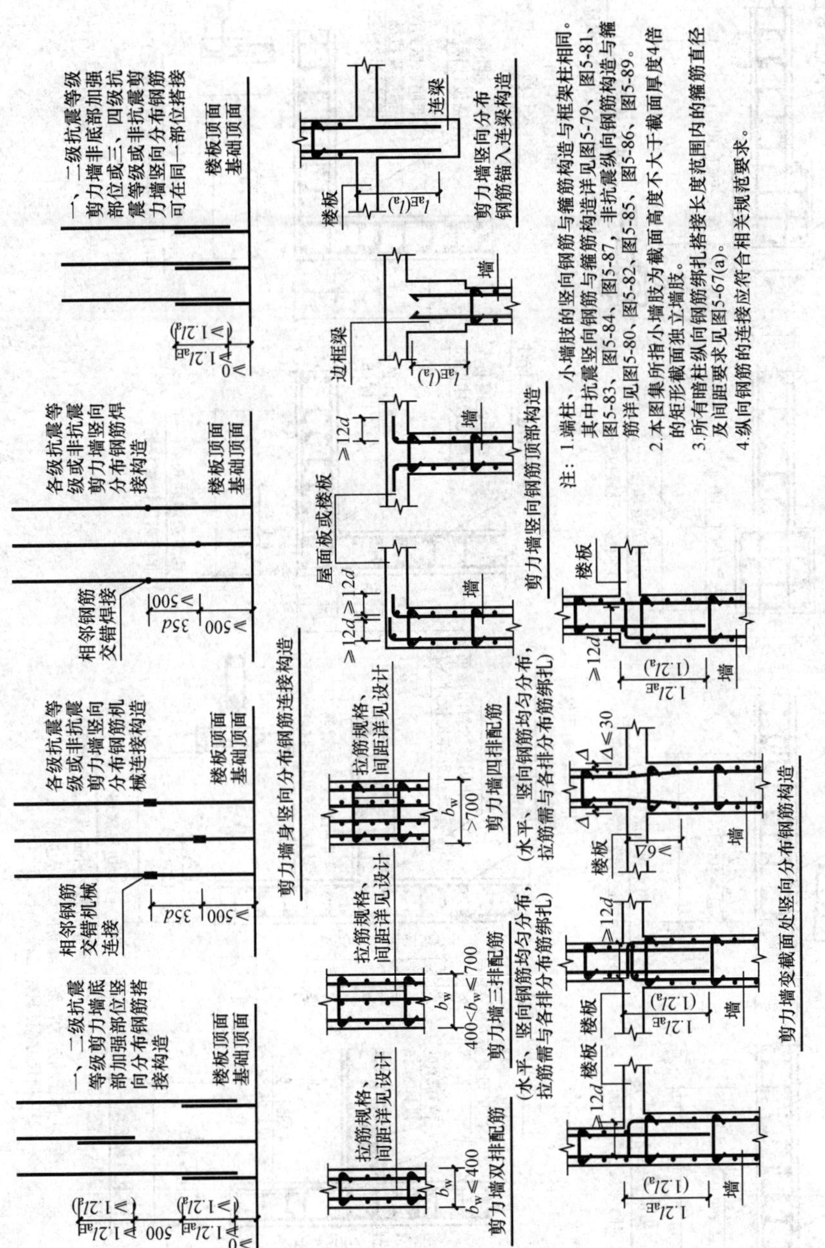

图 5-96　剪力墙身竖向钢筋构造

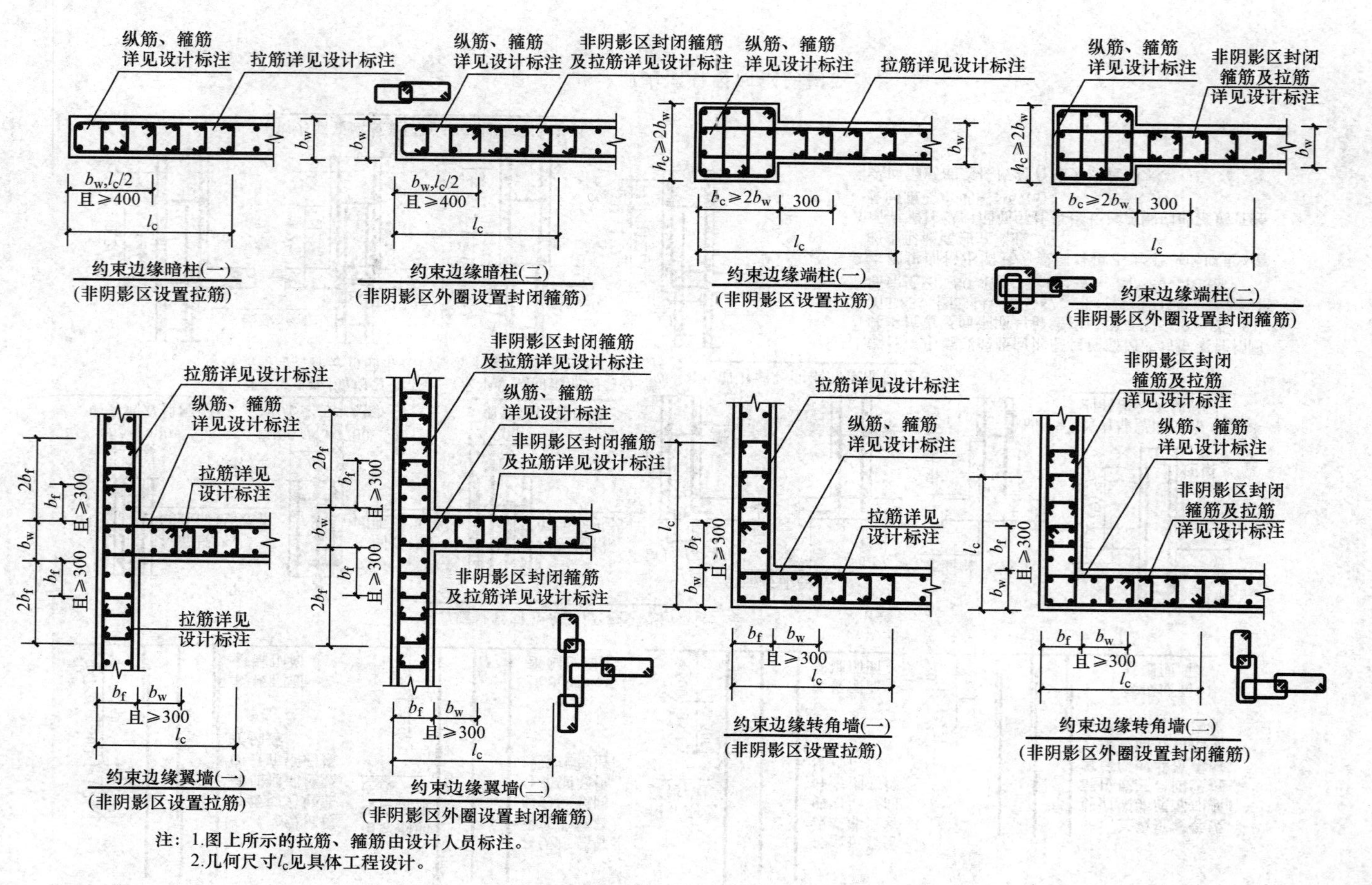

注：1.图上所示的拉筋、箍筋由设计人员标注。
2.几何尺寸l_c见具体工程设计。

图5-97 约束边缘构件 YBZ 构造

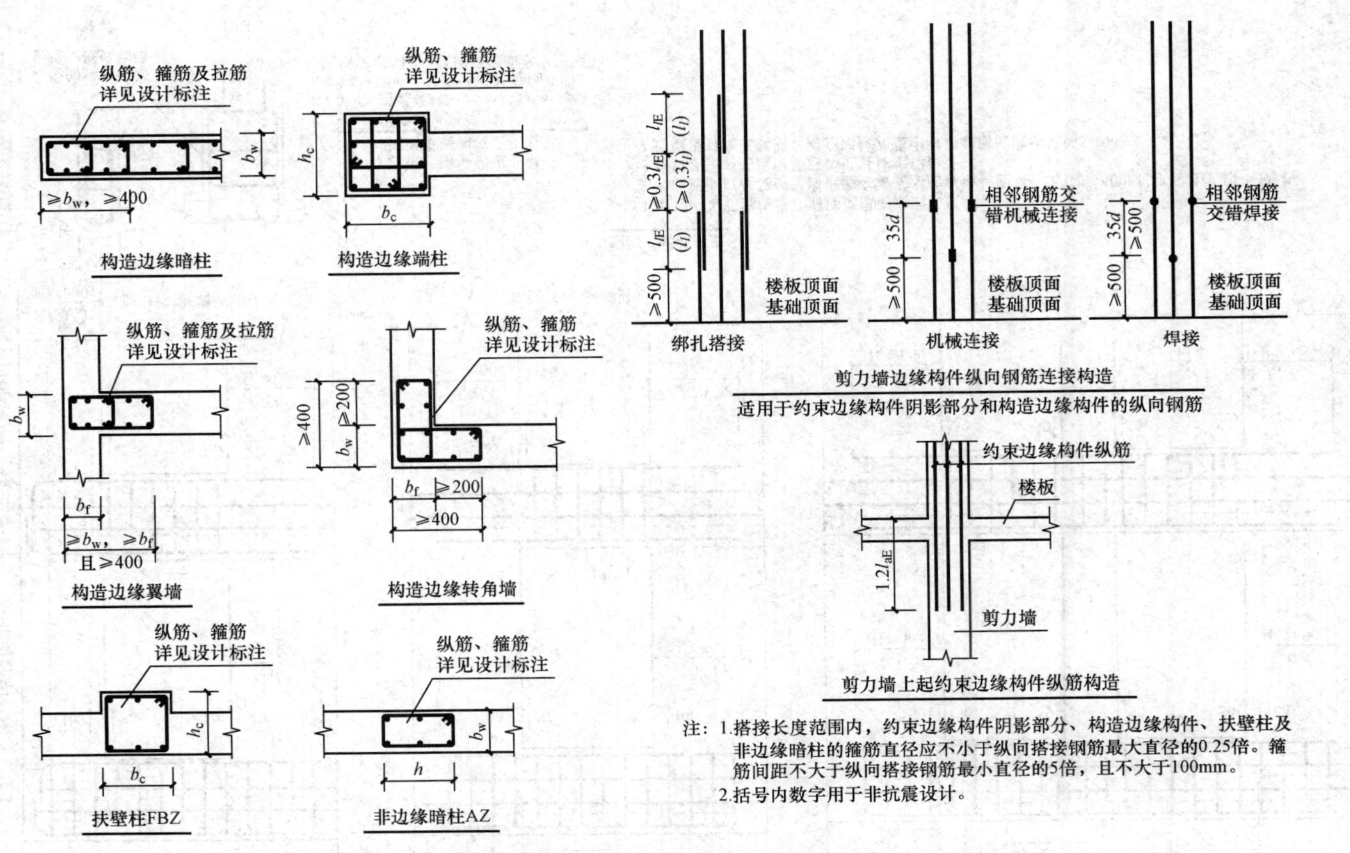

注：1.搭接长度范围内，约束边缘构件阴影部分、构造边缘构件、扶壁柱及非边缘暗柱的箍筋直径应不小于纵向搭接钢筋最大直径的0.25倍。箍筋间距不大于纵向搭接钢筋最小直径的5倍，且不大于100mm。

2.括号内数字用于非抗震设计。

图5-98 构造边缘构件GBZ构造扶壁柱FBZ、非边缘暗柱AZ构造

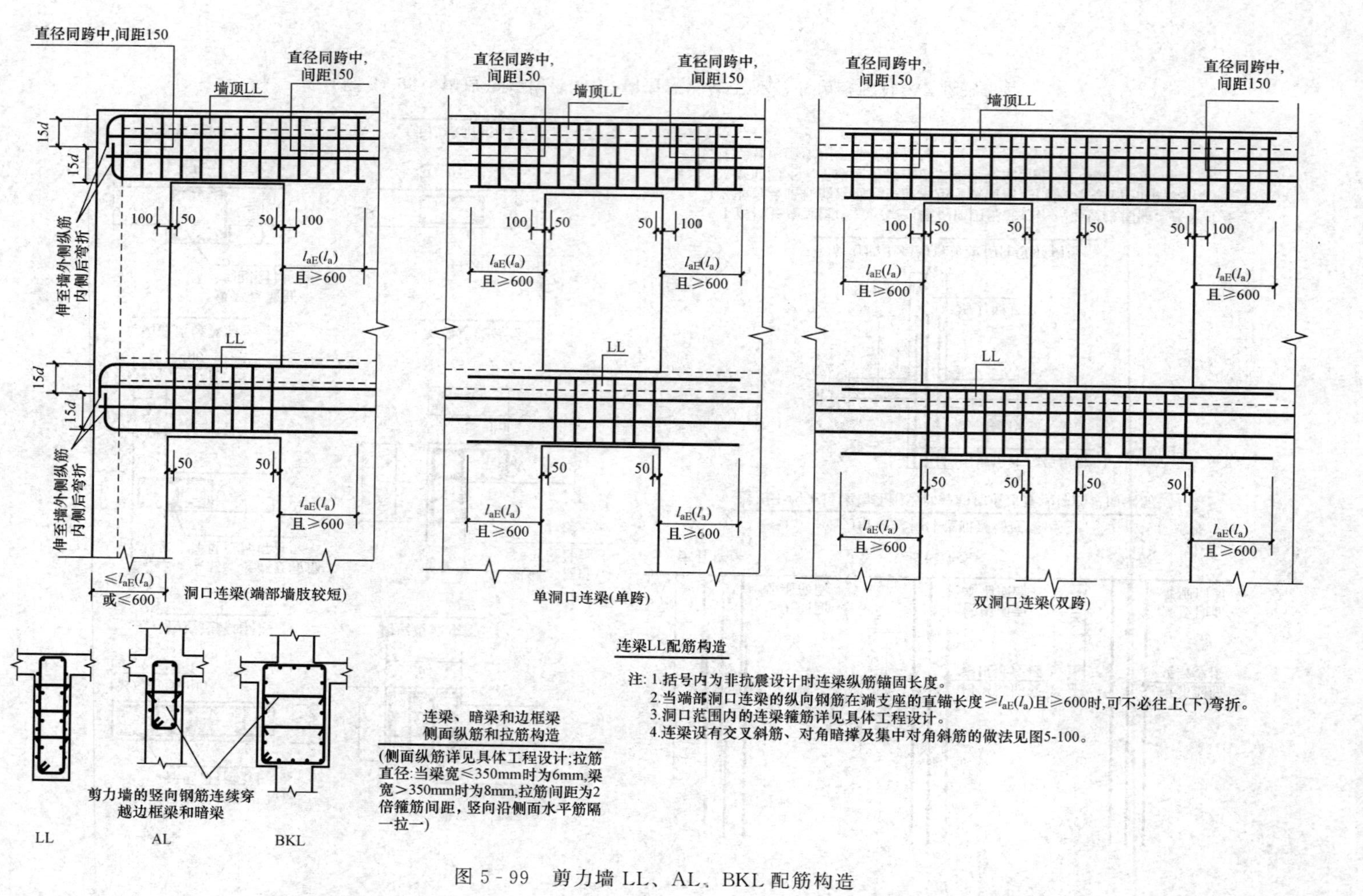

图 5-99　剪力墙 LL、AL、BKL 配筋构造

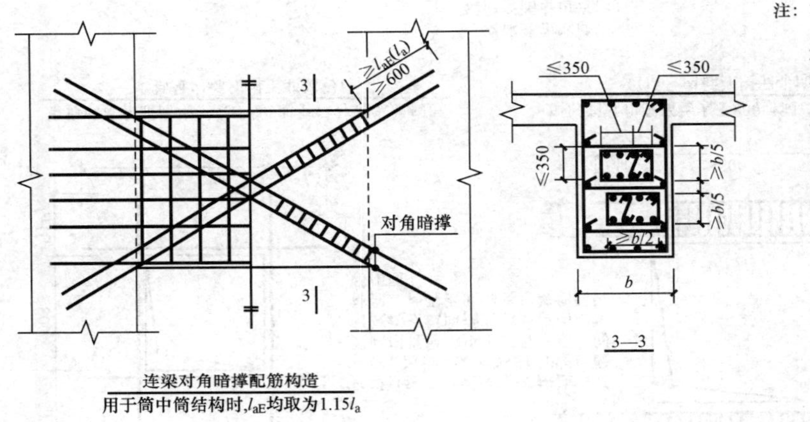

连梁交叉斜筋配筋构造

连梁集中对角斜筋配筋构造

注：1.当洞口连梁截面宽度不小于250mm时，可采用交叉斜筋配筋；当连梁截面宽度不小于400mm时，可采用集中对角斜筋配筋或对角暗撑配筋。

2.交叉斜筋配筋连梁的对角斜筋在梁端部位应设置拉筋，具体值见设计标注。

3.集中对角斜筋配筋连梁应在梁截面内沿水平方向及竖直方向设置双向拉筋，拉筋应勾住外侧纵向钢筋，间距不应大于200mm，直径不应小于8mm。

4.对角暗撑配筋连梁中暗撑箍筋的外缘沿梁截面宽度方向不宜小于梁宽的一半，另一方向不宜小于梁宽的1/5；对角暗撑约束箍筋肢距不应大于350mm。

5.交叉斜筋配筋连梁、对角暗撑配筋连梁的水平钢筋及箍筋形成的钢筋网之间应采用拉筋拉结，拉筋直径不宜小于6mm，间距不宜大于400mm。

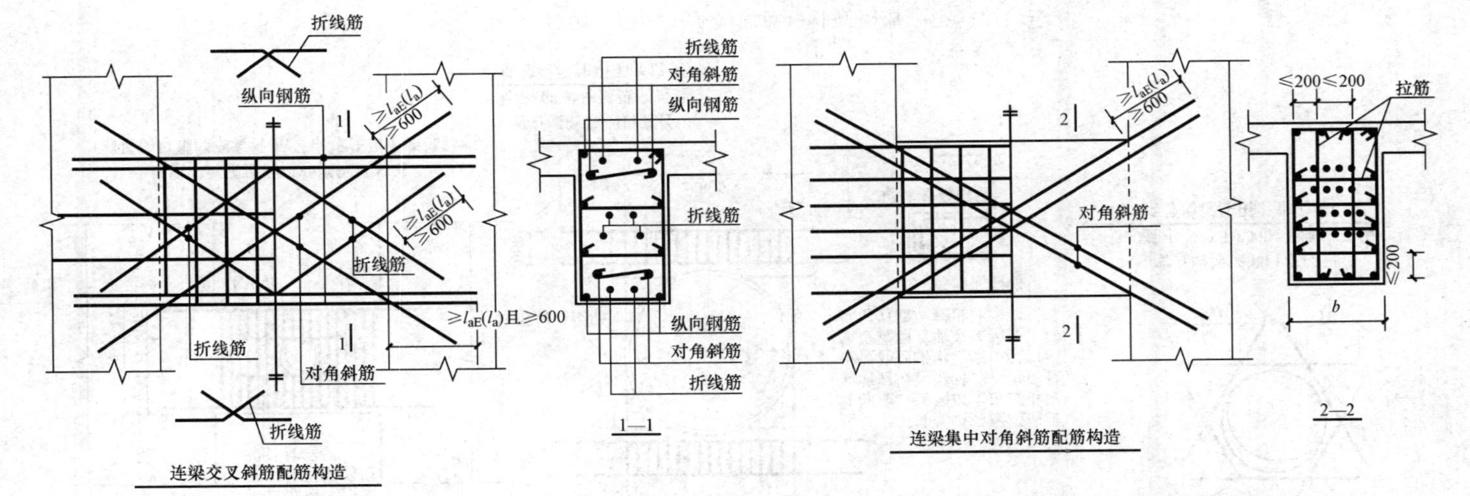

连梁对角暗撑配筋构造

用于筒中筒结构时，l_{aE}均取为$1.15l_a$

图5-100　剪力墙连梁LL（JX）、LL（DX）、LL（JC）斜向交叉暗撑构造和斜向交叉钢筋构造

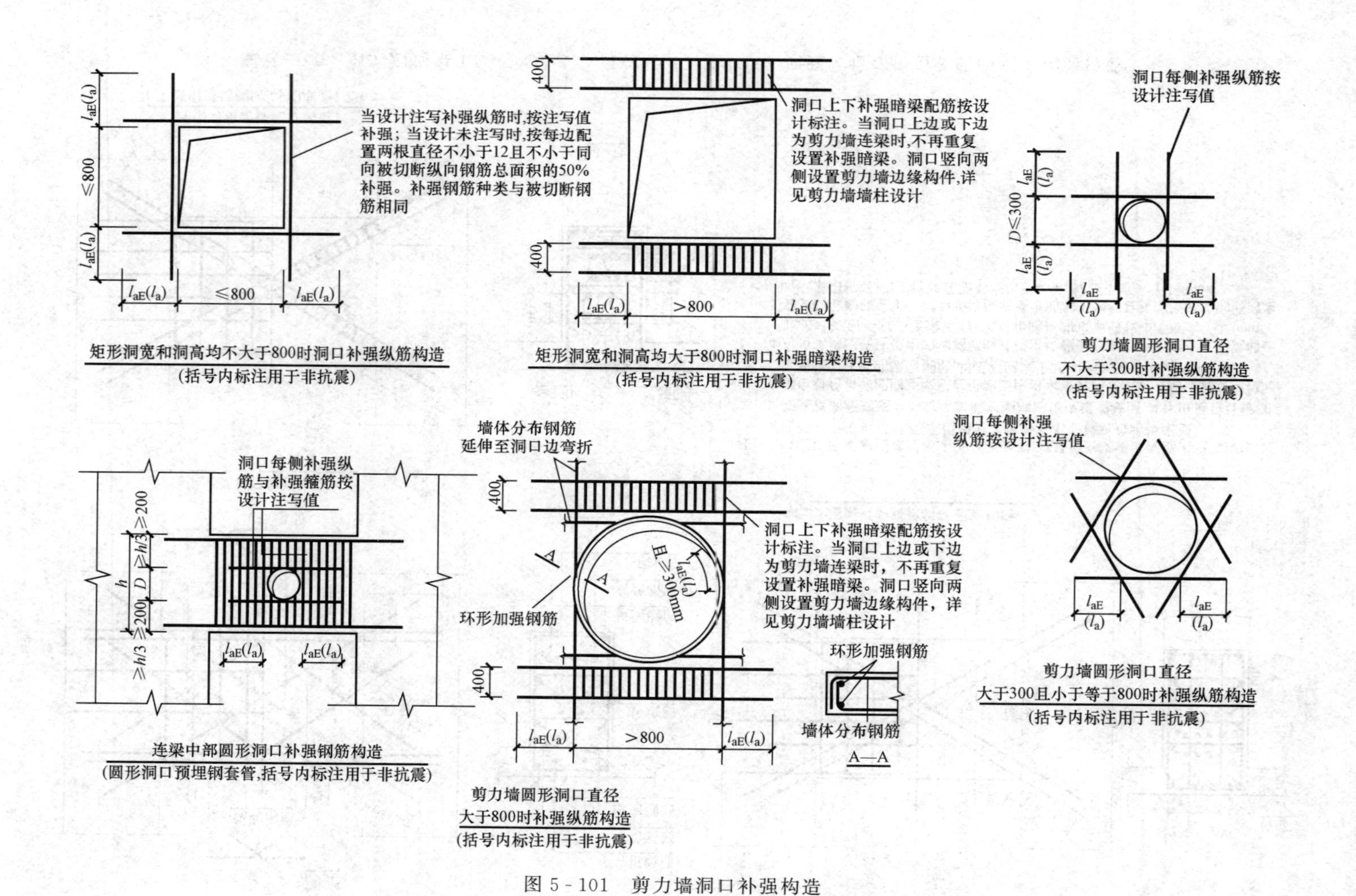

图 5-101 剪力墙洞口补强构造

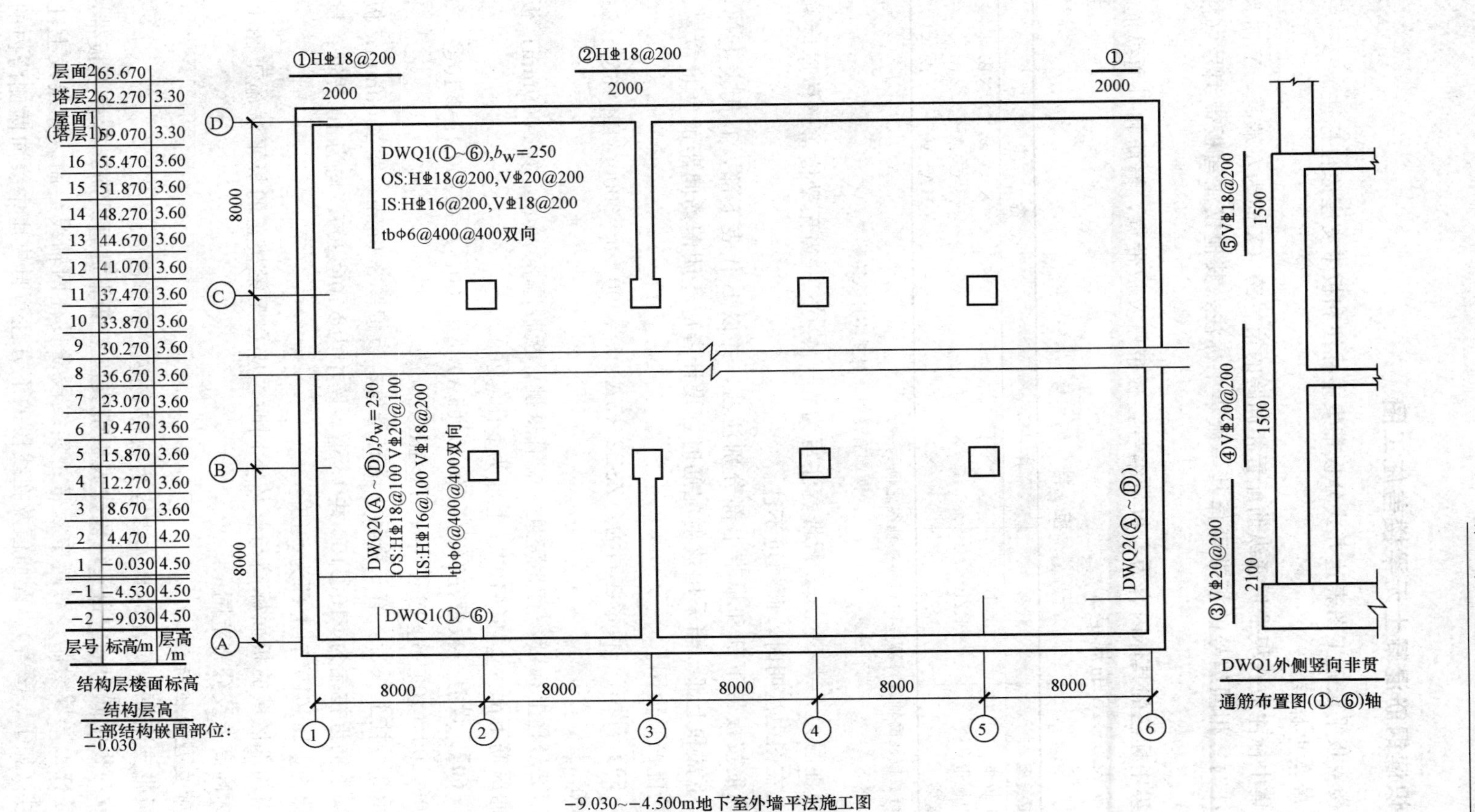

层号	标高/m	层高/m
屋面2	65.670	
塔层2	62.270	3.30
屋面1（塔层1）	59.070	3.30
16	55.470	3.60
15	51.870	3.60
14	48.270	3.60
13	44.670	3.60
12	41.070	3.60
11	37.470	3.60
10	33.870	3.60
9	30.270	3.60
8	36.670	3.60
7	23.070	3.60
6	19.470	3.60
5	15.870	3.60
4	12.270	3.60
3	8.670	3.60
2	4.470	4.20
1	−0.030	4.50
−1	−4.530	4.50
−2	−9.030	4.50

结构层楼面标高
结构层高
上部结构嵌固部位：
−0.030

图 5-102　地下室外墙平法施工图平面注写示例

5.2.4 识读钢筋混凝土无梁楼盖施工图

无梁楼盖板平法施工图表达方式分板带集中标注和板带支座原位标注。

1. 板带集中标注

(1) 集中标注应在板带贯通纵筋配置相同跨的第一跨（X向为左端跨，Y向为下端跨）注写。相同编号的板带可择其一做集中标注，其他仅注写板带编号（注在圆圈内）。

板带集中标注的具体内容为：板带编号，板带厚及板带宽，箍筋和贯通纵筋。板带编号按表5-15的规定。

表5-15　板带编号

板带类型	代号	序号	备注
柱上板带	ZSB	××	(××)、(××A)或(××B)
跨中板带	KZB	××	(××)、(××A)或(××B)
暗梁	AL	××	(××)、(××A)或(××B)

注：1. 跨数按柱网轴线计算（两相邻柱轴线之间为一跨）。
2. (××A)为一端有悬挑，(××B)为两端有悬挑，悬挑不计入跨数。

板带厚注写为 h=×××，板带宽注写为 b=×××。当无梁楼盖整体厚度和板带宽度已在图中注明时，此项可不注。

贯通纵筋按板带下部和板带上部分别注写，并以B代表下部，T代表上部，B&T代表下部和上部。当采用放射配筋时，设计者应注明配筋间距的度量位置，必要时补绘配筋平面图。

【例5-59】 设有一板带注写为：ZSB2（5A）h=300　b=3000　BΦ16@100；TΦ18@200。

系表示2号柱上板带，有5跨且一端有悬挑；板带厚300mm，宽3000mm；板带配置贯通纵筋下部为Φ16@100，上部为Φ18@200。

【例5-60】 设有一板带注写为：ZSB3（5A）h=300　b=2500 15 φ10@100（10）/φ10@200（10）BΦ16@100；TΦ18@200。

系表示3号柱上板带，有5跨且一端有悬挑；板带厚300mm，宽2500mm；板带配置暗梁箍筋近柱端为φ10@100共15道，跨中为φ10@200，均为10肢箍；贯通纵筋下部为Φ16@100，上部为Φ18@200。

(2) 当局部区域的板面标高与整体不同时，应在无梁楼盖的板平法施工图上注明板面标高高差及分布范围。

2. 板带支座原位标注

(1) 板带支座原位标注的具体内容为板带支座上部非贯通纵筋。

以一段与板带同向的中粗实线段代表板带支座上部非贯通纵筋；对柱上板带：实线段贯穿柱上区域绘制；对跨中板带：实线段横贯柱网轴线绘制。在线段上注写钢筋编号（如①、②等）、配筋值及在线段的下方注写自支座中线向两侧跨内的

延伸长度。

当板带支座非贯通纵筋自支座中线向两侧对称延伸时，其延伸长度可仅在一侧标注；当配置在有悬挑端的边柱上时，该筋延伸到悬挑尽端，设计不注。当支座上部非贯通纵筋呈放射分布时，设计者应注明配筋间距的度量位置。

不同部位的板带支座上部非贯通纵筋相同者，可仅在一个部位注写，其余则在代表非贯通纵筋的线段上注写编号。

【例 5-61】 设有板平面布置图的某部位，在横跨板带支座绘制的对称线段上注有⑦⌀18@250，在线段一侧的下方注有 1500，系表示支座上部⑦号非贯通纵筋为⌀18@250，自支座中线向两侧跨内的延伸长度均为 1500mm。

(2) 当板带上部已经配有贯通纵筋，但需增加配置板带支座上部非贯通纵筋时，应结合已配同向贯通纵筋的直径与间距，采取“隔一布一”的方式（其注写规定见有梁楼盖）。

【例 5-62】 设一板带上部已配置贯通纵筋⌀18@240，板带支座上部非贯通纵筋为⑤⌀ 18@240，则板带在该位置实际配置的上部纵筋为⌀18@120，其中 1/2 为贯通纵筋，1/2 为⑤号非贯通纵筋（延伸长度略）。

【例 5-63】 设有一板带上部已配置贯通纵筋⌀18@240，板带支座上部非贯通纵筋为③⌀20@240，则板带在该位置实际配置的上部纵筋为（1⌀18+1⌀20）/240，实际间距为 120m，其中 45%为贯通纵筋，55%为③号非贯通纵筋（延伸长度略）。

3. 暗梁的表示方法

暗梁平面注写包括暗梁集中标注、暗梁支座原位标注两部分的内容。施工图中在柱轴线处画中粗虚线表示暗梁。

(1) 暗梁的集中标注。其内容包括暗梁的编号（见表 5-15）、暗梁截面尺寸、暗梁箍筋、暗梁上部通长筋和架立筋四部分。

(2) 暗梁支座原位标注包括梁支座上部纵筋、梁下部纵筋。当在暗梁上集中标注的内容不适用于某跨或某悬挑端时，则将其不同数值标注在该跨或该悬挑端，施工时按原位注写取值。注写方式同梁原位注写。

(3) 当设置暗梁时，柱上板带及跨中板带标注方式不变，柱上板带标注的配筋仅设置在暗梁之外的柱上板带范围内。

(4) 暗梁中纵向钢筋连接、锚固及支座上部纵筋的伸出长度等要求同轴线处柱上板带中纵向钢筋。

图 5-103 为采用平面注写方式表达的无梁楼盖柱上板带和跨中板带标注图示。

4. 楼板相关构造制图规则

(1) 楼板相关构造编号按表 5-16 的规定。

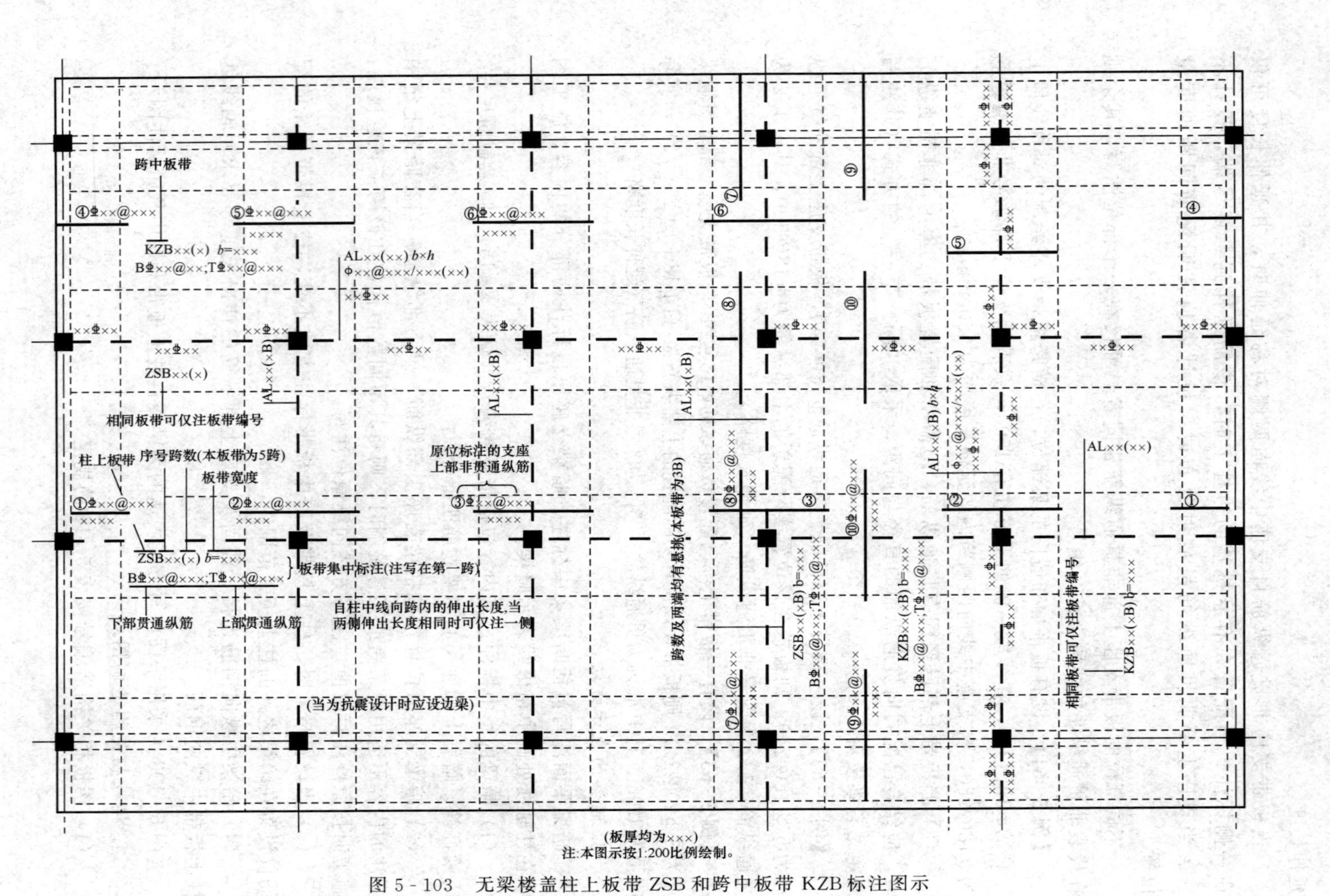

图 5-103　无梁楼盖柱上板带 ZSB 和跨中板带 KZB 标注图示

表 5-16　　楼板相关构造类型与编号

构造类型	代号	序号	说　明
纵筋加强带	JQD	××	以单向加强纵筋取代原位置配筋
后浇带	HJD	××	与墙或梁后浇带贯通，有不同的留筋方式
柱帽	ZMx	××	适用于无梁楼盖
局部升降板	SJB	××	板厚及配筋与所在板相同，构造升降高度不大于 300mm
板加腋	JY	××	腋高与腋宽可选注
板开洞	BD	××	最大边长或直径小于 1m；加强筋长度有全跨贯通和自洞边锚固两种
板翻边	FB	××	翻边高度不大于 300mm
角部加强筋	Crs	××	以上部双向非贯通加强钢筋取代原位置的非贯通配筋
悬挑阳 角放射筋	Ces	××	板悬挑阳角上部放射筋
抗冲切箍筋	Rh	××	通常用于无柱帽无梁楼盖的柱顶
抗冲切弯起筋	Rb	××	通常用于无柱帽无梁楼盖的柱顶

(2) 楼板相关构造的直接引注。

1) 纵筋加强带 JQD 的引注。纵筋加强带的平面形状及定位由平面布置图表达，加强带内配置的加强贯通纵筋等由引注内容表达。

纵筋加强带设单向加强贯通纵筋，取代其所在位置板中原配置的同向贯通纵筋。根据受力需要，加强贯通纵筋可在板下部设置，也可在板下部和上部均设置。纵筋加强带的引注如图 5-104 (a) 所示。

当板下部和上部均设置加强贯通纵筋，而加强带上部横向无配筋时，应由设计者注明。

当将纵筋加强带设置为暗梁形式时应注写箍筋，其引注如图 5-104 (b) 所示。

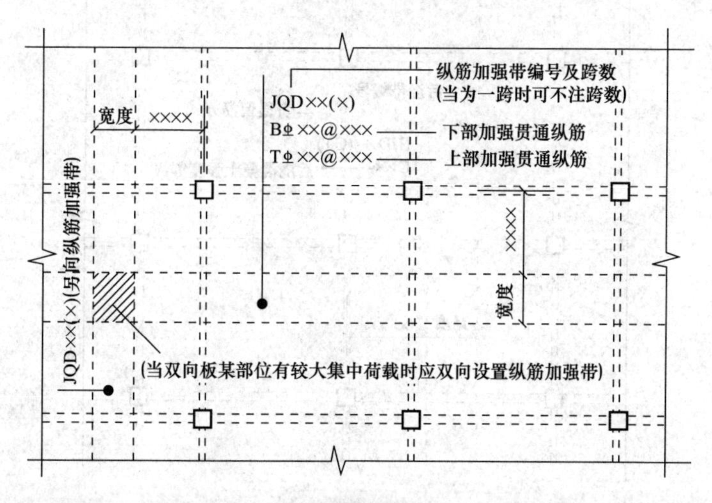

图 5-104 (a)　纵筋加强带 JQD 引注图示

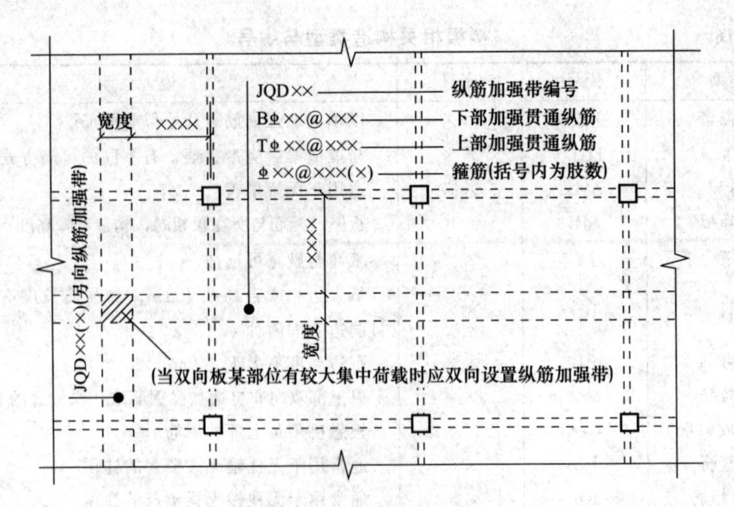

图5-104（b） 纵筋加强带JQD引注图示（暗梁形式）

2）后浇带HJD的引注。后浇带的平面形状及定位由平面布置图表达，后浇带留筋方式等由引注内容表达。

后浇带留筋方式有两种，分别为：贯通留筋，100％搭接留筋。后浇混凝土的强度等级应高于所在板的混凝土强度等级，且应采用不收缩或微膨胀混凝土，设计应注明相关施工要求。

采用贯通留筋的后浇带引注如图5-105（a）所示。贯通留筋的后浇带宽度通常取大于等于800mm。

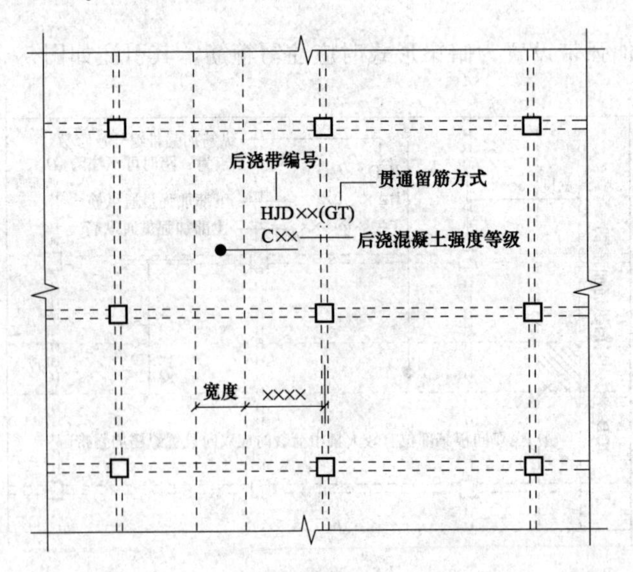

图5-105（a） 后浇带（HJD）引注图示（贯通留筋方式）

采用100％搭接留筋的后浇带引注如图5-105（b）所示。

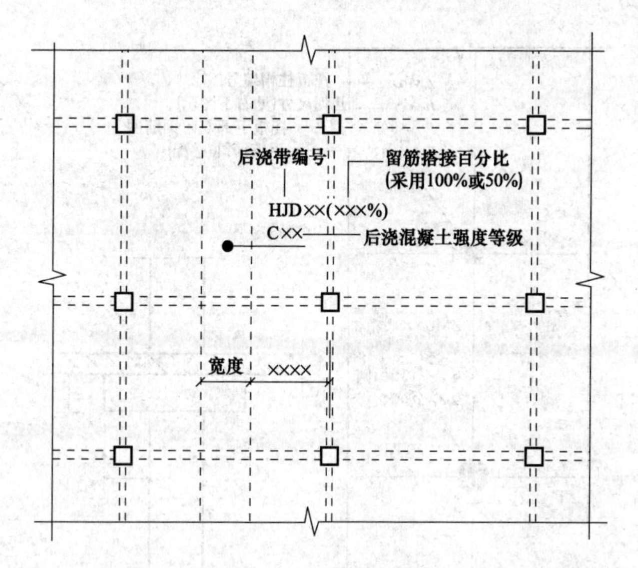

图 5-105（b）　后浇带（HJD）引注图示（搭接留筋方式）

100％搭接留筋的后浇带宽度通常取不小于 800mm 与（l_l＋60mm）的较大值。l_l 是纵向受拉钢筋的搭接长度。

3）柱帽 ZMx 的引注如图 5-106（a）～（d）所示。

柱帽的平面形状有矩形、圆形和多边形等，其平面形状由平面布置图表达。

柱帽的立面形状有单倾角柱帽 ZMa［见图 5-106（a)］、托板柱帽 ZMb［图 5-106（b)］、变倾角柱帽 ZMc［见图 5-106（c)］和倾角托板柱帽 ZMab［见图 5-106（d)］等，其立面几何尺寸和配筋由具体的引注内容表达。

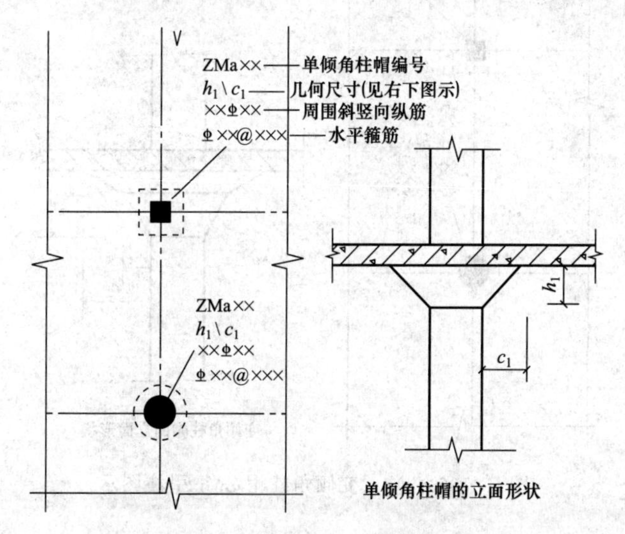

图 5-106（a）　单倾角柱帽 ZMa 引注图示

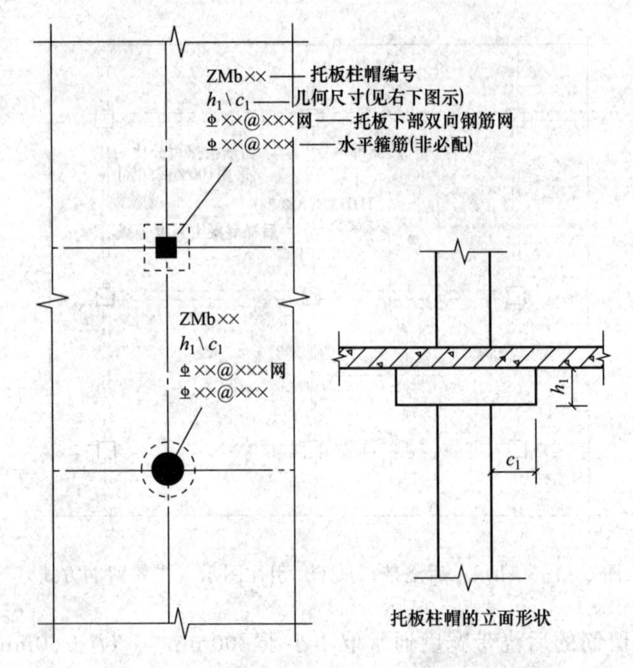

图 5-106（b） 托板柱帽 ZMb 引注图示

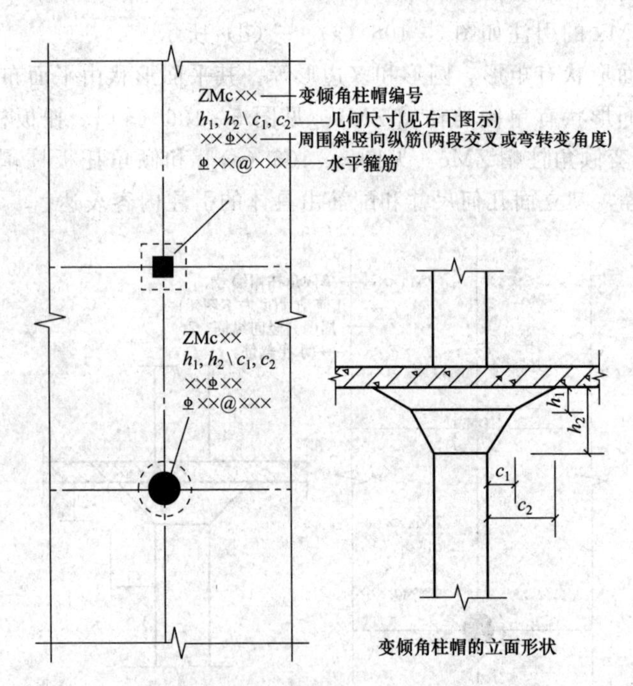

图 5-106（c） 变倾角柱帽 ZMc 引注图示

4）局部升降板 SJB 的引注见图 5-107。

局部升降板的平面形状及定位由平面布置图表达，其他内容由引注内容表达。

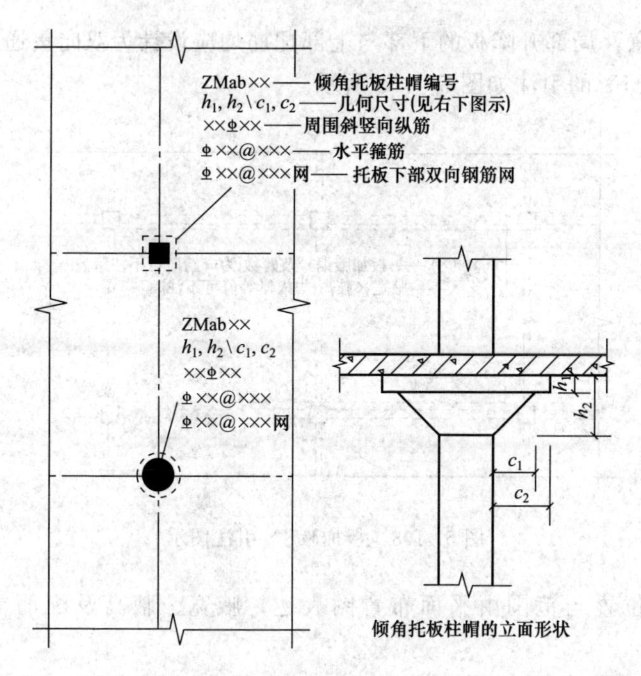

图 5-106（d）　倾角托板柱帽 ZMab 引注图示

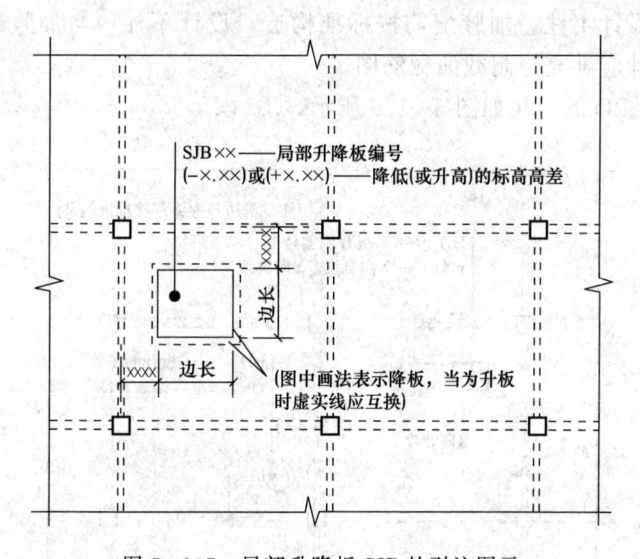

图 5-107　局部升降板 SJB 的引注图示

局部升降板的板厚、壁厚和配筋，在标准构造详图中取与所在板块的板厚和配筋相同，设计不注；当采用不同板厚、壁厚和配筋时，设计应补充绘制截面配筋图。

局部升降板升高与降低的高度，在标准构造详图中限定为不大于 300mm，当高度大于 300mm 时，设计应补充绘制截面配筋图。

设计应注意：局部升降板的下部与上部配筋均应设计为双向贯通纵筋。

5）板加腋JY的引注如图5-108所示。

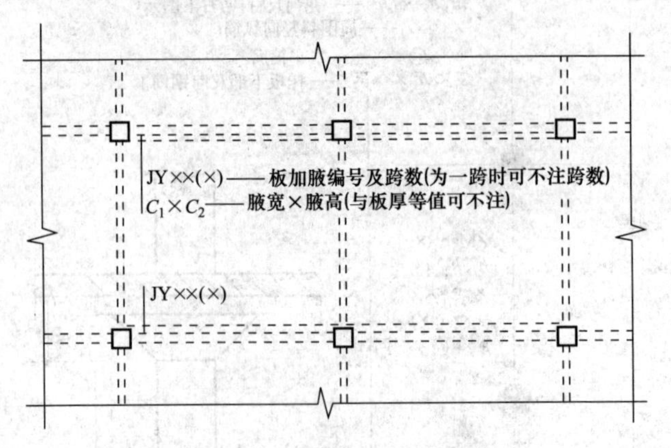

图5-108　板加腋JY引注图示

板加腋的位置与范围由平面布置图表达，腋宽、腋高及配筋等由引注内容表达。

当为板底加腋时腋线应为虚线，当为板面加腋时腋线应为实线；当腋宽与腋高同板厚时，设计不注。加腋配筋按标准构造，设计不注；当加腋配筋与标准构造不同时，设计应补充绘制截面配筋图。

6）板开洞BD的引注如图5-109所示。

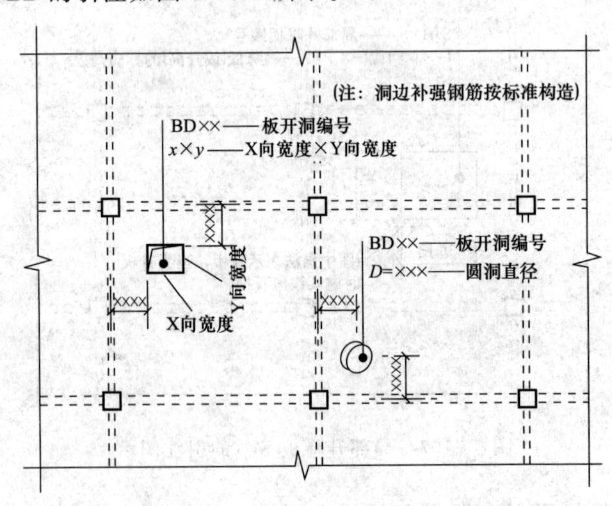

图5-109　板开洞BD的引注图示

板开洞的平面形状及定位由平面布置图表达，洞的几何尺寸等由引注内容表达。

当矩形洞口边长或圆形洞口直径$D \leqslant 1000$mm，且当洞边无集中荷载作用时，

洞边补强钢筋可按标准构造的规定设置，设计不注；当具体工程所需要的补强钢筋与标准构造不同时，设计应加以注明。

当矩形洞口边长或圆形洞口直径 $D>1000$mm，或虽直径 $D\leqslant1000$mm 但洞边有集中荷载作用时，设计应根据具体情况采取相应的处理措施。

7）板翻边 FB 的引注如图 5-110 所示。

板翻边可为上翻也可为下翻，翻边尺寸等在引注内容中表达，翻边高度在标准构造详图中为小于等于 300mm。当翻边高度大于 300mm 时，由设计者自行处理。

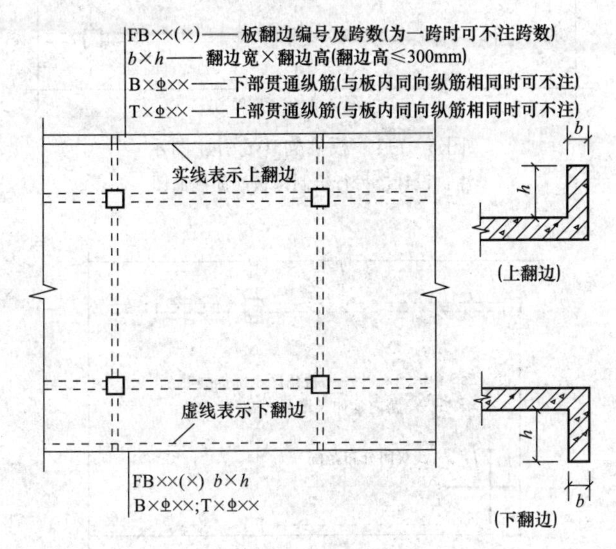

图 5-110　板翻边 FB 的引注图示

8）板挑檐的引注如图 5-111 所示。

板挑檐的引注主要表示该部位采用相应标准构造详图中板端部与檐板的钢筋连接构造，内容不包括檐板的几何尺寸与配筋，设计应另行绘制檐板配筋截面图。

9）角部加强筋 Crs 的引注如图 5-112 所示。

角部加强筋通常用于板块角区的上部，根据规范规定和受力要求选择配置。角部加强筋将在其分布范围内取代原配置的板支座上部非贯通纵筋，且当其分布范围内配有板上部贯通纵筋时则间空布置。

10）悬挑阳角放射筋 Ces 的引注如图 5-113 所示。

11）抗冲切箍筋 Rh 的引注如图 5-114 所示。

抗冲切箍筋通常在无柱帽无梁楼盖的柱顶部位设置。

12）抗冲切弯起筋 Rb 的引注如图 5-115 所示。

抗冲切弯起筋通常在无柱帽无梁楼盖的柱顶部位设置。

5. 钢筋混凝土楼（屋）面板的标准构造详图

（1）等跨有梁楼盖楼板 LB 和屋面板 WB 的钢筋连接应在跨中 1/2 以内，并符

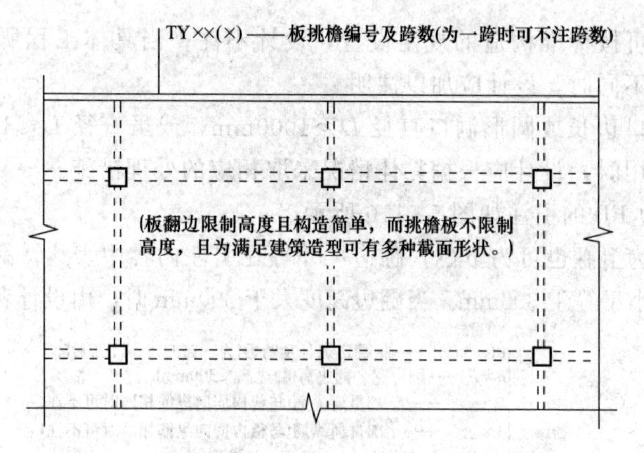

图 5-111　板挑檐 TY 引注图示

注：设计应另行绘制檐板配筋截面图。

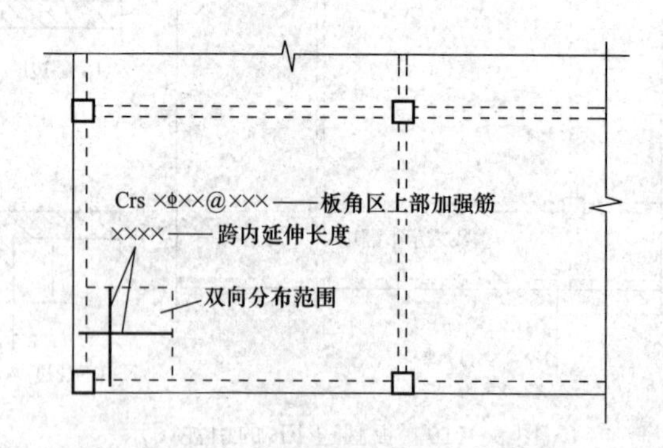

图 5-112　角部加强筋 Crs 引注图示

合连接区域内百分比的要求，其构造如图 5-116 所示。

（2）不等跨有梁楼盖楼板 LB 和屋面板 WB 的上部贯通纵筋配置不同时，应将配置较大者越过其标注的跨数终点或起点延伸至相邻跨的跨中连接区域连接（见图 5-117）。

（3）当板纵向钢筋采用非接触方式（使混凝土能够与搭接范围内所有钢筋的全表面充分粘接，可以提高搭接钢筋之间通过混凝土传力的可靠度）的绑扎搭接连接时，其搭接部位的钢筋净距不宜小于 30mm，且钢筋中心距应不大于 $0.21l_l$ 及 150mm 的较小者。构造如图 5-118 所示。

（4）板在端部支座的锚固构造（见图 5-119）。

（5）折板配筋构造（见图 5-120）。

（6）延伸悬挑板钢筋构造（见图 5-121）。

（7）纯悬挑板 XB 钢筋构造（见图 5-122）。

（8）板翻边 FB 构造（见图 5-123）。

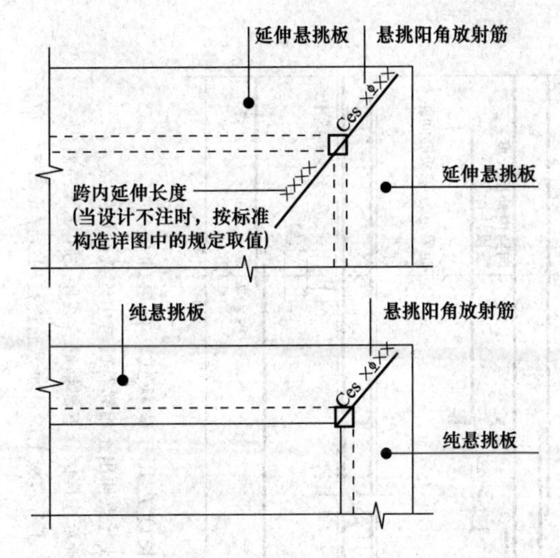

图 5-113　悬挑阳角放射筋 Ces 引注图示

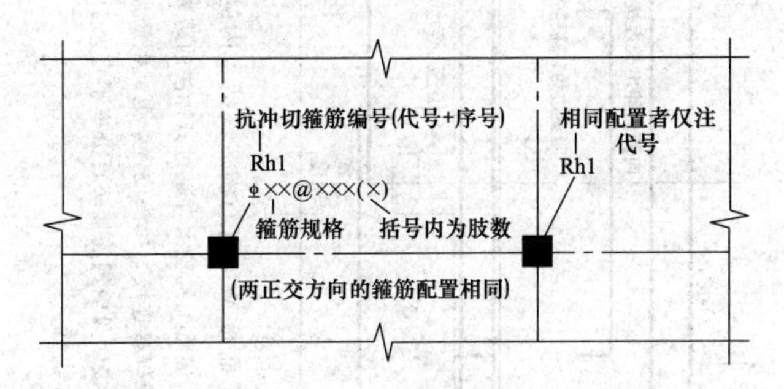

图 5-114　抗冲切箍筋 Rh 引注图示

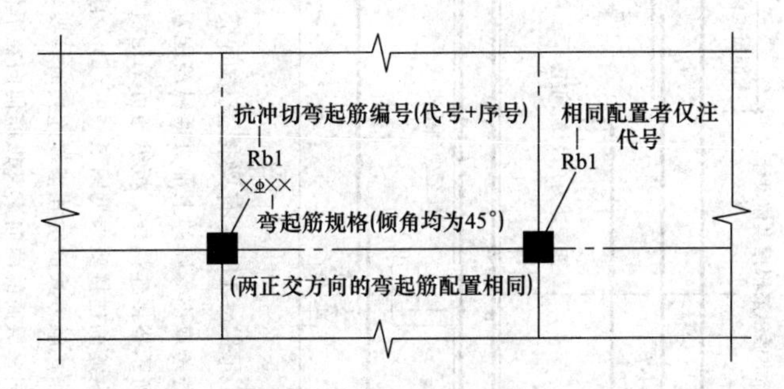

图 5-115　抗冲切弯起筋 Rb 引注图示

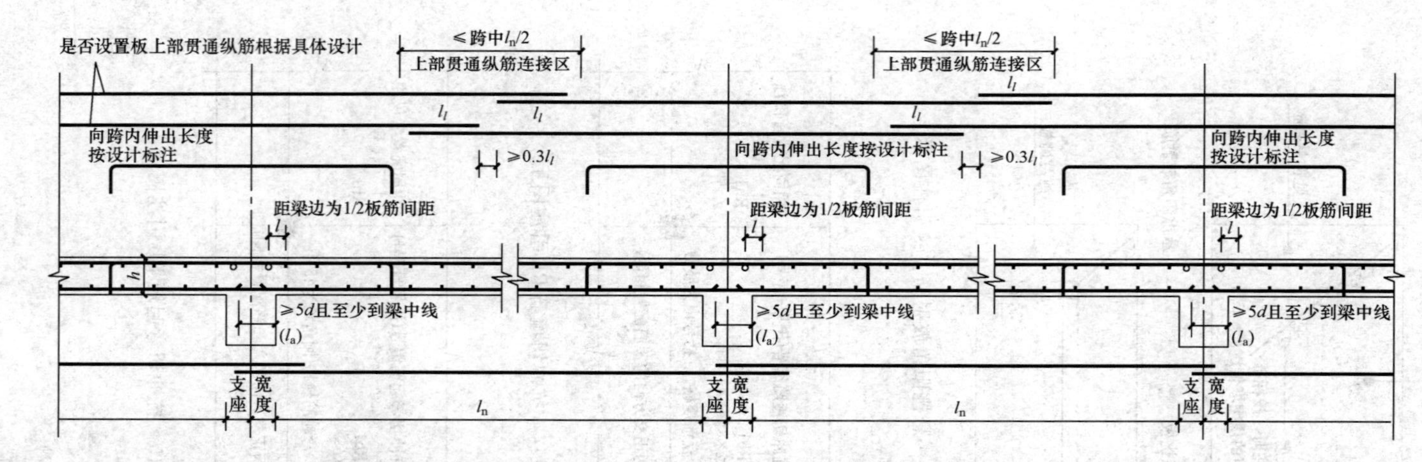

图5-116　有梁楼盖楼面板LB和屋面板WB钢筋构造（括号内的锚固长度l_a用于梁板式转换层的板）

注：1. 当相邻等跨或不等跨的上部贯通纵筋配置不同时，应将配置较大者越过其标注的跨数终点或起点伸出至相邻跨的跨中连接区域连接。

2. 除本图所示搭接连接外，板纵筋可采用机械连接或焊接连接。接头位置：上部钢筋见本图所示连接区，下部钢筋宜在距支座1/4净跨内。

3. 板贯通纵筋的连接要求见图5-79（b），且同一连接区段内钢筋接头百分率不宜大于50%。不等跨板上部贯通纵筋连接构造详见图5-117。

4. 当采用非接触方式的绑扎搭接连接时，要求见图5-118。

5. 板位于同一层面的两向交叉纵筋何向在下何向在上，应按具体设计说明。

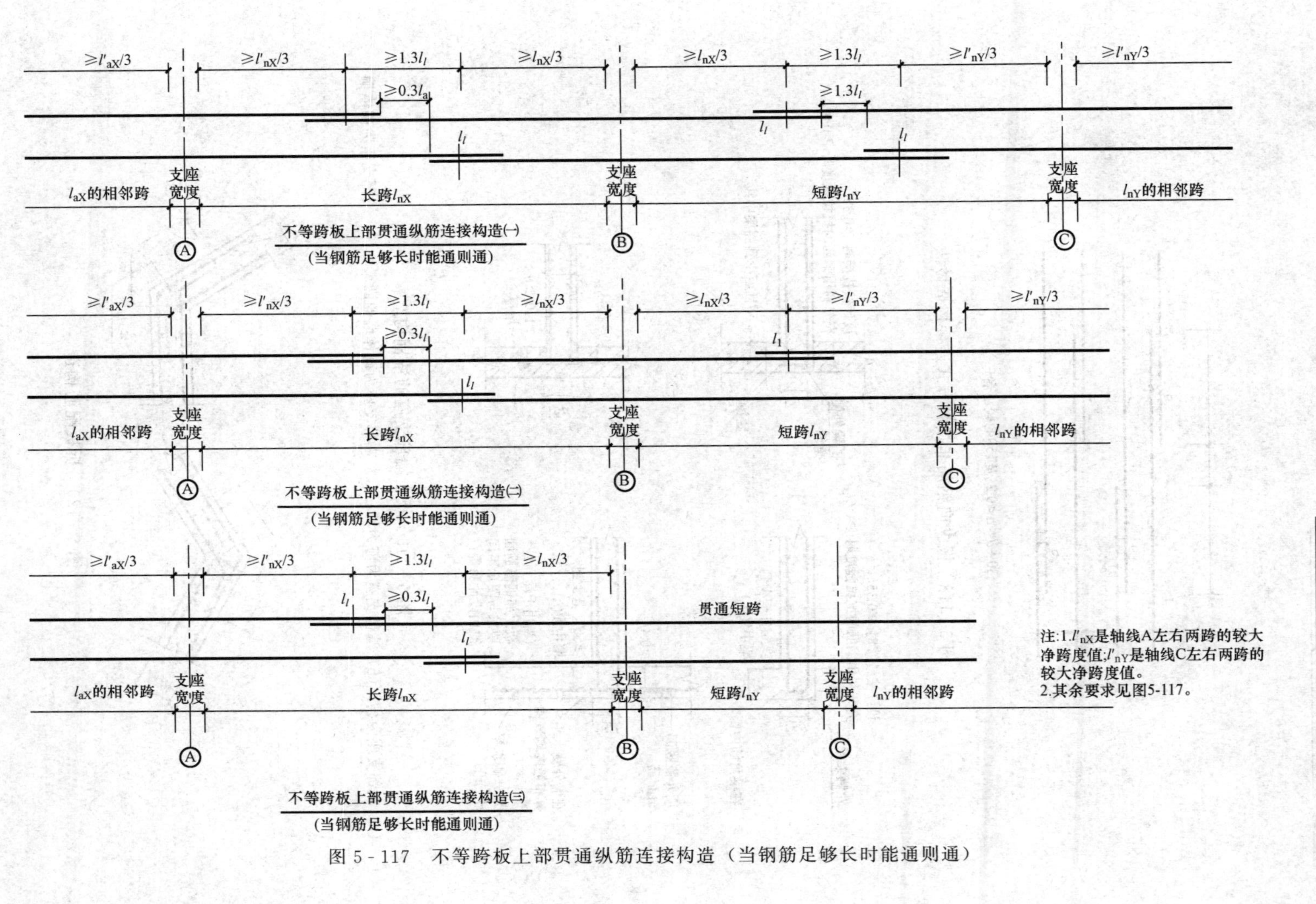

图 5-117　不等跨板上部贯通纵筋连接构造（当钢筋足够长时能通则通）

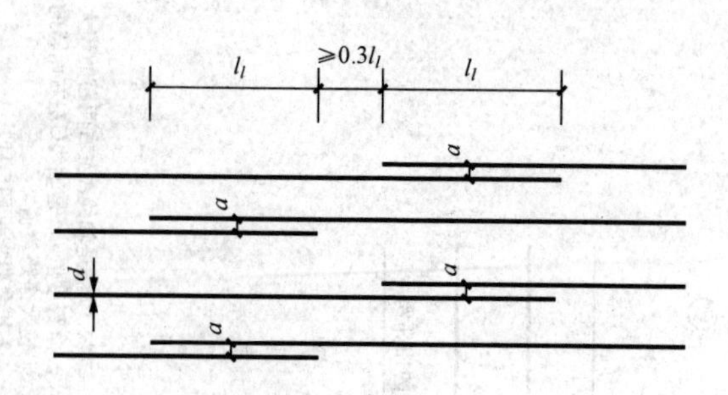

图5-118　板纵向钢筋非接触方式连接构造做法

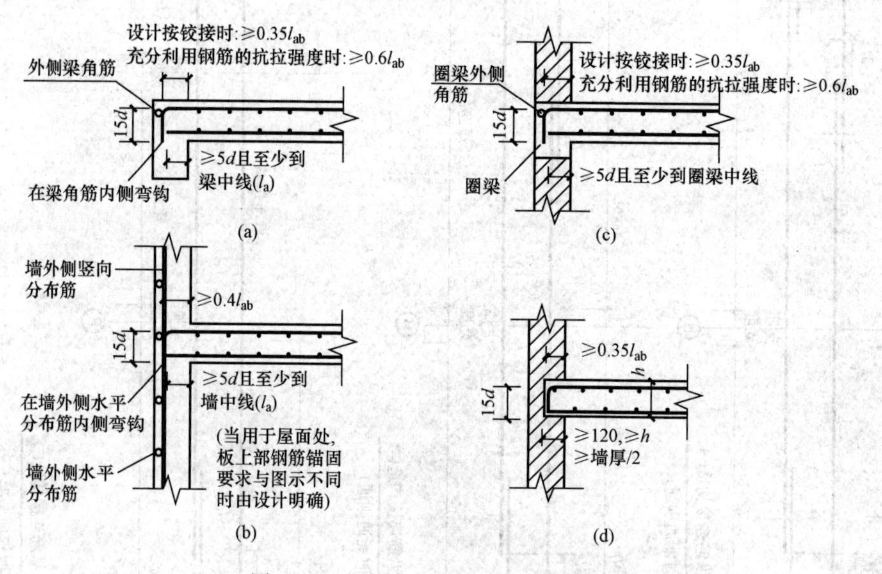

图5-119　板在端部支座的锚固构造

（a）端部支座为梁；（b）端部支座为剪力墙；（c）端部支座为砌体墙的圈梁；（d）端部支座为砌体墙

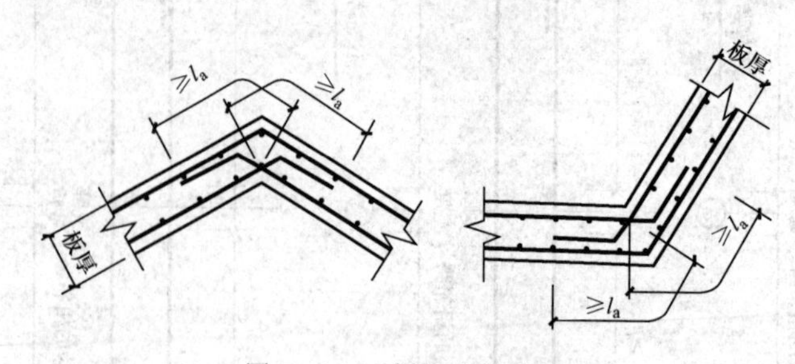

图5-120　折板配筋构造

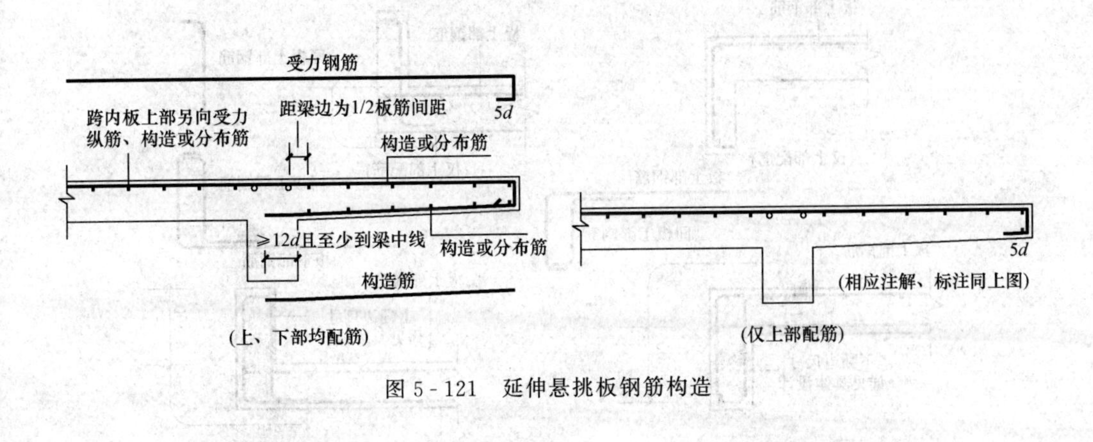

图 5-121　延伸悬挑板钢筋构造

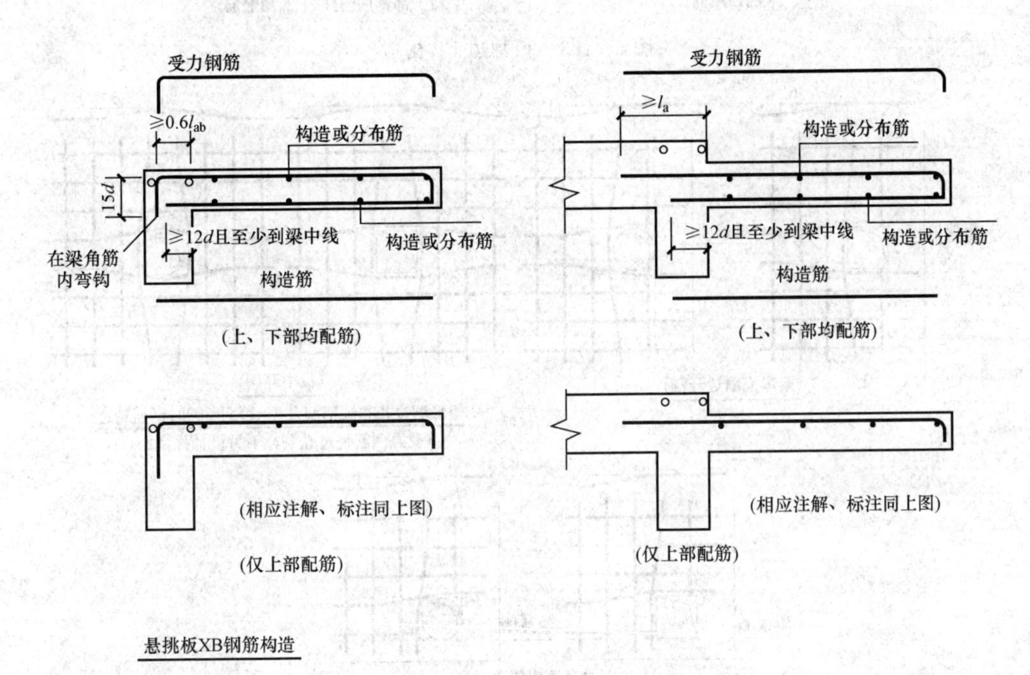

图 5-122　纯悬挑板 XB 钢筋构造

(9) 板开洞 BD 与洞边加强钢筋构造（见图 5-124、图 5-125）。

(10) 延伸板悬挑阳角放射筋 Ces 构造（见图 5-126）。

(11) 板悬挑阴角附加筋构造（见图 5-127）。

(12) 柱帽构造（见图 5-128）。

(13) 抗冲切钢筋构造（见图 5-129）。

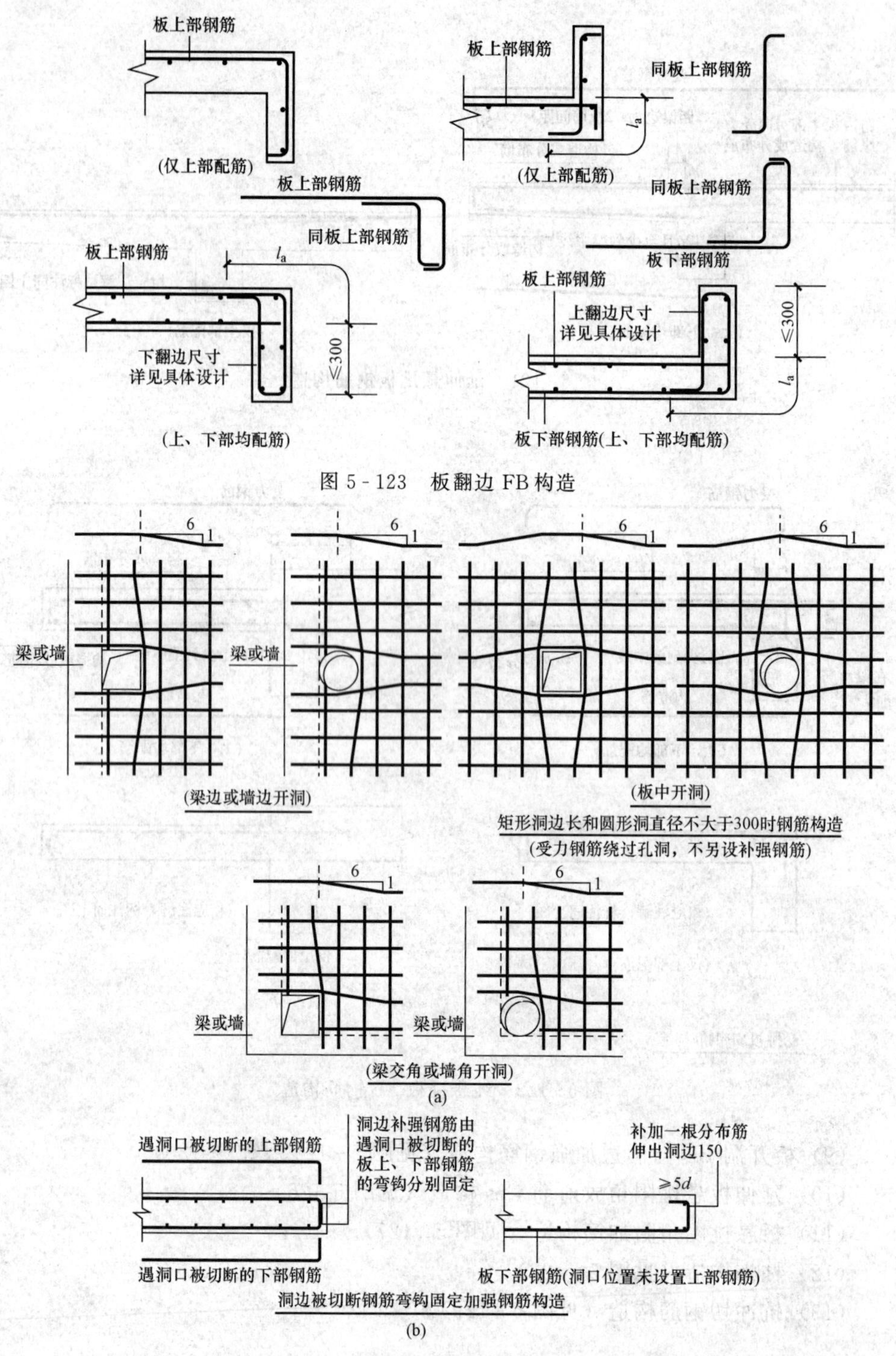

图 5-123 板翻边 FB 构造

图 5-124 板开洞 BD 与洞边加强钢筋构造一（洞边无集中荷载）

(a) 矩形洞边长和圆形洞直径不大于 300 时钢筋构造；(b) 洞边被切断钢筋弯钩固定加强钢筋构造

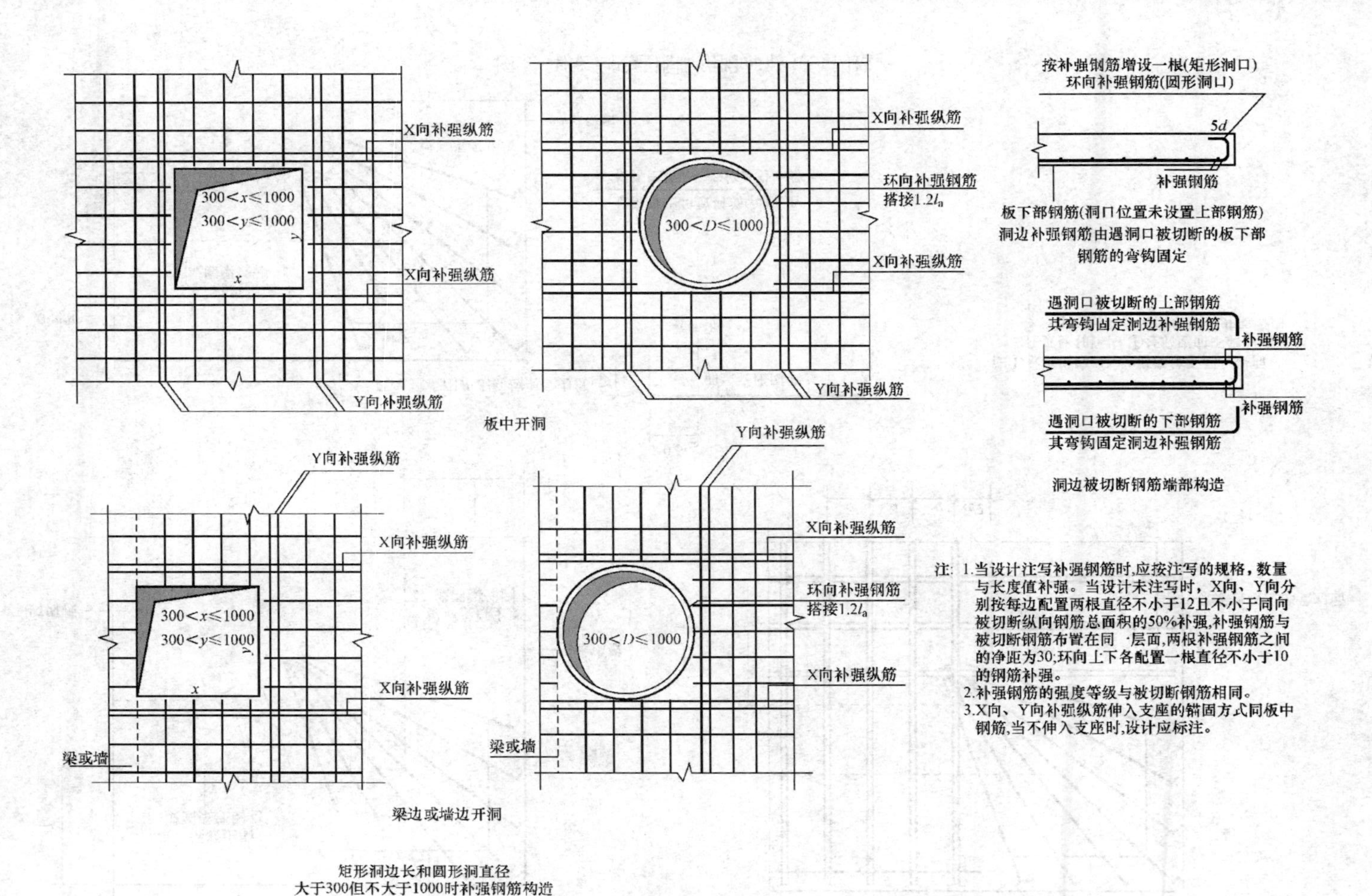

注：1.当设计注写补强钢筋时，应按注写的规格，数量与长度值补强。当设计未注写时，X向、Y向分别按每边配置两根直径不小于12且不小于同向被切断纵向钢筋总面积的50%补强，补强钢筋与被切断钢筋布置在同一层面，两根补强钢筋之间的净距为30；环向上下各配置一根直径不小于10的钢筋补强。
2.补强钢筋的强度等级与被切断钢筋相同。
3.X向、Y向补强纵筋伸入支座的锚固方式同板中钢筋，当不伸入支座时，设计应标注。

图 5-125　板开洞 BD 与洞边加强钢筋构造二（洞边无集中荷载）

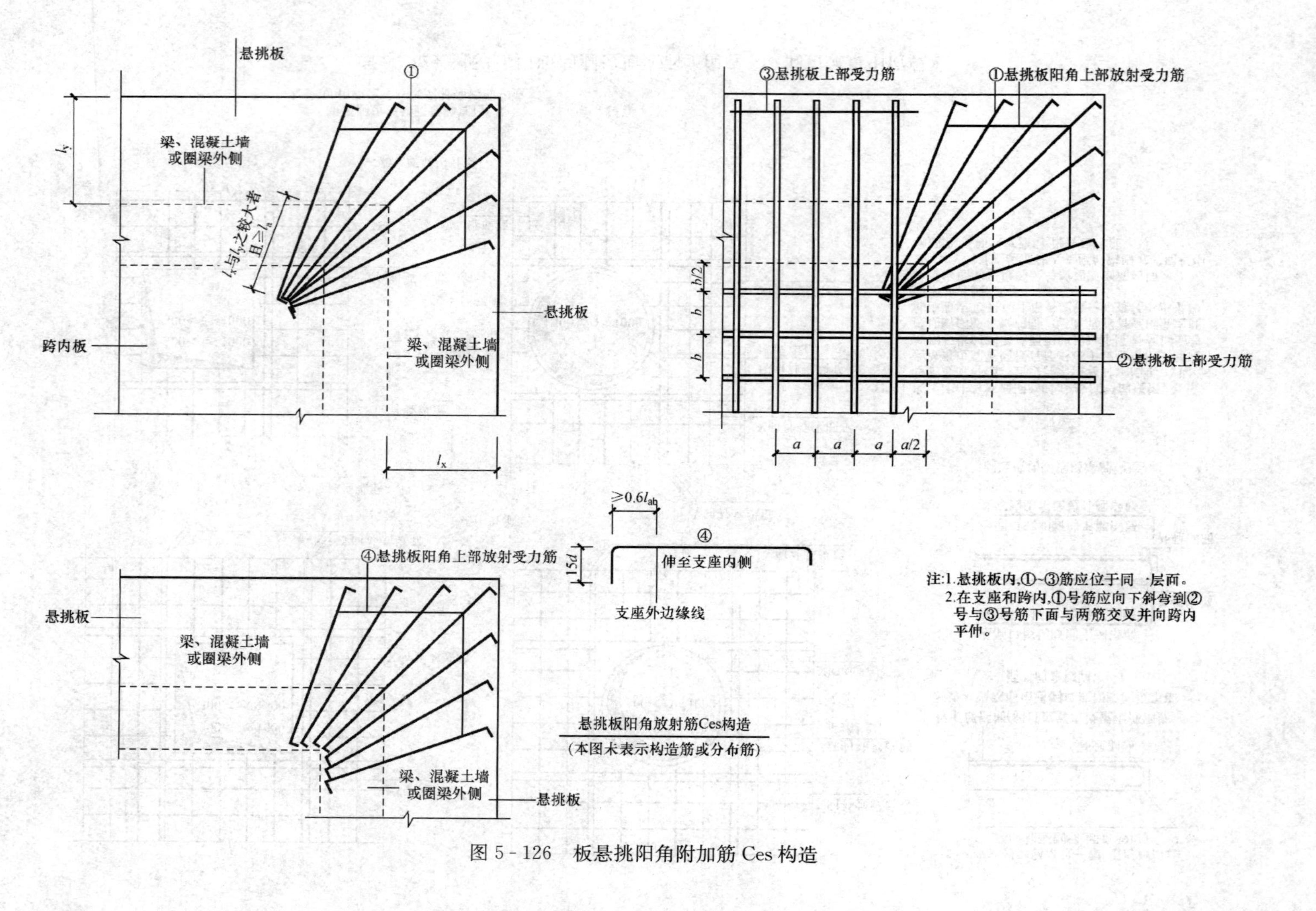

图 5-126　板悬挑阳角附加筋 Ces 构造

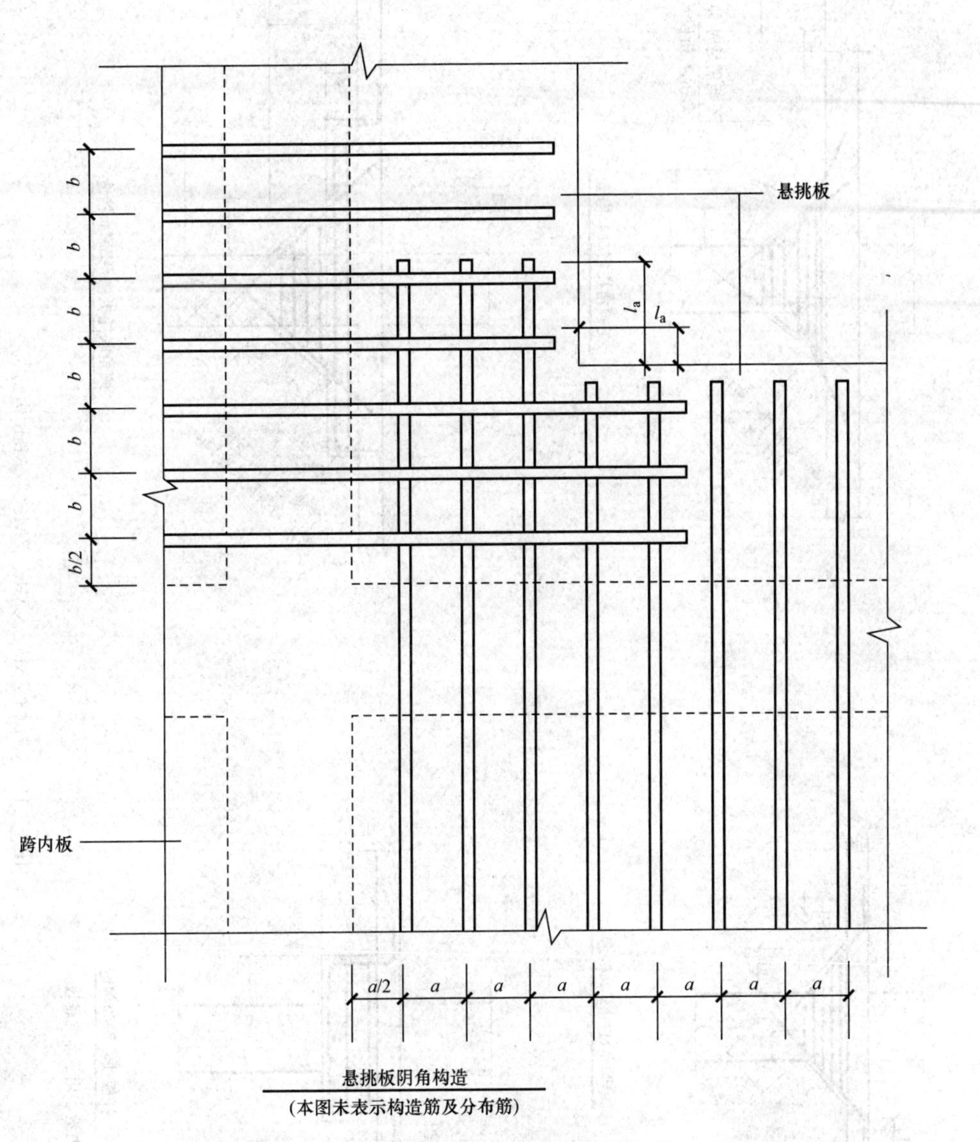

图 5 - 127　板悬挑阴角附加筋构造

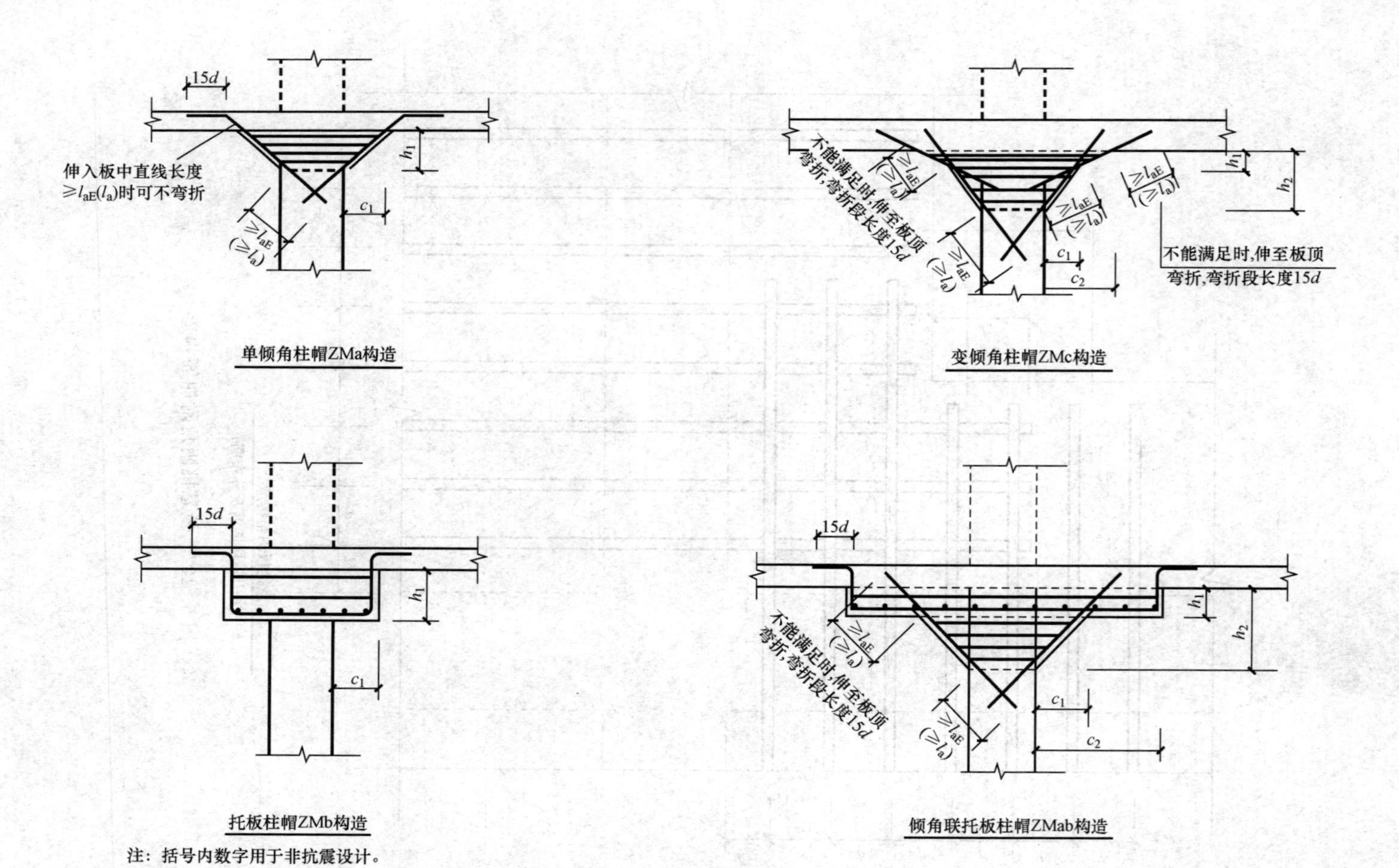

注：括号内数字用于非抗震设计。

图5-128　柱帽ZMa、ZMb、ZMc、ZMab构造

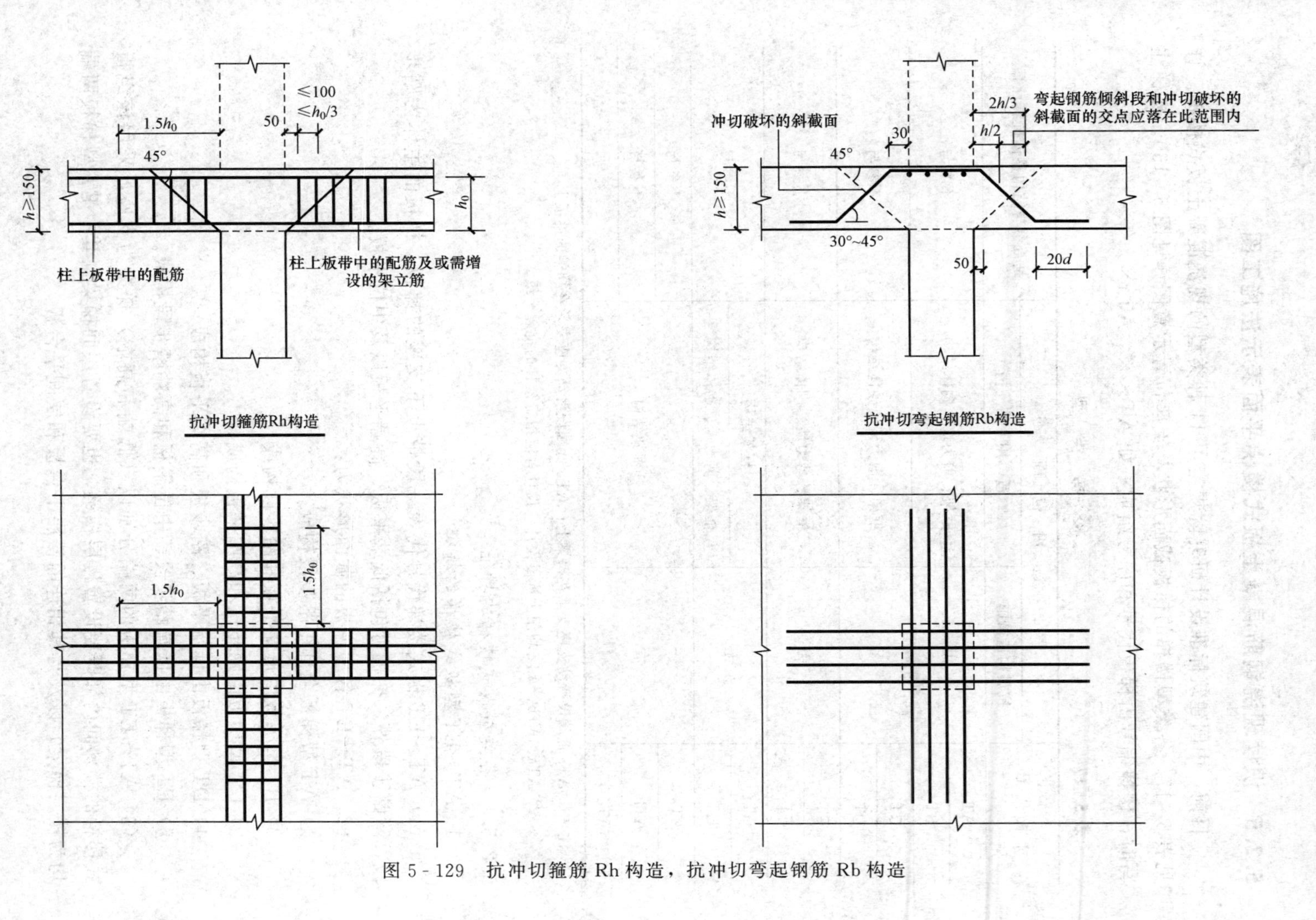

图 5-129 抗冲切箍筋 Rh 构造，抗冲切弯起钢筋 Rb 构造

5.2.5 识读现浇钢筋混凝土板式楼梯平面表示法施工图

目前，中国建筑标准设计研究院规定了11种类型的现浇混凝土板式楼梯。详见表5-17。各类型楼梯的梯板截面形状与支座位置示意图详见图5-130。楼梯注写时，楼梯编号由梯板代号和序号组成；如AT××、ATa××等。

表5-17 楼梯类型

梯板代号	适用范围		是否参与结构整体抗震计算
	抗震构造措施	适用结构	
AT	无	框架、剪力墙、砌体结构	不参与
BT			
CT	无	框架、剪力墙、砌体结构	不参与
DT			
ET	无	框架、剪力墙、砌体结构	不参与
FT			
GT	无	框架结构	不参与
HT		框架、剪力墙、砌体结构	
ATa	有	框架结构	不参与
ATb			不参与
ATc			参与

注：1. ATa低端设滑动支座支承在梯梁上；ATb低端设滑动支座支承在梯梁的挑板上。
2. ATa、ATb、ATc均用于抗震设计，设计者应指定楼梯的抗震等级。

5.2.5.1 各类型板式楼梯的特征

1. AT～ET型板式楼梯的特征

（1）AT～ET板式楼梯代号代表一段带上下支座的梯板。梯板的主体为踏步段，除踏步段外，梯板可包括低端平板、高端平板以及中位平板。

（2）AT～ET各型梯板的截面形状为：

1）AT型梯板全部由踏步段构成；

2）BT型梯板由低端平板和踏步段构成；

3）CT型梯板由踏步段和高端平板构成；

4）DT型梯板由低端平板、踏步板和高端平板构成；

5）ET型梯板由低端踏步段、中位平板和高端踏步段构成。

（3）AT～ET型梯板的两端分别以（低端和高端）梯梁为支座，采用该组板式楼梯的楼梯间内部既要设置楼层梯梁，也要设置层间梯梁（其中ET型梯板两端均为楼层梯梁）以及与其相连的楼层平台板和层间平台板。

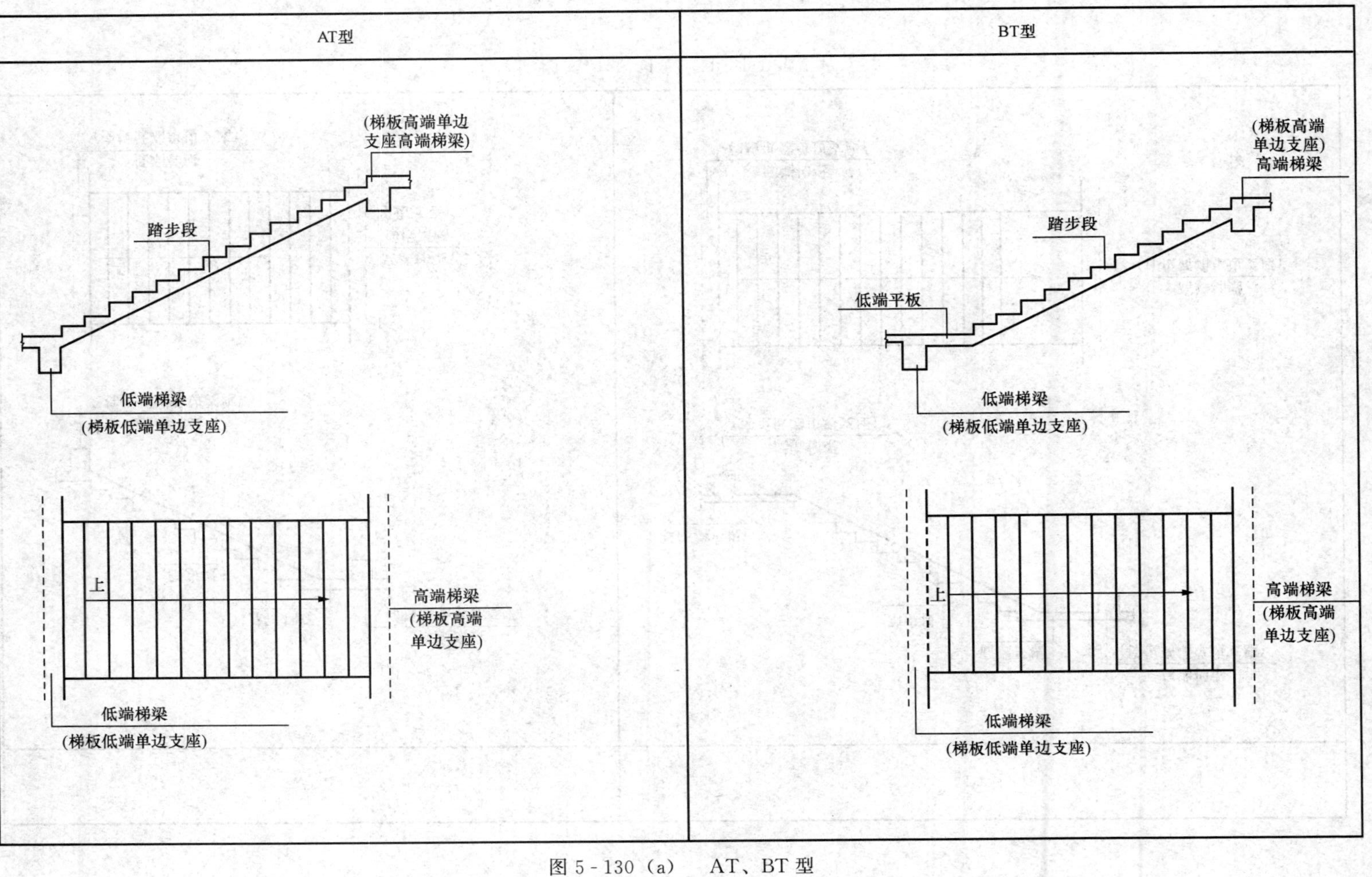

图 5-130（a）　AT、BT 型

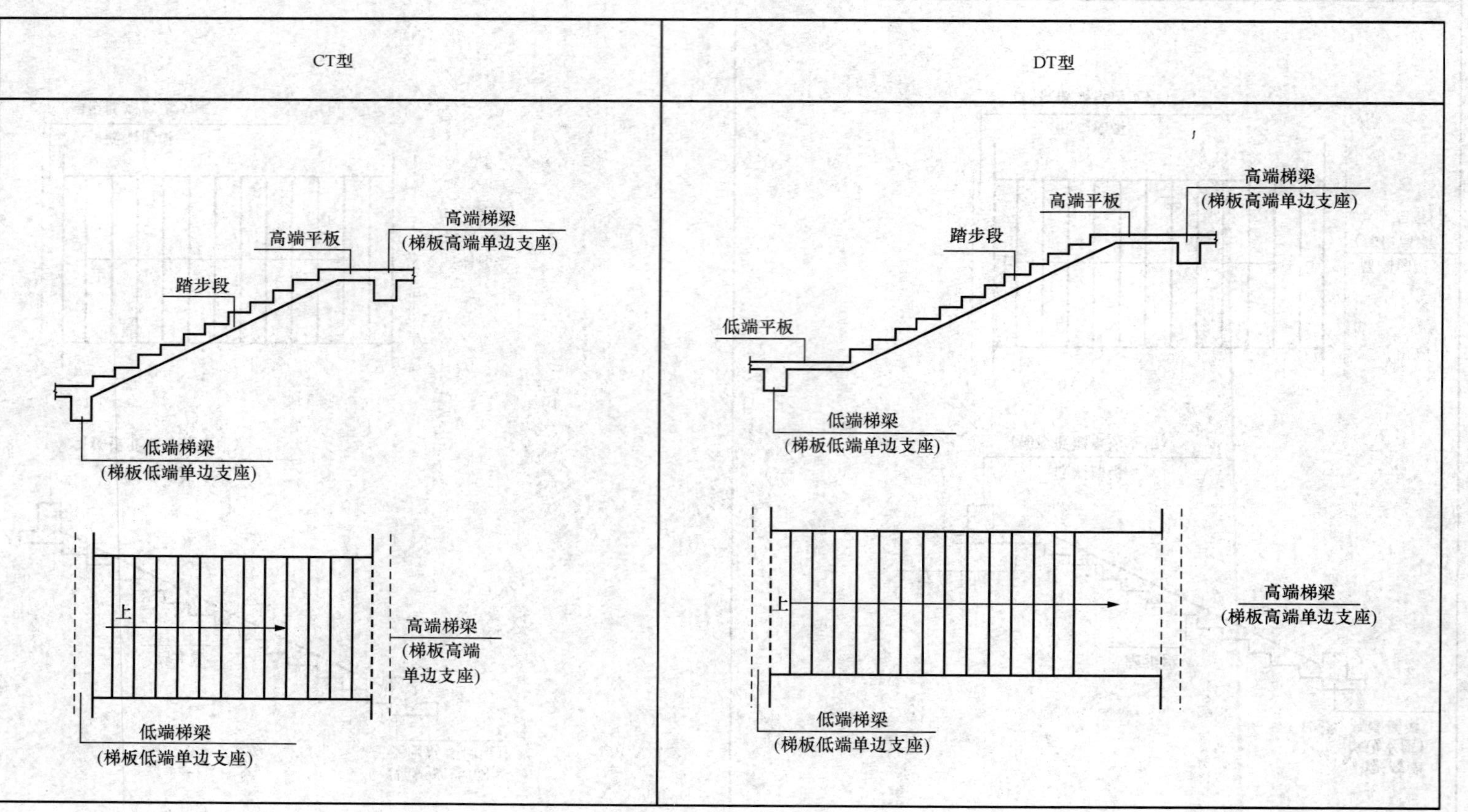

图 5-130（b） CT、DT 型

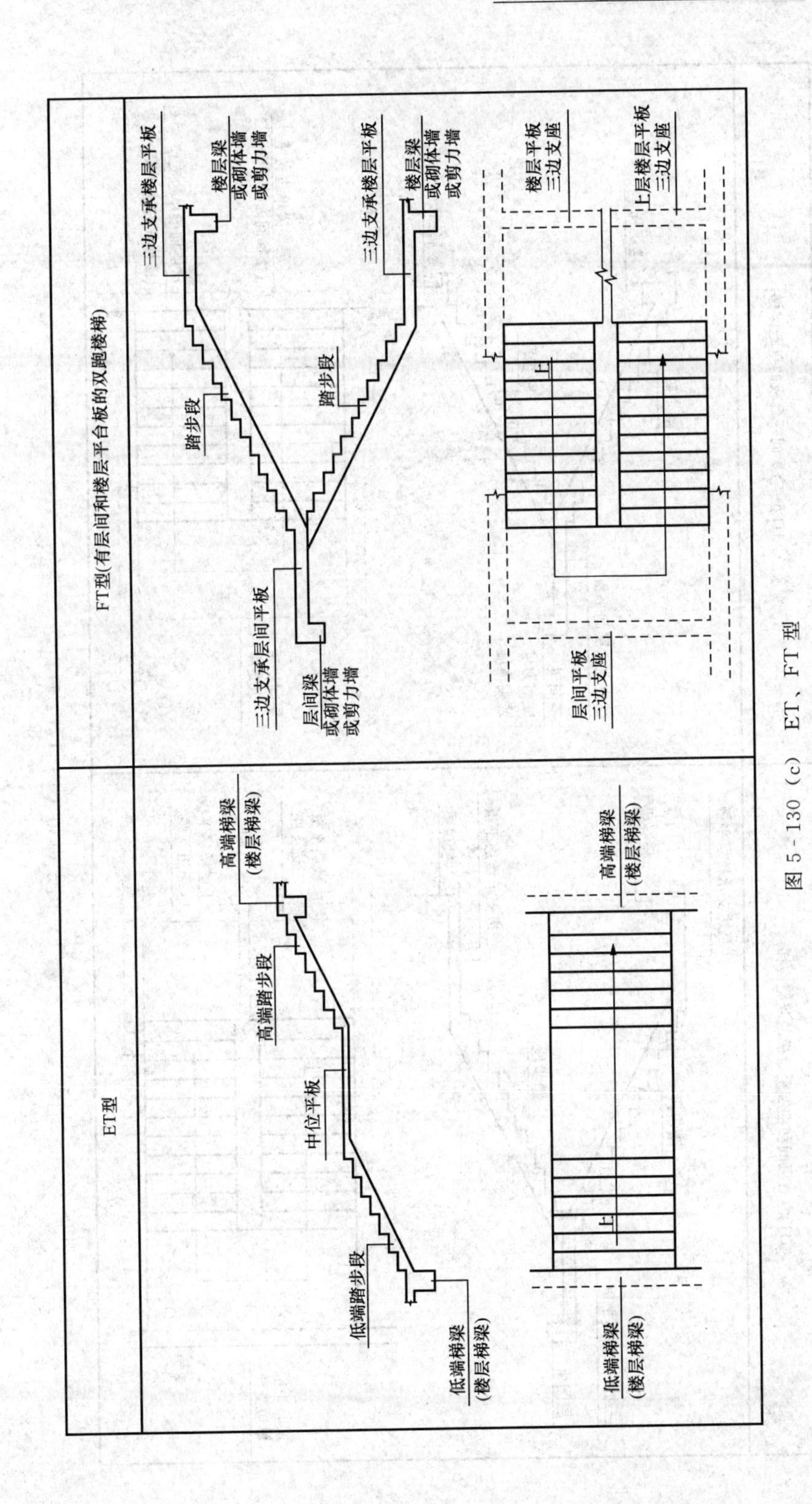

图 5-130（c）　ET、FT 型

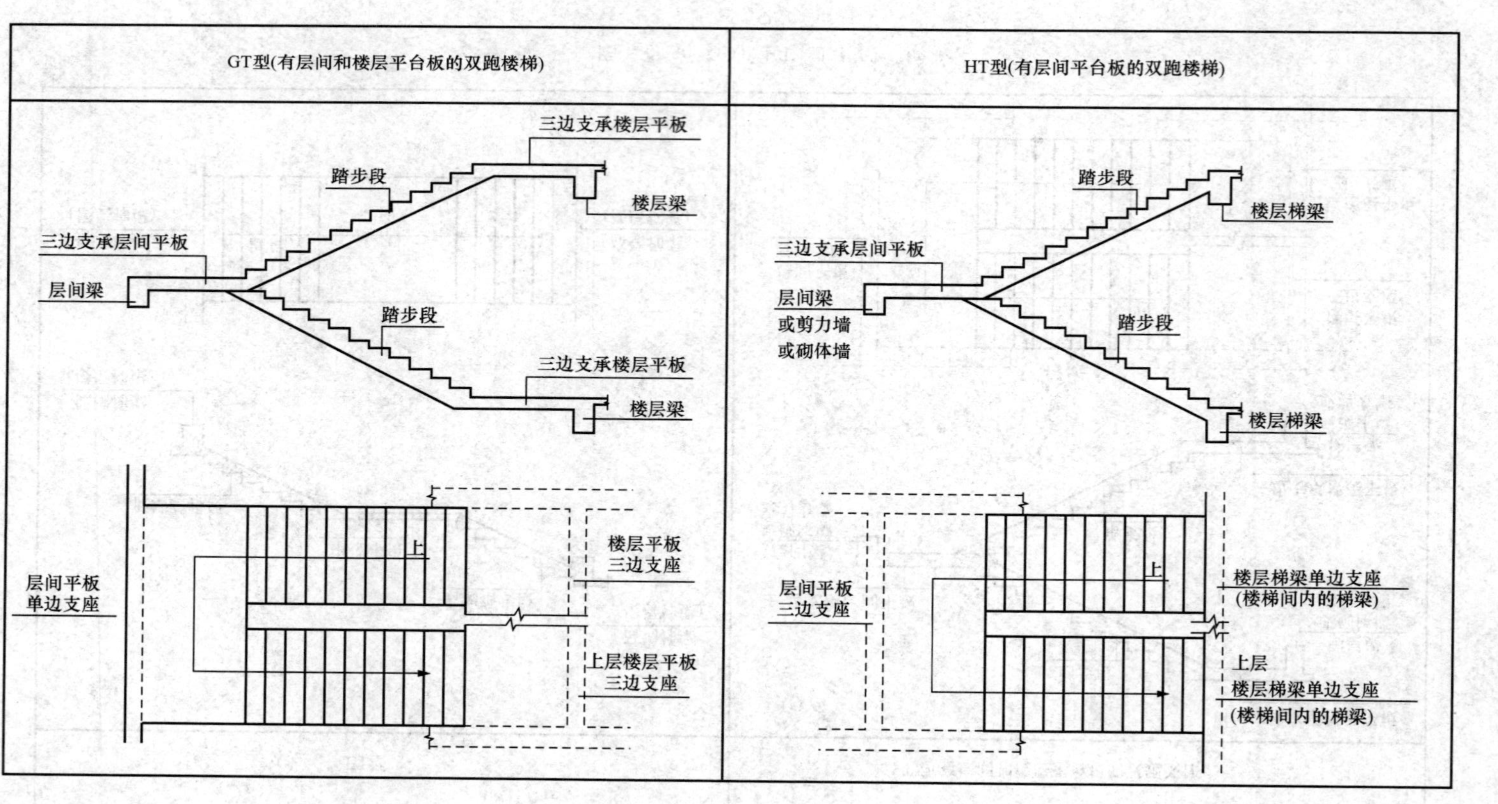

图 5-130（d） GT、HT 型

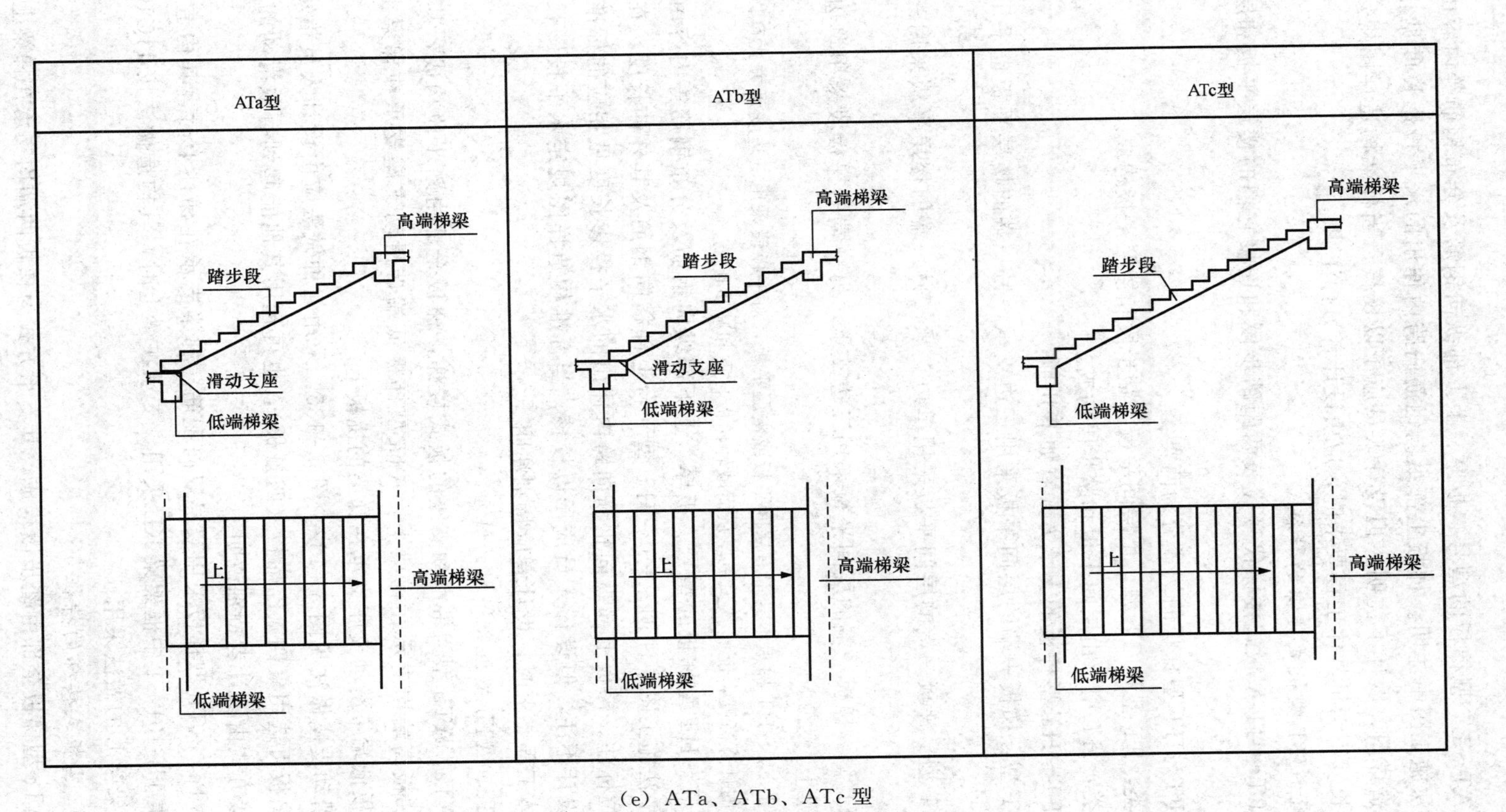

(e) ATa、ATb、ATc 型

图 5-130　11种楼梯类型的截面形状与支座位置示意图

（4）AT～ET型梯板的型号、板厚、上下部纵向钢筋及分布钢筋等内容由设计者在平法施工图中注明。梯板上部纵向钢筋向跨内伸出的水平投影长度见相应的标准构造详图，设计不注明，但设计人员应予以校核；当标准构造详图规定的水平投影长度不满足具体工程要求时，应由设计者另行注明。

2. FT～HT型板式楼梯的特征

（1）FT～HT型板式楼梯代号代表两跑踏步段和连接它们的楼层平板和层间平板。

（2）FT～HT型梯板的构成分为两类：

第一类：FT型和GT型，由层间平板、踏步段和楼层平板构成。

第二类：HT型，由层间平板和踏步段构成。

（3）FT～HT型梯板的支承方式有如下几种：

1）FT型：梯板一端的层间平板采用三边支承，另一端的楼层平板也采用三边支承。

2）GT型：梯板一端的层间平板采用单边支承，另一端的楼层平板采用三边支承。

3）HT型：梯板一端的层间平板采用三边支承，另一端的梯板段采用单边支承（在梯梁上）。

注：由于FT～HT梯板本身带有层间平板或楼层平板，对平板段采用三边支承方式可以有效减少梯板的计算高度，能够减少板厚从而减轻梯板自重和减少配筋。

（4）FT～HT型梯板的型号、板厚、上下部纵向钢筋及分布钢筋等内容由设计人员在平法施工图中注明。FT～HT型平台上部横向钢筋及其外伸长度，在平面图中原位标注。梯板上部纵向钢筋向跨内伸出的水平投影长度见相应的标准构造详图，设计不注，但设计人员应予以校核；当标准构造详图规定水平投影长度不满足具体工程要求时，设计者应特别注明。

3. ATa、ATb型板式楼梯的特征

（1）ATa、ATb型为带滑动支座的板式楼梯，梯板全部由踏步段构成，其支承方式为梯板高端均支承在梯梁上，ATa型梯板低端带滑动支座支承在梯梁上，ATb型梯板低端带滑动支座支承在梯梁的挑板上。

（2）滑动支座做法见图5-132、图5-135，采用何种做法应由设计人员指定。滑动支座垫板可选用聚四氟乙烯板（四氟板），也可选用其他能起到有效滑动的材料，其连接方式由设计者特别说明。

（3）ATa、ATb型梯板采用双层双向配筋。梯梁支承在梯柱上时，其构造做法按照图集11G101-1中框架梁KL采用，支承在梁上时，其构造做法按11G101-1中非框架梁L的做法采用。

4. ATc型板式楼梯的特征

（1）ATc型梯板全部由踏步段构成，其支承方式为梯板两端均支承在梯梁上。

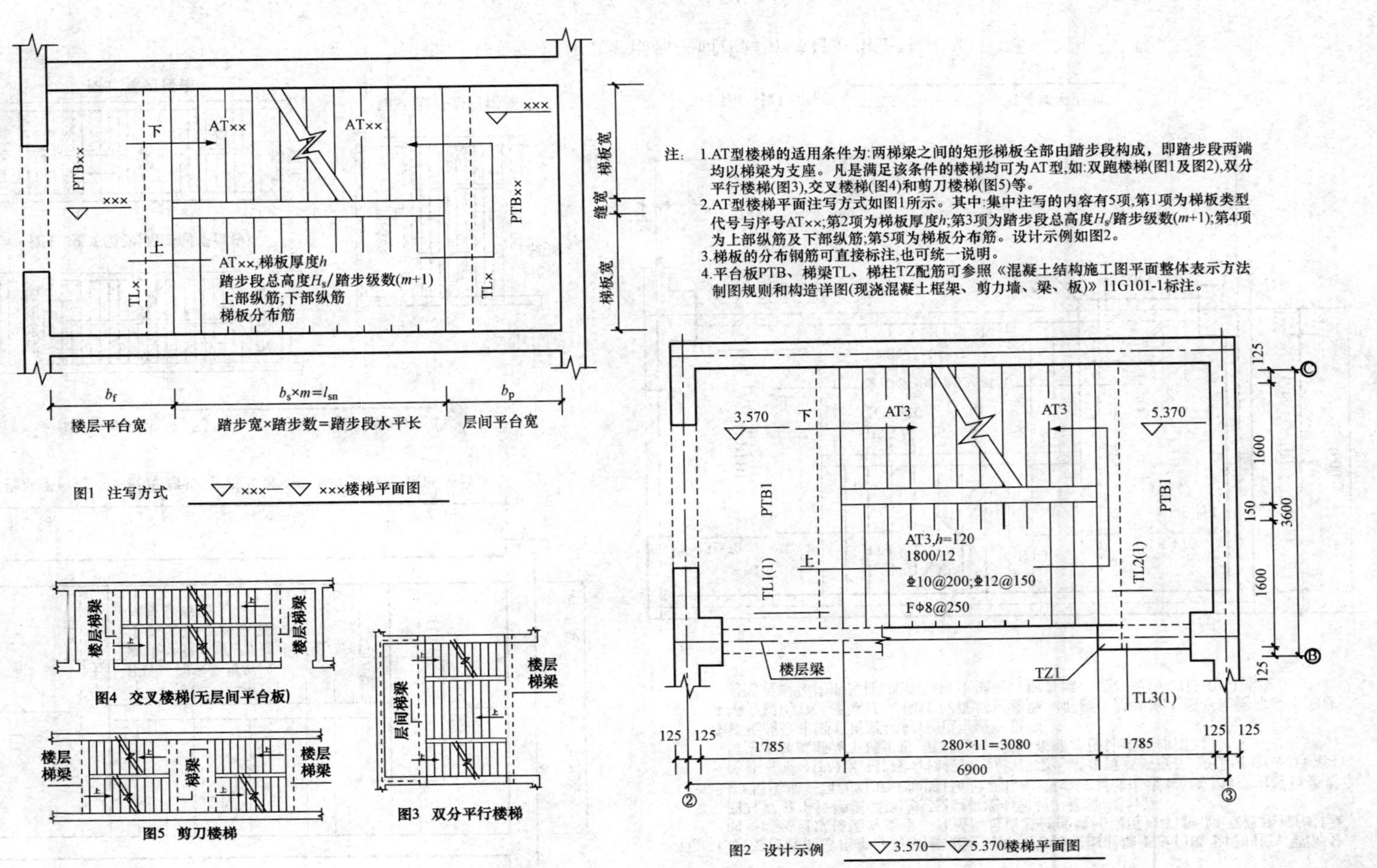

图 5 - 131（a）　AT 型楼梯平面注写方式与适用条件

注：1.BT型楼梯的适用条件为:两梯梁之间的矩形梯板由低端平板和踏步段构成，两部分的一端各自以梯梁为支座。凡是满足该条件的楼梯均可为BT型,如:双跑楼梯(图1及图2),双分平行楼梯(图3),交叉楼梯(图4)和剪刀楼梯(图5)等。

2.BT型楼梯平面注写方式如图1所示。其中:集中注写的内容有5项,第1项为梯板类型代号与序号BTXX;第2项为梯板厚度h;第3项为踏步段总高度H_s/踏步级数$(m+1)$;第4项为上部纵筋及下部纵筋;第5项为梯板分布筋。设计示例如图2。

3.梯板的分布钢筋可直接标注,也可统一说明。

4.平台板PTB、梯梁TL、梯柱TZ配筋可参照《混凝土结构施工图平面整体表示方法制图规则和构造详图(现浇混凝土框架、剪力墙、梁、板)》11G101-1标注。

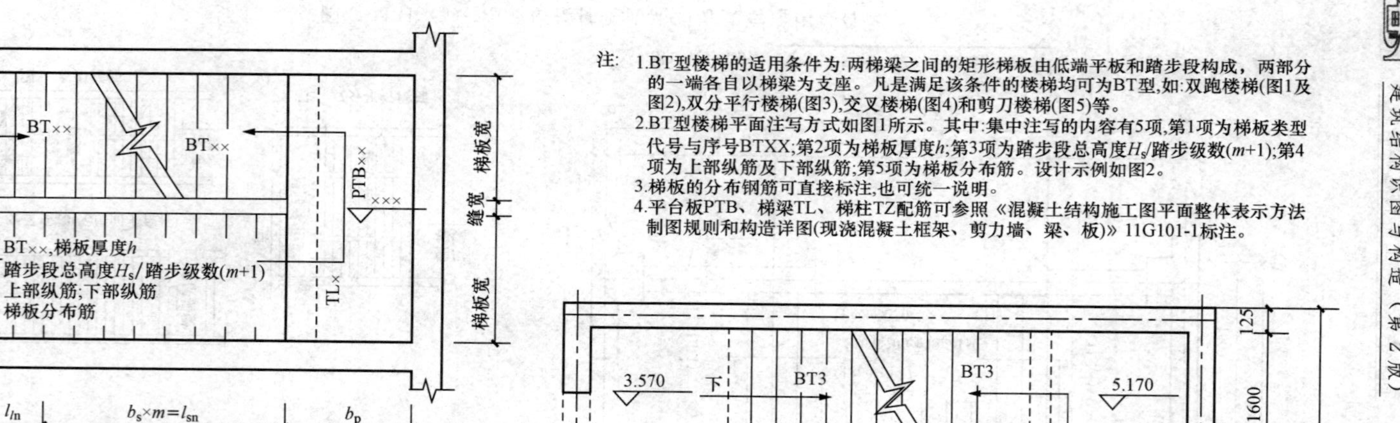

图1 注写方式 ▽×××—▽×××楼梯平面图

图4 交叉楼梯(无层间平台板)

图5 剪刀楼梯

图3 双分平行楼梯

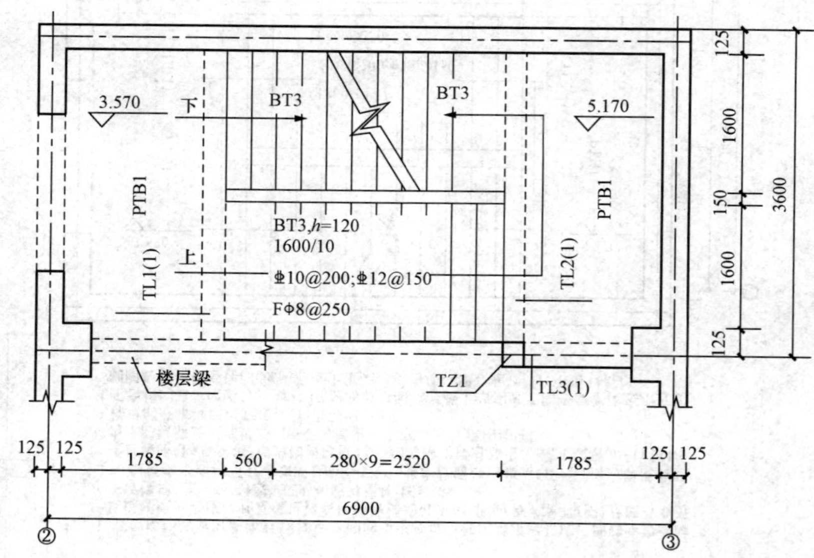

图2 设计示例 ▽3.570—▽5.170楼梯平面图

图5-131（b） BT型楼梯平面注写方式与适用条件

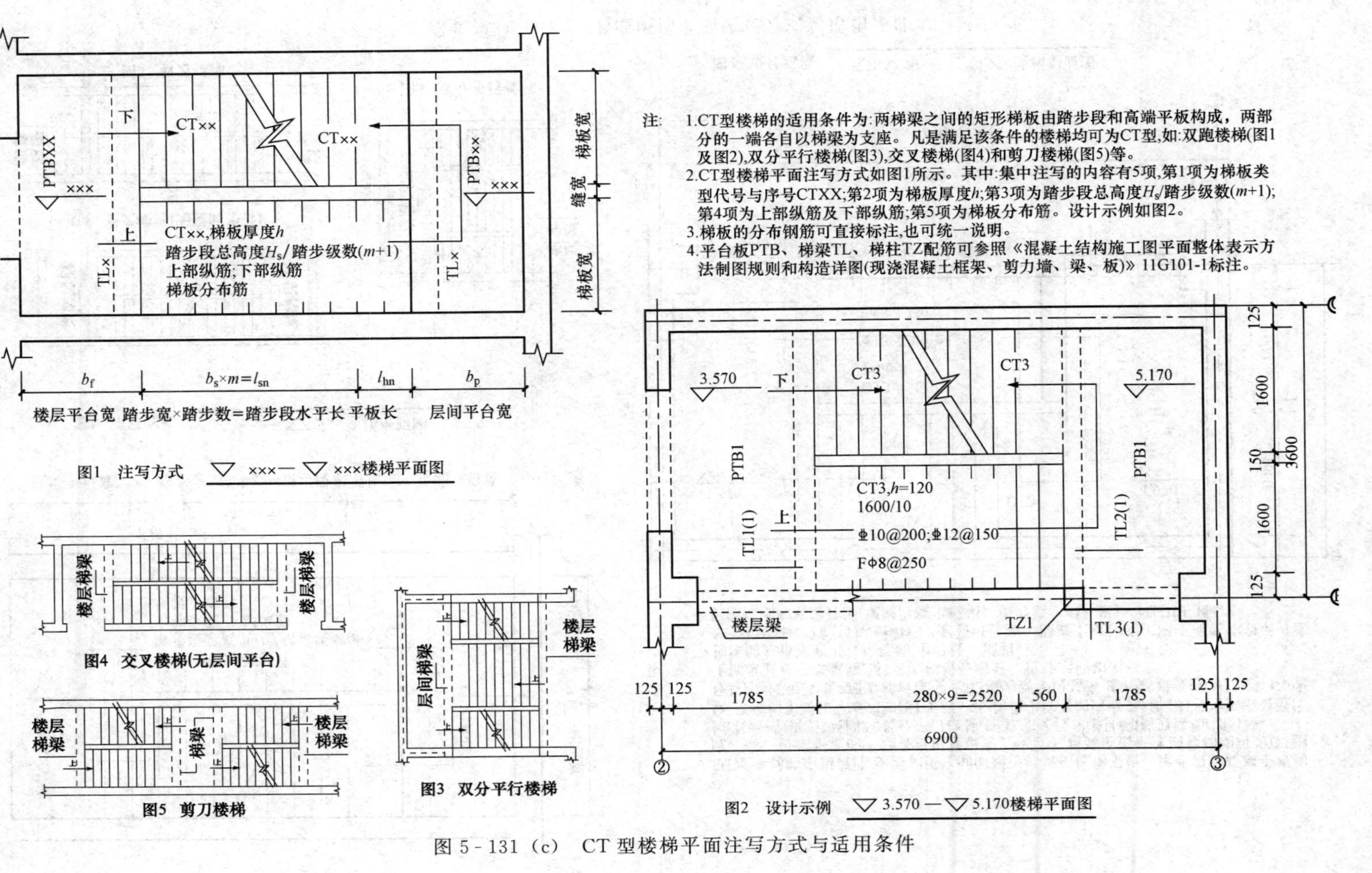

注：1.CT型楼梯的适用条件为:两梯梁之间的矩形梯板由踏步段和高端平板构成，两部分的一端各自以梯梁为支座。凡是满足该条件的楼梯均可为CT型,如:双跑楼梯(图1及图2),双分平行楼梯(图3),交叉楼梯(图4)和剪刀楼梯(图5)等。

2.CT型楼梯平面注写方式如图1所示。其中:集中注写的内容有5项,第1项为梯板类型代号与序号CTXX;第2项为梯板厚度h;第3项为踏步段总高度H_s/踏步级数$(m+1)$;第4项为上部纵筋及下部纵筋;第5项为梯板分布筋。设计示例如图2。

3.梯板的分布钢筋可直接标注,也可统一说明。

4.平台板PTB、梯梁TL、梯柱TZ配筋可参照《混凝土结构施工图平面整体表示方法制图规则和构造详图(现浇混凝土框架、剪力墙、梁、板)》11G101-1标注。

图 5-131（c）　CT 型楼梯平面注写方式与适用条件

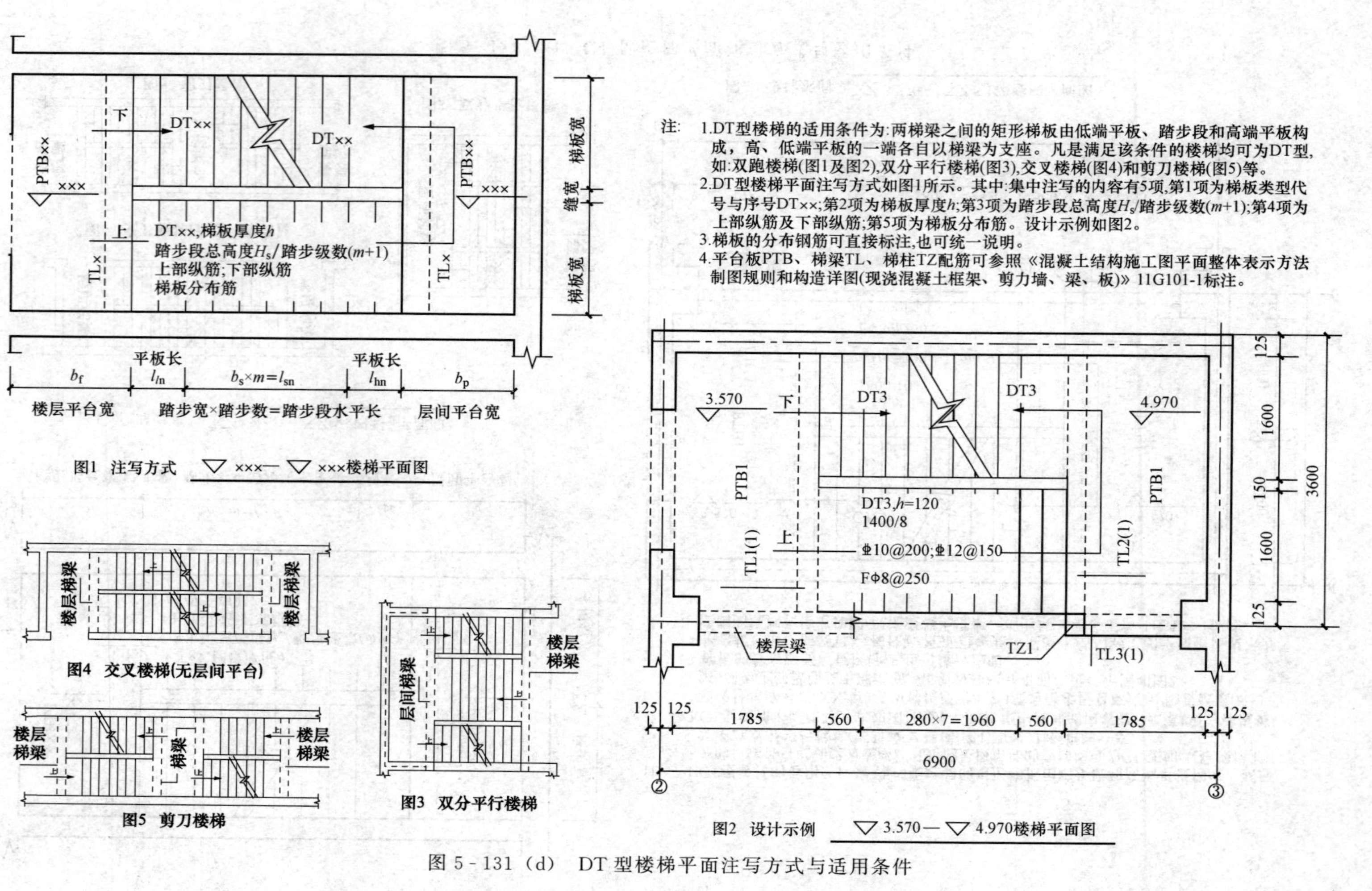

图 5-131（d） DT 型楼梯平面注写方式与适用条件

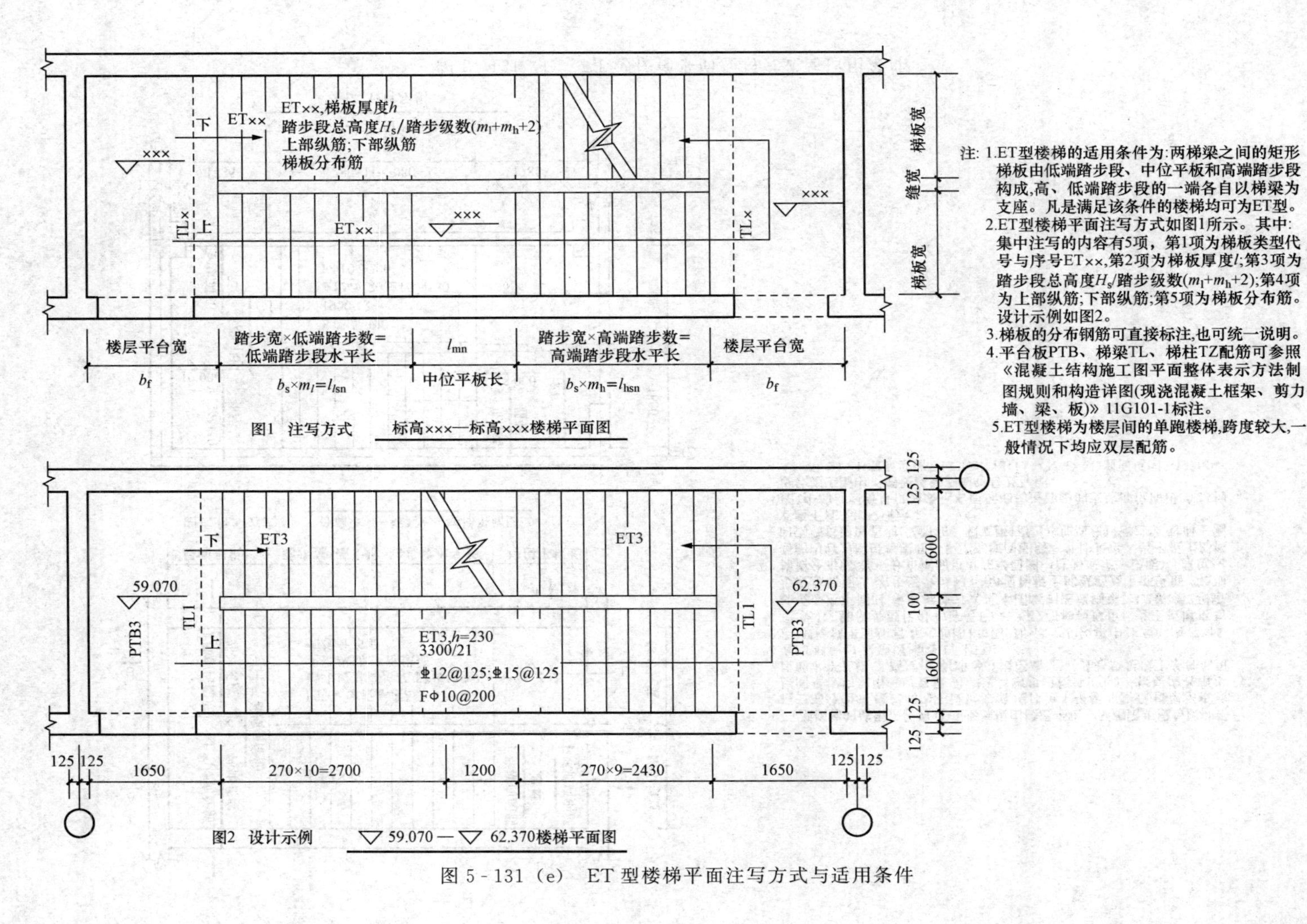

图 5-131（e） ET 型楼梯平面注写方式与适用条件

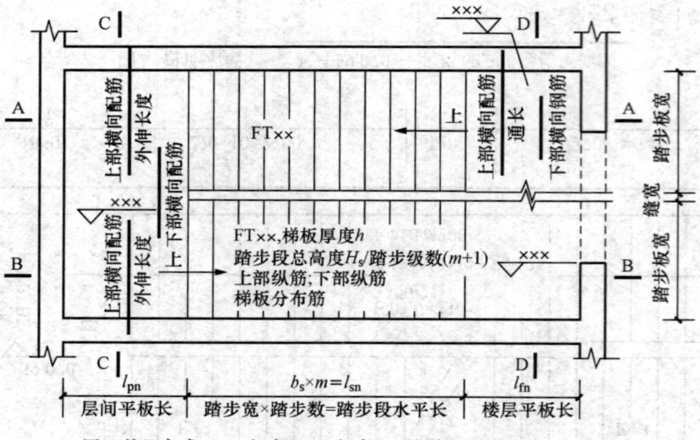

图1　注写方式　　标高×××—标高×××楼梯平面图

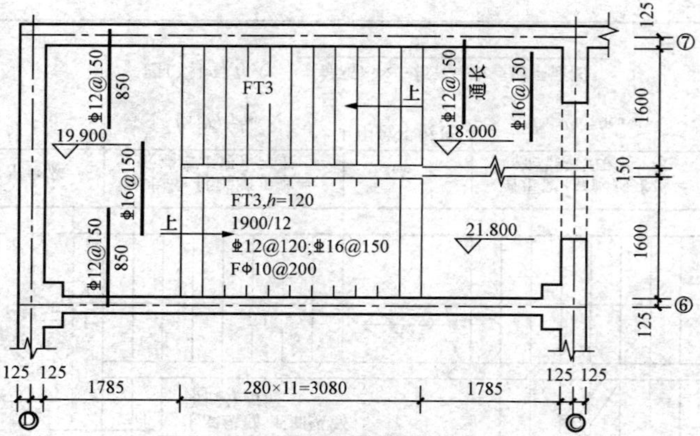

▽18.000—▽21.800楼梯平面图

图2　设计示例

注：1.FT型楼梯的适用条件为：①矩形梯板由楼层平板、两跑踏步段与层间平板三部分构成，楼梯间内不设置梯梁；墙体位于平板外侧；②楼层平板及层间平板均采用三边支承，另一边与踏步段相连；③同一楼层内各踏步段的水平长相等，高度相等（即等分楼层高度）。凡是满足以上条件的可为FT型，如：双跑楼梯（图1，图2）。

2.FT型楼梯平面注写方式如图1与图2所示。其中：集中注写的内容有5项：第1项梯板类型代号与序号FT××；第2项梯板厚度h，当平板厚度与梯板厚度不同时，板厚标注方式见本图集制图规则第2.3.2条；第3项踏步段总高度H_s/踏步级数$(m+1)$；第4项梯板上部纵筋及下部纵筋；第5项梯板分布筋（梯板分布钢筋也可在平面图中注写或统一说明）。原位注写的内容为楼层与层间平板上部横向配筋与外伸长度。当平板上部横向钢筋贯通配置时，仅需在一侧支座标注，并加注"通长"二字，对面一侧支座不注，如图2所示。

3.图1中的剖面符号仅为表示后面标准构造详图的表达部位而设，在结构设计施工图中不需要绘制剖面符号及详图。

4.A—A、B—B剖面见图5-133(c)、(d)，C—C、D—D剖面见图5-133(e)。

图5-131（f）　FT型楼梯平面注写方式与适用条件

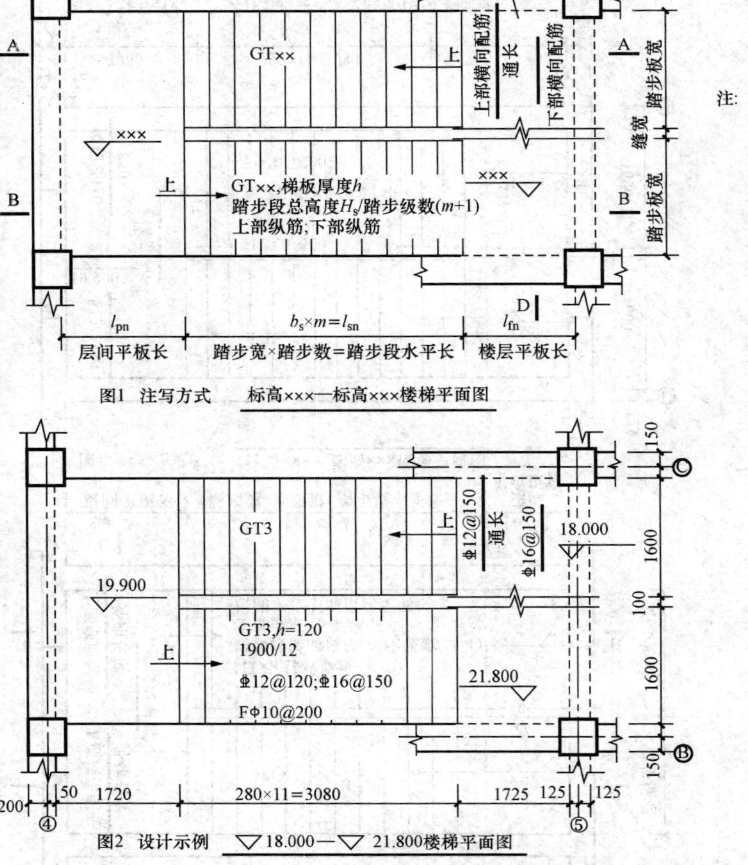

图1 注写方式 标高×××—标高×××楼梯平面图

图2 设计示例 ▽18.000—▽21.800楼梯平面图

注：1.GT型楼梯的适用条件为:①楼梯间内不设置梯梁,矩形梯板由楼层平板、两跑踏步段与层间平板三部分构成;②楼层平板采用三边支承,另一边与踏步段的一端相连;层间平板采用单边支承,对边与踏步段的另一端相连,另外两相对侧边为自由边;③同一楼层内各踏步段的水平长度相等,高度相等(即等分楼层高度)。凡是满足以上条件的均可为GT型，如:双跑楼梯(图1、图2),双分楼梯等。

2.GT型楼梯平面注写方式如图1与图2所示。其中,集中注写的内容有5项:第1项梯板类型代号与序号GT××；第2项梯板厚度h,当平板厚度与梯板厚度不同时,板厚标注方式见本图集制图规则第2.3.2条;第3项踏步段总高度H_s/踏步级数$(m+1)$;第4项梯板上部纵筋及下部纵筋;第5项梯板分布筋(梯板分布钢筋也可在平面图中注写或统一说明)。原位注写的内容为楼层与层间平板上部纵向与横向配筋,横向配筋的外伸长度。当平板上部横向钢筋贯通配置时,仅需在一侧支座标注,并加注“通长”二字,对面一侧支座不注,如图2所示。

3.图1中的剖面符号仅为表示后面标准构造详图的表达部位而设,在结构设计施工图中不需要绘制剖面符号及详图。

图5-131（g） GT型楼梯平面注写方式与适用条件

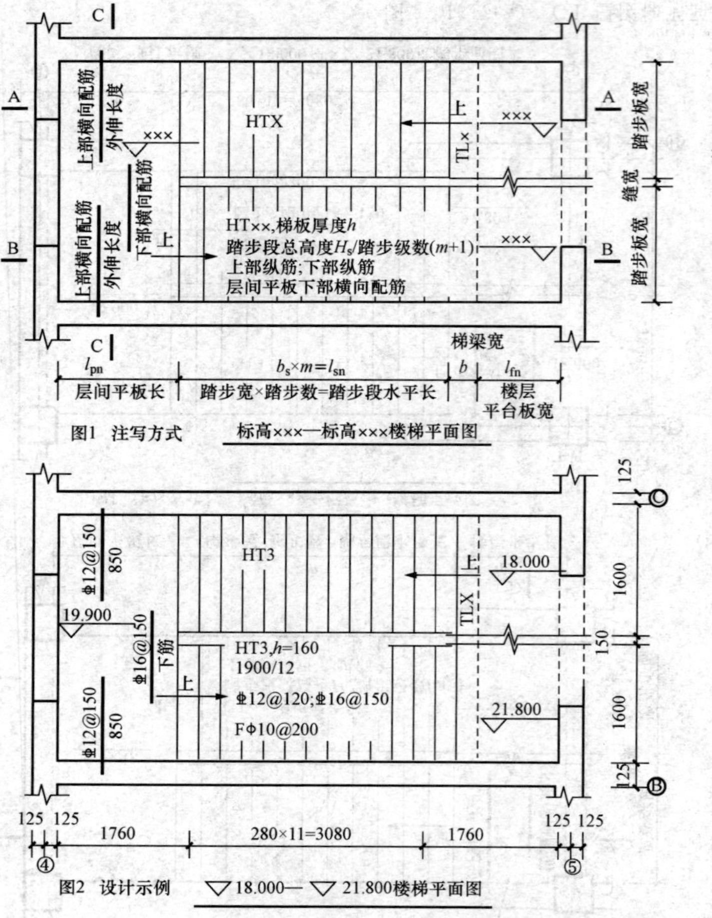

注：1.HT型楼梯的适用条件为:①楼梯间设置楼层梯梁,但不设置层间梯梁;矩形梯板由两跑踏步段与层间平台板两部分构成;②层间平台板采用三边支承,另一边与踏步段的一端相连,踏步段的另一端以楼层梯梁为支座;③同一楼层内各踏步段的水平长度相等高度相等(即等分楼层高度)。凡是满足以上要求的可为HT型,如双跑楼梯(图1、图2),双分楼梯等。

2.HT型楼梯平面注写方式如图1与图2所示。其中:集中注写的内容有5项:第1项梯板类型代号与序号HT××;第2项梯板厚度h,当平板厚度与梯板厚度不同时,板厚标注方式见本图集制图规则第2.3.2条;第3项踏步段总高度H_s/踏步级数$(m+1)$;第4项梯板上部纵筋及下部纵筋;第5项梯板分布筋(梯板分布钢筋也可在平面图中注写或统一说明)。原位注写的内容为楼层与层间平板上部纵向与横向配筋,横向配筋的外伸长度。当平板上部横向钢筋贯通配置时,仅需在一侧支座标注,并加注“通长”二字,对面一侧支座不注,如图2所示。

3.图1中的剖面符号仅为表示后面标准构造详图的表达部位而设,在结构设计施工图中不需要绘制剖面符号及详图。

图 5-131（h） HT 型楼梯平面注写方式与适用条件

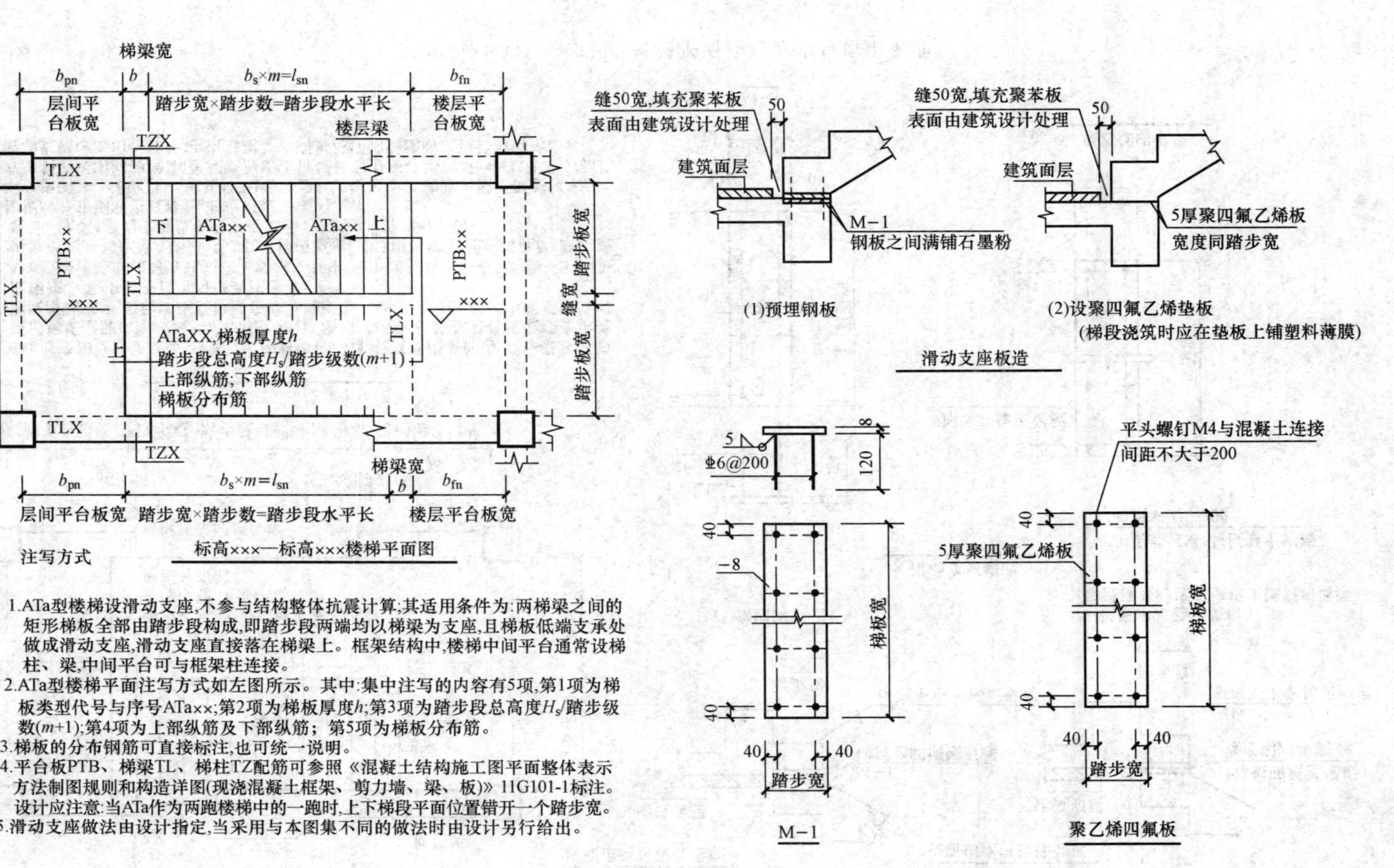

注：1.ATa型楼梯设滑动支座,不参与结构整体抗震计算;其适用条件为:两梯梁之间的矩形梯板全部由踏步段构成,即踏步段两端均以梯梁为支座,且梯板低端支承处做成滑动支座,滑动支座直接落在梯梁上。框架结构中,楼梯中间平台通常设梯柱、梁,中间平台可与框架柱连接。

2.ATa型楼梯平面注写方式如左图所示。其中:集中注写的内容有5项,第1项为梯板类型代号与序号ATa××;第2项为梯板厚度h;第3项为踏步段总高度H_s/踏步级数$(m+1)$;第4项为上部纵筋及下部纵筋;第5项为梯板分布筋。

3.梯板的分布钢筋可直接标注,也可统一说明。

4.平台板PTB、梯梁TL、梯柱TZ配筋可参照《混凝土结构施工图平面整体表示方法制图规则和构造详图(现浇混凝土框架、剪力墙、梁、板)》11G101-1标注。设计应注意:当ATa作为两跑楼梯中的一跑时,上下梯段平面位置错开一个踏步宽。

5.滑动支座做法由设计指定,当采用与本图集不同的做法时由设计另行给出。

图 5-131 (i)　ATa 型楼梯平面注写方式与适用条件

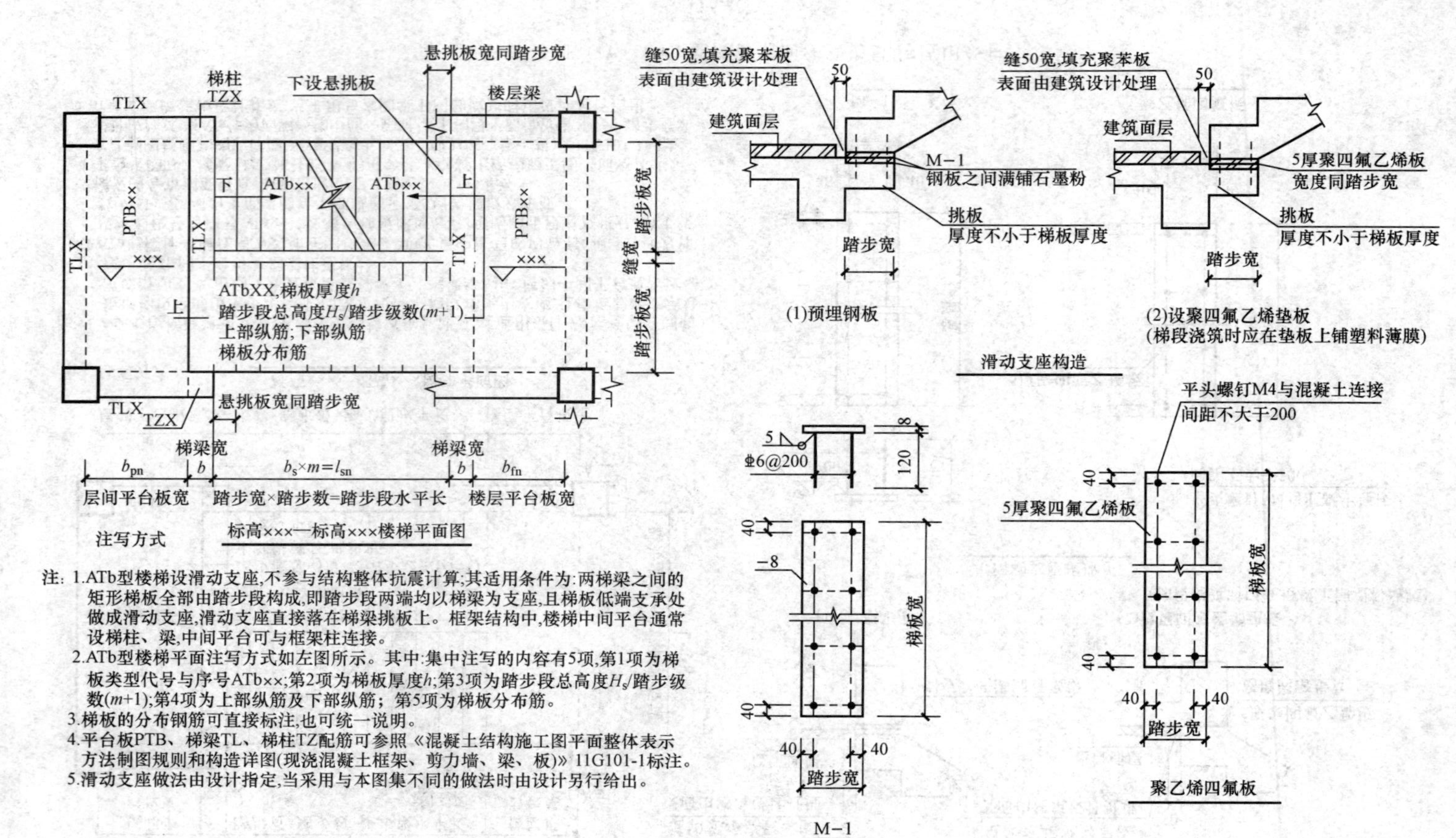

注：1.ATb型楼梯设滑动支座,不参与结构整体抗震计算;其适用条件为:两梯梁之间的矩形梯板全部由踏步段构成,即踏步段两端均以梯梁为支座,且梯板低端支承处做成滑动支座,滑动支座直接落在梯梁挑板上。框架结构中,楼梯中间平台通常设梯柱、梁,中间平台可与框架柱连接。

2.ATb型楼梯平面注写方式如左图所示。其中:集中注写的内容有5项,第1项为梯板类型代号与序号ATb××;第2项为梯板厚度h;第3项为踏步段总高度H_s/踏步级数(m+1);第4项为上部纵筋及下部纵筋；第5项为梯板分布筋。

3.梯板的分布钢筋可直接标注,也可统一说明。

4.平台板PTB、梯梁TL、梯柱TZ配筋可参照《混凝土结构施工图平面整体表示方法制图规则和构造详图(现浇混凝土框架、剪力墙、梁、板)》11G101-1标注。

5.滑动支座做法由设计指定,当采用与本图集不同的做法时由设计另行给出。

图 5-131（j） ATb 型楼梯平面注写方式与适用条件

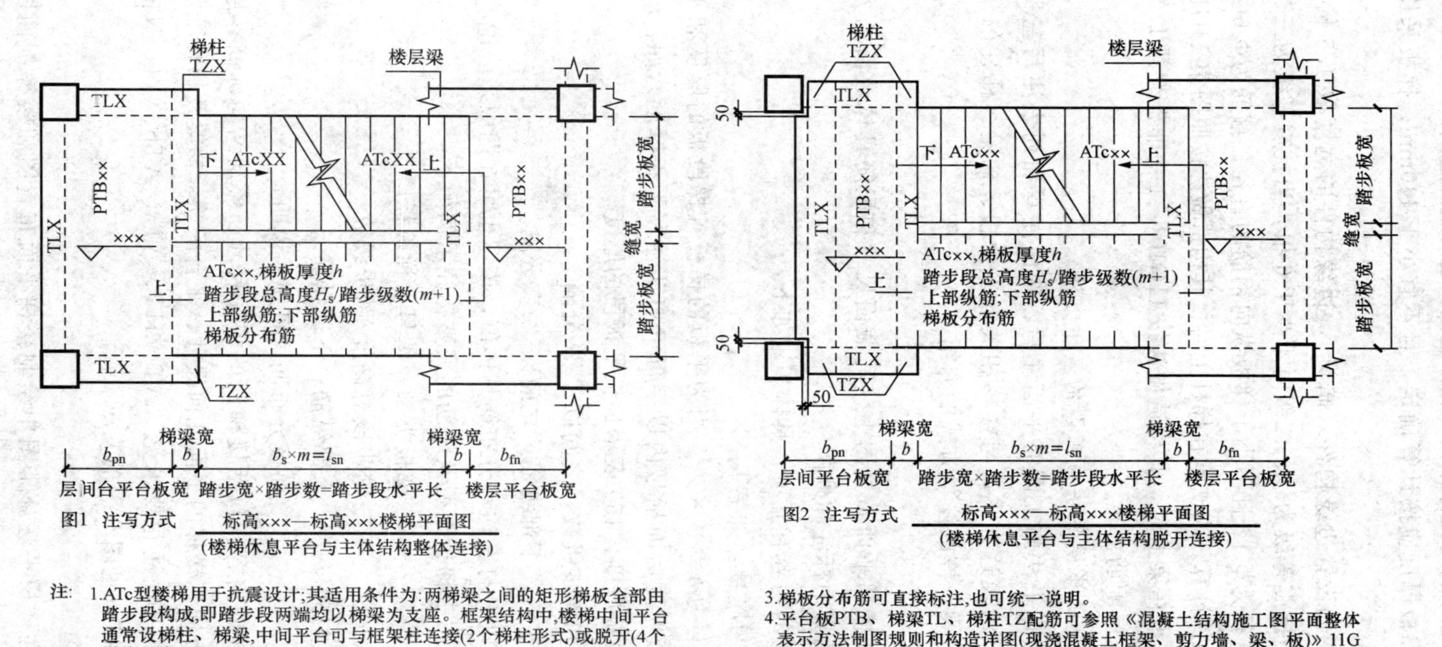

注：1.ATc型楼梯用于抗震设计;其适用条件为:两梯梁之间的矩形梯板全部由踏步段构成,即踏步段两端均以梯梁为支座。框架结构中,楼梯中间平台通常设梯柱、梯梁,中间平台可与框架柱连接(2个梯柱形式)或脱开(4个梯柱形式),见图1与图2。

2.ATc型楼梯平面注写方式如图1、图2所示。其中:集中注写的内容有5项,第1项为梯板类型代号与序号ATc××;第2项为梯板厚度h;第3项为踏步段总高度H_s/踏步级数(m+1);第4项为上部纵筋及下部纵筋;第5项为梯板分布筋。

3.梯板分布筋可直接标注,也可统一说明。

4.平台板PTB、梯梁TL、梯柱TZ配筋可参照《混凝土结构施工图平面整体表示方法制图规则和构造详图(现浇混凝土框架、剪力墙、梁、板)》11G101-1标注。

5.楼梯休息平台与主体结构脱开连接可避免框架柱形成短柱。

图 5-131（k） ATc 型楼梯平面注写方式与适用条件

（2）ATc 型楼梯休息平台与主体结构可整体连接，也可脱开连接，详见图5-131。

（3）ATc 型楼梯梯板厚度应按计算确定，且不宜小于140mm；梯板采用双层配筋。

（4）ATc 型梯板两侧设置边缘构件（暗梁），边缘构件的宽度取1.5倍板厚；边缘构件纵筋数量，当抗震等级为一、二级时不少于6根，当抗震等级为三、四级时不少于4根；纵筋直径为ϕ 12且不小于梯板纵向钢筋的直径；箍筋为ϕ 6@200。

梯梁按双向受弯构件计算，当支承在梯柱上时，其构造做法按照图集11G101-1中框架梁KL采用，支承在梁上时，其构造做法按11G101-1中非框架梁L的做法采用。平台板按双层双向配筋。

5.2.5.2 现浇混凝土板式楼梯平法施工图的表示方法

现浇混凝土板式楼梯平法施工图有平面注写、剖面注写和列表注写三种表达方式。本节仅介绍梯板的表达方式，与楼梯相关的平台板、梯梁、梯柱的注写方式详见前几节关于板、梁、柱的注写方式的介绍。

1. 平面注写方式

平面注写方式是在楼梯平面布置图上注写截面尺寸和配筋具体数值的方式来表达楼梯施工图。包括集中标注和外围标注。

（1）楼梯集中标注的内容有五项，具体规定如下：

1）梯板类型代号与序号，如AT××。

2）梯板厚度，注写为h=×××。当为平板的梯板且梯段板的厚度和平板厚度不同时，可在梯段板厚度后面括号内以字母P打头注写平板厚度。如：h=130（P150），130表示梯段板厚度，150表示梯板平板段的厚度。

3）踏步段总高度和踏步级数，之间以“/”分隔。

4）梯板支座上部纵筋，下部纵筋，之间以“；”分隔。

5）梯板分布筋，以F打头注写分布筋具体值，该项也可在图中统一说明。

【例5-64】 平面图中梯板类型及配筋的完整标注示例如下：

AT1，h=120	梯板类型及编号，梯板板厚
1800/12	踏步段总高度/踏步级数
ϕ10@200；ϕ12@150	上部纵筋；下部纵筋
Fϕ8@250	梯板分布筋（可统一说明）

（2）楼梯外围标注的内容，包括楼梯间的平面尺寸、楼层结构标高、层间结构标高、楼梯的上下方向、楼梯的平面几何尺寸、平台配筋、梯梁及梯柱配筋等。

（3）各类型梯板的平面注写要求见“AT～HT、ATa、ATb、ATc 型楼梯平面注写方式与适用条件”（见图5-131）。

2. 剖面注写方式

剖面注写方式需在楼梯平法施工图中绘制楼梯平面布置图和楼梯剖面图，注写方式分平面注写、剖面注写两部分。

（1）楼梯平面布置图注写内容，包括楼梯间的平面尺寸、楼层结构标高、层间结构标高、楼梯的上下方向、梯板的平面几何尺寸、梯板类型及编号、平台板配筋、梯梁及梯柱配筋等。

（2）楼梯剖面图注写内容，包括梯板集中标注、梯梁梯柱编号、梯板水平及竖向尺寸、楼层结构标高、层间结构标高等。

（3）梯板集中标注的内容有四项，具体规定如下：

1）梯板类型及编号，如 AT××。

2）梯板厚度，注写为 h＝×××。当梯段由踏步板和平板构成，且踏步段梯板厚度和平板厚度不同时，可在梯板厚度后面括号内以字母 P 打头注写平板厚度。

3）梯板配筋。注明梯板上部纵筋和梯板下部纵筋，用分号“;”将上部与下部纵筋的配筋值分隔开来。

4）梯板分布筋，以 F 打头注写分布钢筋的具体值，该项内容也可在图中统一说明。

【例 5－65】 剖面图中梯板配筋完整标注示例如下：

AT1，h＝120　　　　　　梯板类型及编号，梯板板厚

ϕ12@200；ϕ14@150　　　上部纵筋；下部纵筋

Fϕ8@250　　　　　　　　梯板分布筋（可统一说明）

剖面注写示例见图 5－133，ATa 型楼梯剖面注写示例见图 5－132。

3. 列表注写方式

列表注写方式，是用列表方式注写梯板截面尺寸和配筋具体数值的方式来表达楼梯施工图。

列表注写方式的具体要求同剖面注写方式，仅将剖面注写方式中（3）条中要求的梯板配筋注写项改为列表注写项即可。其表格形式如表 5－18 所示。

表 5－18　　梯板几何尺寸和配筋

梯板编号	踏步段总高度/踏步级数	板厚 h	上部纵向钢筋	下部纵向钢筋	分布钢筋

列表注写示例见图 5－132。

4. 梯板钢筋构造图

这里仅给出 AT 型、DT 型及 FT 型楼梯板的钢筋构造详图，如图 5－134（a）～（e）。

5. 各型楼梯第一跑与基础连接构造及不同踏步位置推高与高度减小构造（如图 5－135 所示）

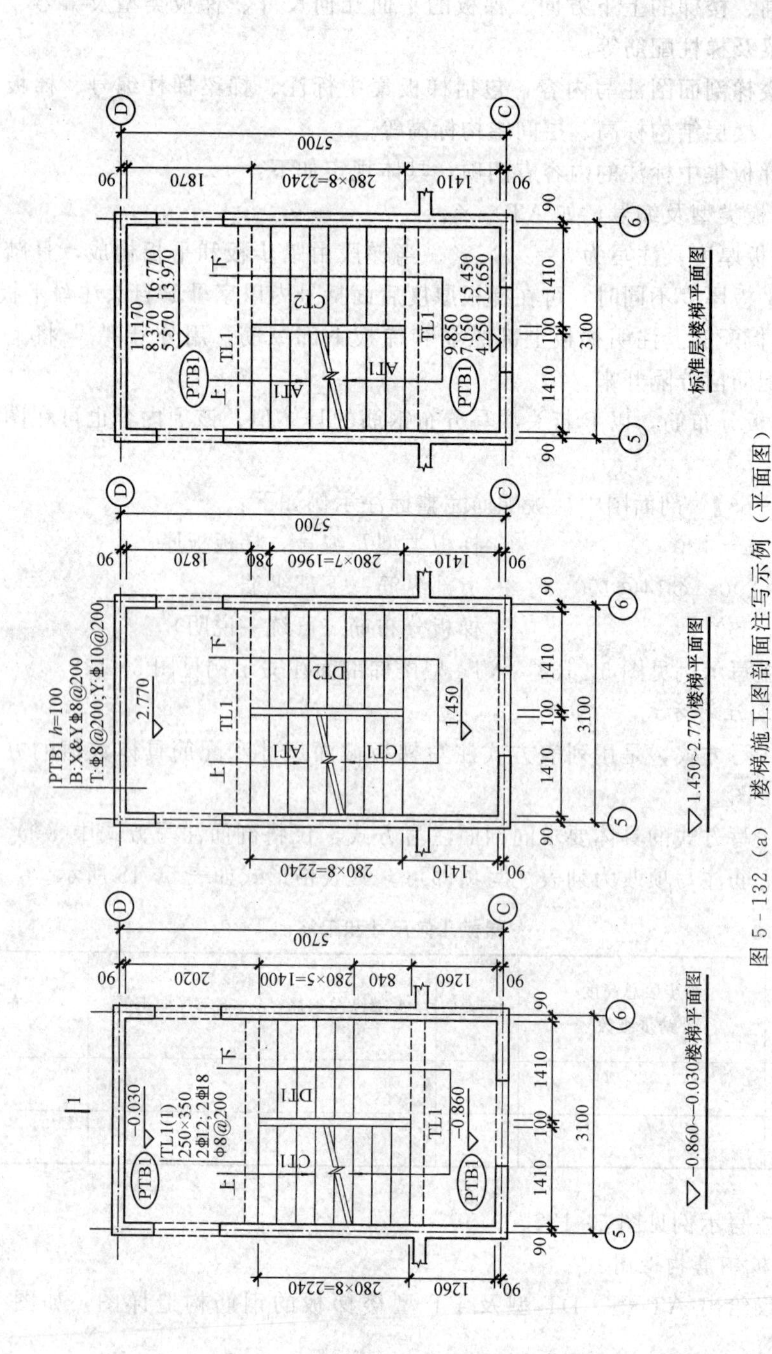

图 5-132（a） 楼梯施工图剖面注写示例（平面图）

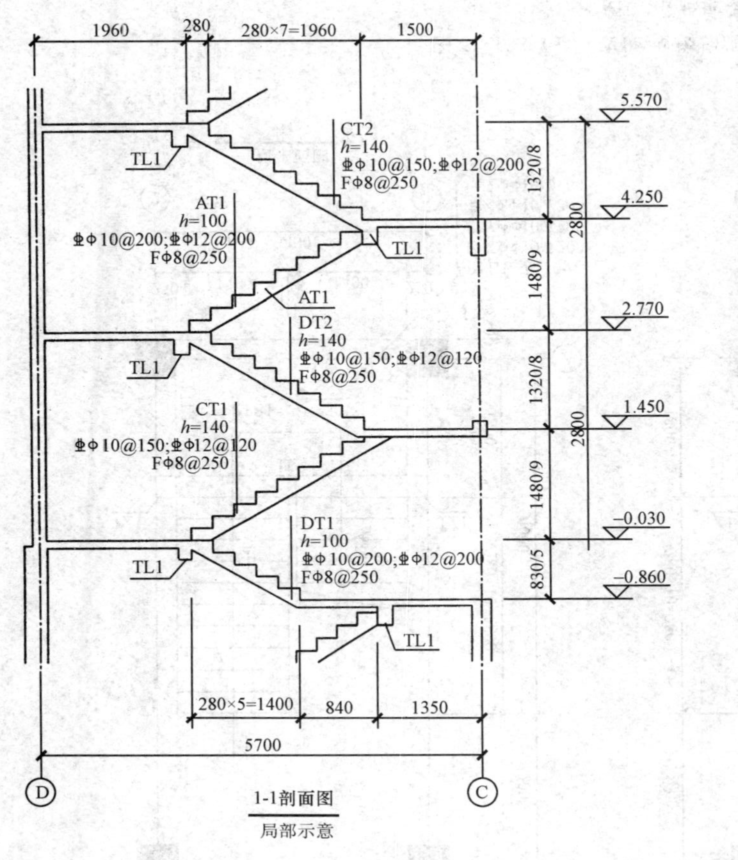

列表注写方式

梯板类型编号	踏步高度/踏步级数	板厚 h	上部纵筋	下部纵筋	分面筋
AT1	1480/9	100	Φ 10@200	Φ 12@200	Φ 8@250
CT1	1480/9	140	Φ 10@150	Φ 12@120	Φ 8@250
CT2	1320/8	100	Φ 10@200	Φ 12@200	Φ 8@250
DT1	830/5	100	Φ 10@200	Φ 12@200	Φ 8@250
DT2	1320/8	140	Φ 10@150	Φ 12@120	Φ 8@250

注：本示例中梯板上部钢筋在支座处考虑充全发挥钢筋抗拉强度作用进行锚固。

图 5-132（b） 楼梯施工图剖面注写示例（剖面图）

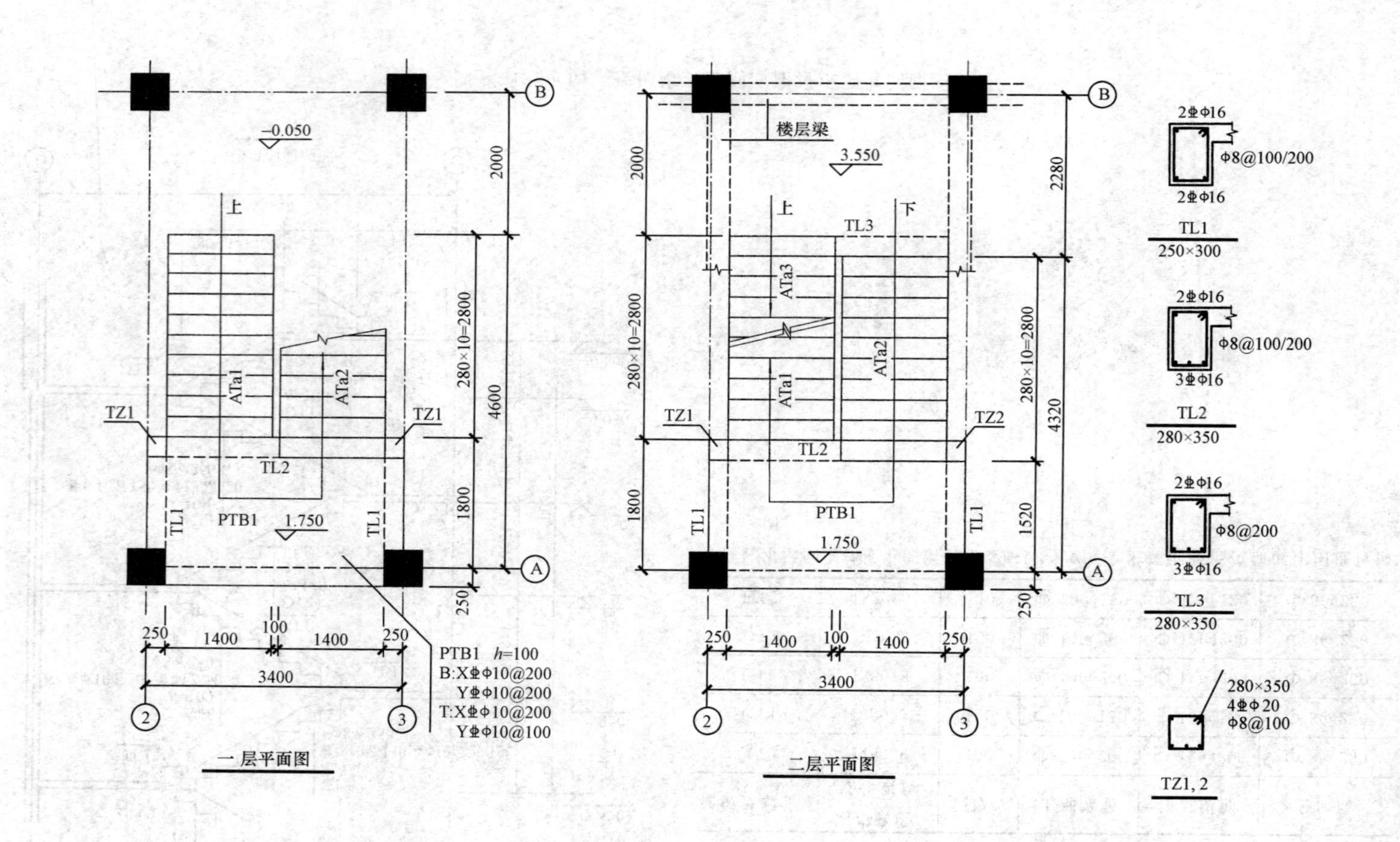

图5-133（a） ATa型楼梯施工图剖面注写示例（平面图）

注：梯板抗震等级同框架。

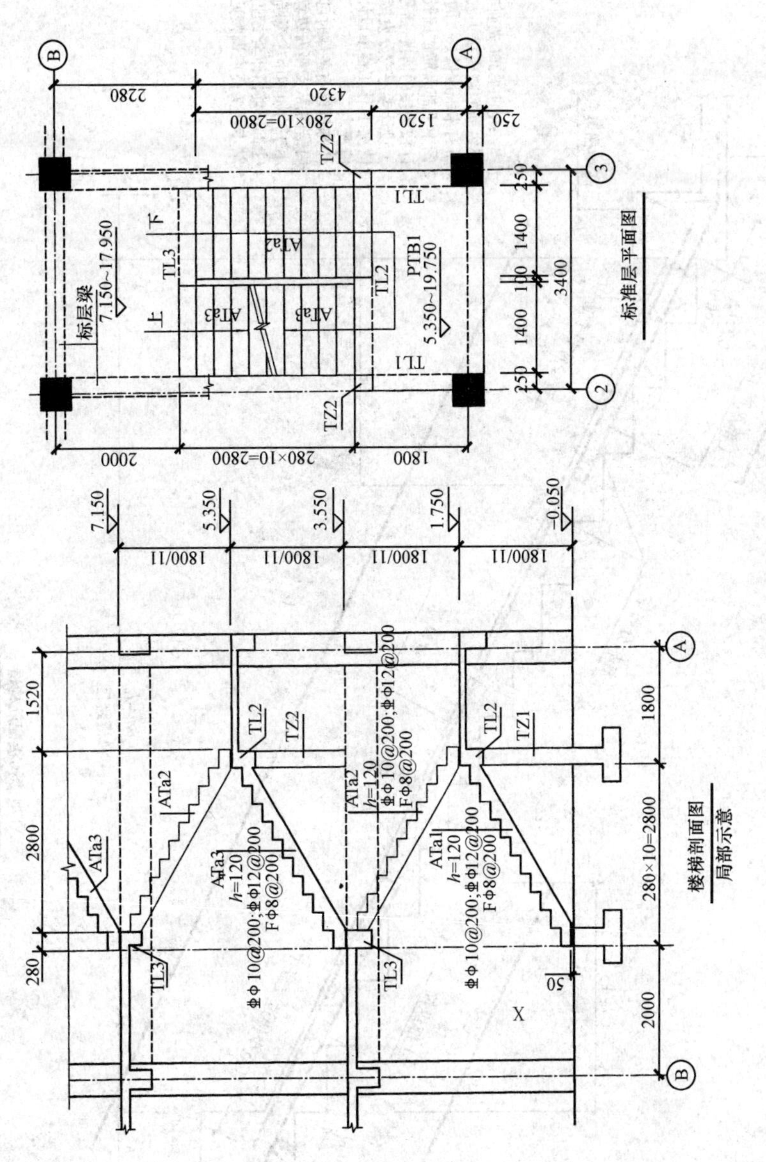

图 5-133（b） ATa 型楼梯施工图剖面注写示例（剖面图）

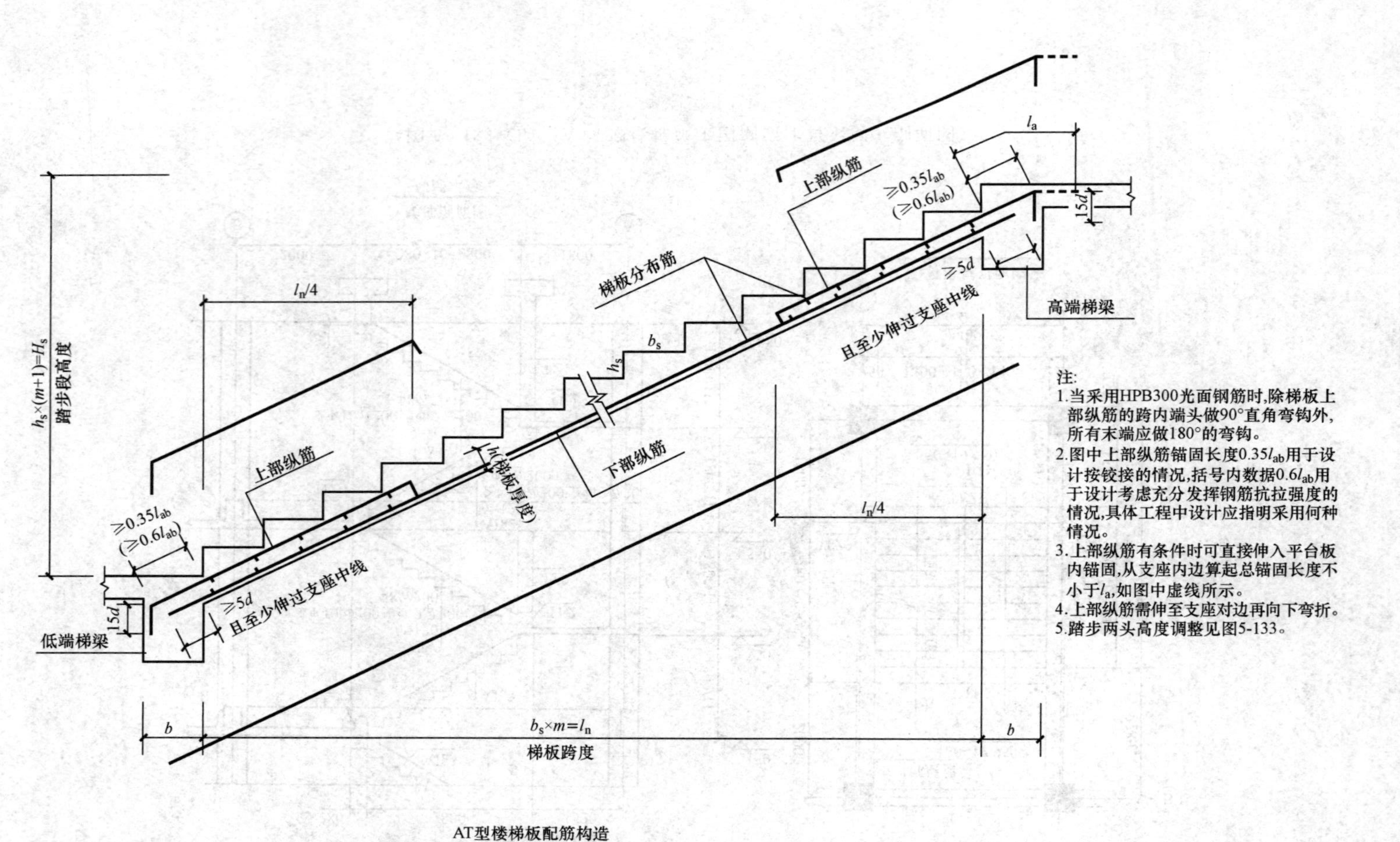

图 5-134（a） AT 型楼梯板的钢筋构造图

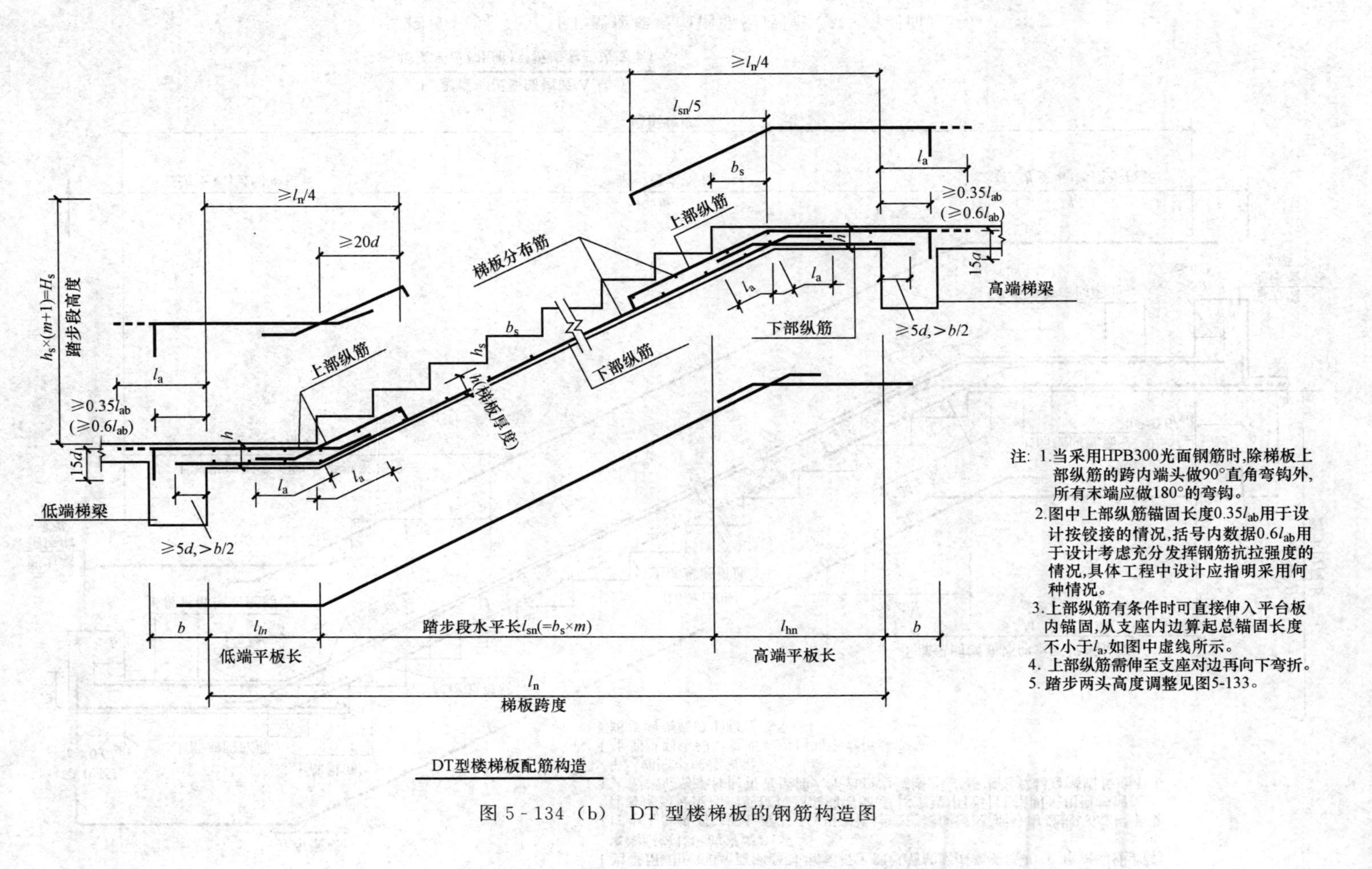

图 5-134（b） DT 型楼梯板的钢筋构造图

注：1.当采用HPB300光面钢筋时，除梯板上部纵筋的跨内端头做90°直角弯钩外，所有末端应做180°的弯钩。
2.图中上部纵筋锚固长度$0.35l_{ab}$用于设计按铰接的情况，括号内数据$0.6l_{ab}$用于设计考虑充分发挥钢筋抗拉强度的情况，具体工程中设计应指明采用何种情况。
3.上部纵筋有条件时可直接伸入平台板内锚固，从支座内边算起总锚固长度不小于l_a，如图中虚线所示。
4.上部纵筋需伸至支座对边再向下弯折。
5.踏步两头高度调整见图5-134。

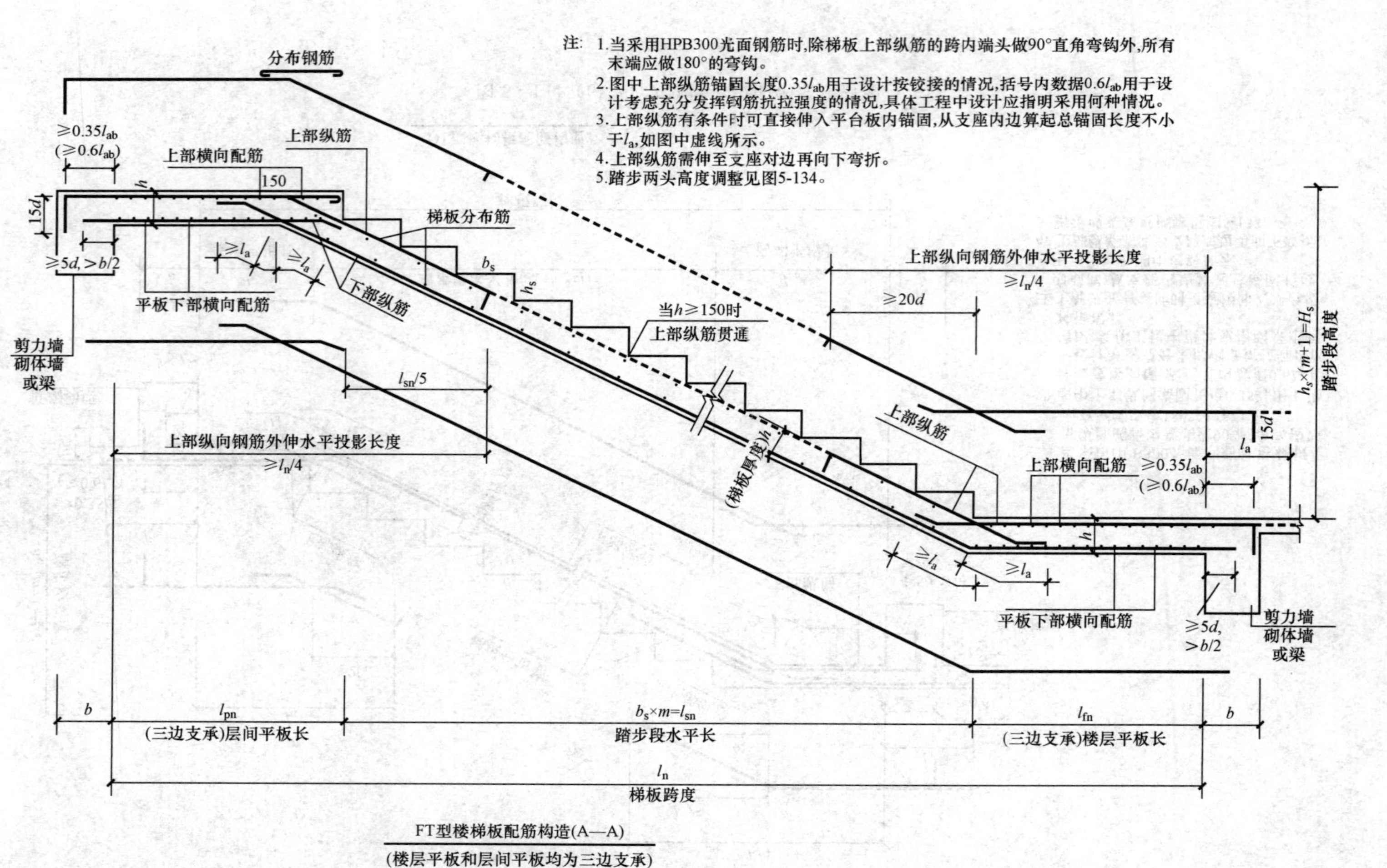

FT型楼梯板配筋构造(A—A)

(楼层平板和层间平板均为三边支承)

图 5-134（c） FT 型楼梯板的钢筋构造图（A—A 剖面）

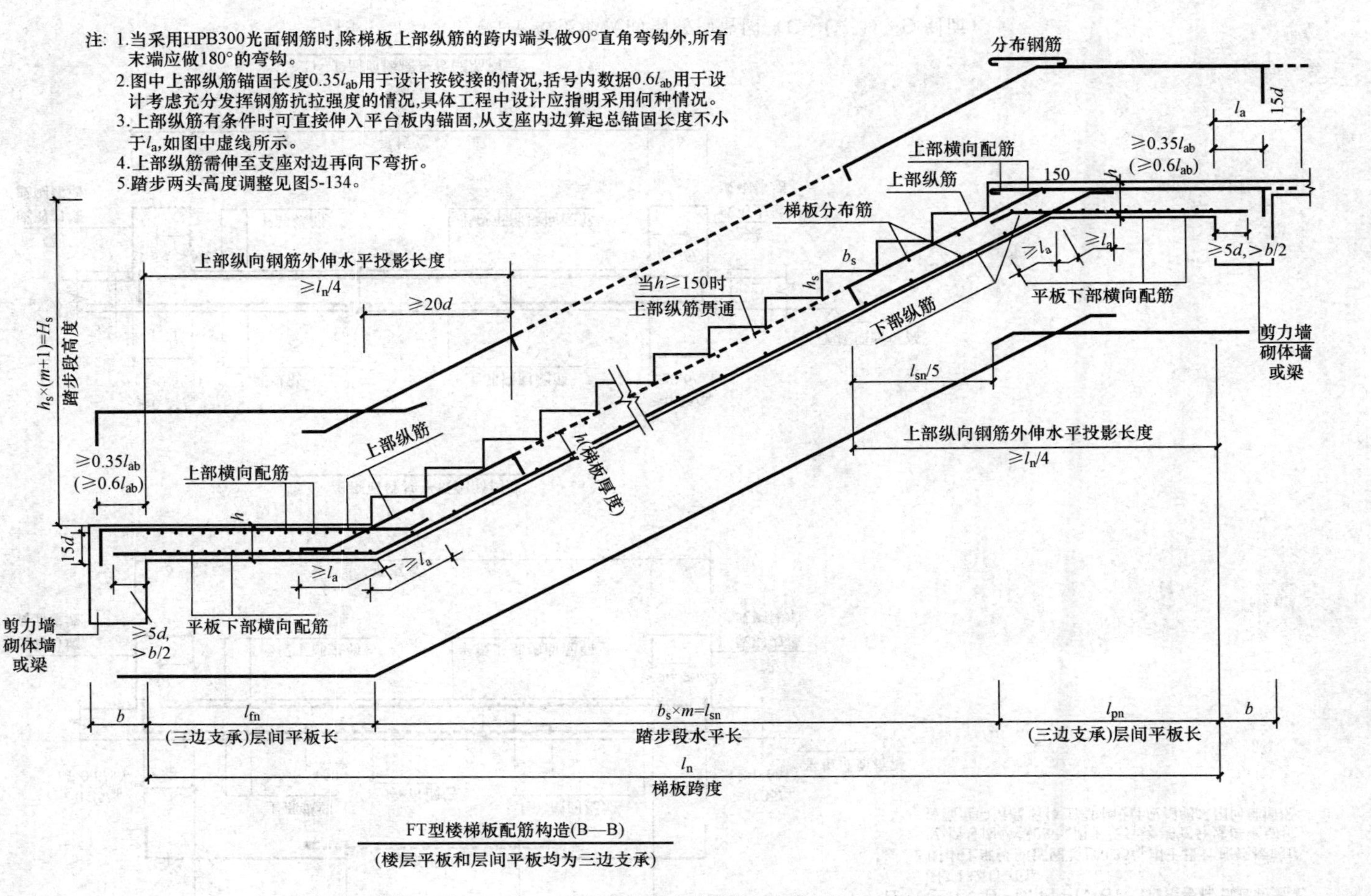

注：1.当采用HPB300光面钢筋时，除梯板上部纵筋的跨内端头做90°直角弯钩外，所有末端应做180°的弯钩。

2.图中上部纵筋锚固长度0.35l_{ab}用于设计按铰接的情况，括号内数据0.6l_{ab}用于设计考虑充分发挥钢筋抗拉强度的情况，具体工程中设计应指明采用何种情况。

3.上部纵筋有条件时可直接伸入平台板内锚固，从支座内边算起总锚固长度不小于l_a，如图中虚线所示。

4.上部纵筋需伸至支座对边再向下弯折。

5.踏步两头高度调整见图5-134。

图 5-134（d）　FT 型楼梯板的钢筋构造图（B—B 剖面）

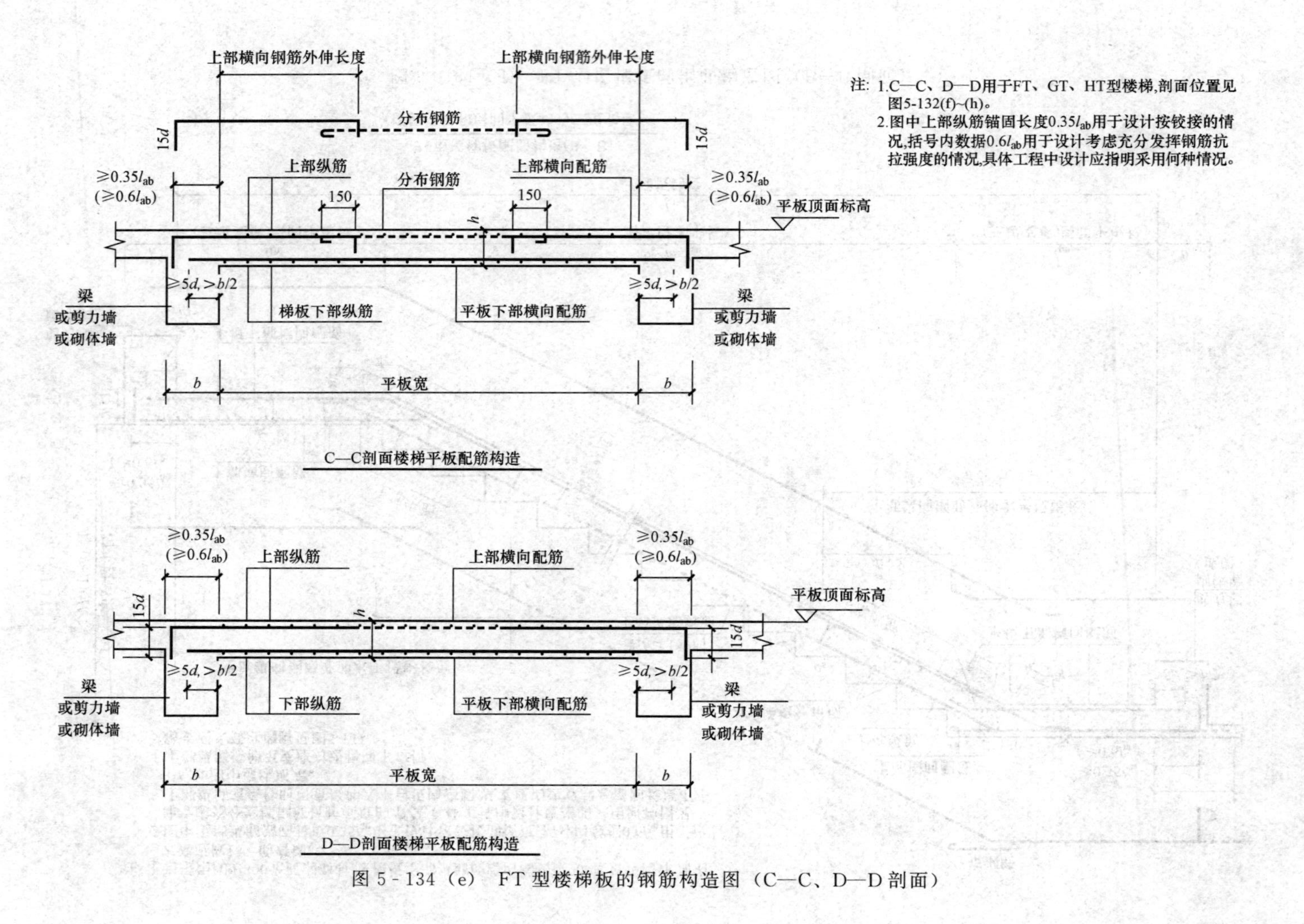

注：1.C—C、D—D用于FT、GT、HT型楼梯，剖面位置见图5-132(f)~(h)。
2.图中上部纵筋锚固长度0.35l_{ab}用于设计按铰接的情况，括号内数据0.6l_{ab}用于设计考虑充分发挥钢筋抗拉强度的情况，具体工程中设计应指明采用何种情况。

图5-134（e） FT型楼梯板的钢筋构造图（C—C、D—D剖面）

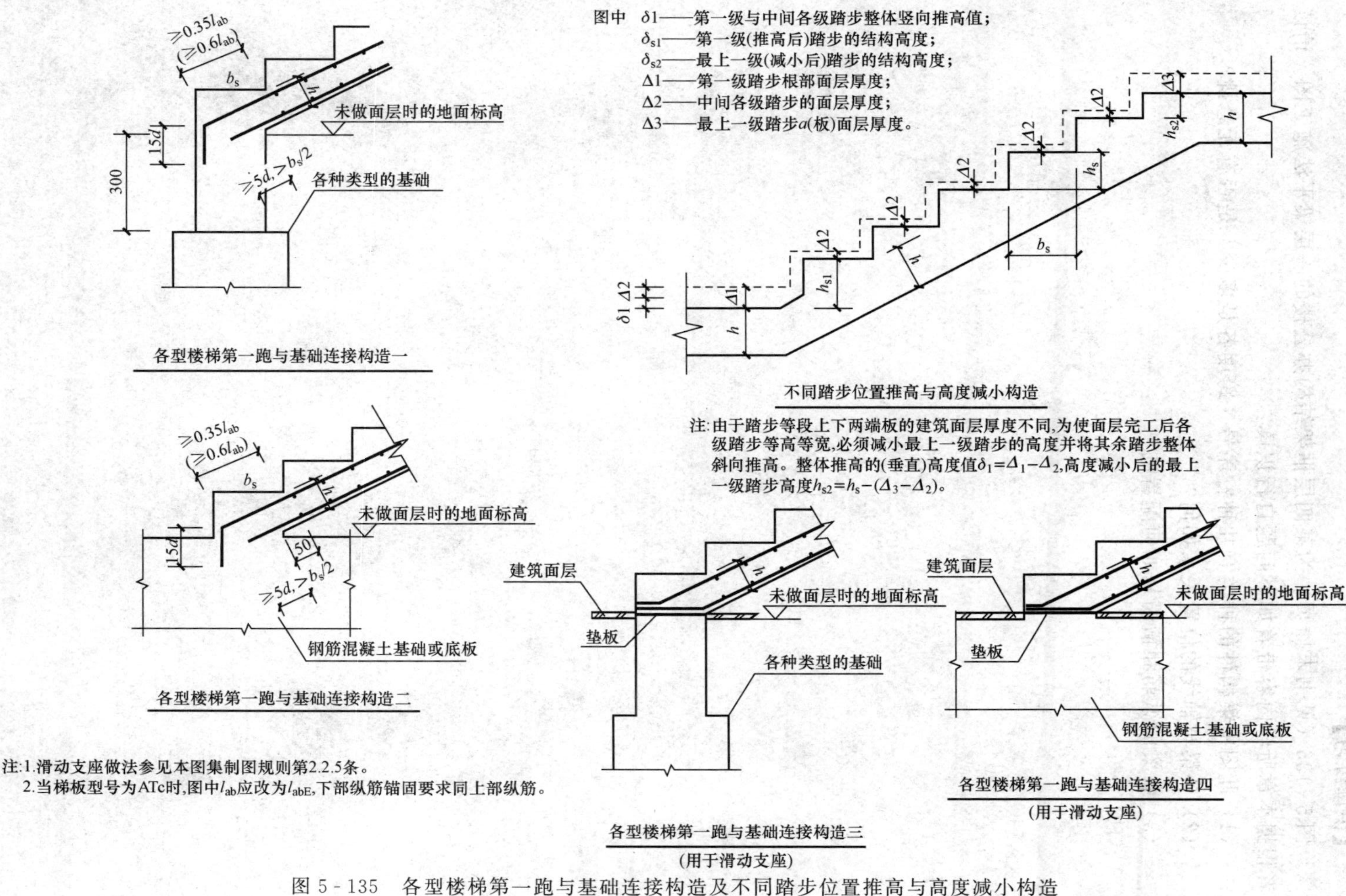

图 5-135　各型楼梯第一跑与基础连接构造及不同踏步位置推高与高度减小构造

【识读练习】

图5-136（见书末插页）为某四层框架结构办公楼的一层梁平法施工图。请读者根据本章所学内容带着如下问题自行识读：

（1）此图中梁构件的种类有几种？序号、跨度各是多少？是否有无悬挑？

（2）各梁与轴线的位置关系如何？

（3）各梁的纵筋和箍筋是如何配置的？

第6章　钢结构施工图识读

钢结构工程设计中，通常将结构施工图的设计分为设计图设计和施工详图设计两个阶段。设计图设计由具有相应设计资质级别的设计单位设计完成。施工详图设计是以设计图为依据，由具有相应设计资质级别的钢结构加工制造企业或委托设计单位完成，并将其作为钢结构构件加工和安装的依据。有时也称为加工图。

设计图与施工详图的主要区别是：设计图是根据工艺、建筑和初步设计等的要求，经设计和计算编制而成的较高阶段的施工设计图。它的目的和深度以及所包含内容是施工详图编制的依据，它由设计单位编制完成。图纸表达简洁明了，其内容一般包括图纸目录、设计总说明、结构布置图、纵横立面图、节点图、构件图和钢材订货表等。施工详图是根据设计图编制的工厂加工和安装详图，也包含的少量的连接和构造计算，它是对设计图的进一步深化设计，目的是为制造厂或施工单位提供制造、加工和安装的施工详图。它一般由制造厂或施工单位编制完成，其图纸表示详细，数量多，内容包括构件安装布置图和构件详图等。我们在这里仅介绍钢结构设计图的识读。

在学习钢结构设计图的识读方法前应对钢结构中各种材料、部件表示方法及所使用的符号的含义有所了解和掌握，才能为施工图的识读打下良好的基础。

6.1　钢结构施工图的基本知识

6.1.1　构件名称的代号

钢结构构件名称的表示与3.1.3节所介绍的一样，一般用汉字拼音的第一个字母，详见表3-1。但因其材料为钢材，故在表3-1中的代号前面加“G”，代号后标注的阿拉伯数字为该构件的型号或编号，也或是构件的顺序号。构件的顺序号可采用不带角标的阿拉伯数字连续编排。如GWJ-1表示编号为1的钢屋架。

6.1.2　常用型钢的符号表示方法（表6-1）

表6-1　　常用型钢的符号表示方法

序号	名称	截　面	标　注	说　明
1	等边角钢	∟	∟ $b \times t$	b为肢宽，t为肢厚。如∟80×6表示等边肢宽80mm，肢厚6mm

续表

序号	名称	截面	标注	说明
2	不等边角钢	B	∟ $B\times b\times t$	B 为长肢宽，b 为短肢宽，t 为肢厚。如∟80×60×5 表示不等边角钢肢宽分别为 80mm 和 60mm，肢厚为 5mm
3	工字钢		I N　Q I N	轻型工字钢加注 Q 字，N 为工字钢的型号。如：I 20a 表示截面高度为 200mm 的 a 类厚板工字钢
4	槽钢		[N　Q [N	轻型槽钢加注 Q 字，N 为槽钢型号。如 Q[25b 表示截面高度为 250mm 的 b 类轻型槽钢
5	方钢	b	□ b	如：□600 表示边长为 600mm 的方钢
6	扁钢	b	$-b\times c$	如：−150×4 表示宽度为 150mm，厚度为 4mm 的扁钢
7	钢板		$\frac{-b\times c}{l}$	$\frac{宽\times厚}{棱长}$ 如：$\frac{100\times6}{1500}$ 表示钢板的宽度为 100mm，厚度为 6mm，长度为 1500mm
8	圆钢		ϕd	如：ϕ20 表示圆钢直径为 20mm
9	钢管		$\phi d\times t$	如：ϕ76×8 表示钢管的外径为 76mm，壁厚为 8mm
10	薄壁方钢管		B □ $b\times t$	薄壁型钢加注 B 字。如：B□50×2 表示边长为 50mm，壁厚为 2mm 的薄壁方钢管
11	薄壁等肢角钢		B ∟ $b\times t$	如：B∟50×2 表示薄壁等边角钢宽为 50mm，壁厚为 2mm
12	薄壁等肢数边角钢	a	B $b\times a\times t$	如：B 60×20×2 表示薄壁卷边等边角钢为 60mm，卷边宽度为 20mm，壁厚为 2mm
13	薄壁槽钢	b	B [$b\times a\times t$	如：B[50×20×2 表示薄壁槽钢截面高度为 50mm，宽度 20mm，壁厚为 2mm
14	薄壁卷边角钢	a	B [$h\times b\times a\times t$	如：B[120×60×20×2 表示薄壁卷边槽钢截面高度为 120mm，宽度为 60mm，卷边宽度为 20mm，壁厚为 2mm

续表

序号	名称	截　面	标　注	说　明
15	薄壁卷边Z型钢		B ⅂ $h\times b\times a\times t$	如：B ⅂ 120×60×20×2 表示薄壁卷边叉型钢截面高度为 120mm，宽度为 60mm，卷边宽度为 20mm，壁厚为 2mm
16	T 型钢		TW$h\times b$ TM$h\times b$ TN$h\times b$	热轧 T 型钢：TW 为宽翼缘，TM 为中翼缘，TN 为窄翼缘。如：TW200×400 表示截面高度为 200mm，宽度为 400mm 的宽翼缘 T 型钢
17	热轧 H 型钢		HW$h\times b$ HM$h\times b$ HN$h\times b$	热轧 H 型钢：HW 为宽翼缘，HM 为中翼缘，HN 为窄翼缘。如：HM400×300 表示截面高度为 400mm，宽度为 300mm 的中翼缘热轧 H 型钢
18	焊接 H 型钢		H$h\times b$	焊接 H 型钢如：H200×100×3.5×4.5 表示截面高度为 200mm，宽度为 100mm 腹板厚度为 3.5mm，翼缘厚度为 4.5mm，焊接 H 型钢
19	起重机钢轨		QU××	××为起重机轨道型号
20	轻轨及钢轨		××kg/m钢轨	××为轻轨或钢轨型号

6.1.3　孔、螺栓和铆钉的表示方法

孔、螺栓和铆钉的表示方法见表 6-2。

表 6-2　　孔、螺栓和铆钉的表示方法

序号	名　称	图　例	说　明
1	永久螺栓	M ϕ	1. 细“＋”表示定位线 2. M 表示螺栓型号 3. ϕ 表示螺栓孔直径 4. 采用引出线表示螺栓时，横线上标注螺栓规格，横线下标注螺栓孔直径

续表

序号	名　　称	图　　例	说　　明
2	高强螺栓		
3	安装螺栓		
4	胀锚螺栓		d 表示膨胀螺栓、电焊铆钉的直径
5	圆形螺栓孔		
6	长圆形螺栓孔		
7	电焊铆钉		

6.1.4　压型钢板的表示方法

压型钢板用 YX H—S—B 表示，其截面形状如图 6-1 所示。

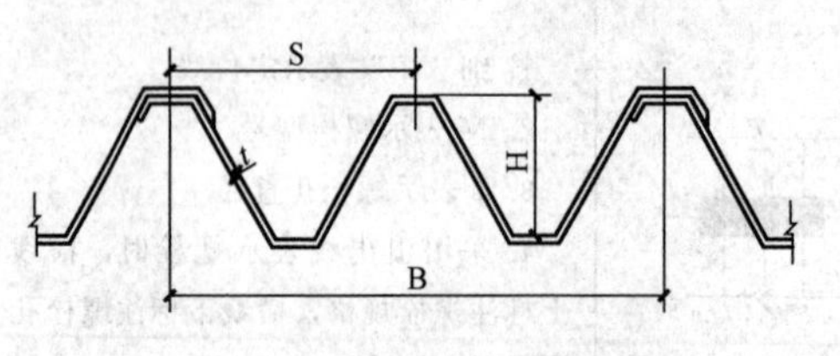

图 6-1　压型钢板截面形状图

其中，YX——分别为压、型的汉语拼音的首个字母。
H——压型钢板的波高。
S——压型钢板的波距。
B——压型钢板的有效覆盖宽度。

【例 6-1】　YX 13-300-600 表示压型钢板的波高为 130mm，波距为 300mm，

有效的覆盖宽度为 600mm，如图 6-2 所示。而压型钢板的厚度则通常在说明材料性能时一并说明。

【例 6-2】 YX 173-300-300 表示压型钢板的波高为 173mm，波距为 300mm，有效的覆盖宽度为 300mm，如图 6-3 所示。

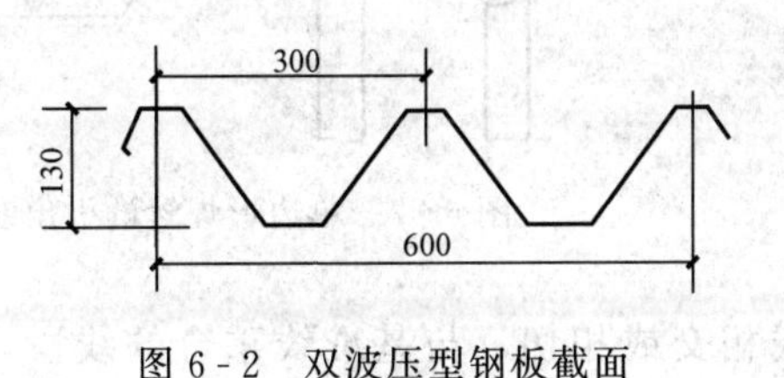

图 6-2　双波压型钢板截面　　图 6-3　单波压型钢板截面

6.1.5 焊缝及其表示方法

1. 焊缝符号的表示

现行国家标准 GB 324—2008《焊缝符号表示法》和 GBT 50105—2010《建筑结构制图标准》中对焊缝符号表示的方法做了如下的相关规定。

(1) 焊缝的引出线是由箭头和两条基准线组成，其中一条为实线，另一条为虚线。线型均为细线，如图 6-4 所示。

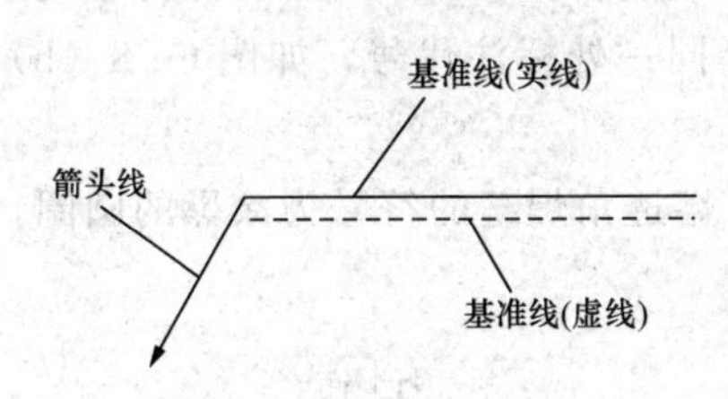

图 6-4　焊缝的引出线

(2) 基准线的虚线可以画在基准线实线的上侧，也可以画在下侧，基准线一般应与图样的底边平行。特殊情况下也可与图样底边垂直。

(3) 若焊缝处在接头的箭头侧，则基本符号标注在基准线的实线侧；若焊缝处在结构的非箭头侧，则基本符号标注在基准线的虚线侧，如图 6-5 所示。

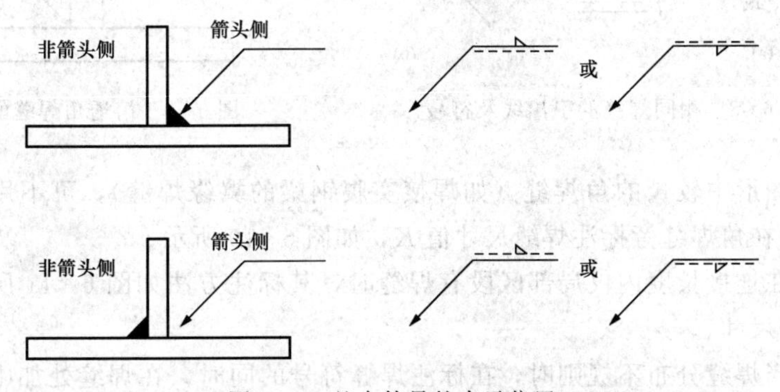

图 6-5　基本符号的表示位置

(4) 当为双面对称焊缝时，基准线可不加虚线，如图 6-6 所示。

(5) 箭头线相对焊缝的位置一般无特殊要求，但在标注单边形焊缝时箭头线要指向带有坡口一侧的工件，如图 6-7 所示。

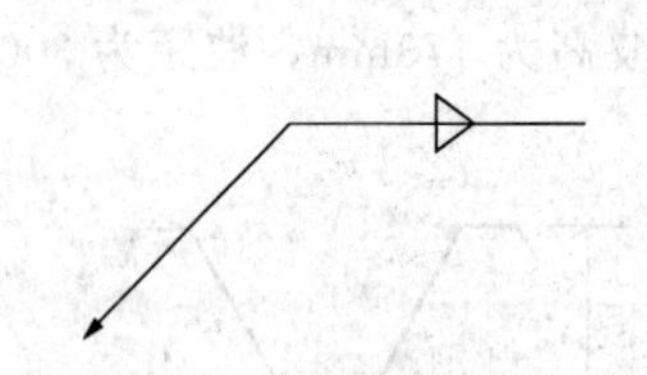

图 6-6　双面对称焊缝的引出线及符号

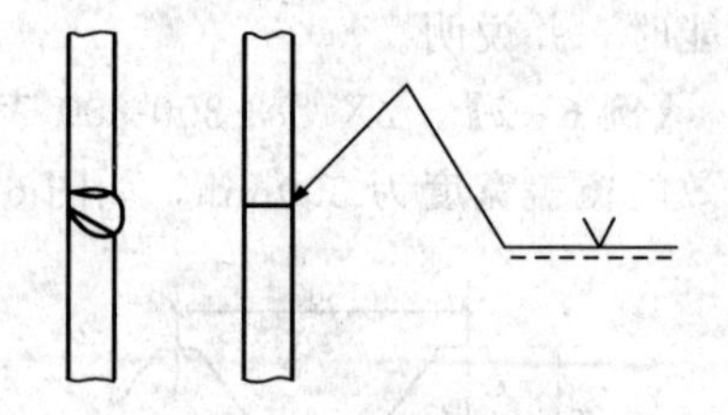

图 6-7　单边形焊缝的引出线

(6) 基本符号、补充符号与基准线相交或相切，与基准线重合的线段，用粗实线表示。

(7) 焊缝的基本符号、辅助符号和补充符号（尾部符号除外）一律为粗实线，尺寸数字原则上也为粗实线，尾部符号为细实线，尾部符号主要是标注焊接工艺、方法等内容。

(8) 在同一图形上，当焊缝形式、断面尺寸和辅助要求均相同时，可只选择一处标注焊缝的符号和尺寸，并加注“相同焊缝的符号”，相同焊缝符号为 3/4 圆弧，画在引出线的转折处，如图 6-8 (a) 所示。

在同一图形上，有数种相同焊缝时，可将焊缝分类编号，标注在尾部符号内，分类编号采用 A、B、C……在同类焊缝中可选择同一处标注代号，如图 6-8 (b) 所示。

(9) 熔透角焊缝的符号表示如图 6-9 所示。熔透角焊缝的符号为涂黑的圆圈，画在引出线的转折处。

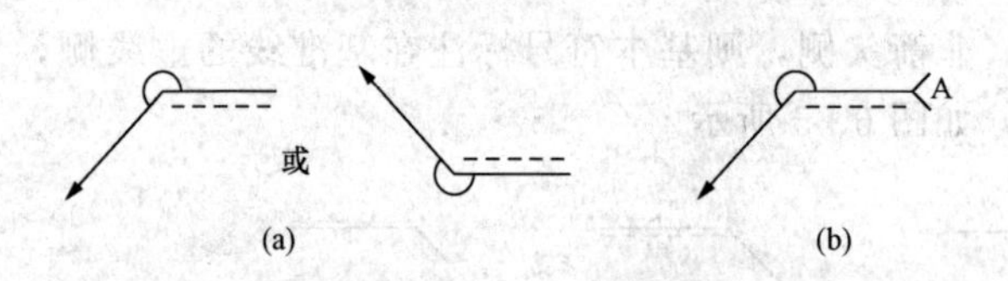

图 6-8　相同焊缝的引出线及符号

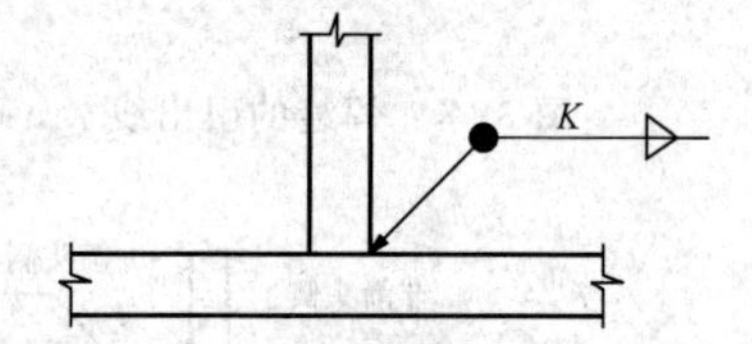

图 6-9　熔透角焊缝的标注方法

(10) 图形中较长的角焊缝（如焊接实腹钢梁的翼缘焊缝），可不用引出线标注，而直接在角焊缝旁标注焊缝尺寸值 K，如图 6-10 所示。

(11) 在连接长度内仅局部区段有焊缝时，其标注方法如图 6-11 所示。K 为角焊缝焊脚尺寸。

(12) 当焊缝分布不规则时，在标注焊缝符号的同时，在焊缝处加中实线表示可见焊缝，或加栅线表示不可见焊缝，如图 6-12 所示。

(13) 相互焊接的两个焊件，当为单面带双边不对称坡口焊缝时，引出线箭头指向较大坡口的焊件，如图 6-13 所示。

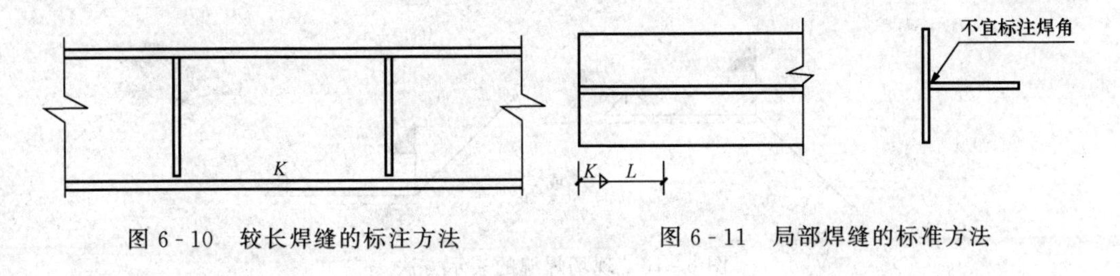

图 6 - 10　较长焊缝的标注方法　　　　图 6 - 11　局部焊缝的标准方法

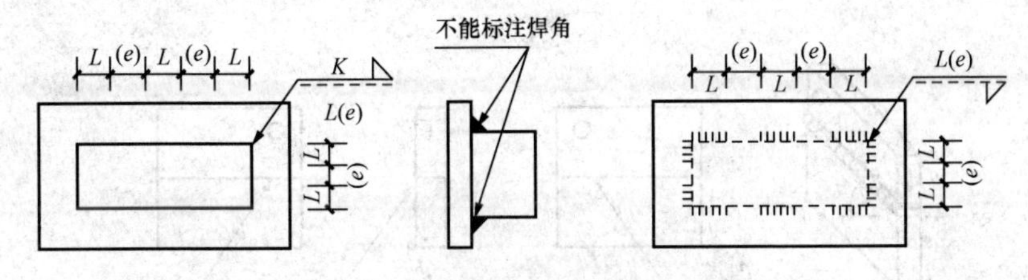

图 6 - 12　不规则焊缝的标注方法

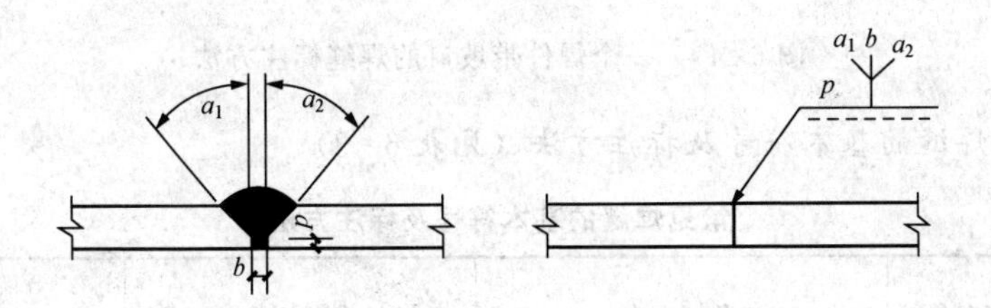

图 6 - 13　单面不对称坡口焊缝的表示方法

(14) 环绕工作件周围的焊缝符号用圆圈表示，绘制在引出线的转折处，并标注其焊角尺寸 K，如图 6 - 14 所示。

(15) 三个或三个以上的焊件相互焊接时，其焊缝不能作为双面焊缝标准，焊缝符号和尺寸应分别标注，如图 6 - 15 所示。

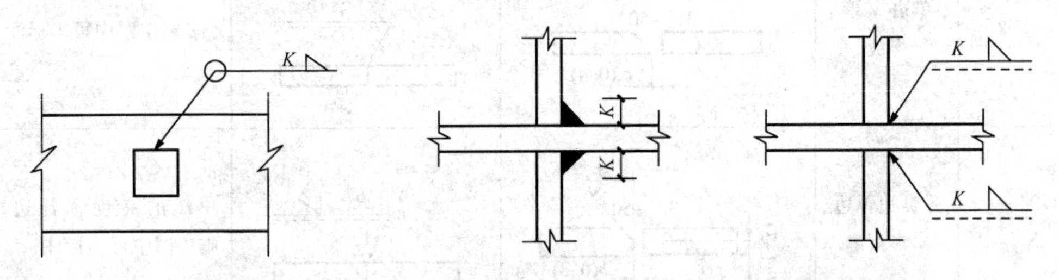

图 6 - 14　围焊缝符号的标注方法　　　　图 6 - 15　三个以上焊件的焊缝标注方法

(16) 在施工现场进行焊接的焊件其焊缝需要标注“现场焊缝”符号。现场焊缝符号位涂黑的三角形旗号，绘制在引出线的转折处，如图 6 - 16 所示。

(17) 相互焊接的两个焊件中，当只有一个焊件带坡口时（如单面 V 形），引出线箭头指向带坡口的焊件，如图 6 - 17 所示。

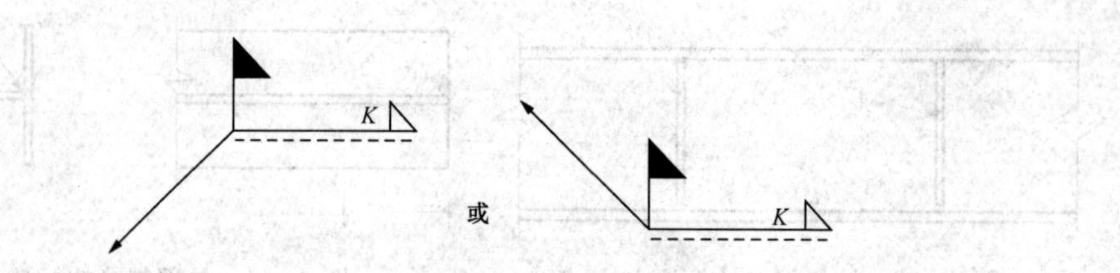

图6-16　现场焊缝的表示方法

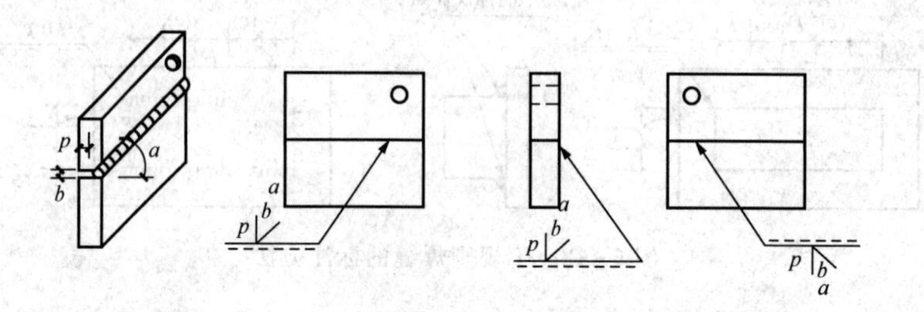

图6-17　一个焊件带坡口的焊缝标注方法

2. 常见焊缝的基本符号及标注方法（见表6-3）

表6-3　常见焊缝的基本符号及标注方法

序号	焊缝名称	形　式	标准标注方法	习惯标注方法（或说明）
1	I形焊缝	b	b	b焊件间隙（施工图中可不标注）
2	单边V形焊缝	β 35°~50° b (0~4)	β b	β施工图中可不标注
3	带钝边单边V形焊缝	β 35°~50° P(1~3) b(0~3)	β b P	P的高度称钝边，施工图中可不标注
4	带垫板V形焊缝	α 45°~55° b(0~3)	α b	α施工图中可不标注

续表

序号	焊缝名称	形　式	标准标注方法	习惯标注方法（或说明）
5	带垫板 V 形焊缝	β β b(6~5) (5°~15°) 10 10	2β b	焊件较厚
6	Y 形焊缝	α (40°~60°) P(1~4) b(0~3)	p α b	
7	带垫板 Y 形焊缝	α (40°~60°) P(1~4) b(0~3)	P α b	
8	双单边 V 形焊缝	β (35°~50°) b(0~3)	β b	
9	双 V 形焊缝	α (40°~60°) b(0~3)	α b	
10	T 形接头双面焊缝	K	K K	
11	T 形接头带钝边双单边 V 形焊缝（不焊透）	β S	S β S β β	⊵表示凹陷角焊缝

续表

序号	焊缝名称	形　式	标准标注方法	习惯标注方法（或说明）
12	T形接头带钝边双单边V形焊缝（焊透）	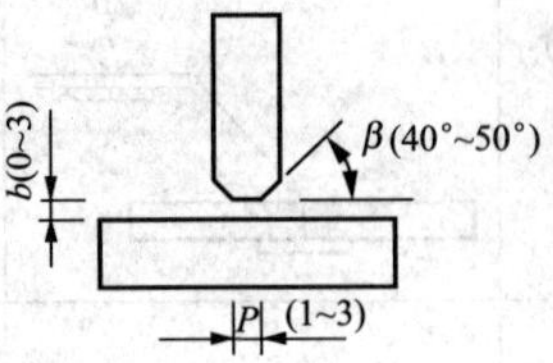 b(0~3)　β(40°~50°)　P　(1~3)	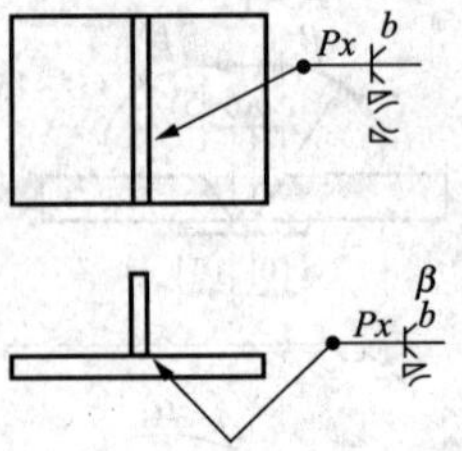 Px　b　β	
13	双面角焊缝	 K	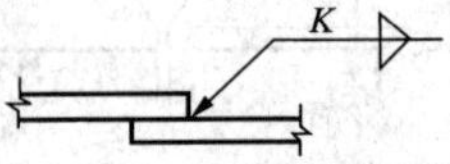 K	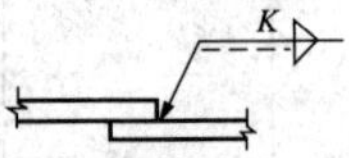 K
14	双面角焊缝	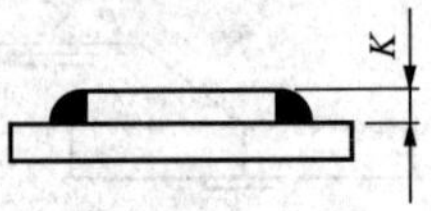 K	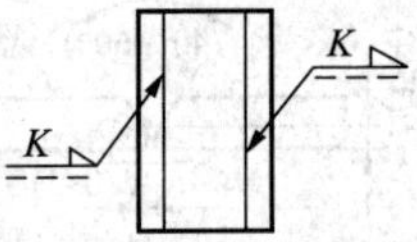 K	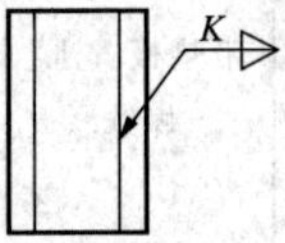 K
15	T形接头角焊缝	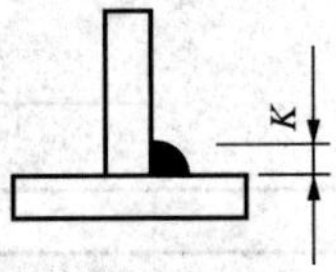 K	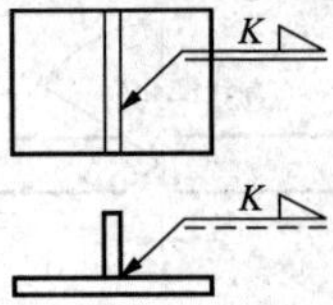 K	
16	双面角焊缝	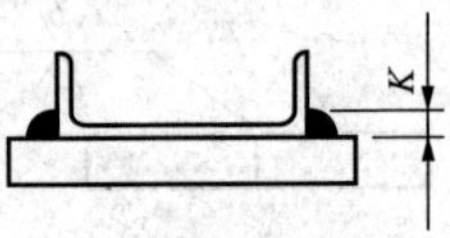 K	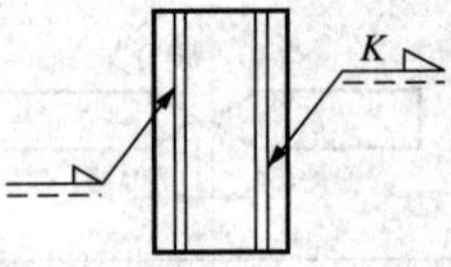 K	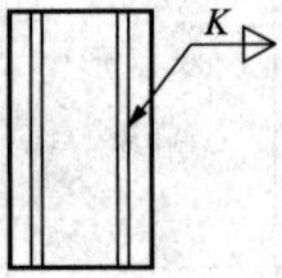 K
17	周围角焊缝	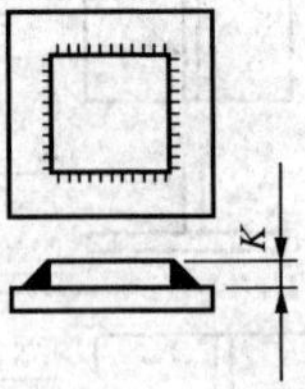 K	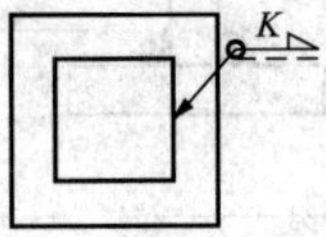 K	
18	三面围角焊缝	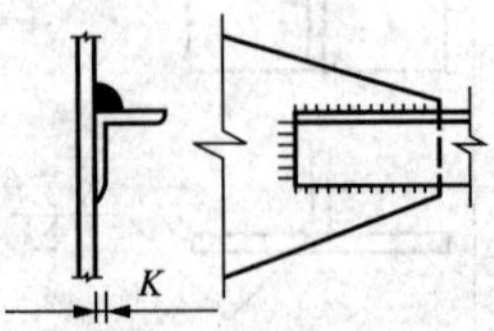 K	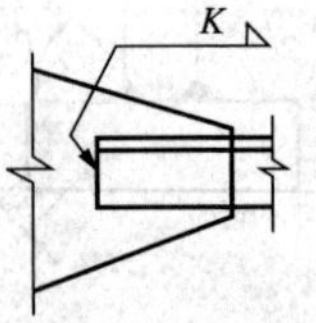 K	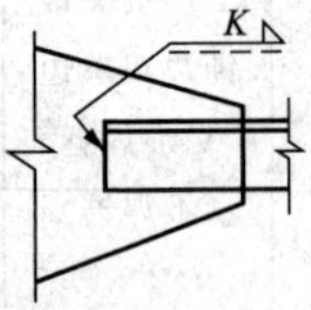 K

续表

序号	焊缝名称	形　　式	标准标注方法	习惯标注方法（或说明）
19	L形围角焊缝			
20	双面L形围角焊缝			
21	双面角焊缝			
22	双面角焊缝			
23	槽焊缝			
24	喇叭形焊缝			

3. 常用焊缝补充符号及标注示例（见表6-4）

表6-4　常用焊缝补充符号及标注示例

名称	符号	示意图	标注示例	说明
三面焊缝符号	⊏			表示三面施焊的角焊缝
周围焊缝符号	○			表示现场沿工件周围施焊的角焊缝
现场符号	▶			
尾部符号	<		5 250	需要说明相同焊缝数量及焊接工艺方法时，可在实线基准线末端加尾部符号。图中表示有3条相同的角焊缝

6.2　常见钢结构节点详图的识读

钢结构是由若干构件连接而成，而钢构件又是由若干型钢或零件连接而成。其连接方式有焊缝连接、铆钉连接和螺栓连接（又分为普通螺栓连接和高强螺栓连接），连接部位统称为节点。连接设计是否合理直接影响到结构的使用安全以及施工工艺和工程的造价，所以节点设计同构件或结构本身的设计同样重要。节点设计的主要原则是安全可靠、构造简单、施工方便和经济合理。

在识读钢结构节点施工详图时，应先看图下方的连接详图名称，然后再看节点立面图、平面图和侧面图，此三图即可表示出节点部位的轮廓。对于一些构造相对简单的节点，根据简单明了的原则，可只用立面图表示。特别需要注意连接件（螺栓、铆钉和焊缝）和辅助件（拼接板、节点板、垫块等）的型号、尺寸和位置的标注。当采用螺栓（或铆钉）连接时，应从节点详图上了解连接所使用螺栓（或铆钉）的个数、类型、大小和排列；采用焊缝连接时，要了解焊缝的类型、尺寸、位置；拼接板要了解其尺寸和放置位置。在识读钢结构施工图的过程中，节点详图的读解尤为重要，也比较难以理解，如果这一部分能轻松地读懂了解的话，可以说对于钢结构施工图的识读也就基本掌握了，因为钢结构的结构布置和构件表示与混凝土结构类似。

在读者掌握了钢结构施工图基本知识的基础上，我们来一起对节点详图进行分类识读。

6.2.1　柱拼接连接详图

1. 柱拼接连接节点图（双盖板拼接）

图 6-18 为双盖板等截面钢柱拼接节点图。柱截面为热轧宽翼缘 H 型钢，HW452×417，截面高为 452mm，宽为 417mm，采用摩擦型高强度螺栓连接。腹板由两块钢板（－260×540×6）做盖板，用 18 个直径为 20mm 的（18M20）螺栓相连；翼缘外侧为两块钢板宽为 417mm，长为 540mm，厚为 10mm（2－417×540×10），内侧由四块宽 180mm，长为 540mm 厚为 10mm（4－180×540×10），用 24 个直径为 20mm（24M20）螺栓相连，为刚性连接。

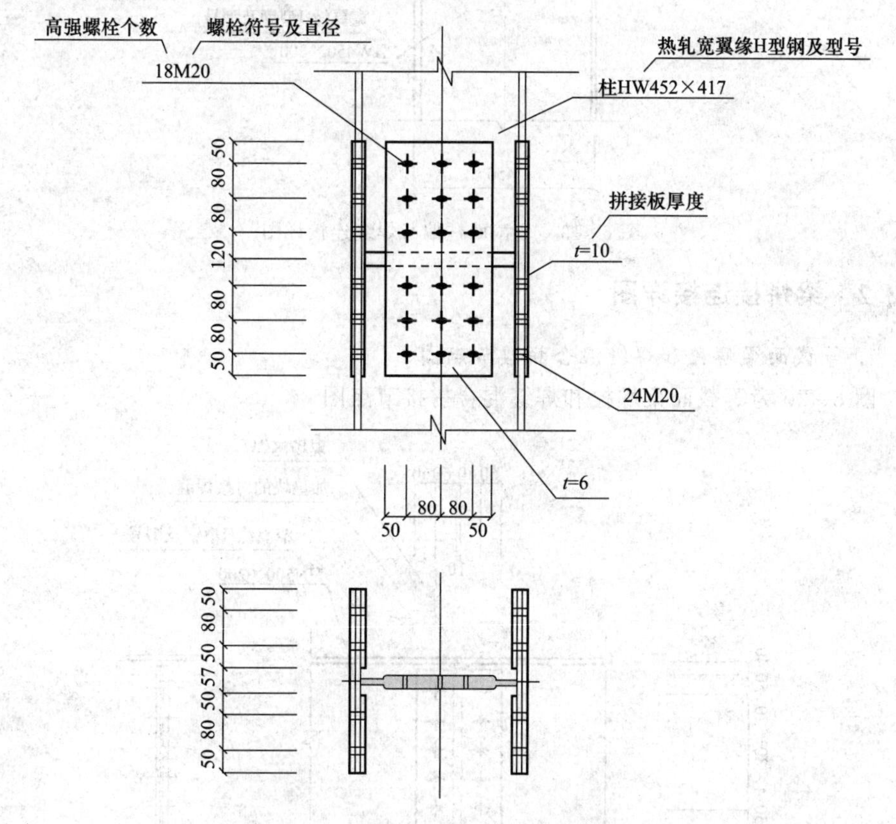

图 6-18　双盖板等截面钢柱拼接连接详图

2. 变截面柱偏心焊缝连接详图

图 6-19 所示为变截面柱偏心焊缝连接图。上段是 HW400×300，下段是 HW450×300 宽翼缘热轧 H 型钢，其宽度相同，都是 300mm。连接时，左翼缘对齐，右翼缘错开。过渡段长 200mm，腹板斜率（450－400）：200＝1：4，以减少

应力集中。为减少应力集中，使过渡段和上下段板厚不相差太大，翼缘取26mm，腹板取14mm。采用带坡口的对接焊缝，坡口按构造要求开。

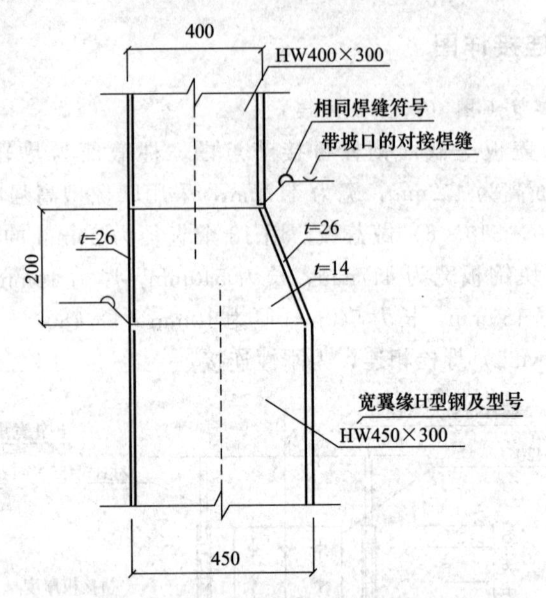

图6-19　变截面柱偏心焊缝连接详图

6.2.2　梁拼接连接详图

1. 等截面梁螺栓和焊缝混合拼接节点图

图6-20为等截面梁螺栓和焊缝混合拼接节点图。

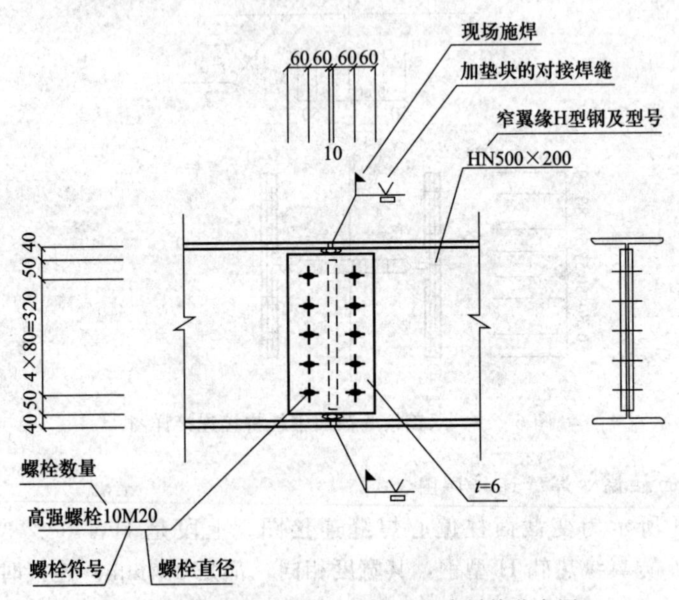

图6-20　等截面梁螺栓和焊缝混合拼接节点图

热轧窄翼缘H型钢，截面高500mm，宽为200mm，HN500×200。现场施工。翼缘用对接焊缝，V形坡口，下有垫块。腹板用双盖板宽250mm，长420mm，厚6mm，10个直径20mm高强度螺栓连接。

2. 等截面梁高强螺栓连接节点图

图6-21为等截面梁高强度螺栓连接节点图。

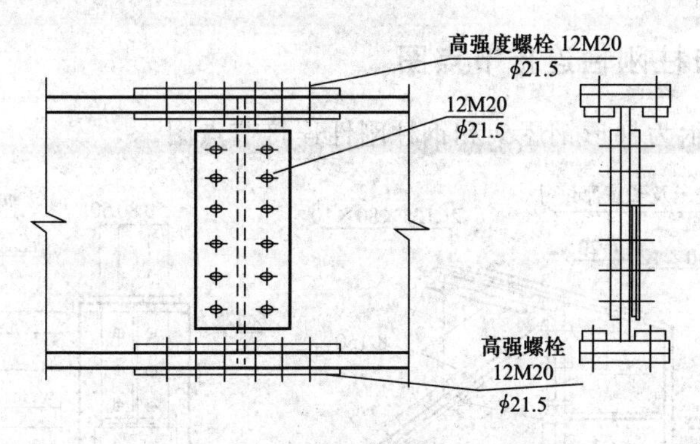

图6-21　等截面梁高强度螺栓连接节点图

焊接工字钢截面，腹板用双盖板，孔径为21.5mm，用12个M20高强度螺栓连接。翼缘用外侧两块和翼缘同宽半厚的钢板，内侧用四块钢板，24个直径20mm、孔径21.5mm高强度螺栓相连。

6.2.3　主次梁等高连接节点详图

图6-22为主次梁连接节点图。

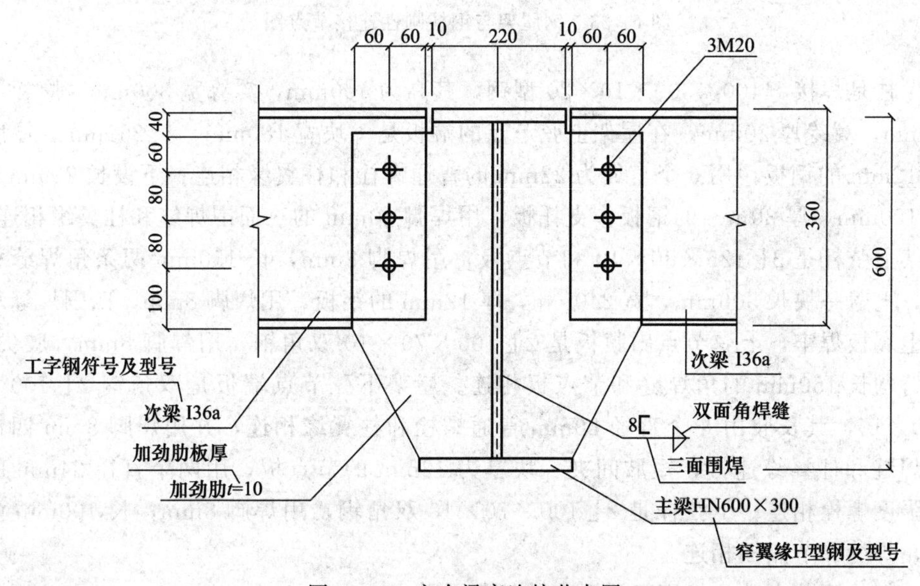

图6-22　主次梁高连接节点图

主梁是 HN600×300，即为热轧窄翼缘 H 型钢，高 600mm，翼缘宽 300mm。两块厚为 10mm 的加劲肋用焊脚 8mm，三面围焊缝和梁腹板相连加劲肋外伸 120mm。次梁热轧工字形钢 I36a，即梁高 360mm，截面厚度为 a 类，下翼缘切去一部分，每侧用 3 个直径 20mm（3M20）的普通螺栓和主梁的加劲肋外伸部分相连。此连接不能传递弯矩，属于铰接。

6.2.4 屋架与柱刚性连接节点图

图 6-23 所示为梯形钢屋架和钢柱刚性连接节点图。

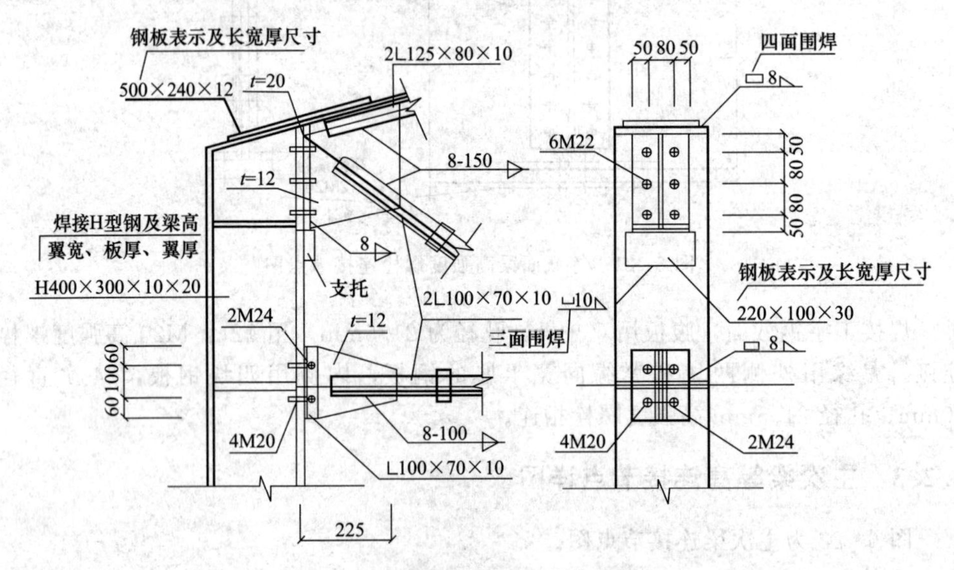

图 6-23 钢屋架与钢柱刚性连接节点图

柱是焊接 H400×300×10×20 型钢，其高为 400mm，翼缘宽 300mm，腹板厚 10mm，翼缘厚 20mm。在屋架上弦节点的端板是一块宽 180mm，长 260mm，厚度为 12mm 的钢板，用 6 个直径为 22mm 的普通螺栓和柱翼缘相连；下设长 220mm，宽 100mm，厚 30mm 的钢板作支托板，用焊脚 10mm 的三面围焊缝和柱翼缘相连；屋架上弦杆是 2∟125×80×10 和节点板，用焊脚 8mm，长 150mm 两条角焊缝相连；上盖一块长 500mm，宽 240mm，厚 12mm 的钢板，用焊脚 8mm，四围焊缝和柱上翼板焊牢，上弦节点斜腹板是 2∟100×70×10 双角钢，用焊脚 8mm，肢尖、肢背均长 150mm 的角焊缝和节点板相连。屋架下弦节点端板是双角钢 2∟100×700×10，其长肢由 4 个直径 20mm 普通螺栓和柱翼缘相连，并用焊脚 8mm 四边围焊缝和柱翼缘连接，短肢间夹一块厚为 12mm 的节点板，用两个直径 24mm 的高强度螺栓相连；下弦杆是 2∟100×70×10 双角钢，用焊脚 8mm，长 100mm 两条角焊缝和节点板相连。

上、下节点处，柱腹板设两对构造加劲肋。

6.2.5　屋脊连接节点详图

图 6-24 所示为钢屋架屋脊节点图，左右对称。左边上弦杆是双角钢 2∟110×70×10 和长 500mm，宽 250mm，厚 12mm 的节点板。肢背用焊脚 10mm 槽焊缝相连，肢尖用焊脚 8mm 角焊缝相连；斜腹板是 2∟63×5 两等边角钢，肢背、肢尖都用焊脚 8mm，长 160mm 二条角焊缝和节点板相连。中间腹板是2∟75×6 等边双角钢和节点板，用 4 条长 150mm，焊脚 8mm 连成十字形截面。

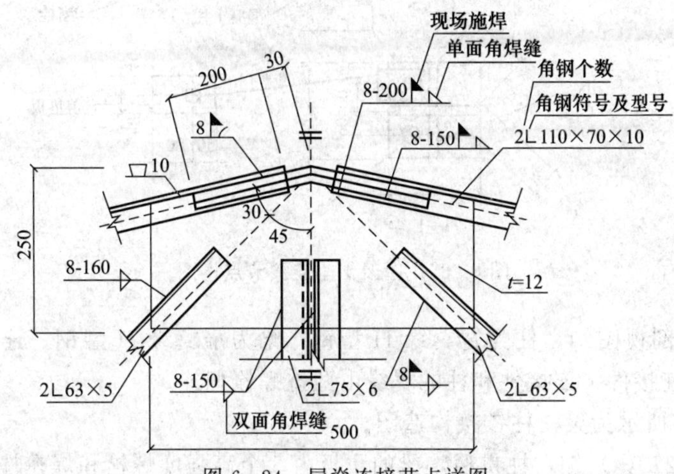

图 6-24　屋脊连接节点详图

右边由拼接角钢和弦杆同型号即 2∟110×70×10，现场施焊，和左边对称，连接上弦杆 2∟110×70×10。斜腹杆 2∟63×5 和节点板先用定位螺栓定位后，现场用焊脚 8mm 施焊。

6.2.6　屋架支座连接节点详图

屋架和混凝土柱铰接如图 6-25 所示。上、下弦杆由双角钢 2∟×××和节点板以二条角焊缝相连。上弦上表面由角铁作檩托和槽钢檩条用两个螺栓相连。支座节点中心线通过支撑加劲肋，节点板贯通，加劲肋断开分别焊在节点板两侧。底板锚栓孔径是锚栓直径 2 倍以上。上盖垫板，垫板上孔径比锚栓直径大 1.5～2mm 定位后，现场用三面围焊缝和支座底板焊接。

6.2.7　梁—柱连接节点详图

1. 梁—柱铰接连接节点详图

图 6-26 所示为梁—柱铰接构造图。

由图 6-26（a）知，柱贯通，梁的腹板由高强度螺栓 5 个和连接件相连，连接件由一侧 5 个高强度螺栓和柱翼缘相连。

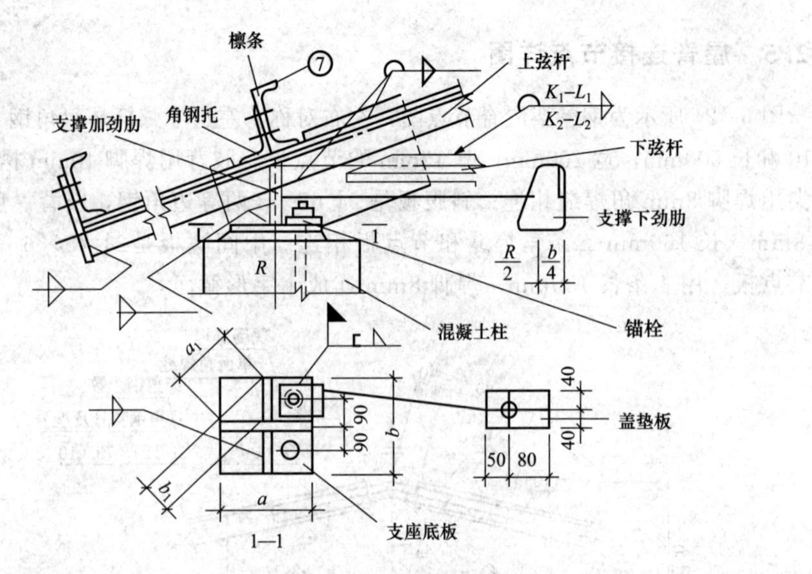

图6-25 屋架支座连接节点详图

由1—1剖视图知，柱为宽翼缘H型钢，梁为窄翼缘H型钢，连接件为双角钢组成的T连接件，连接件和柱的翼缘由两排螺栓相连。

图6-27所示为梁—柱铰接构造图。

由图6-27（a）知，柱贯通，梁的腹板由5个高强度螺栓和焊在柱翼缘上的连接件相连。

由1—1剖视图知，柱为宽翼缘H型钢，梁为窄翼缘H型钢。连接件为一块钢板，由两条角焊缝焊在柱的翼缘上。

图6-28所示为梁—柱铰接构造图。

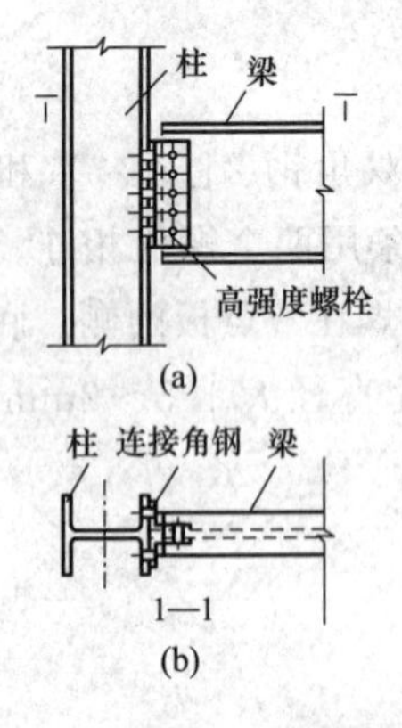

图6-26 梁—柱铰接节点详图（以角钢连接）

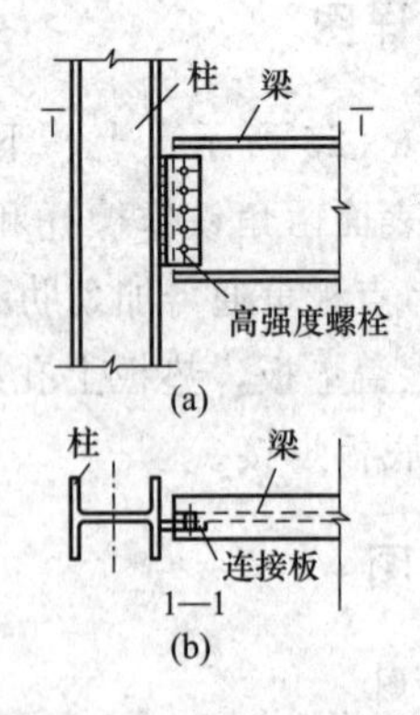

图6-27 梁—柱铰接节点详图（以钢板、螺栓单面连接）

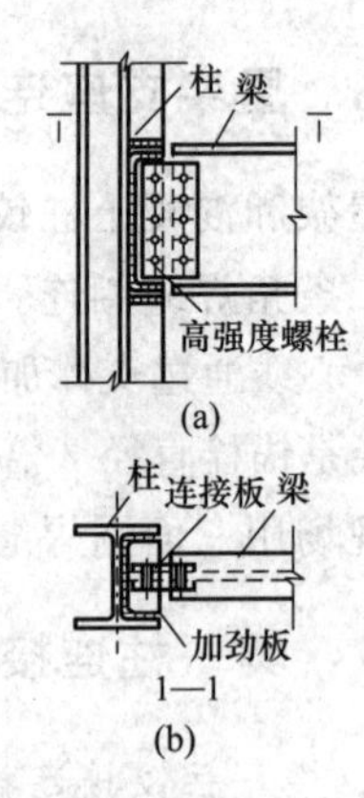

图6-28 梁—柱铰接节点详图（以钢板、螺栓双面连接）

由图 6-28（a）知，柱贯通，梁的腹板和焊在柱腹板上的连接件由两排 10 个高强度螺栓相连，连接件上、下端各焊接一块柱的水平加劲肋。

由图 6-28（b）知，柱为宽翼缘 H 型钢截面，梁为窄翼缘 H 型钢截面，连接件是一块和梁腹板等厚度的钢板用二条角焊缝焊在柱的腹板上，用两块盖板 10 个螺栓和梁腹板相连。水平加劲肋由上、下两条焊缝和柱翼缘腹板相连。

2. 梁—柱半刚性连接节点详图

图 6-29 是梁—柱半刚性连接构造图。

由图 6-29（a）知，柱贯通，梁的腹板用三个高强度螺栓和用螺栓连于柱翼缘上角钢连接件相连，梁的下翼缘支撑于用角钢构成的支托上，角钢支托分别用螺栓和梁、柱翼缘相连。

由图 6-29（b）知，梁柱都为 H 型钢，角钢支托宽于梁翼缘，分别用 2 个螺栓和梁、柱翼缘相连。

图 6-30 所示是梁柱半刚性连接图。

由图 6-30（a）知，带端板的梁，端板和柱翼缘用螺栓相连，梁端板长出梁高。梁下翼缘支在支托平板上用螺栓相连，支托平面下焊一块支托竖板。

由图 6-30（b）知，支托平面和梁由 2 排 4 个螺栓相连，柱、梁属于宽翼缘 H 型钢。

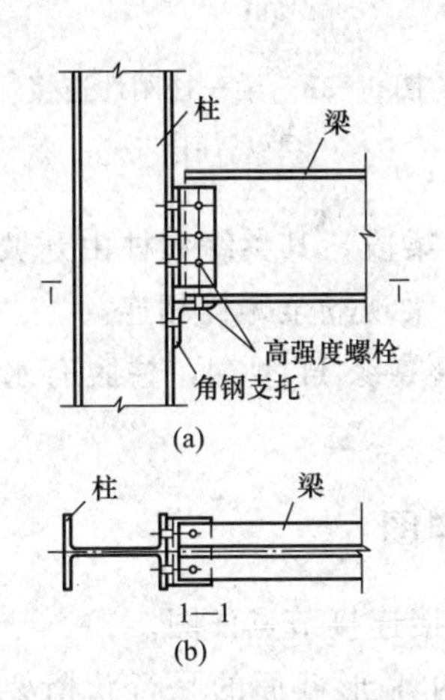

图 6-29　梁—柱半刚性连接节点详图（梁不带端板）

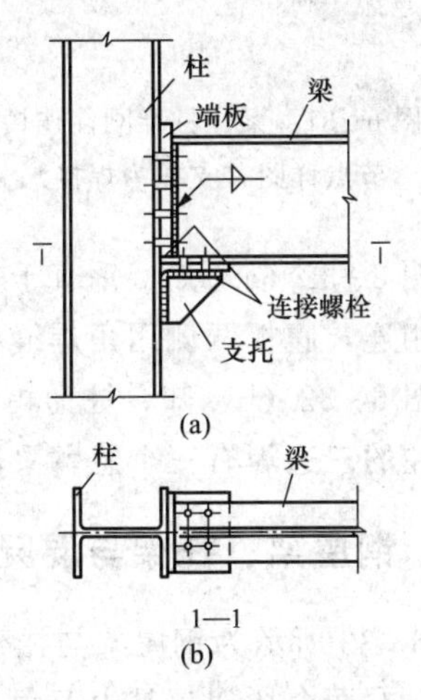

图 6-30　梁—柱半刚性连接节点详图（梁带端板）

图 6-31 是梁—柱半刚性连接图。

由图 6-31（a）知，梁的腹板用 4 个螺栓连在贯通柱腹板的角钢连接件上，角钢连接件和柱腹板用螺栓相连。梁下翼缘用螺栓连在水平支撑板上，水平支撑板和柱腹板用两条角焊缝相连，水平支撑板下焊一块竖向支托板。

由图 6-31（b）知，梁柱都是 H 型钢，水平支撑板两侧用焊缝和柱相连，梁下翼缘用 2 排 4 个螺栓和支撑板相连。

3. 梁—柱刚性连接节点详图

图 6-32 所示为梁—柱刚性连接构造图。

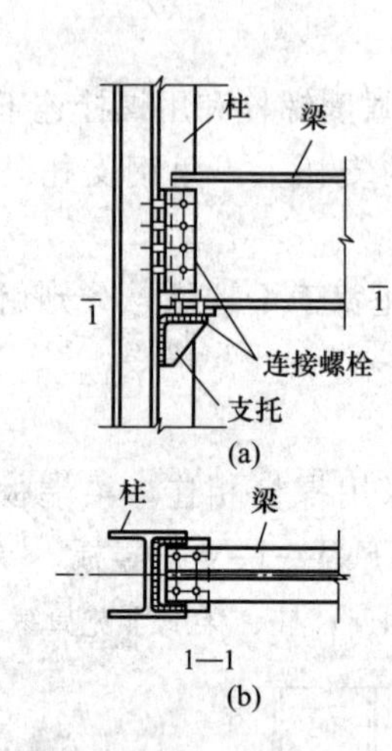

图 6-31　梁—柱半刚性连接节点详图（支托为焊接）

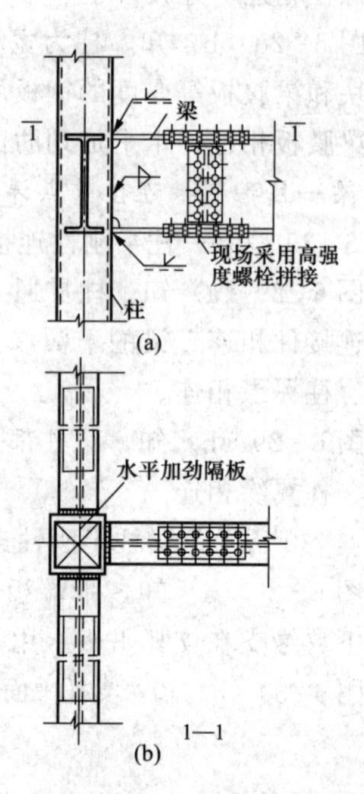

图 6-32　梁—柱刚性连接节点详图

由图 6-32（a）知，垂直于贯通柱翼缘的悬臂梁段，其翼缘和柱由开坡口的熔透焊缝相连，腹板两侧用角焊缝相连。悬臂梁段和梁现场全螺栓相连。

由图 6-32（b）知，柱为箱形截面柱，梁为窄翼缘 H 型钢，柱腹有水平加劲隔板。柱的三边焊有三个悬臂梁段。

6.2.8　钢屋架、托架与混凝土柱铰接节点详图

图 6-33 所示为钢屋架与托架、混凝土柱的铰接连接节点详图。

左、右两个托架都是由双角钢和节点板构成的 T 形截面的平行弦桁架。其上部节点由支撑加劲肋、底板上弦杆组成，左、右托架分别由两个锚栓和柱顶相连；下弦杆由两个螺栓和支托角钢相连，支托角钢由三面围焊缝和柱中的预埋铁相连。

由 1—1 剖视图知，梯形钢屋架，上弦节点由底板、支撑加劲肋、上弦杆节点板组成，其底板由 4 个螺栓和托架上弦杆翼缘相连；下弦杆由 2 个螺栓和支托角钢相连，支托角钢由三面围焊缝和柱中的预埋铁相连。

6.2.9　钢屋架、托架与钢柱连接节点详图

图 6-34 所示为钢屋架与钢柱刚接、托架与钢柱铰接连接节点图。

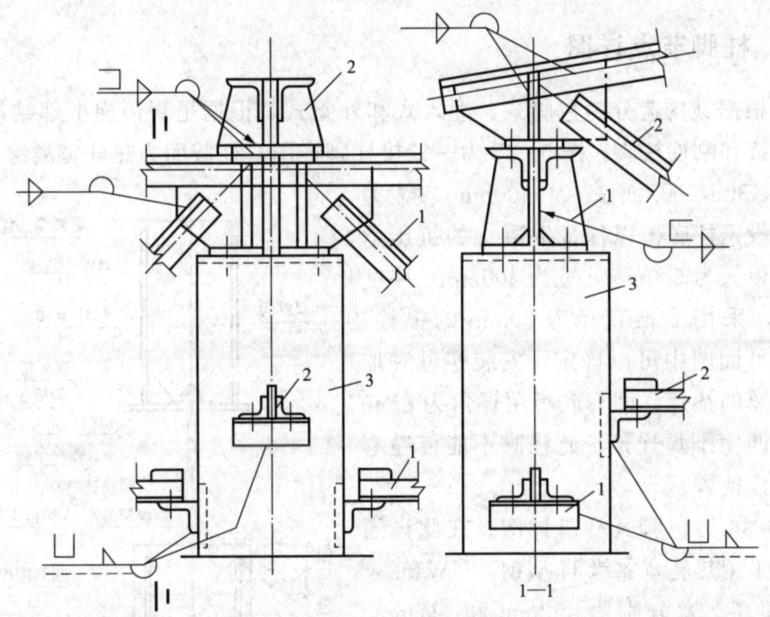

图 6-33　钢屋架与托架、混凝土柱铰接连接节点详图

1—托架；2—钢屋架；3—混凝土柱

屋架上弦节点通过端板用 4 个螺栓和柱翼缘连接，屋架下弦节点通过端板和柱翼缘由 6 个螺栓和三面围焊缝连接，这种连接可传递弯矩，属于刚接。由 1—1 剖视图知，托架为平行弦桁架。上弦节点通过端板和柱腹板由 6 个螺栓相连，托板由三面围焊缝和柱腹板相连；下弦杆由 2 个螺栓和连板相连，连板由 2 个螺栓连在柱腹板的横向加劲肋上。左、右两个托架和柱铰接连接。

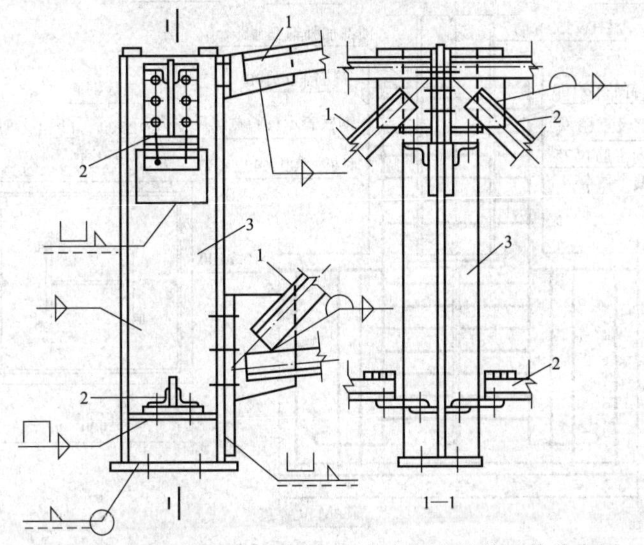

图 6-34　钢屋架与钢柱刚接、托架与钢柱铰接连接节点图

1—钢屋架；2—托架；3—钢柱

6.2.10 柱脚节点详图

柱脚根据其构造分为包脚式、埋入式和外露式，根据是否传递上部结构的弯矩又分为铰接和刚性柱脚。图6-35为一铰接柱脚详图。柱截面为热轧宽翼缘H型钢，HW400×300，截面高为400mm，宽为300mm；设钢柱底板以保证混凝土的抗压承载力，底板长为500mm，宽为400mm，厚度为26mm，采用2根直径为30mm的锚栓，其位置从平面图中可以确定。安装螺母时加垫10mm厚的垫片，柱与底板用焊角为8mm的角焊缝四面围焊连接。此柱脚不能传递弯矩，为铰接柱脚。

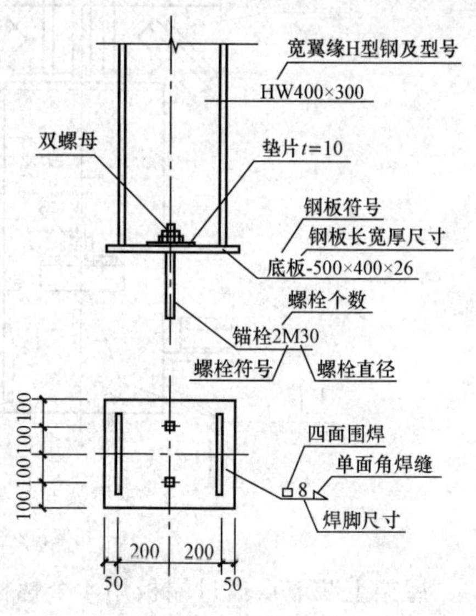

图6-35 铰接柱脚节点详图

图6-36为包脚式柱脚详图。在此详图中，钢柱采用热轧宽翼缘H型钢，HW452×417，截面高、宽分别为452mm和417mm。柱底进入深度为1000mm，在柱翼缘上设置直径22mm，间距100mm的圆柱头焊钉，柱底板为长500mm，宽450mm，厚30mm的钢板，锚栓埋入1000mm厚的基础内，混凝土柱台的截面尺寸为917mm×900mm，柱台截面四角配置四根直径25mm的纵向主筋，

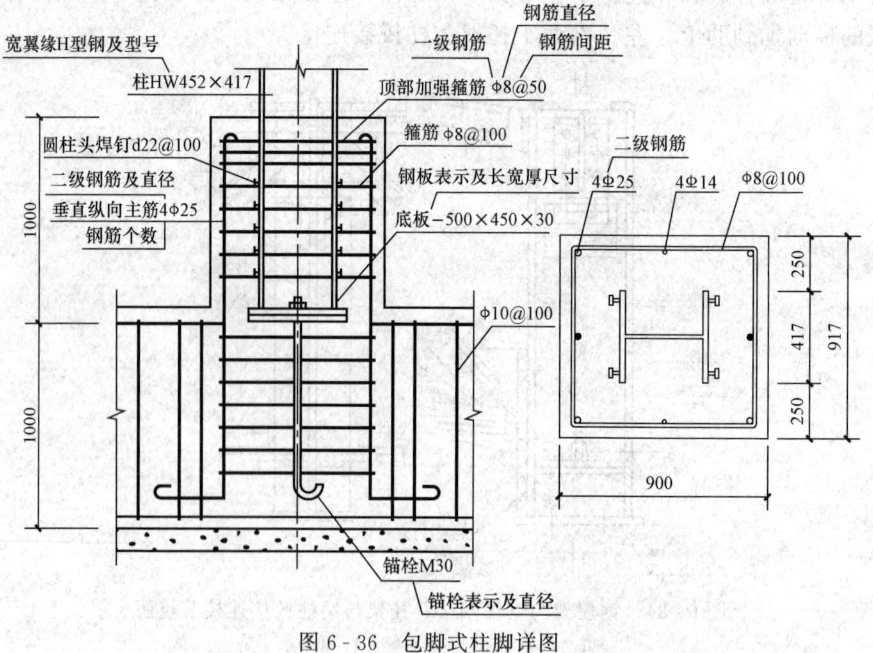

图6-36 包脚式柱脚详图

截面中部另配置了四根直径 14mm 的纵向构造钢筋，纵向钢筋的等级均为二级。箍筋采用一级钢筋，间距 100mm，直径 8mm，在柱台顶部加密区箍筋间距为 50mm。混凝土基础箍筋采用直径 10mm，间距为 100mm 的一级钢筋。

图 6-37 为埋入式柱脚的节点详图。此图中，钢柱采用双肢缀板式格构柱，两分肢采用 I25b 热轧普通工字钢，截面高为 250mm，分肢形心距为 400mm。混凝土基础为双杯口坡形基础，杯口深度 350mm。杯口上部与分肢周边间距为 75mm，下部与分肢周边间距为 50mm，放入钢柱后现浇细石混凝土填实。

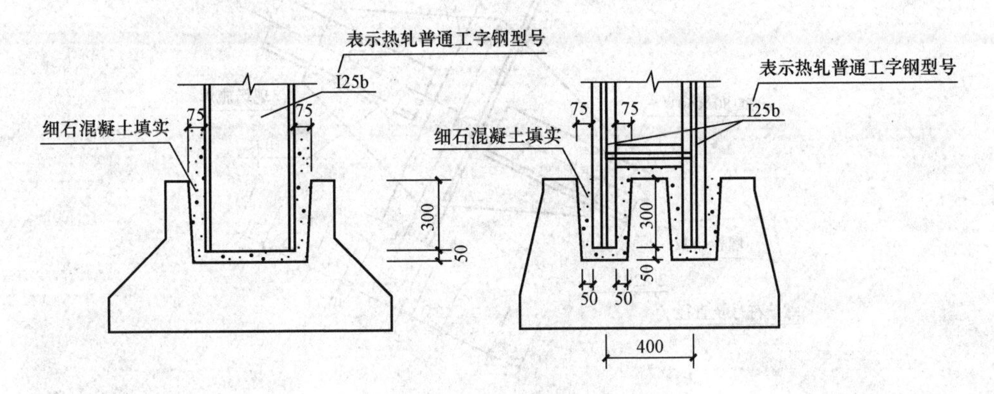

图 6-37　埋入式柱脚节点详图

6.2.11　支撑节点详图

钢结构建筑的支撑多采用型钢制作，支撑与构件、支撑与支撑的连接处称为支撑连接节点。图 6-38 为槽钢支撑节点详图。图中支撑构件采用 2 根［20a 的槽钢，截面高度为 200mm，槽钢连接于 12mm 厚的节点板上，槽钢夹住节点板连接，贯通槽钢采用双面角焊缝连接，满焊，焊脚尺寸为 6mm；分断槽钢采用普通螺栓连接，每边采用 6 个螺栓，直径为 14mm，间距为 80mm。

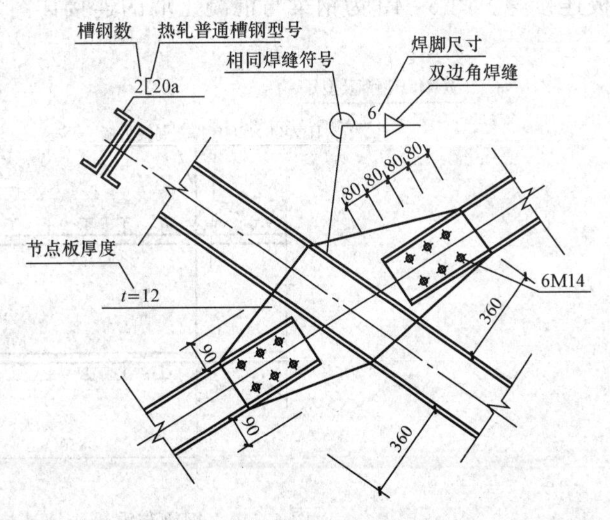

图 6-38　槽钢支撑节点详图

图 6-39 为角钢支撑节点详图。此支撑构件采用不等肢双角钢 2 ∟ 80×50×5，长肢宽为 80mm，短肢宽为 50mm，肢厚为 5mm。构件采用角焊缝和螺栓连接于节点板上，贯

通角钢采用双面角焊缝连接，焊脚尺寸为10mm，满焊；分断角钢采用普通螺栓加角焊缝连接，每边螺栓为2个，直径20mm，螺栓间距为80mm。角焊缝为现场施焊，焊脚尺寸为10mm，焊缝长度180mm。

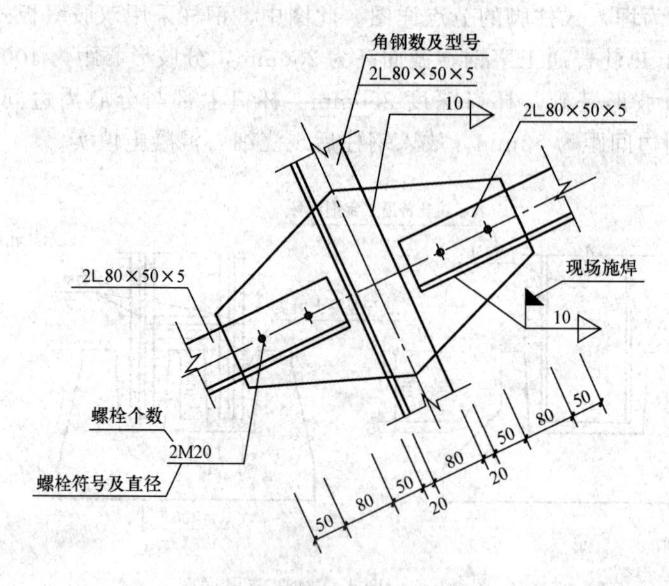

图6-39　角钢支撑节点详图

6.2.12　钢梁与混凝土构件连接详图

在钢—混凝土组合结构中，钢构件常与混凝土构件相连，以组成整体结构或组合构件。如钢柱与混凝土基础连接，钢梁与混凝土墙、柱连接，钢梁与混凝土板连接等。图6-40为钢梁与混凝土墙的连接详图。此图中，钢梁采用热轧宽翼

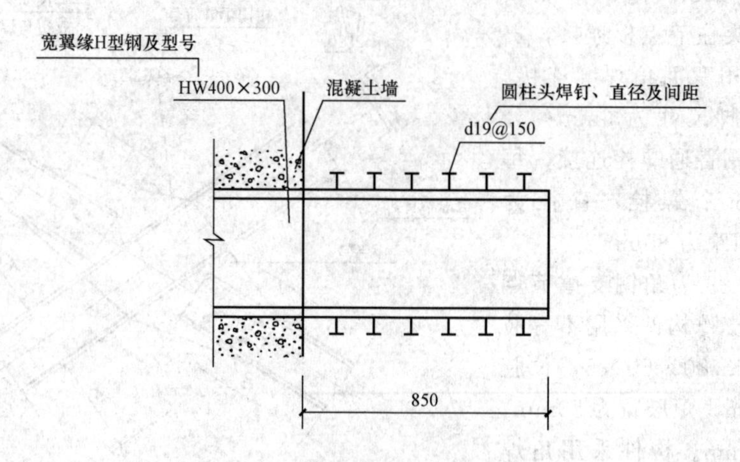

图6-40　钢梁与混凝土墙连接详图

缘 H 型钢，HW400×300，截面高、宽分别为 400mm 和 300mm，钢梁插入墙体深度为 850mm，在梁两翼缘上设置了间距为 150mm，直径 190mm 的单排圆柱头焊钉。

图 6-41 为钢梁与混凝土板的连接详图。此图中，钢梁采用热轧宽翼缘 H 型钢，HW400×300，截面宽、高为 400mm 和 300mm；钢梁上放置压型钢板 YX75×230，压型钢板肋高为 75mm，波宽 230mm，以此来作为现浇混凝土的模板，混凝土板净高为 75mm，在梁上翼缘设置直径为 19mm，间距为 200mm 的圆柱头焊钉，以满足梁板工作协调的要求。

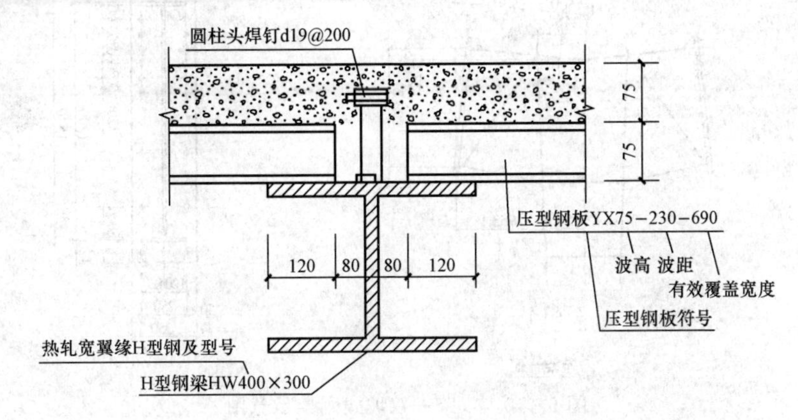

图 6-41　钢梁与混凝土板连接详图

6.2.13　双跨—双坡式钢架示意图

图 6-42 中变截面中柱左、右两侧连接 2 个有矩形（宽 350mm，高 1540mm）端板的斜梁悬臂段。端板上面高出梁面 120mm，梁面和高出的端板中间有三角形肋板加强，端板下面长出梁面 120mm。柱上面梁腹板有横、斜向加劲肋，腹板上有和纵向构件连接的圆形螺孔 2 个。

端板处斜梁高 1300mm，翼缘宽 240mm 的轻钢工字形变截面斜梁。端板上有两排和横梁连接的圆形螺栓孔，上部每排 7 个，下部每排 3 个，中间偏下 1 个。斜梁坡度 1/10。

6.2.14　单跨—带偏跨钢架示意图

图 6-43 中节点①是带端板的工形柱和工字形斜梁柔性（铰接）连接节点。连接板由焊脚 8mm 的前后 2 条角焊缝和柱翼缘焊接，由 2 个电焊铆钉和梁腹板焊接。梁上翼缘表面和柱的顶端板上都设置檩托。柱的腹板上留有 1 个水平方向和 1 个竖直方向的长圆形螺栓孔。梁和柱的间隙 15mm，焊接铆钉的形心到梁端距离 50mm。

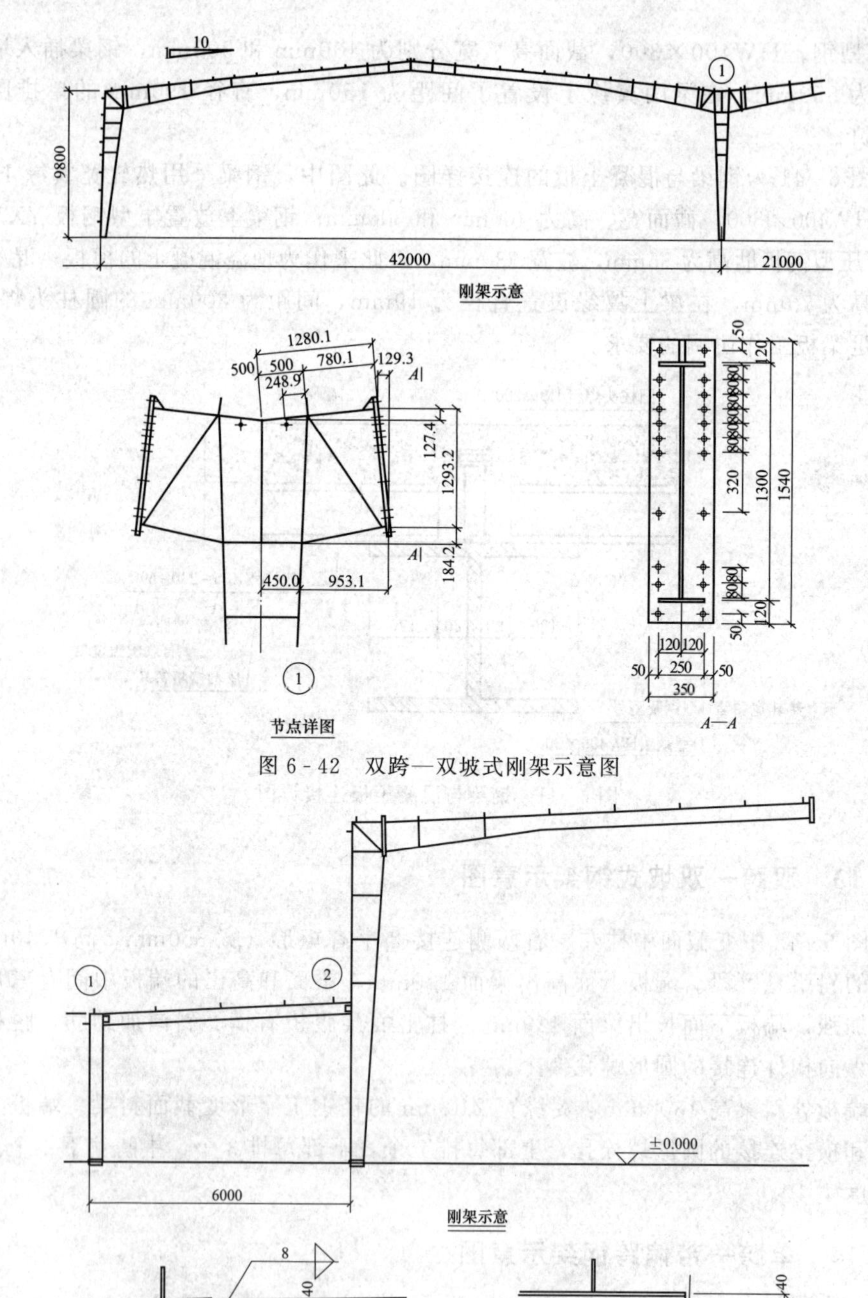

图 6-42　双跨—双坡式刚架示意图

图 6-43　单跨—带偏跨刚架示意图

6.3　钢结构施工设计图的识读

6.3.1　概述

钢结构工程施工设计图通常包括以下内容：图纸目录、设计说明、基础图、结构布置图、构件图、节点详图以及其他次构件和钢材订货表等。

（1）图纸目录上通常注有设计单位名称、工程名称、工程编号、项目、出图日期、图纸名称、图别、图号、图幅以及校对制表人等内容。

（2）设计说明则通常包括以下内容。

1）设计依据：主要是国家现行有关规范和甲方提供的相关文件和有关要求。

2）设计条件：主要指永久荷载、可变荷载、风荷载、雪荷载、抗震设防烈度及工程主体结构使用年限和结构重要等级等。

3）工程概况：主要指结构形式和结构规模等。

4）设计控制参数：主要指有关的变形控制条件。

5）材料：主要指所选用的材料要符合有关规范及所选用材料的强度等级等。

6）钢构件制作和加工：主要指焊接和螺栓等方面的有关要求及其验收标准。

7）钢结构运输和安装：主要包含运输和安装过程中要注意的事项和应满足的有关要求。

8）钢结构涂装：主要包含构件的防锈处理方法和防锈等级及漆膜厚度等。

9）钢结构防火：主要包含结构防火等级及构件的耐火极限等方面的要求。

10）钢结构的维护及其他需说明的事项内容。

（3）基础图包括基础平面布置图和基础详图。基础平面布置图主要表示基础的平面位置（即基础与轴线的关系），以及基础梁、基础其他构件与基础之间的关系；在平面布置图中还应标注清楚基础、柱、基础梁等有关构件的编号，并在说明中明确对地基持力层、地耐力、基础混凝土等级和钢材强度等级等有关方面的要求。而基础详图则主要表示基础的各个细部的尺寸，如基底平面尺寸、基础高度、底板配筋、基底标高和基础所在轴线号等；基础梁详图则主要表示梁的断面尺寸、配筋和标高等。

（4）柱脚平面布置图主要为了表明柱脚的轴线位置及柱脚的编号。柱脚详图用来标明柱脚的各细部尺寸、锚栓位置及柱脚二次灌浆的位置和要求等内容。

（5）结构平面布置图主要表示结构构件在平面上与轴线的相互关系和各个构件间的相互位置关系，以及构件的编号。如刚架、框架或主次梁、楼板的编号以及它们与轴线间的位置关系。

（6）墙面结构布置图是指墙面檩条布置图或柱间支撑布置图。墙面檩条布置图主要表示墙面檩条的位置、间距及檩条的型号，同时也表示隅撑、拉条、撑杆的布置位置和所选用的钢材型号，以及墙面其他构件的相互关系，如门窗位置、轴线编号、墙面标高等；柱间支撑布置图表示柱间支撑的位置和支撑杆件的型号。

（7）屋盖支撑布置图用来表示屋盖支撑系统的布置情况。屋面的水平横向支撑通常由交叉圆杆组成，设置在与柱间支撑相同的柱间；屋面的两端和屋脊处设有刚性系杆，刚性系杆通常是圆钢管或角钢，其他为柔性系杆可用圆钢。

（8）屋面檩条布置图主要表示屋面檩条的布置位置、间距和型号以及拉条、撑杆、隅撑的布置位置和所选用的型号。

（9）构件图表示的可以是框架图、刚架图，也可以表示单根构件。如刚架图主要表示刚架的各个细部的尺寸、梁和柱的变截面位置，刚架与屋面檩条、墙面檩条的相互关系；刚架轴线尺寸、编号及刚架纵向高度、标高；刚架梁、柱的编号、尺寸以及刚架节点详图索引编号等内容。

（10）节点详图是用来表示某些在构件图上无法清楚表达的复杂节点的细部构造图。如刚架端部和屋脊的节点，它清楚地表达了连接节点的螺栓个数、螺栓直径、螺栓等级、螺栓位置、螺栓孔直径、节点板尺寸、加劲肋位置、加劲肋尺寸以及连接焊缝尺寸等细部构造情况。

（11）次构件详图包括隅撑、拉条、撑杆、系杆及其他连接构件的细部构造情况。

（12）材料表则主要包括构件的编号、零件号、截面代号、截面尺寸、构件数量及重量等。

6.3.2 单层门式钢结构厂房施工设计图实例

为使读者对钢结构工程施工设计图建立一个整体的概念，有一个全面的理解，本节中给出了一套完整的单层多跨门式刚架厂房的施工设计图，以便读者理解和识读结构构件间相互关系的表达方式，建立起钢结构工程施工图的全局概念。如图6-44～图6-52所示。

【识图练习】

图6-53（见书末插页）为某厂房屋架的钢结构设计图。请读者根据本章所学内容带着如下问题自行识读：

（1）屋架的各部分尺寸是多少？

（2）屋架各节点采用何种连接方式？采用焊接时，焊角的尺寸、焊缝长度各是多少？采用螺栓连接时，螺栓孔的位置、大小？采用何种螺栓？

（3）节点板的形状大小？缀板的大小和位置？加劲板的位置和截面形状？

（4）上、下悬杆及腹杆的截面形式及截面尺寸如何？

结构设计总说明

一、概述

1.本工程结构形式为单层门式刚架，屋面、墙面的用料及做法见建筑图。

2.本建筑物±0.000设计标高相对应的绝对标高及平面坐标见总平面图。

3.图中尺寸除标高以m标注外，其余均以毫米标注。

4.本工程的防火等级为二级。

5.本建筑物属于丙类建筑，安全等级为二级，结构设计使用年限为25年。

6.本建筑物抗震设防烈度为8度，设计基本地震加速度为0.20g，场地特征周周期为0.45s。

7.本建筑物在使用过程中未以技术鉴定或设计单位许可不得随意改变其使用功能。

8.本设计未考虑冬、雨季施工措施，施工单位应根据有关施工规范自定。

二、设计依据

1.甲方提供初步设计文件(或甲方确定方案)及甲方提供的该建筑物工程地质勘察报告。

2.设计所遵循的规范及规程：

《钢结构设计规范》GB50017—2003

《门式刚架轻型房屋钢结构技术规程》CECS102:2002

《建筑结构荷载规范》GB50009—2001

《建筑抗震设计规范》GB50011—2001

《建筑地基基础设计规范》GB50007—2002

《冷弯薄壁型钢技术规程》GB50018—2002

《建筑钢结构焊接技术规程》JGJ81—1991

《混凝土结构设计规范》GB50010—2002

《钢结构工程施工质量验收规范》GB50205—2001

《建筑设计防火规范》GBJ16—1987

三、设计主要数据

1.屋面活载：　0.3kN/m^2。

2.基本风压：　0.35kN/m^2。

3.基本雪压：　0.25kN/m^2。

4.耐火等级：　二级。

四、主要材料

1.钢材选用表：

结构部位	钢柱	钢梁	雨篷	锚栓	高强度螺栓(10.9S)
钢号	Q235B	Q235B	Q235B	Q235B	20MnTiB

以上材质均应符合《低合金高强度结构钢》(GB/T1591)及《碳素结构钢》(GB/T700)的规定。

2.所有高强螺栓除另有注明外，均采用10.9s摩擦型高强螺栓，应符合《钢结构用高强度大六角螺栓大六角螺母，垫圈技术条件》(GB/T1231)的规定。

3.普通螺栓和柱脚锚栓材质为Q235B，应符合《碳素结构钢》(GB/T700)的规定。

4.手工焊焊条的性能应分别符合GB/T5117及GB/T5118的有关规定；自动焊和半自动焊采用的焊丝及焊剂的性能应分别符合GB/T5293及GB/T12470中的有关规定。焊条E43××型用Q235B钢，E50××型用于Q345B钢材。

五、制作要求

1.未注明的焊缝均应采用双面角焊缝。

2.所有钢柱、钢梁的焊缝等级均不得小于二级。其他焊缝应符合《建筑钢结构焊接规程》。焊缝探伤按国家标准《钢结构焊缝手工超声波探伤方法和探伤结果分级》的标准执行。

3.钢结构各节点连接板相互之间抗滑移系数应为0.45。

4.钢结构制作时，应按照《钢结构工程施工及验收规范》进行制作。

5.所有构件在制作前均按1：1放施工大样，复核无误后方可下料。

6.钢材加工前应进行校正，使之平整，以免影响制作精度。

7.所有钢柱、钢梁翼缘及腹板的拼接节点相互错开的距离应不小于200mm。

8.图中未注明的圆弧半径均为25mm，切角尺寸为15mm×15mm,衬板为6mm厚。

六、结构的运输与安装

1.在运输过程中应采取防止构件变形和损伤的措施，安装前应严格检验。

2.在安装钢柱前，就检查基础预留锚栓间的距离尺寸，其螺纹是否有损伤(施工时注意保护)。

3.结构吊装时应采取适当的措施，以防止过大的弯扭变形。

4.结构吊装就位后，应及时系牢支撑及其他连系构件，保证结构的稳定性。

5.所有上部构件的吊装，必须在下部结构就位，校正系牢支撑结构以后才能进行。

6.高强度螺栓的施工要求：

1)为使构件紧密结合，高强螺栓贴面上严禁有电焊.气割.毛刺等不洁物。

2)高强螺栓应采用钻成孔。

3)高强螺栓终拧前严禁雨淋。

4)高强螺栓施工应采用扭矩法或转角法，按照有关技术规定执行。

七、钢结构油漆和防锈

1.钢结构涂装工程应在构件制作安装质量经检验符合标准后进行。

2.所有钢构件均应彻底清除脏物及油污，严格除锈，当采用手工除锈时，除锈质量等级就不低于国家标准《涂装前钢材表面锈蚀等级》GB8923的ST2级；当采用喷射或抛射除锈时，除锈等级应不低于Sa2级。表面处理后到涂底漆的时间间隔不应超过6小时，在此期间表面应保持洁净，严禁沾水油污等。

3.节点螺栓连接面上暂不涂漆，待安装完毕后补漆。

4.涂装两道红丹打底，涂膜厚度不小于50μm。

5.所有钢构件均需刷防火涂料，所刷防火涂料厚度必须使柱的耐火极限达到2小时，梁的耐火极限达到1.5小时。

八、其他

1.符号：

钢柱	钢梁	雨篷	高强螺栓
GZ	GL	YP	H.S.B

2.图例：

◆— 高强螺栓　◆— 永久螺栓

◆— 安装螺栓　◆— 螺栓孔

T　S　t_0　$T \le T_0$

TEE JOINT							
T	5	6	8	10	12	14	16
S	4	5	7	8	10	10	12

贴角焊缝焊脚尺寸

1：4

不同厚度板拼接

H　T_w　T　B

H型钢表示法

$(H \times B \times T_w \times T)$

九、本工程钢架的受力分析采用PKPM系列软件进行。

十、图纸

图纸目录表

序号	图别	图号	图纸名称	图纸规格	备注
1	结施	01	结构设计总说明	A2	
2	结施	02	基础平面布置图	A2	
3	结施	03	预埋件布置图	A2	
4	结施	04	屋面结构布置图	A2	
5	结施	05	屋面檩条布置图	A2	
6	结施	06	GJ-1GJ-2	A2	
7	结施	07	①-⑤墙架图⑤-①墙架图	A2	
8	结施	08	Ⓐ-Ⓓ墙架图Ⓐ-Ⓓ墙架图	A2	
9	结施	09	地基布桩平面图	A2	

图 6-44　钢结构设计总说明

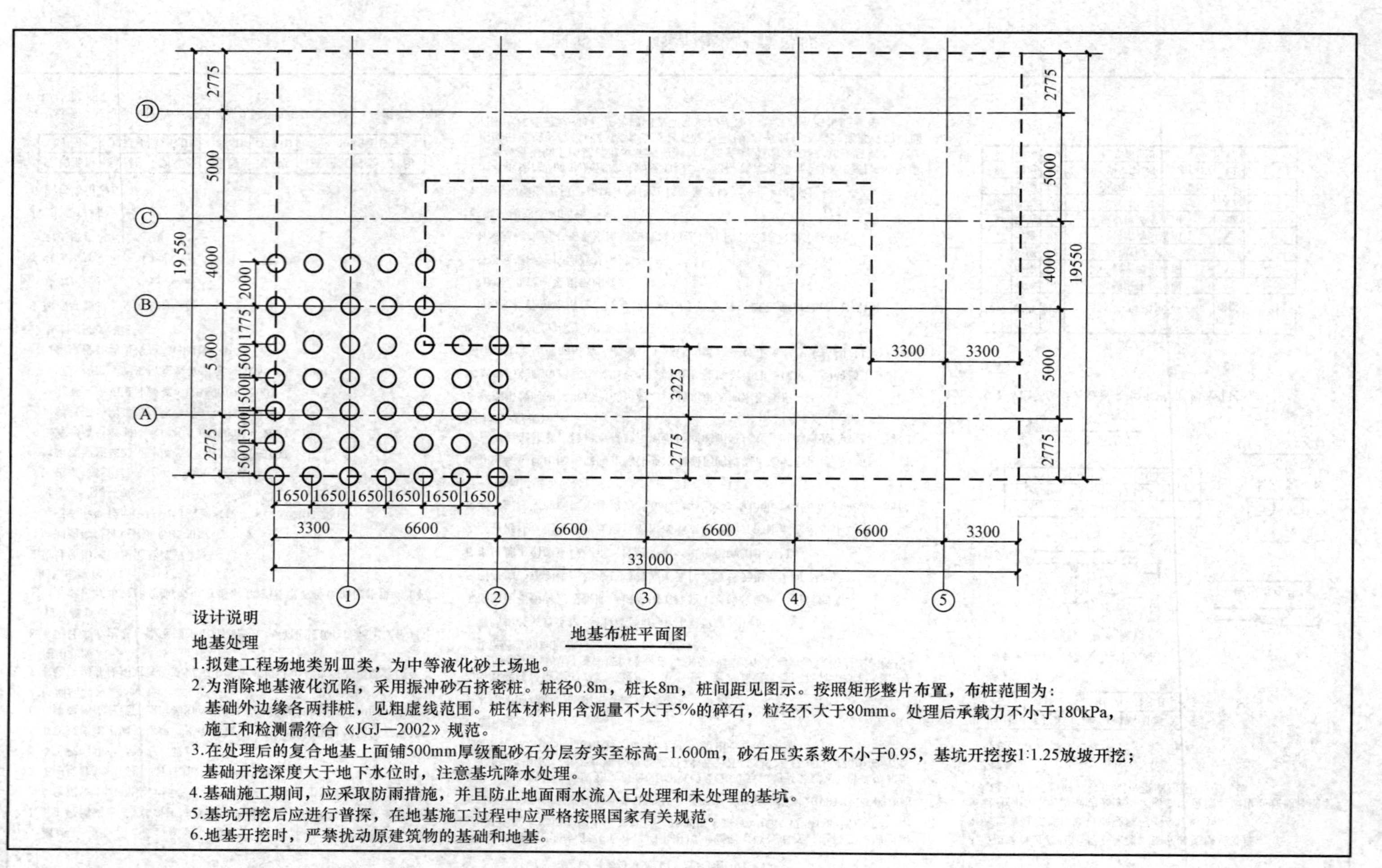

图6-45　砂石挤密桩平面布置图

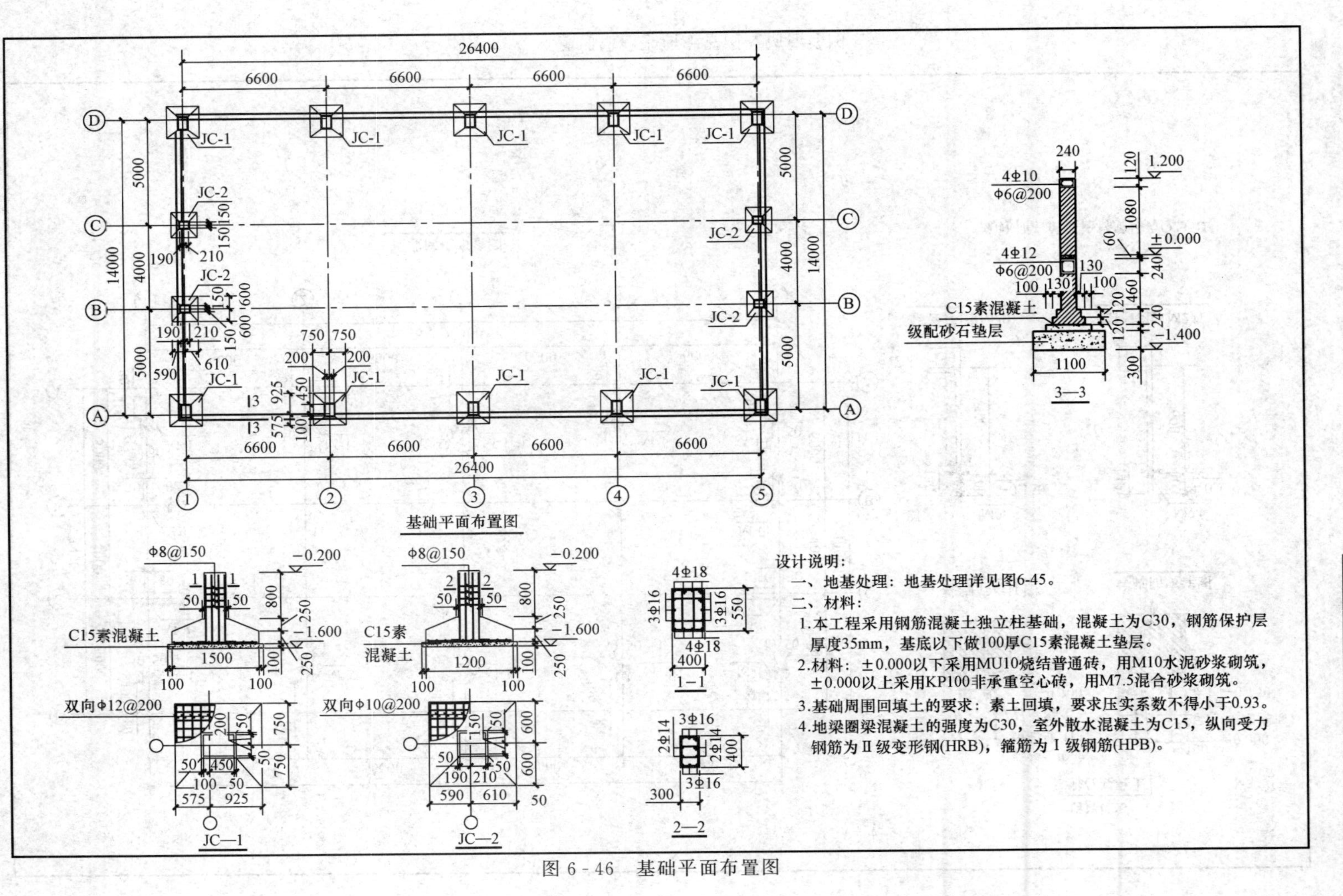

图 6-46　基础平面布置图

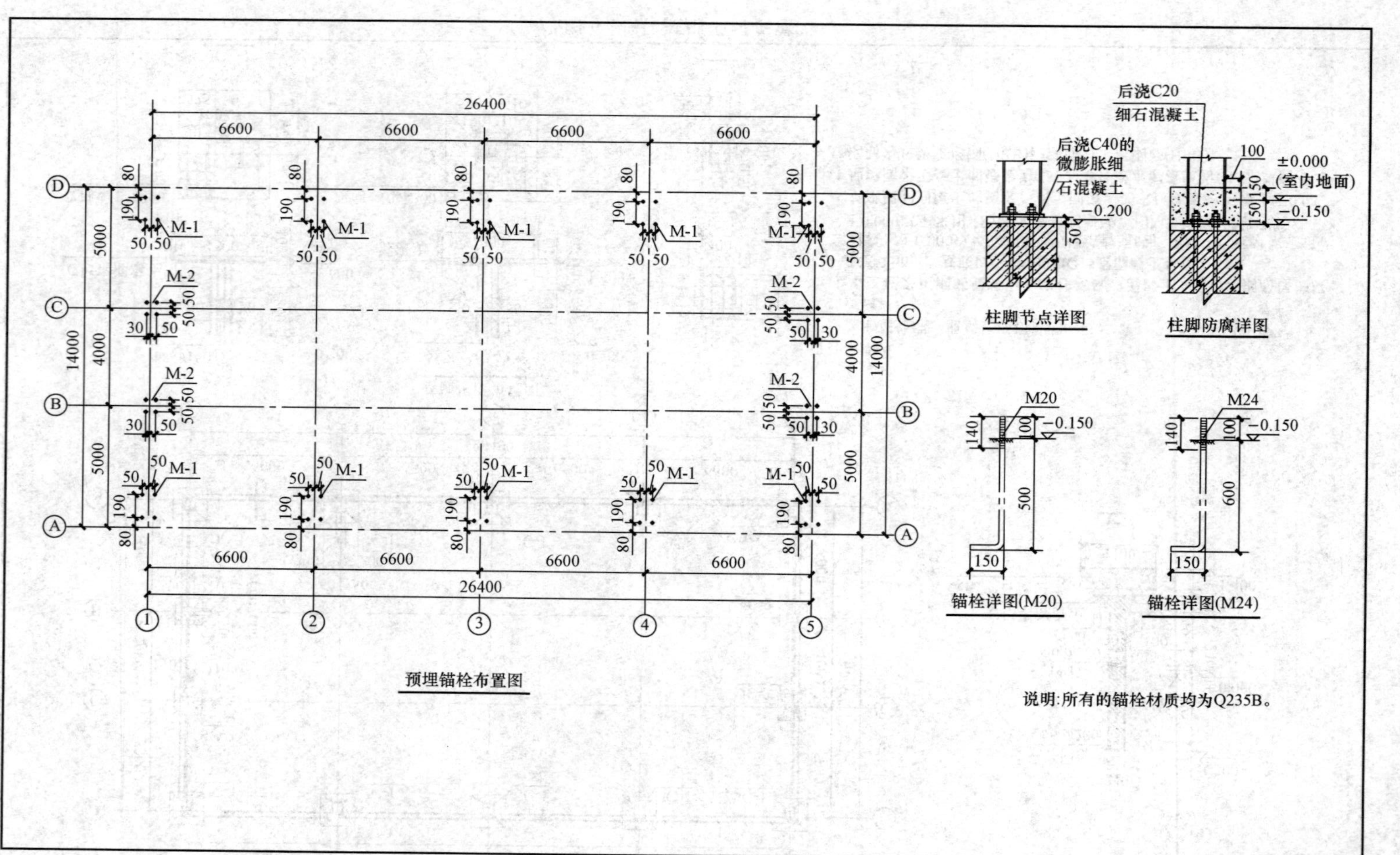

图 6-47　预埋锚栓平面布置图及锚栓详图

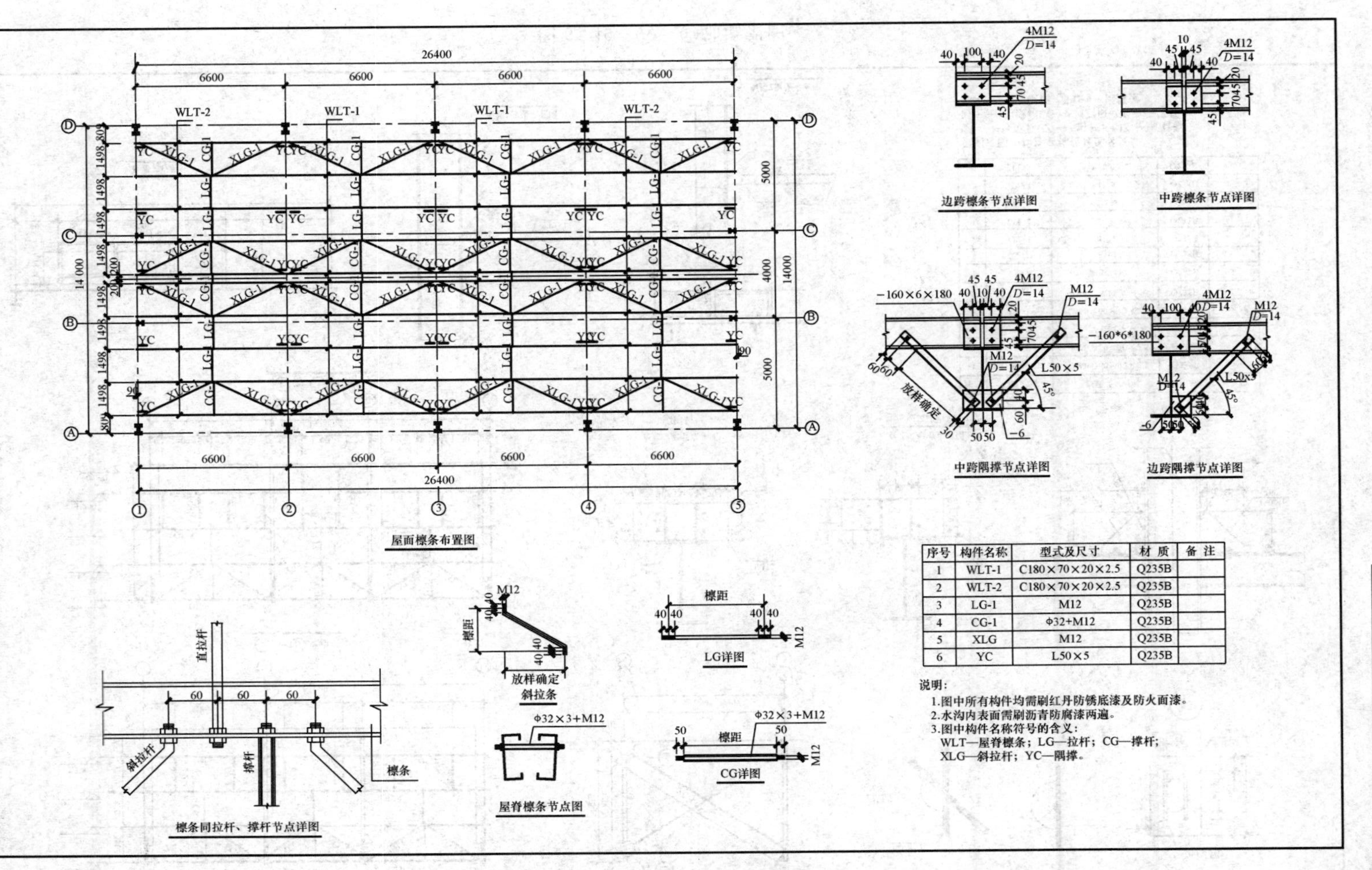

序号	构件名称	型式及尺寸	材质	备注
1	WLT-1	C180×70×20×2.5	Q235B	
2	WLT-2	C180×70×20×2.5	Q235B	
3	LG-1	M12	Q235B	
4	CG-1	Φ32+M12	Q235B	
5	XLG	M12	Q235B	
6	YC	L50×5	Q235B	

说明：

1.图中所有构件均需刷红丹防锈底漆及防火面漆。
2.水沟内表面需刷沥青防腐漆两遍。
3.图中构件名称符号的含义：
WLT—屋脊檩条；LG—拉杆；CG—撑杆；
XLG—斜拉杆；YC—隅撑。

图 6-48　屋面檀条平置图及节点详图

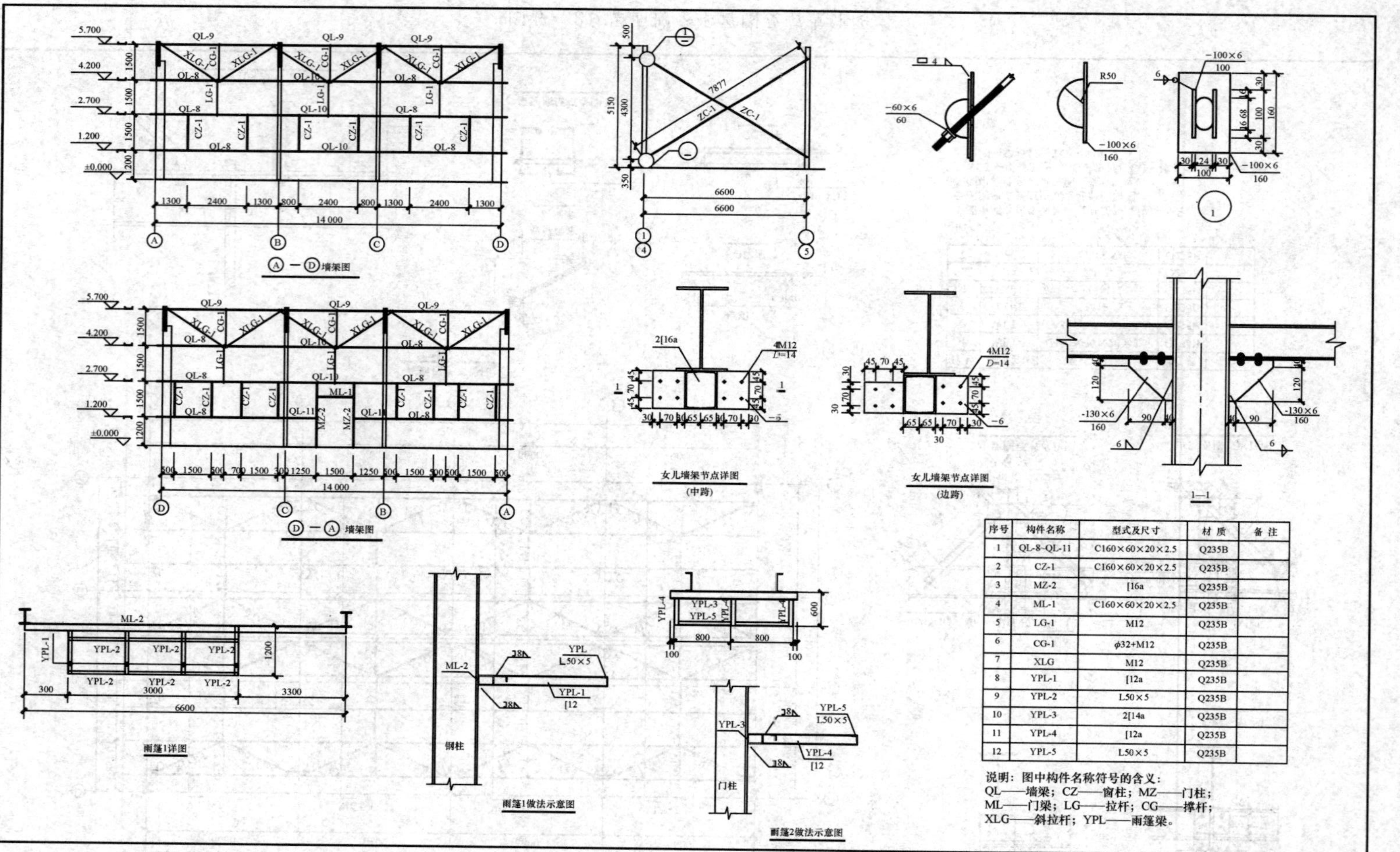

序号	构件名称	型式及尺寸	材质	备注
1	QL-8~QL-11	C160×60×20×2.5	Q235B	
2	CZ-1	C160×60×20×2.5	Q235B	
3	MZ-2	[16a	Q235B	
4	ML-1	C160×60×20×2.5	Q235B	
5	LG-1	M12	Q235B	
6	CG-1	φ32+M12	Q235B	
7	XLG	M12	Q235B	
8	YPL-1	[12a	Q235B	
9	YPL-2	L50×5	Q235B	
10	YPL-3	2[14a	Q235B	
11	YPL-4	[12a	Q235B	
12	YPL-5	L50×5	Q235B	

说明：图中构件名称符号的含义：
QL——墙梁；CZ——窗柱；MZ——门柱；
ML——门梁；LG——拉杆；CG——撑杆；
XLG——斜拉杆；YPL——雨篷梁。

图 6-49 Ⓐ～Ⓓ轴墙架图

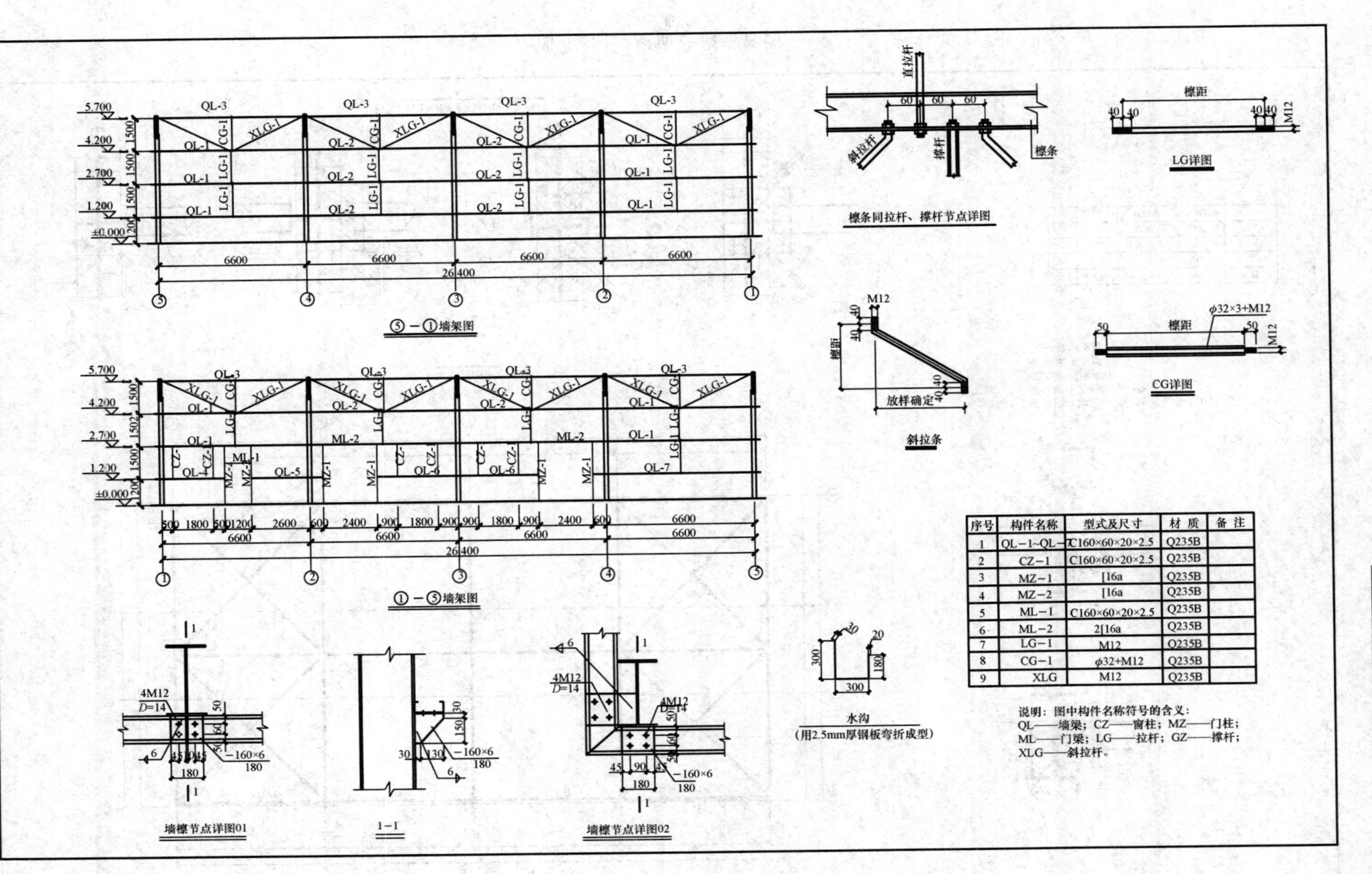

序号	构件名称	型式及尺寸	材 质	备 注
1	QL－1~QL－7	C160×60×20×2.5	Q235B	
2	CZ－1	C160×60×20×2.5	Q235B	
3	MZ－1	[16a	Q235B	
4	MZ－2	[16a	Q235B	
5	ML－1	C160×60×20×2.5	Q235B	
6	ML－2	2[16a	Q235B	
7	LG－1	M12	Q235B	
8	CG－1	φ32+M12	Q235B	
9	XLG	M12	Q235B	

图 6-50　①～⑤轴墙架图

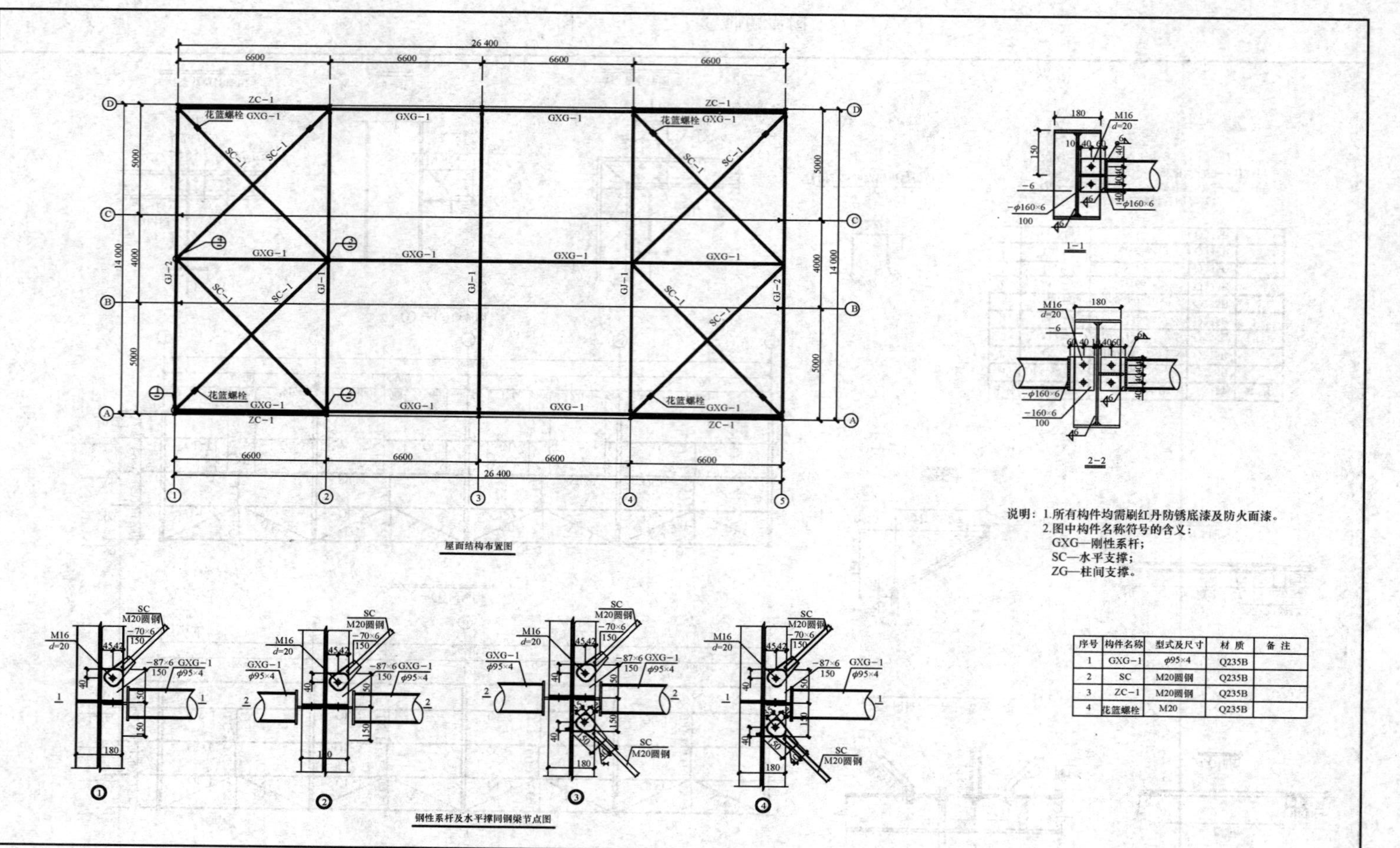

图 6-51 屋面结构布置图

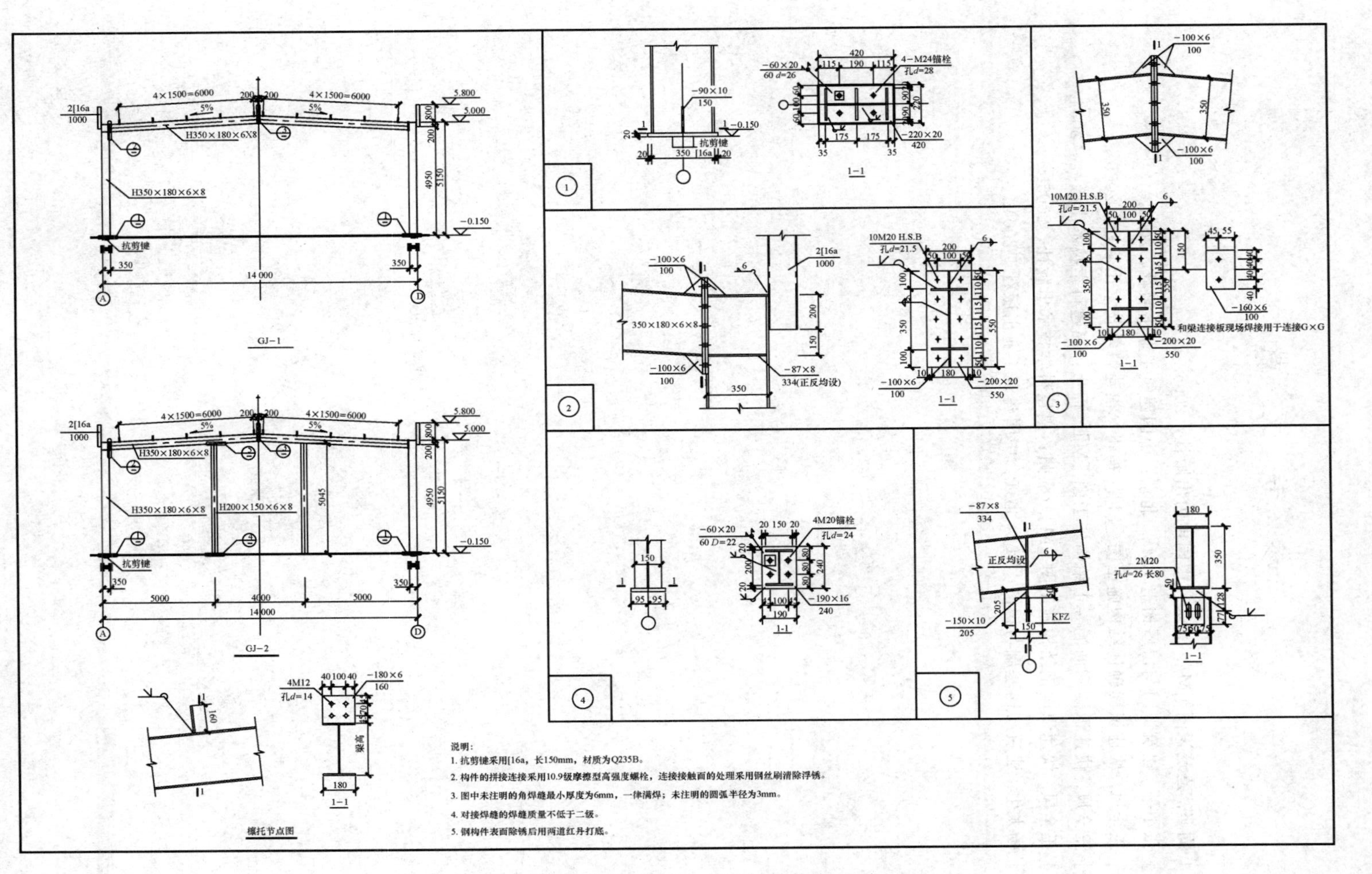

图 6－52　钢架（GJ-1，GJ-2）结构布置图

参 考 文 献

[1] 周坚. 建筑识图 [M]. 北京：中国电力出版社，2006.
[2] 张小平. 建筑识图与房屋构造 [M]. 北京：中国建筑工业出版社，2005.
[3] 王全凤. 快速识读砌体结构施工图 [M]. 福州：福建科学技术出版社，2005.
[4] 王全凤. 快速识读钢筋混凝土结构施工图 [M]. 福州：福建科学技术出版社，2004.
[5] 王全凤. 快速识读钢结构施工图 [M]. 福州：福建科学技术出版社，2005.
[6] 杨太生. 建筑结构基础与识图 [M]. 北京：中国建筑工业出版社，2004.